新型高职高专教育教材

建筑工程识图

（第3次修订本）

主　编　向环丽
副主编　莫敏华　黄艳晖　张瑞友
主　审　陆　烜

北京交通大学出版社
·北京·

内 容 简 介

本书在内容的编写上配合"教学做一体化"的教学模式，注重理论与实际相结合，注重知识的相关性和连贯性，以国家标准规范图集为基础，通过施工图纸这个载体，培养学生的识图技能、绘制技能，培养学生的实际工作能力。

本书的主要内容包括：概述、建筑施工图识读、结构施工图识读、建筑给水排水施工图识读、建筑电气施工图识读、建筑暖通施工图识读、认识实习、识图实训、识图综合实训。

本书适合作为高职高专院校土建类专业的学生教材，也可以作为建筑专业相关工作人员的参考用书，以及建筑类考证的辅助用书。

版权所有，侵权必究。

图书在版编目（CIP）数据

建筑工程识图 / 向环丽主编. —北京：北京交通大学出版社，2014.9（2023.8 重印）
（新型高职高专教育教材）
ISBN 978-7-5121-2104-1

Ⅰ. ①建⋯ Ⅱ. ①向⋯ Ⅲ. ①建筑制图-识别-高等职业教育-教材 Ⅳ. ①TU2

中国版本图书馆 CIP 数据核字（2014）第 220182 号

责任编辑：熊 壮
出版发行：北京交通大学出版社　　　电话：010-51686414
　　　　　北京市海淀区高梁桥斜街 44 号　邮编：100044
印 刷 者：北京鑫海金澳胶印有限公司
经　　销：全国新华书店
开　　本：185×260　印张：23.75　字数：584 千字
版　　次：2022 年 1 月第 1 版第 3 次修订　2023 年 8 月第 6 次印刷
书　　号：ISBN 978-7-5121-2104-1/TU·133
印　　数：11 001～13 000 册　定价：59.00 元

本书如有质量问题，请向北京交通大学出版社质监组反映。对您的意见和批评，我们表示欢迎和感谢。
投诉电话：010-51686043，51686008；传真：010-62225406；E-mail：press@bjtu.edu.cn。

前　言

　　识读建筑工程图纸是土建类专业岗位的一项重要基本技能，无论是设计人员、施工现场管理人员、监理工程师、预决算工程师还是建设方现场代表，均需掌握这项基本技能，只有正确识读工程设计图纸，才能避免出现读图错误引发的工作失误和经济损失甚至安全质量事故。

　　本书为贯彻"以素质教育为基础、以就业为导向、以能力为本位、以学生为主体"的职业教育思想方针，特以工程实例为主题，结合《混凝土结构设计规范》、《建筑给水排水设计规范（2009 修订版）》、《建筑照明设计规范》、《房屋建筑制图统一标准》、《总图制图标准》、《建筑制图标准》、《混凝土结构施工图平面整体表示方法制图规则和构造详图》等国家规范标准图集，系统而细致地阐述各类施工图的识读方法。

　　本书图文并茂，既有各类建筑构件的实物图片，也有相应的施工图图纸，浅显易懂，适应高职学生特点。同时配合适量的实践教学训练，可有效提高学生的职业技能培养效果，使学生毕业后能很快适应工作岗位的要求。

　　本书是在本校进行一体化教改科研项目实践后，根据所积累的实践经验而进行编写的，编写方法也按照工作中的读图习惯来进行，文字描述通俗易懂。教材识图实例涵盖了建筑工程专业的几乎所有子专业，如建筑、结构、给排水、电气、暖通等，与实际紧密结合，力争培养学生毕业后能尽快适应建筑类各岗位的工作，为能施工、能预算、能监理、能管理打下扎实的基础。

　　本书适合作为高职高专院校建筑工程技术、工程造价、工程监理、建筑设计技术、室内设计技术、建筑设备技术等专业及相关专业的教材，也可作为土建类成人教育相关专业教材，还可作为从事建筑设计、建筑施工、建筑预算、建筑管理等技术人员的参考用书，以及建筑类考证的辅助用书。

　　本书内容可按照 64～120 学时安排，技能项目训练和项目任务可安排学生在第一和第二课堂持续完成，第 7～9 章的实习、实训、综合实训可根据专业的需要和实际情况灵活安排。

　　本书由广西工业职业技术学院的高级工程师向环丽任主编；由广西建工集团建筑工程总承包有限公司的高级工程师陆烜主审；由广西工业职业技术学院莫敏华工程师、黄艳晖工程师、广西职业技术学院张瑞友讲师任副主编。

　　本书在编写过程中参考了大量的著作和文献资料，在此向这些著作和文献资料的作者表示忠心的感谢，也向所有给予我们帮助的人员表示忠心的感谢。

　　限于编者水平，书中难免有错漏或不足之处，敬请广大读者批评指正。

编者
2022 年 1 月

目 录

第1章 概述 (1)
1.1 建筑的分类 (1)
1.2 房屋建筑的组成与作用 (2)
1.3 建筑工程施工图 (4)
1.4 建筑工程识图的基础知识 (6)
1.4.1 设计标准 (6)
1.4.2 图纸幅面 (7)
1.4.3 标题栏 (8)
1.4.4 图线 (10)
1.4.5 字体 (11)
1.4.6 比例 (12)
1.4.7 符号 (13)
1.4.8 定位轴线 (16)
1.4.9 常用建筑材料图例 (18)
1.5 建筑工程识图原则与步骤 (21)
1.6 学习方法和技巧 (23)
1.7 识图涵盖的专业科目知识 (23)
习题 (24)

第2章 建筑施工图识读 (25)
2.1 建筑施工图概述 (29)
2.2 识读图纸目录 (30)
2.2.1 概念 (30)
2.2.2 图纸目录的图示内容 (30)
2.2.3 图纸目录的实例解读 (31)
2.2.4 知识链接 (32)
2.2.5 技能训练项目 (32)
2.3 识读建筑总平面图 (33)
2.3.1 概念 (33)
2.3.2 建筑总平面图的图示内容 (33)
2.3.3 建筑总平面图的实例解读 (33)
2.3.4 知识链接 (34)
2.3.5 技能训练项目 (36)
2.4 识读建筑设计总说明 (37)

  2.4.1　概念 ……………………………………………………………………… (37)
  2.4.2　建筑设计总说明的图示内容 ……………………………………………… (37)
  2.4.3　建筑设计总说明的实例解读 ……………………………………………… (38)
  2.4.4　知识链接 …………………………………………………………………… (38)
  2.4.5　技能训练项目 ……………………………………………………………… (38)
 2.5　识读建筑平面图 …………………………………………………………………… (39)
  2.5.1　概念 ………………………………………………………………………… (39)
  2.5.2　建筑平面图的图示内容 …………………………………………………… (39)
  2.5.3　建筑平面图的表示方法 …………………………………………………… (40)
  2.5.4　建筑平面图的实例解读 …………………………………………………… (41)
  2.5.5　知识链接 …………………………………………………………………… (42)
  2.5.6　技能训练项目 ……………………………………………………………… (44)
 2.6　识读建筑立面图 …………………………………………………………………… (45)
  2.6.1　概念 ………………………………………………………………………… (45)
  2.6.2　建筑立面图的图示内容 …………………………………………………… (46)
  2.6.3　建筑立面图的表示方法 …………………………………………………… (46)
  2.6.4　建筑立面图的实例解读 …………………………………………………… (46)
  2.6.5　知识链接 …………………………………………………………………… (47)
  2.6.6　技能训练项目 ……………………………………………………………… (48)
 2.7　识读建筑剖面图 …………………………………………………………………… (48)
  2.7.1　概念 ………………………………………………………………………… (48)
  2.7.2　建筑剖面图的图示内容 …………………………………………………… (49)
  2.7.3　建筑剖面图的表示方法 …………………………………………………… (49)
  2.7.4　建筑剖面图的实例解读 …………………………………………………… (50)
  2.7.5　知识链接 …………………………………………………………………… (50)
  2.7.6　技能训练项目 ……………………………………………………………… (51)
 2.8　识读建筑详图和大样图 …………………………………………………………… (52)
  2.8.1　概念 ………………………………………………………………………… (52)
  2.8.2　建筑详图和大样图的图示内容 …………………………………………… (52)
  2.8.3　建筑详图和大样图的表示方法 …………………………………………… (53)
  2.8.4　建筑详图或大样图的实例解读 …………………………………………… (53)
  2.8.5　知识链接 …………………………………………………………………… (54)
  2.8.6　技能训练项目 ……………………………………………………………… (55)
 2.9　项目任务 …………………………………………………………………………… (55)
 习题 ……………………………………………………………………………………… (55)
第3章　结构施工图识读 ………………………………………………………………… (57)
 3.1　结构施工图概述 …………………………………………………………………… (58)

3.2 识读结构设计总说明 (60)
3.2.1 概念 (60)
3.2.2 结构设计总说明的图示内容 (60)
3.2.3 结构设计总说明的实例解读 (61)
3.2.4 知识链接 (62)
3.2.5 技能训练项目 (63)

3.3 识读柱结构施工图 (65)
3.3.1 概念 (67)
3.3.2 识读柱结构施工图的图示内容 (68)
3.3.3 柱结构施工图的实例解读 (68)
3.3.4 知识链接 (77)
3.3.5 技能训练项目 (78)

3.4 识读梁结构施工图 (80)
3.4.1 概念 (82)
3.4.2 识读梁结构施工图的图示内容 (84)
3.4.3 梁结构施工图的实例解读 (85)
3.4.4 知识链接 (97)
3.4.5 技能训练项目 (98)

3.5 识读板结构施工图 (99)
3.5.1 概念 (100)
3.5.2 识读板结构施工图的图示内容 (102)
3.5.3 板结构施工图的实例解读 (102)
3.5.4 知识链接 (108)
3.5.5 技能训练项目 (110)

3.6 识读楼梯结构施工图 (110)
3.6.1 概念 (113)
3.6.2 识读楼梯结构施工图的图示内容 (114)
3.6.3 楼梯结构施工图的实例解读 (114)
3.6.4 知识链接 (121)
3.6.5 技能训练项目 (126)

3.7 识读剪力墙结构施工图 (127)
3.7.1 概念 (129)
3.7.2 识读剪力墙结构施工图的图示内容 (130)
3.7.3 剪力墙结构施工图的实例解读 (130)
3.7.4 知识链接 (134)
3.7.5 技能训练项目 (140)

3.8 识读基础结构施工图 (142)

3.8.1 概念 …… (150)
3.8.2 识读基础施工图的图示内容 …… (153)
3.8.3 详图法基础施工图的实例解读 …… (153)
3.8.4 平法基础施工图的实例解读 …… (154)
3.8.5 知识链接 …… (171)
3.8.6 技能训练项目 …… (178)
3.9 项目任务 …… (180)
习题 …… (180)

第4章 建筑给水排水施工图识读 …… (182)
4.1 建筑给水排水（雨水）工程 …… (182)
4.1.1 常用管材 …… (183)
4.1.2 常用阀门 …… (185)
4.1.3 管道连接方式 …… (194)
4.1.4 建筑生活给水系统 …… (199)
4.1.5 建筑生活排水系统 …… (205)
4.1.6 建筑雨水排水系统 …… (206)
4.1.7 建筑给水排水的表示方法 …… (209)
4.1.8 建筑给水排水施工图 …… (225)
4.1.9 建筑给水排水施工图识读举例 …… (227)
4.1.10 知识链接 …… (233)
4.1.11 技能训练项目 …… (236)
4.2 建筑消防水工程 …… (237)
4.2.1 消火栓给水系统及布置 …… (237)
4.2.2 自动喷水灭火系统及布置 …… (239)
4.3 项目任务 …… (239)
习题 …… (239)

第5章 建筑电气施工图识读 …… (241)
5.1 建筑电气照明工程 …… (242)
5.1.1 常用导电材料及其应用 …… (243)
5.1.2 照明灯具 …… (247)
5.1.3 电气施工图的一般规定 …… (251)
5.1.4 电气施工的基本知识 …… (257)
5.1.5 建筑电气施工图读图的方法和步骤 …… (264)
5.1.6 建筑电气施工图识读举例 …… (265)
5.1.7 知识链接 …… (272)
5.1.8 技能训练项目 …… (273)
5.2 建筑防雷接地工程 …… (274)

5.2.1 雷电的形式及危害 (274)
  5.2.2 建筑防雷措施 (275)
  5.2.3 防雷装置的施工 (280)
  5.2.4 施工图识读举例 (281)
  5.2.5 知识链接 (281)
  5.2.6 技能训练项目 (285)
 5.3 建筑智能化系统工程 (286)
  5.3.1 建筑智能化概述 (287)
  5.3.2 施工图识读举例 (288)
  5.3.3 知识链接 (292)
  5.3.4 技能训练项目 (293)
 5.4 项目任务 (294)
 习题 (294)

第6章 建筑暖通施工图识读 (296)
 6.1 采暖工程 (298)
 6.2 通风空调工程 (301)
  6.2.1 空调的分类 (302)
  6.2.2 中央空调系统 (303)
 6.3 知识链接 (304)
 6.4 项目任务 (306)
 习题 (306)

第7章 认识实习 (307)
 7.1 已建房屋认识实习 (307)
 7.2 钢筋工程参观实习 (309)

第8章 识图实训 (312)
 8.1 梁板柱钢筋模型制作 (312)
 8.2 梁钢筋翻样实训 (314)

第9章 识图综合实训 (316)
 9.1 某养护站办公楼结构施工图（平法施工图）钢筋配料综合实训 (316)
 9.2 某养护站办公楼建筑施工图工程量计算综合实训 (318)
 9.3 某养护站办公楼水电施工图工程量计算综合实训 (320)

附录A 识图实例 (323)
 A.1 某养护站办公楼施工图 (323)
 A.2 食堂施工图 (355)
 A.3 模型配筋图 (362)
 A.4 KL1梁平法施工图 (365)

参考文献 (367)

第1章 概 述

1.1 建筑的分类

建筑是为了满足人们居住或进行生产活动的需求，集使用功能、技术、经济、艺术、环境保护、建筑节能、建筑智能化于一体的工业产品，其科技含量高，与人们的生活、生产和社会活动联系紧密。但是房屋建筑个体之间存在很大的差异，为了便于描述，需要把房屋建筑分为各种不同的类型，常见的分类方式主要有以下四种。

1. 按照使用性质进行分类

按照建筑的使用性质可以将建筑分为三大类：民用建筑、工业建筑和农业建筑。

1）民用建筑

民用建筑是指满足人民生活所需的建筑物。根据建筑物的使用功能不同可分为公共建筑和居住建筑。

（1）居住建筑是供人们生活起居用的建筑物，包括普通住宅、公寓、别墅、宿舍等。

（2）公共建筑是人们进行文化活动、行政办公，以及其他商业、生活服务等公共事业所需要的建筑物，包括行政办公楼、文教卫生建筑、商业建筑、交通建筑和风景园林建筑等。

2）工业建筑

工业建筑是指为服务于生产的建筑物。

根据建筑层数不同，工业建筑可分为单层厂房、多层厂房和层次混合厂房。

根据用途不同，工业建筑可分为生产厂房、生产辅助厂房、动力用厂房、仓储建筑、运输用建筑和其他建筑。

根据建筑跨数不同，工业建筑可分为单跨厂房、多跨厂房和纵横跨厂房。

根据跨度尺寸不同，工业建筑可分为小跨度厂房和大跨度厂房。小跨度厂房指跨度不大于 12 m 的单层工业厂房，以砌体结构为主；大跨度厂房是指跨度在 15 m 以上的单层工业厂房，其中跨度为 15～30 m 的厂房以钢筋混凝土结构为主，跨度在 36 m 以上的厂房以钢结构为主。

根据生产状况不同，工业建筑可分为冷加工车间、热加工车间、洁净车间、恒温恒湿车间和其他特种状况的车间。

3）农业建筑

农业建筑是指为农业生产或加工服务的建筑，包括农用仓库、灌溉机房、饲养房等。

2. 按照房屋结构使用材料进行分类

按照房屋建筑承重结构所使用的建筑材料不同，可将房屋建筑分为以下四类。

（1）木结构：采用木材或竹材作为主要承重结构构件的房屋称为木结构房屋。

（2）砌体结构：采用砖、石、砌块等块料制成的结构构件称为砌体，由砌体作为主要承重结构构件的房屋称为砌体结构房屋。

(3) 钢筋混凝土结构：采用混凝土和钢筋材料作为主要承重结构构件的房屋称为钢筋混凝土结构房屋。

(4) 钢结构：全部采用钢材作为主要承重结构构件的房屋称为钢结构房屋。

3. 按照建筑结构形式进行分类

按照建筑结构形式不同，可将房屋建筑分为以下四类。

(1) 墙承重体系：是指由墙体承受建筑的全部荷载，墙体担负着承重、围护和分隔的多重任务。这种承重体系适用于内部空间较小，建筑高度较低的建筑。

(2) 骨架承重体系：是指由钢筋混凝土或型钢组成的梁柱体系承受建筑的全部荷载，墙体只起到围护和分隔的作用。这种承重体系适用于跨度大、荷载大的高层建筑。

(3) 内骨架承重体系：是指建筑内部由梁柱体系承重，四周用外墙承重。这种承重体系适用于局部设有较大空间的建筑。

(4) 空间结构承重体系：是指由钢筋混凝土或钢组成空间结构承受建筑的全部荷载，如网架结构、悬索结构、壳体结构等。这种承重体系适用于大空间的建筑。

4. 按照房屋建筑的高度或层数进行分类

按照房屋建筑的高度或层数不同，可将房屋建筑分为低层建筑、多层建筑、中高层建筑、高层建筑和超高层建筑。

房屋高度是指房屋设计室外地坪至房屋主要屋面的垂直距离，也就是房屋的檐口高度，有以下四种计算方式。

(1) 当房屋有檐沟时，房屋高度是指房屋设计室外地坪至檐沟的下表面的垂直距离。

(2) 当房屋没有檐沟时，房屋高度是指房屋设计室外地坪至屋面板的上表面的垂直距离。

(3) 当房屋为现浇整体式坡屋面时，房屋高度是指房屋设计室外地坪至房屋主要屋面山墙高度的一半处的垂直距离。

(4) 当房屋为装配式坡屋面时，房屋高度是指房屋设计室外地坪至房屋主要屋面檐口处的垂直距离。

不同类型房屋的层数与房屋高度的范围，主要有以下五种：

低层建筑物：1～3 层；

多层建筑物：4～6 层；

中高层建筑物：7～9 层，且房屋高度不超过 28 m；

高层建筑物：10 层及 10 层以上，且房屋高度不低于 28 m 同时不高于 100 m；

超高层建筑物：房屋檐高不低于 100 m 的建筑物。

1.2　房屋建筑的组成与作用

一幢房屋建筑，一般都是由基础、墙/柱、楼地面、楼梯、屋顶、门/窗六大部分组成。其中基础、墙/柱、楼板、屋顶是建筑物的主要组成部分，楼梯、门/窗是建筑物的附属部分。各组成部分位于建筑物的不同位置，它们各自发挥着不同的作用，其各自作用与构造如图 1-1 所示。

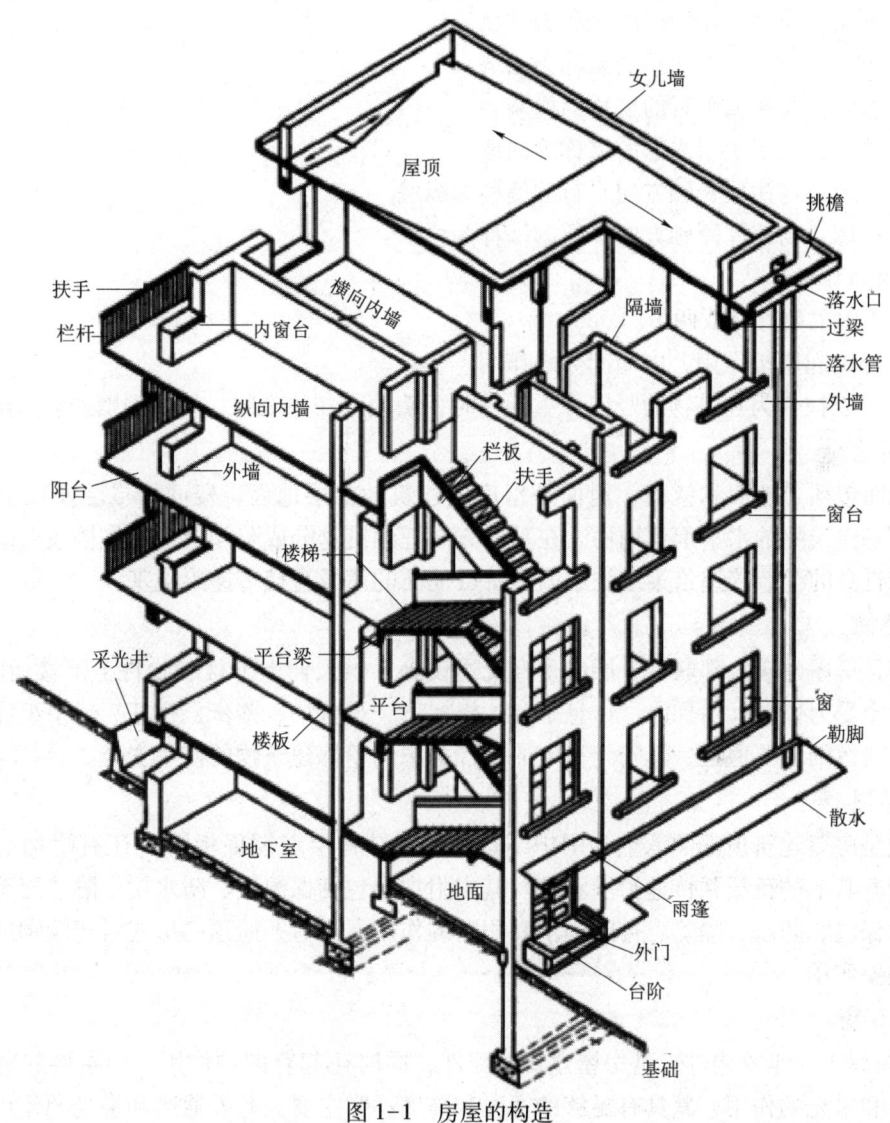

图 1-1 房屋的构造

1. 基础

基础是房屋建筑最下面的承重构件，它承受着整个建筑物的全部荷载，并把建筑物的全部荷载传递给大地。大地的土层根据需要和本身的特性，可能需要进行改造和更换。不需要更换和改造的地基称为天然地基，经过更换和改造的地基称为人工地基。地基的处理形式直接关系到基础的稳固和安全。所以基础和地基是紧密联系的，地基的处理形式直接关系到基础的类型与好坏。

2. 墙和柱

墙和柱是房屋建筑的竖向承重的结构构件，承受着来自楼板传递的荷载，然后再由墙和柱传递给基础。同时墙和柱是建筑物的围护结构。

1）墙的分类

不同位置的墙，其名称也不同。

（1）外墙：位于房屋四周的墙称为外墙。
（2）山墙：位于房屋两端的墙称为山墙。
（3）檐墙：与屋檐平行的墙称为檐墙。
（4）内墙：位于房屋内部的墙称为内墙。
（5）纵墙：与房屋长轴方向平行的墙称为纵墙。
（6）横墙：与房屋短轴方向平行的墙称为横墙。

2）墙的作用

墙的作用主要有以下两个。

（1）外墙起围护作用，内墙起分隔作用。

（2）当以柱作为建筑物的竖向承重构件时，墙填充在柱之间，仅起到围护和分隔作用。

3. 楼地面

楼地面包括了地面和楼面。地面是指房屋建筑的首层地面，楼面指二层及以上的楼板面。楼面是建筑物的水平承重构件，在垂直方向把建筑物分成若干层，并将楼板上的全部荷载和楼板自身的荷载传递给梁或柱或墙。首层地面的荷载直接传递给地基。

4. 楼梯

楼梯是房屋建筑内部联系各层的垂直交通设施，供人们上下楼和物件上下楼运输使用。楼梯是一个受力体系，由梯段、休息平台、楼梯梁、平台梁、踏步、栏杆、扶手组成。楼梯还是紧急疏散的主要通道，其安全稳定的设计关系到整栋建筑物的使用安全。

5. 屋顶

屋顶是房屋建筑顶部的承重和围护结构，除了结构层（屋面板）外还有附加层和屋面层，承受着其上的荷载并传递给墙和柱。其中附加层包括保温层、防水层、隔热层等，对建筑物起着保温、防水、隔热、排除雨水和积雪的作用。同时，屋顶的形式对建筑物的整体形象起着重要作用。

6. 门/窗

门/窗属于非承重构件，是房屋建筑的配件，同时还起着围护作用。门主要起着进入房屋及通风和采光的作用，其具有足够的宽度和高度；窗主要只起着通风和采光的作用，但也要求具有一定的宽度和高度。同时门/窗还起着分隔、保温、隔热、防风、防水及防火的作用。

以上是房屋建筑的六大组成部分，是建筑工程施工图纸的主要内容，也是建筑工程技术人员必须掌握的基本内容。

除此以外，还应掌握建筑其他构件的名称、作用和构造。其他构件主要包括建筑构件和结构构件。建筑构件有台阶、雨棚、勒脚、散水、地沟、明沟、墙裙、踢脚、阳台、走廊、天沟、檐沟、女儿墙等；结构构件有圈梁、过梁、构造柱等。

1.3 建筑工程施工图

建筑工程，是指通过对各类房屋建筑及其附属设施的建造和与其配套的线路、管道、设备的安装活动所形成的工程实体。

建筑行业建造建筑物使用的图纸是建筑工程中普遍应用的建筑工程图样,是建造建筑物的重要文字和图形资料,用以直接指导施工,所以又称为施工图。它如文字一样是人类借以表达构思、分析和交流思想的一种重要技术手段,所以工程图样被喻为"工程界的技术语言"。只有掌握建筑工程施工图的识读,运用建筑专业知识,才能理解工程技术语言、准确地理解设计意图、合理地进行施工、准确地进行工程造价分析和计算。

建筑工程施工图,是表示工程项目总体布局、建筑物的外部形状、内部布置、结构构造、内外装修、材料作法以及设备施工等要求的图样。施工图具有图纸齐、表达准确、要求具体的特点,是进行工程施工、编制施工图预算和施工组织设计的依据,也是进行技术管理的重要技术文件。一套完整的施工图一般包括建筑施工图、结构施工图、电气施工图以及给排水、采暖通风施工图等专业图纸,习惯上也将给排水、采暖通风和电气施工图合在一起统称为设备施工图。

建筑工程施工图是根据投影原理或有关规定绘制在纸介质上的,通过线条、符号、文字说明及其他图形元素表示出来的图形。因此,要建造房屋建筑就必须学会建筑工程识图,要掌握建筑工程识图的技能,就必须学会读懂施工图上的各种线条、符号、文字说明及其他图形元素等,这些就是建筑工程识图的内容。

1. 建筑工程施工图分类

按照专业分工不同,可以分为以下专业图纸:
(1) 建筑施工图;
(2) 结构施工图;
(3) 设备施工图。

2. 建筑工程施工图的构成

建筑工程施工图由以下八部分构成。
(1) 封面、图纸目录;
(2) 总平面布置图;
(3) 建筑施工图;
(4) 结构施工图;
(5) 给水排水施工图;
(6) 暖通施工图;
(7) 电气施工图;
(8) 动力施工图(主要用于工业建筑)。

3. 建筑工程施工图的内容及编排顺序

建筑工程施工图纸从专业上来分,可以分为建筑施工图、结构施工图、设备施工图。各专业施工图包括的内容及编排顺序如下。

(1) 建筑施工图包括的内容及编排顺序:
① 图纸目录;
② 建筑设计总说明;
③ 建筑平面图;
④ 建筑立面图;
⑤ 建筑剖面图;

⑥ 建筑大样图、详图。
(2) 结构施工图包括的内容及编排顺序：
① 图纸目录；
② 结构设计总说明；
③ 基础施工图；
④ 柱结构施工图；
⑤ 梁结构施工图；
⑥ 板结构施工图；
⑦ 楼梯结构施工图。
(3) 设备施工图包括的内容及编排顺序：
① 给水排水施工图；
② 暖通施工图；
③ 电气施工图；
④ 动力施工图；
⑤ 消防系统施工图；
⑥ 燃气系统施工图；
⑦ 防雷系统施工图；
⑧ 智能系统施工图。

1.4　建筑工程识图的基础知识

1.4.1　设计标准

施工图纸是经过设计技术人员根据我国制图标准、设计图集、建筑规范等国家规定的作图原则绘制出来的，只有了解了制图标准、设计图集、建筑规范的相关内容，才能理解设计师设计出来的图纸表达的意图和思想。所以说，制图标准、设计图集、建筑规范是设计技术人员设计和绘制施工图的依据，也是建筑各岗位技术人员识图的基础和识图的依据。

1. 制图标准

国家现行的制图标准主要有以下六个：
(1) GB/T 50001—2010《房屋建筑制图统一标准》；
(2) GB/T 50103—2010《总图制图标准》；
(3) GB/T 50104—2010《建筑制图标准》；
(4) GB/T 50105—2010《建筑结构制图标准》；
(5) GB/T 50106—2010《建筑给水排水制图标准》；
(6) GB/T 50786—2012《建筑电气制图标准》。

2. 设计图集

设计图集主要用于表达图纸里面图形元素的内部构造等。国家现行的设计图集主要有以下六个。
(1) 中南地区建筑标准设计建筑图集。

(2) 中南地区工程建设标准设计建筑图集。

(3) 11G101-1《混凝土结构施工图平面整体表示方法制图规则和构造详图(现浇混凝土框架、剪力墙、梁、板)》。

(4) 11G101-2《混凝土结构施工图平面整体表示方法制图规则和构造详图(现浇混凝土板式楼梯)》。

(5) 11G101-3《混凝土结构施工图平面整体表示方法制图规则和构造详图(独立基础、条形基础、筏形基础及桩基承台)》。

(6) 12DX011《建筑电气制图标准》图示。

3. 建筑规范

国家现行的建筑规范主要有以下四个。

(1) GB 50010—2010《混凝土结构设计规范》。

(2) GB 50011—2011《建筑抗震设计规范(附条文说明)》。

(3) JGJ 3—2010《高层建筑混凝土结构技术规程》。

(4) GB 50015—2003(2009版)《建筑给水排水设计规范》。

只有了解和熟悉国家现行的建筑设计标准,掌握查阅建筑工具书的方法和技巧,并结合施工图纸进行识读,才能达到建筑工程识图的目的,才能看懂施工图并能够运用施工图指导施工和进行施工图预算。

识图与绘图是不可分开的,施工图纸的绘制练习是达到识图目的的最好方法,当然识图的前提是必须掌握一定的施工图的绘制知识。以下就来介绍建筑施工图的相关知识。

1.4.2 图纸幅面

图纸幅面是指图纸宽度与长度组成的图面。

图纸幅面及图框尺寸应符合国家标准的规定,如表1-1所示。

表1-1 图纸幅面及图框尺寸　　　　　　　　　　　　　　　　mm

尺寸代号	幅面代号				
	A0	A1	A2	A3	A4
$b \times l$	841×1 189	594×841	420×594	297×420	210×297
c	10			5	
a	25				

注:表中 b 为幅面短边尺寸, l 为幅面长边尺寸, c 为图框线与幅面线(非装订边侧)间宽度, a 为图框线与装订边间宽度。

需要微缩复制的图纸,其一个边上应附有一段准确米制尺度,四个边上均应附有对中标志,米制尺度的总长应为100 mm,分格应为10 mm。对中标志应画在图纸内框各边长的中点处,线宽0.35 mm,应伸入内框边,在框外为5 mm。对中标志的线段,于 l_1 和 b_1 范围取中。

图纸的短边尺寸不应加长,A0~A3幅面长边尺寸可加长,但应符合表1-2的规定。

表 1-2　图纸长边加长尺寸　　　　　　　　　　　　　　　　　　　　　　　mm

幅面代号	长边尺寸	长边加长后的尺寸
A0	1 189	1 486[A0+(1/4)l]　1 635[A0+(3/8)l]　1 783[A0+(1/2)l]　1 932[A0+(5/8)l]　2 080[A0+(3/4)l]　2 230[A0+(7/8)l]　2 378(A0+1l)
A1	841	1 051[A1+(1/4)l]　1 261[A1+(1/2)l]　1 471[A1+(3/4)l]　1 682(A1+1l)　1 892[A1+(5/4)l]　2 102[A1+(3/2)l]
A2	594	743[A2+(1/4)l]　891[A2+(1/2)l]　1 041[A2+(3/4)l]　1 189(A2+1l)　1 338[A2+(5/4)l]　1 486[A2+(3/2)l]　1 635[A2+(7/4)l]　1 783(A2+2l)　1 932[A2+(9/4)l]
A3	420	630[A3+(1/2)l]　841(A3+1l)　1 051[A3+(3/2)l]　1 261(A3+2l)　1 471[A3+(5/2)l]　1 682(A3+3l)　1 892[A3+(7/2)l]

注：有特殊需要的图纸，可采用 b×l 为 841 mm×891 mm 与 1 189 mm×1 261 mm 的幅面。

图纸以短边作为垂直边的为横式，以短边作为水平边的为立式。A0～A3 图纸宜横式使用；必要时，也可立式使用。

一个工程设计中，每个专业所使用的图纸，不宜多于两种幅面（不含目录及表格所采用的 A4 幅面）。

1.4.3　标题栏

图纸中应有标题栏、图框线、幅面线、装订边线和对中标志。图纸的标题栏及装订边的位置，应符合下列规定。

（1）横式使用的图纸，应按图 1-2、图 1-3 所示进行布置。

（2）立式使用的图纸，应按图 1-4、图 1-5 所示进行布置。

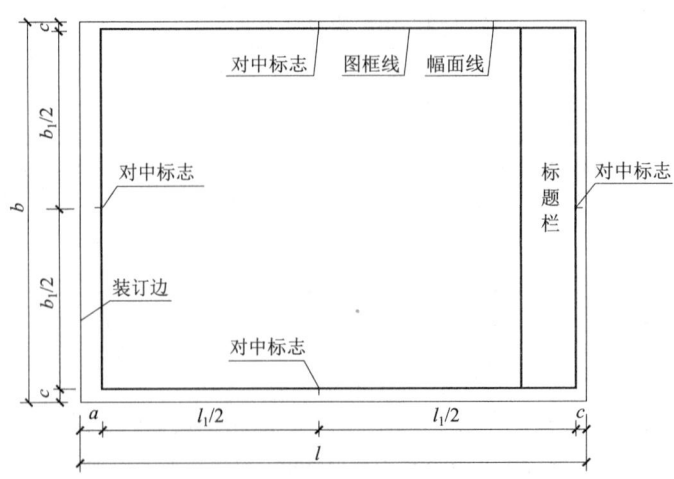

图 1-2　A0～A3 横式幅面（一）

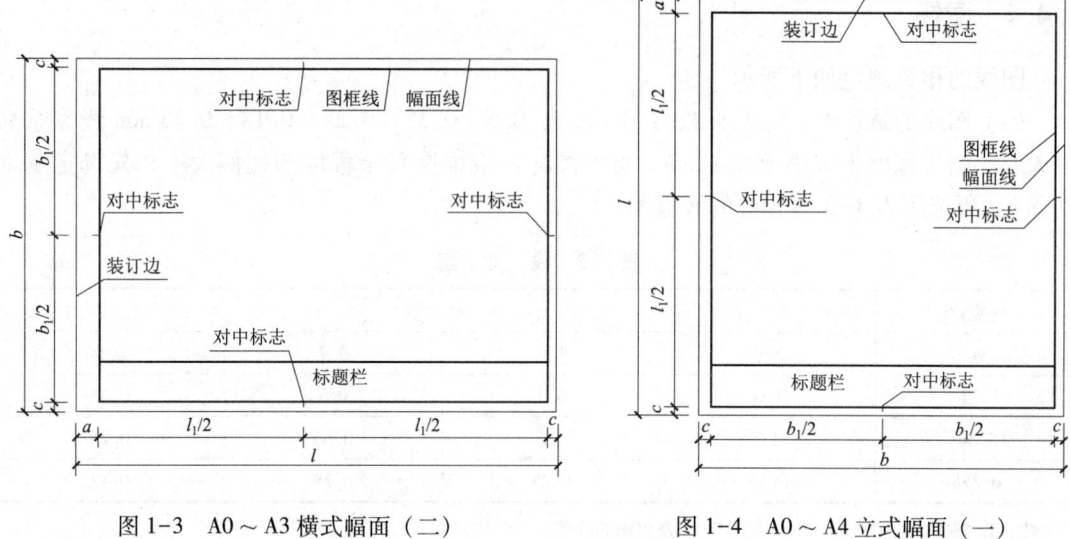

图 1-3　A0～A3 横式幅面（二）　　　图 1-4　A0～A4 立式幅面（一）

标题栏应按图 1-6、图 1-7 所示根据工程的需要选择确定其尺寸、格式及分区。签字栏应包括实名列和签名列，涉外工程的标题栏内，各项主要内容的中文下方应附有译文，设计单位的上方或左方，应加"中华人民共和国"字样；在计算机制图文件中当使用电子签名与认证时，应符合国家有关电子签名法的规定。

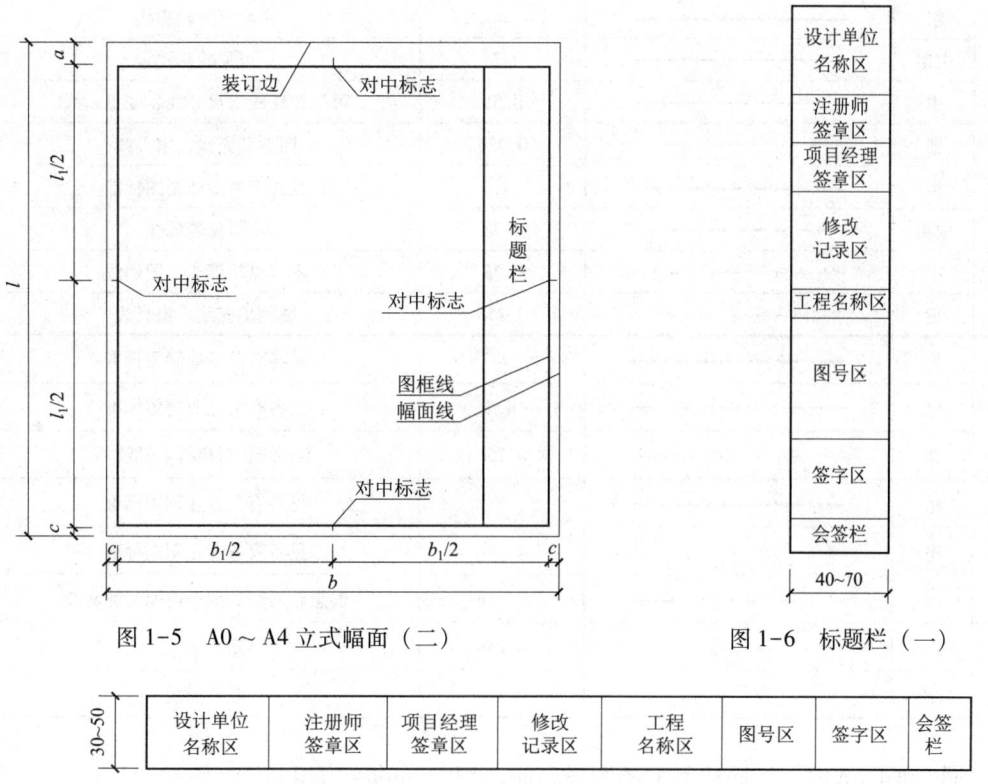

图 1-5　A0～A4 立式幅面（二）　　　图 1-6　标题栏（一）

图 1-7　标题栏（二）

1.4.4 图线

图线的相关规定如下所示。

(1) 图线的宽度 b，宜从 1.4、1.0、0.7、0.5、0.35、0.25、0.18、0.13 mm 线宽系列中选取。图线宽度不应小于 0.1 mm。每个图样，应根据复杂程度与比例大小，先选定基本线宽 b，再选用表 1-3 中相应的线宽组。

表 1-3　线 宽 组　　　　　　　　　　　　　　　　　　mm

线宽比	线宽组			
b	1.4	1.0	0.7	0.5
$0.7b$	1.0	0.7	0.5	0.35
$0.5b$	0.7	0.5	0.35	0.25
$0.25b$	0.35	0.25	0.18	0.13

注：1. 需要缩微的图纸，不宜采用 0.18 及更细的线宽。
　　2. 同一张图纸内，各不同线宽中的细线，可统一采用较细的线宽组的细线。

(2) 工程建设制图应选用表 1-4 所示的图线。

表 1-4　图　　线

名称		线型	线宽	用途
实线	粗	——————	b	主要可见轮廓线
	中粗	——————	$0.7b$	可见轮廓线
	中	——————	$0.5b$	可见轮廓线、尺寸线、变更云线
	细	——————	$0.25b$	图例填充线、家具线
虚线	粗	- - - - - -	b	见各有关专业制图标准
	中粗	- - - - - -	$0.7b$	不可见轮廓线
	中	- - - - - -	$0.5b$	不可见轮廓线、图例线
	细	- - - - - -	$0.25b$	图例填充线、家具线
单点长划线	粗	—·—·—	b	见各有关专业制图标准
	中	—·—·—	$0.5b$	见各有关专业制图标准
	细	—·—·—	$0.25b$	中心线、对称线、轴线等
双点长划线	粗	—··—··—	b	见各有关专业制图标准
	中	—··—··—	$0.5b$	见各有关专业制图标准
	细	—··—··—	$0.25b$	假想轮廓线、成型前原始轮廓线
折断线	细	∿	$0.25b$	断开界线
波浪线	细	～～～	$0.25b$	断开界线

(3) 同一张图纸内，相同比例的各图样，应选用相同的线宽组。
(4) 图纸的图框和标题栏线应按照表 1-5 所示选择线宽。

表 1-5　图框线、标题栏线的宽度　　　　　　　　　　　　　　mm

幅面代号	图框线	标题栏外框线	标题栏分格线
A0、A1	b	$0.5b$	$0.25b$
A2、A3、A4	b	$0.7b$	$0.35b$

（5）相互平行的图例线，其净间隙或线中间隙不宜小于 0.2 mm。

（6）虚线、单点长划线或双点长划线的线段长度和间隔，宜各自相等。

（7）单点长划线或双点长划线，当在较小图形中绘制有困难时，可用实线代替。

（8）单点长划线或双点长划线的两端，不应是点。点划线与点划线或点划线与其他图线交接时，应是线段交接。

（9）虚线与虚线交接或虚线与其他图线交接时，应是线段交接。虚线为实线的延长线时，不得与实线相接。

（10）图线不得与文字、数字或符号重叠、混淆，不可避免时，应首先保证文字的清晰。

1.4.5　字体

字体的相关规定如下所示。

（1）图纸上所需书写的文字、数字或符号等，均应笔画清晰、字体端正、排列整齐；标点符号应清楚正确。

（2）文字的字高应从表 1-6 中选用。字高大于 10 mm 的文字宜采用 True Type 字体，当需书写更大的字时，其高度应按 $\sqrt{2}$ 的倍数递增。

表 1-6　文字的字高　　　　　　　　　　　　　　　　　　　　mm

字体种类	中文矢量字体	True Type 字体及非中文矢量字体
字高	3.5、5、7、10、14、20	3、4、6、8、10、14、20

（3）图样及说明中的汉字，宜采用长仿宋体或黑体，同一图纸字体种类不应超过两种。长仿宋体的高度的关系应符合表 1-7 的规定，黑体字的宽度与高度应相同。大标题、图册封面、地形图等的汉字，也可书写成其他字体，但应易于辨认。

表 1-7　长仿宋字高宽关系　　　　　　　　　　　　　　　　　mm

字高	20	14	10	7	5	3.5
字宽	14	10	7	5	3.5	2.5

（4）汉字的简化字书写应符合国家有关汉字简化方案的规定。

（5）图样及说明中的拉丁字母、阿拉伯数字与罗马数字，宜采用单线简体或 Roman 字体。拉丁字母、阿拉伯数字与罗马数字的书写规则，应符合表 1-8 的规定。

表 1-8　拉丁字母、阿拉伯数字与罗马数字的书写规则

书写格式	字　体	窄　字　体
大写字母高度	h	h
小写字母高度（上下均无延伸）	$(7/10)h$	$(10/14)h$
小写字母伸出的头部或尾部	$(3/10)h$	$(4/14)h$
笔画宽度	$(1/10)h$	$(1/14)h$
字母间距	$(2/10)h$	$(2/14)h$
上下行基准线的最小间距	$(15/10)h$	$(21/14)h$
词间距	$(6/10)h$	$(6/14)h$

（6）拉丁字母、阿拉伯数字与罗马数字，如需写成斜体字，其斜度应是从字的底线逆时针向上倾斜75°。斜体字的高度和宽度应与相应的直体字相等。

（7）拉丁字母、阿拉伯数字与罗马数字的字高，不应小于2.5 mm。

（8）数量的数值注写，应采用正体阿拉伯数字。各种计量单位凡前面有量值的，均应采用国家颁布的单位符号注写。单位符号应采用正体字母。

（9）分数、百分数和比例数的注写，应采用阿拉伯数字和数学符号。

（10）当注写的数字小于1时，应写出各位的"0"，小数点应采用圆点，齐基准线书写。

1.4.6　比例

比例的相关规定如下所示。

（1）图样的比例，应为图形与实物相对应的线性尺寸之比。

（2）比例的符号应为"："，比例应以阿拉伯数字表示。

（3）比例宜注写在图名的右侧，字的基准线应取平；比例的字高宜比图名的字高小一号或二号（见图1-8）。

图 1-8　比例的注写

（4）绘图所用的比例应根据图样的用途与被绘对象的复杂程度，从表1-9中选用，并应优先采用表中常用比例。

表 1-9　绘图所用的比例

常用比例	1∶1、1∶2、1∶5、1∶10、1∶20、1∶30、1∶50、1∶100、1∶150、1∶200、1∶500、1∶1 000、1∶2 000
可用比例	1∶3、1∶4、1∶6、1∶15、1∶25、1∶40、1∶60、1∶80、1∶250、1∶300、1∶400、1∶600、1∶5 000、1∶10 000、1∶20 000、1∶50 000、1∶100 000、1∶200 000

（5）一般情况下，一个图样应选用一种比例。根据专业制图需要，同一图样可选用两种比例。

（6）特殊情况下也可自选比例，这时除应注出绘图比例外，还必须在适当位置绘制出相应的比例尺。

1.4.7 符号

1. 剖切符号

1) 剖视的剖切符号

剖视的剖切符号应由剖切位置线及剖视方向线组成，均应以粗实线绘制。剖视的剖切符号应符合下列规定。

（1）剖切位置线的长度宜为 6～10 mm，剖视方向线应垂直于剖切位置线，长度应短于剖切位置线，宜为 4～6 mm（见图 1-9），也可采用国际统一和常用的剖视方法，如图 1-10 所示。绘制时，剖视的剖切符号不应与其他图线相接触。

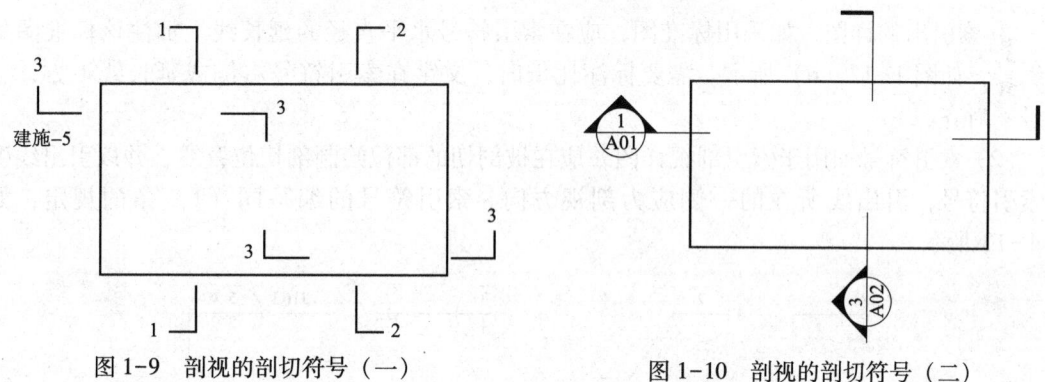

图 1-9 剖视的剖切符号（一）　　　　图 1-10 剖视的剖切符号（二）

（2）剖视剖切符号的编号宜采用粗阿拉伯数字，按剖切顺序由左至右、由下向上连续编排，并应注写在剖视方向线的端部。

（3）需要转折的剖切位置线，应在转角的外侧加注与该符号相同的编号。

（4）建（构）筑物剖面图的剖切符号应注在±0.000 标高的平面图或首层平面图上。

（5）局部剖面图（不含首层）的剖切符号应注在包含剖切部位的最下面一层的平面图上。

2) 断面的剖切符号

断面的剖切符号应符合下列规定。

（1）断面的剖切符号应只用剖切位置线表示，并应以粗实线绘制，长度宜为 6～10 mm。

（2）断面剖切符号的编号宜采用阿拉伯数字，按顺序连续编排，并应注写在剖切位置线的一侧；编号所在的一侧应为该断面的剖视方向（见图 1-11）。

另外，当剖面图或断面图与被剖切图样不在同一张图内时，应在剖切位置线的另一侧注明其所在图纸的编号，也可以在图上集中说明。

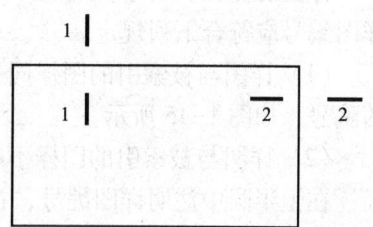

图 1-11 断面的剖切符号

2. 索引符号与详图符号

1) 索引符号

（1）图样中的某一局部或构件，如需另见详图，应以索引符号索引，如图 1-12（a）所示。索引符号是由直径为 8～10 mm 的圆和水平直径组成，圆及水平直径应以细实线绘制。索引符号应按下列规定编写。

① 索引出的详图，如与被索引的详图同在一张图纸内，应在索引符号的上半圆中用阿拉伯数字注明该详图的编号，并在下半圆中间画一段水平细实线，如图 1-12（b）所示。

② 索引出的详图，如与被索引的详图不在同一张图纸内，应在索引符号的上半圆中用阿拉伯数字注明该详图的编号，在索引符号的下半圆用阿拉伯数字注明该详图所在图纸的编号，如图 1-12（c）所示。数字较多时，可加文字标注。

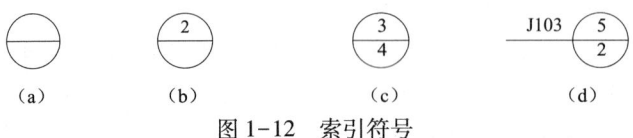

图 1-12 索引符号

③ 索引出的详图，如采用标准图，应在索引符号水平直径的延长线上加注该标准图集的编号，如图 1-12（d）所示。需要标注比例时，文字在索引符号右侧或延长线下方，与符号下对齐。

(2) 索引符号如用于索引剖视详图，应在被剖切的部位绘制剖切位置线，并以引出线引出索引符号，引出线所在的一侧应为剖视方向。索引符号的编写同（1）条的规定，如图 1-13 所示。

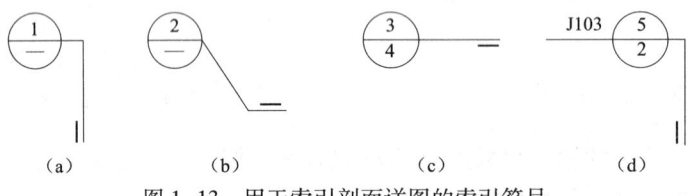

图 1-13 用于索引剖面详图的索引符号

(3) 零件、钢筋、杆件、设备等的编号直径宜以 5～6 mm 的细实线圆表示，同一图样应保持一致，其编号应用阿拉伯数字按顺序编写，如图 1-14 所示。消火栓、配电箱、管井等的索引符号，直径宜以 4～6 mm 为宜。

2）详图符号

详图的位置和编号，应以详图符号表示。详图符号的圆应以直径为 14 mm 粗实线绘制。详图编号应符合下列规定。

(1) 详图与被索引的图样同在一张图纸内时，应在详图符号内用阿拉伯数字注明详图的编号，如图 1-15 所示。

(2) 详图与被索引的图样不在同一张图纸内时，应用细实线在详图符号内画一水平直径，在上半圆中注明详图编号，在下半圆中注明被索引的图纸的编号，如图 1-16 所示。

图 1-14 零件、钢筋等的编号　　图 1-15 详图符号（一）　　图 1-16 详图符号（二）

3. 引出线

引出线的相关规定如下。

(1) 引出线应以细实线绘制，可为水平方向的直线或与水平方向成 30°、45°、60°、90°

的直线或经上述角度再折为水平线。文字说明宜注写在水平线的上方[见图1-17（a）]，也可注写在水平线的端部[见图1-17（b）]。索引详图的引出线，应与水平直径线相连接[见图1-17（c）]。

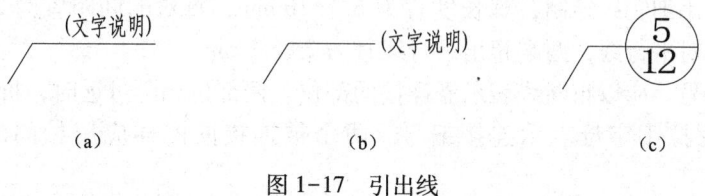

图 1-17　引出线

（2）同时引出的几个相同部分的引出线，宜互相平行[图1-18（a）]，也可画成集中于一点的放射线[图1-18（b）]。

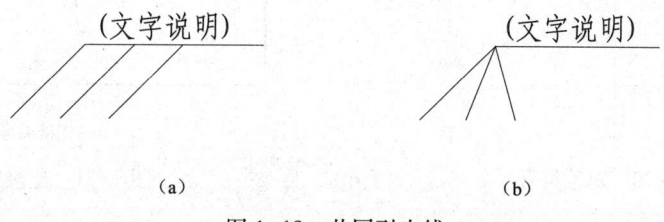

图 1-18　共同引出线

（3）多层构造或多层管道共用引出线，应通过被引出的各层，并用圆点示意对应各层次（见图1-19）。文字说明宜注写在水平线的上方或端部，说明的顺序应由上至下，并应与被说明的层次对应一致；如层次为横向排序，则由上至下的说明顺序应与由左至右的层次对应一致。

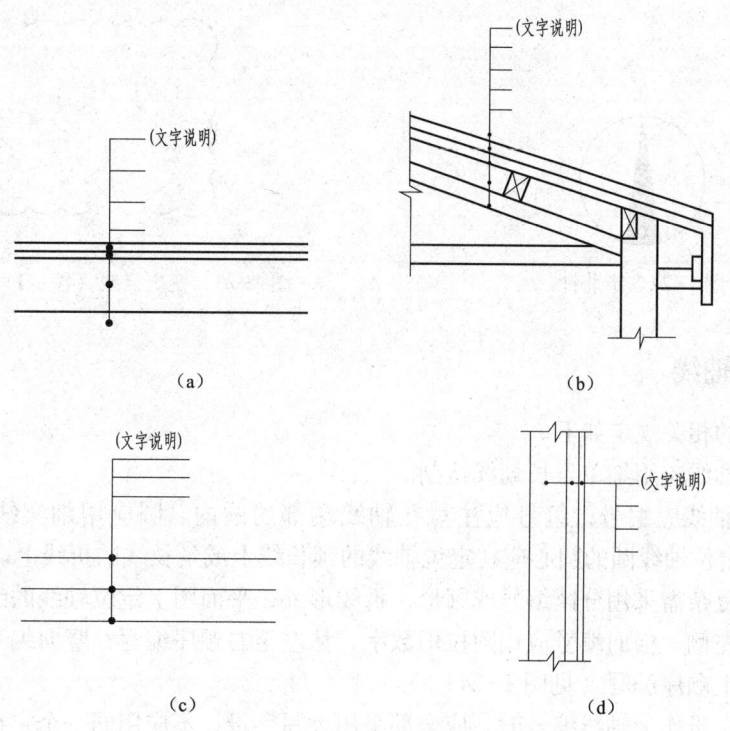

图 1-19　多层共用引出线

4. 其他符号

建筑施工图上也经常用到以下几个符号。

（1）对称符号，由对称线和两端的两对平行线组成（见图1-20）。对称线用细单点长划线绘制；平行线用细实线绘制，其长度宜为6～10 mm，每对的间距宜为2～3 mm；对称线垂直平分于两对平行线，两端超出平行线宜为2～3 mm。

（2）连接符号，应以折断线表示需连接的部位。两部位相距过远时，折断线两端靠图样一侧应标注大写拉丁字母表示连接编号。两个被连接的图样应用相同的字母编号，如图1-21所示。

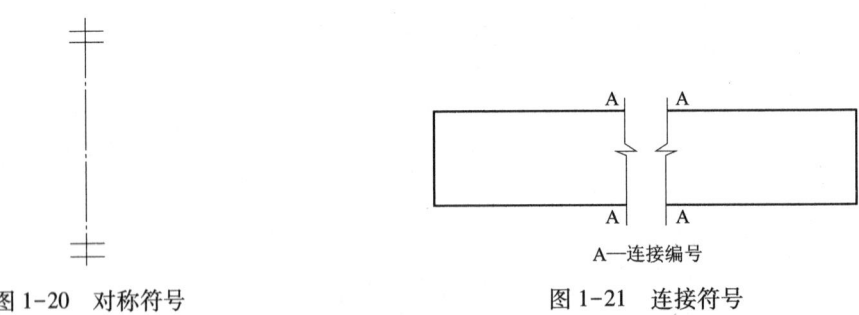

图1-20　对称符号　　　　　　　图1-21　连接符号

（3）指北针，应符合图1-22的规定，其圆的直径宜为24 mm，用细实线绘制；指针尾部的宽度宜为3 mm，指针头部应注"北"或"N"字。需用较大直径绘制指北针时，指针尾部的宽度宜为直径的1/8。

（4）变更云线，用来对图纸中的局部进行变更，并宜注明修改版次（见图1-23）。

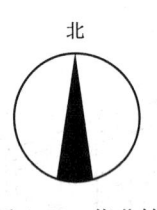 

图1-22　指北针　　　　　　　图1-23　变更云线（注：1为修改次数）

1.4.8　定位轴线

定位轴线的相关规定如下。

（1）定位轴线应用细单点长划线绘制。

（2）定位轴线应编号，编号应注写在轴线端部的圆内。圆应用细实线绘制，直径为8～10 mm。定位轴线圆的圆心应在定位轴线的延长线上或延长线的折线上。

（3）除较复杂需采用分区编号或圆形、折线形外，平面图上定位轴线的编号，宜标注在图样的下方或左侧。横向编号应用阿拉伯数字，从左至右顺序编写；竖向编号应用大写拉丁字母，从下至上顺序编写（见图1-24）。

（4）拉丁字母作为轴线编号时，应全部采用大写字母，不应用同一个字母的大小写来区分轴线号。拉丁字母的 I、O、Z 不得用做轴线编号。当字母数量不够使用，可增用双字母或单字母加数字注脚的形式。

（5）组合较复杂的平面图中定位轴线也可采用分区编号（见图 1-25）。编号的注写形式应为"分区号—该分区编号"。"分区号—该分区编号"采用阿拉伯数字或大写拉丁字母表示。

（6）附加定位轴线的编号，应以分数形式表示，并应符合下列规定。

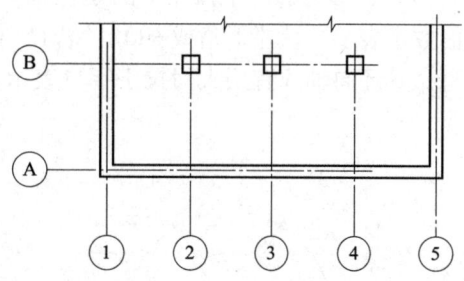

图 1-24　定位轴线的编号顺序

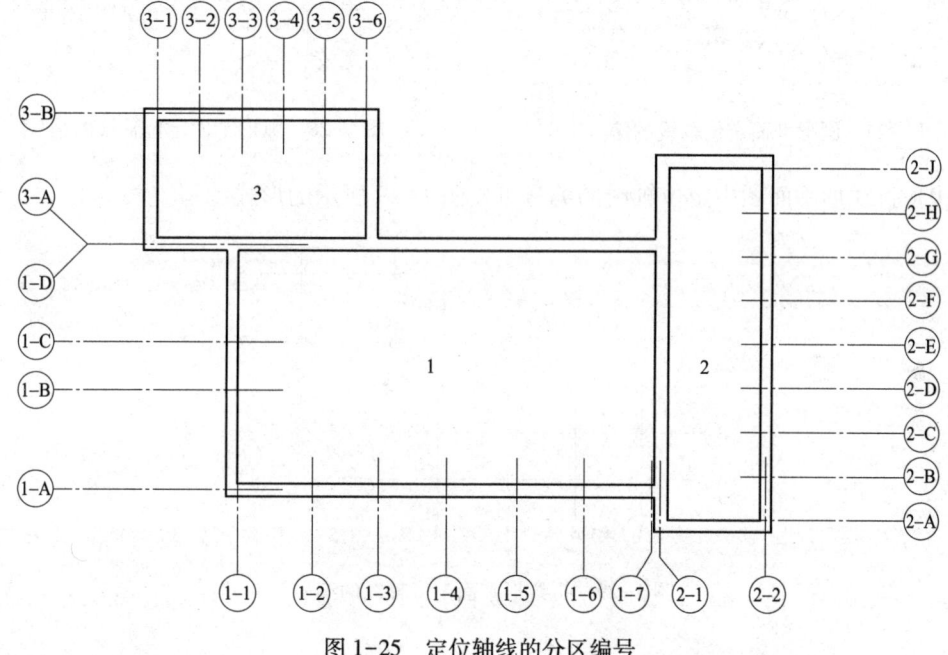

图 1-25　定位轴线的分区编号

① 两根轴线的附加轴线，应以分母表示前一轴线的编号，分子表示附加轴线的编号。编号宜用阿拉伯数字顺序编写。

② 1 号轴线或 A 号轴线之前的附加轴线的分母应以 01 或 0A 表示。

（7）一个详图适用于几根轴线时，应同时注明各有关轴线的编号（见图 1-26）。

图 1-26　详图的轴线编号

（8）通用详图中的定位轴线，应只画圆，不注写轴线编号。

（9）圆形与弧形平面图中的定位轴线，其径向轴线应以角度进行定位，其编号宜用阿拉伯数字表示，从左下角或-90°（若径向轴线很密，角度间隔很小）开始，按逆时针顺序编写；其环向轴线宜用大写拉丁字母表示，从外向内顺序编写，如图1-27和图1-28所示。

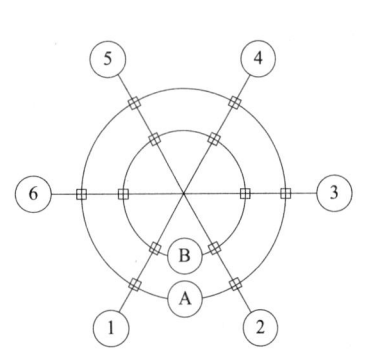
图1-27　圆形平面定位轴线的编号

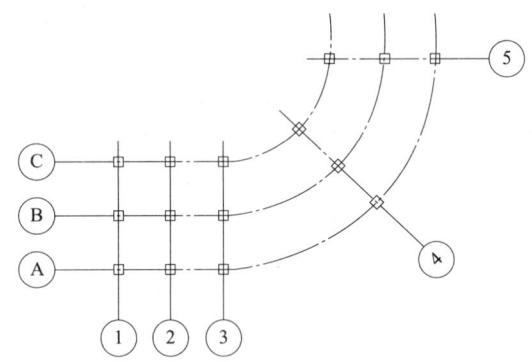
图1-28　弧形平面定位轴线的编号

（10）折线形平面图中定位轴线的编号可按图1-29所示的形式编写。

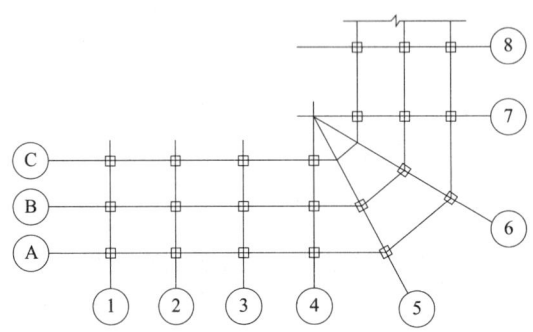
图1-29　折线形平面定位轴线的编号

1.4.9　常用建筑材料图例

1. 一般规定

（1）常用建筑材料的图例画法对其尺度比例不作具体规定。使用时，应根据图样大小而定，并应符合下列规定。

① 图例线应间隔均匀，疏密适度，做到图例正确，表示清楚。

② 不同品种的同类材料使用同一图例时，应在图上附加必要的说明。

③ 两个相同的图例相接时，图例线宜错开或使倾斜方向相反，如图1-30所示。

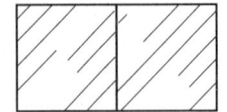 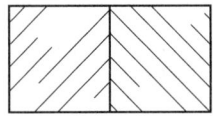

图1-30　相同图例相接时的画法

④ 两个相邻的涂黑图例间应留有空隙，其净宽度不得小于0.5 mm，如图1-31所示。

(2) 下列情况可不加图例，但应加文字说明。

① 一张图纸内的图样只用一种图例时。

② 图形较小无法画出建筑材料图例时。

(3) 需画出的建筑材料图例面积过大时，可在断面轮廓线内沿轮廓线作局部表示，如图 1-32 所示。

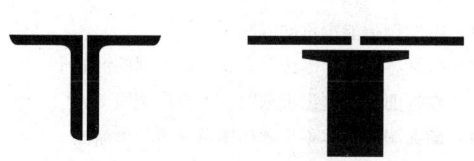

图 1-31　相邻涂黑图例的画法

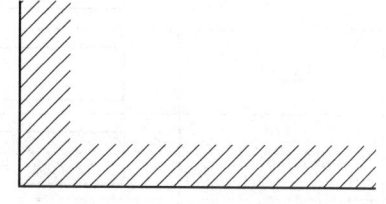

图 1-32　局部表示图例

(4) 当选用标准中未包括的建筑材料时，可自编图例，但不得与标准中所列的图例重复。绘制时，应在适当位置画出该材料图例，并加以说明。

2. 常用建筑材料图例

常用建筑材料应按表 1-10 所示图例画法绘制。

表 1-10　常用建筑材料图例

序号	名称	图例	备注
1	自然土壤		包括各种自然土壤
2	夯实土壤		
3	砂、灰尘		
4	砂砾石、碎砖三合土		
5	石材		
6	毛石		
7	普通砖		包括实心砖、多孔砖、砌块等砌体。断面较窄不易绘出图例线时，可涂红，并在图纸备注中加注说明，画出该材料图例
8	耐火砖		包括耐酸砖等砌体
9	空心砖		指非承重砖砌体

续表

序号	名称	图例	备 注
10	饰面砖	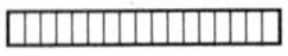	包括铺地砖、马赛克、陶瓷锦砖、人造大理石等
11	焦渣、矿渣	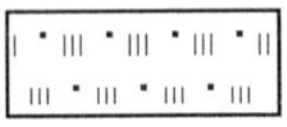	包括与水泥、石灰等混合而成的材料
12	混凝土	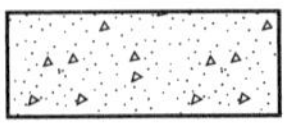	(1) 本图例指能承重的混凝土 (2) 包括各种强度等级、骨料、添加剂的混凝土 (3) 在剖面图上画出钢筋时,不画图例线 (4) 断面图形小,不易画出图例线时,可涂黑
13	钢筋混凝土	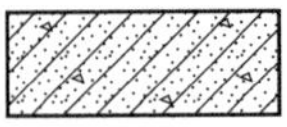	
14	多孔材料	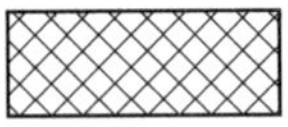	包括水泥珍珠岩、沥青珍珠岩、泡沫混凝土、非承重加气混凝土、软木、蛭石制品等
15	纤维材料	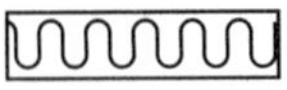	包括矿棉、岩棉、玻璃棉、麻丝、木丝板、纤维板等
16	泡沫塑料材料	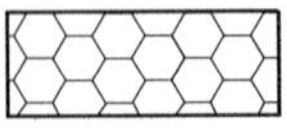	包括聚苯乙烯、聚乙烯、聚氨酯等多孔聚合物类材料
17	木材		(1) 上图为横断面,左上图为垫木、木砖或木龙骨 (2) 下图为纵断面
18	胶合板	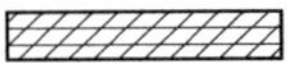	应注明为胶合板的层数
19	石膏板	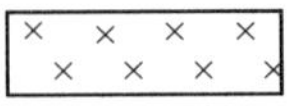	包括圆孔、方孔石膏孔、防水石膏板硅钙板、防火板等
20	金属		(1) 包括各种金属 (2) 图形小时,可涂黑
21	网状材料		(1) 包括金属、塑料网状材料 (2) 应注明具体材料名称
22	液体	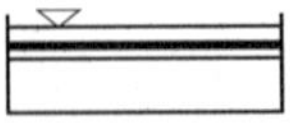	应注明具体液体名称
23	玻璃	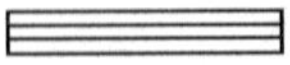	包括平板玻璃、磨砂玻璃、夹丝玻璃、钢化玻璃、中空玻璃、夹层玻璃、镀膜玻璃等
24	橡胶		
25	塑料		包括各种软、硬塑料及有机玻璃等

续表

序号	名称	图例	备 注
26	防水材料		构造层次多或比例大时，采用上面图例
27	粉刷		本图例采用稀的点

注：序号1、2、5、7、8、13、14、16、17、18图例中的斜线、短斜线、交叉斜线等均为45°。

1.5 建筑工程识图原则与步骤

1. 建筑工程识图的原则

建筑工程施工图的识读必须依据现行的国家制图标准、建筑规范、设计图集进行施工图的识读。识读过程中要掌握以下六大识图原则。

（1）先整体识读，再分专业识读。即先将整套完整的施工图通读一遍，识读出整套施工图包括哪几个专业施工图，每个专业施工图包括几张施工图纸，然后再分专业按施工图顺序编码一张一张地识读。

（2）识图的先后与建设程序的先后需一致，即按各专业施工先后的顺序识读各专业图纸。比如，在施工时，先进行建筑和结构主体的施工就先识读建筑结构专业施工图，水电设施在主体施工结束后才进行施工，所以将水电施工图安排在建筑结构施工图识读后才识读。也就是说，按建筑施工图、结构施工图、给排水施工图、电气施工图的专业顺序进行识图。

分专业识图时，先按图纸标题栏标注的施工图顺序进行识读，必要时才需打乱顺序进行相对应的共同图形信息进行识读。

（3）除了识读施工图的图形部分，还需要重视文字说明的识读，特别是设计总说明、建筑设计总说明、结构设计总说明、给排水设计总说明、电气设计总说明，以及每张图纸可能注写的各分部分项工程的施工说明、注写等。

（4）识读图形部分时，特别要重视图形中各组成部分对应的尺寸数值。

（5）识读图形时，若不能明示构件做法和尺寸的地方需要养成查找施工图中的大样图或详图进行识读的习惯。

（6）识读图形时，若不能明示其属性和施工需要了解的信息时，需要养成去设计说明去寻找答案的习惯。

2. 建筑工程识图的步骤

从识图的原则可知，识图需先分专业进行识图。即按建筑施工图、结构施工图、给排水施工图、电气施工图的专业顺序进行识图。在识读各专业施工图时候，又按照施工图的顺序编号按顺序进行识读。其实所有专业图纸和每张图纸的识读步骤基本都是一样的，遵循每张图纸的识图步骤，按图纸顺序进行识读，直到完成一个专业的图纸识读，再进行下一个专业的图纸识读。也就是说，建筑工程识图，其实就是按照图纸顺序一张张图纸分别读取，化零为整，完成一套施工图的识读。在此以一个专业图纸的识读进行阐述七大识读步骤。

（1）第一步识读图纸目录。了解专业图纸的张数，施工图使用的图纸幅面，每张施工图包括的图形内容及名称，避免以后遗漏任何一张图纸和图纸的内容。

（2）第二步识读专业设计总说明。仔细阅读每一条说明，理解每一条说明阐述的工程概况、要求、特性、施工工艺、施工方法、构件做法及规范规定等。

（3）第三步识读标题栏。在识读图形施工图时，必须先识读图纸的标题栏，了解以下信息。

① 设计单位名称。

② 建设单位名称。

③ 工程名称和项目名称。

④ 图纸所属专业。

⑤ 图纸的顺序编号。

⑥ 图纸名称。

⑦ 图纸的设计时间。

其中图纸所属专业、图纸的顺序编号、图纸名称是最重要的图纸信息，需要养成在翻阅图纸时先识读图纸标题栏图名的习惯。

（4）第四步识读施工图图元、图形图。打开每页施工图时，进行图纸中图元的识读。在一张图纸中，有时不止一个图形或图元，需根据标题栏的图名进行一一对应识读。每个图元的识读按以下顺序进行。

① 识读图元、图形的名称及比例。

② 识读图元、图形的标高。

③ 识读图元、图形的尺寸线。尺寸线包括四周的上下各三道横向尺寸线和左右各三道纵向尺寸线。其中三道横向尺寸线包括总尺寸线、定位尺寸线、细部尺寸线，尺寸线从外往里读取，靠近图形的尺寸线称为细部尺寸线，离图形最远的尺寸线为总尺寸线，中间的尺寸线为定位尺寸线，即先读总尺寸线，再读定位尺寸线，最后读细部尺寸线。同时理解尺寸线上标注的数值所对应的构件，理解其表示构件的大小或是高度。

④ 识读图元、图形内部的尺寸，也就是图元、图形的细部尺寸，同时理解尺寸数值所对应的构件。

（5）第五步识读符号。识读各个图元内的各种符号，包括标高符号、索引符号、详图符号、剖切符号、对称符号等。

（6）第六步识读说明或注写。识读每页施工图中各图元、图形包括的各种文字注写或文字说明。

（7）第七步识读施工图的联系。根据所需要的图纸信息和所需构件或构造的信息，对比、结合、联合地进行图纸的交叉识读。比如需要了解一个窗子的宽和高，须在建筑平面图上找到窗子的宽，再到建筑立面图上找到窗子的高，只有将两张图纸进行结合识读，才能获取窗子的施工尺寸，进行正确的指导施工。

3. 建筑工程识图的关键

建筑工程识图的关键有以下四点。

（1）尺寸线的识读是整张图纸的重点，必须能读懂每个尺寸线所指向的地方和每个尺寸线上标注的数值对应的图形大小。

(2) 读懂图纸内符号表示的含义。

(3) 读懂图例,通过图例识读图纸内图元的含义。

(4) 由于很多的房屋信息无法用图形的形式表示出来,如抹灰使用的材料和做法无法通过绘制的形式表现出来,只能在图纸上进行文字的描述,所以读懂图纸内的文字说明和文字含义也非常重要。

以上四点就是识图的关键,也是识图的主要内容。

1.6 学习方法和技巧

建筑工程识图的方法与技巧有以下几点。

(1) 持续识图,即每天都必须看图。

(2) 识图时间不能过长,即每天看图时间不能太长,一般两个小时左右即可,其他时间用来消化当天所学的图纸知识。

(3) 选择纸质图纸识读,辅以电子图纸识读。因为纸质的图纸可以一窥全貌,而计算机里的图纸为了能看清某个图元必须在屏幕上进行放大,不能同时联系整张图纸的关系,不利于对图纸的理解。

(4) 坚持复习。课后必须自行花一定时间复习已学的内容,有利于新知识的连贯吸收。

(5) 课前答疑,不留问题。上课前先向老师提出疑惑,解决前一次课的问题,不让问题叠加,有利于增强学生识图的自信心,利于进入良性循环的识图模式。

(6) 增加绘图训练。不止是看图,还需辅以绘图练习,绘图是识图的最好的方法。

(7) 由简单到复杂。选择易、中、难三种难度的图纸,循序渐进地进行识图,符合知识的接受规律,有利于知识的吸收和良性循环,有利于扎实地掌握识图技术。

(8) 图纸多样。通过多套及各种结构形式的施工图阅读,有利于学生掌握全面的识图技能,提高建筑工程施工图的识读能力。

(9) 教、学、做一体化。在识图过程中,不断追求探索学生主动学、乐意做和教师轻松教的一体化模式,坚持以学生为主体,不断提高学生的主动学习能力。

1.7 识图涵盖的专业科目知识

虽然识图课程在专业课程设置中,归类为专业基础课,但是因为施工图纸中涵盖了多学科的知识,所以只有在学习识图过程中,不断加强其他专业课程的学习,并将各科的专业知识进行串连,才能达到读懂施工图的效果。识图涵盖的专业科目知识主要分布在以下科目:

(1) 建筑制图;

(2) 建筑 CAD 和天正建筑;

(3) 房屋建筑学;

(4) 建筑材料;

(5) 建筑设备;

（6）建筑结构；

（7）建筑力学；

（8）建筑施工技术。

习　题

一、填空题

1. 按照建筑的使用性质可将建筑分为＿＿＿＿＿＿＿＿、＿＿＿＿＿＿＿＿和＿＿＿＿＿＿＿＿三大类。

2. 按照房屋建筑承重结构所使用的建筑材料可将房屋建筑分为＿＿＿＿＿＿、＿＿＿＿＿＿、＿＿＿＿＿＿、＿＿＿＿＿＿四大类。

3. 按照房屋建筑的高度或层数可将房屋建筑分为＿＿＿＿＿＿、＿＿＿＿＿＿、＿＿＿＿＿＿和＿＿＿＿＿＿五大类。

4. 一幢房屋建筑，一般都是由＿＿＿＿＿＿、＿＿＿＿＿＿、＿＿＿＿＿＿、＿＿＿＿＿＿、＿＿＿＿＿＿六大部分组成。

5. 建筑工程施工图按照专业不同，可以分为＿＿＿＿＿＿、＿＿＿＿＿＿、＿＿＿＿＿＿三类专业图纸。

6. 建筑施工图主要包括＿＿＿＿＿＿、＿＿＿＿＿＿、＿＿＿＿＿＿、＿＿＿＿＿＿等内容。

7. 结构施工图主要包括＿＿＿＿＿＿、＿＿＿＿＿＿、＿＿＿＿＿＿、＿＿＿＿＿＿等内容。

8. 设备施工图包括＿＿＿＿＿＿、＿＿＿＿＿＿、＿＿＿＿＿＿、＿＿＿＿＿＿、＿＿＿＿＿＿、＿＿＿＿＿＿等内容。

二、简答题

1. 建筑工程识图的原则有哪些？
2. 建筑工程识图的步骤有哪些？
3. 建筑工程识图的关键有哪些？

第2章　建筑施工图识读

▲ 导读

建筑施工图包括图纸目录、建筑设计总说明、建筑总平面图、建筑平面图、建筑立面图、建筑剖面图、建筑详图及大样图。

▲ 知识目标

(1) 熟悉建筑施工图制图规则、尺寸标注、图例表示、常用符号的含义。
(2) 熟悉建筑各构造图元使用材料和构造做法。
(3) 掌握平面图、立面图、剖面图的联系。
(4) 掌握建筑施工图与结构施工图的对应关系。
(5) 掌握建筑施工图与水电施工图的对应关系。

▲ 能力目标

(1) 能够结合平面图、立面图、剖面图、详图之间的联系识读建筑物各构造图元的尺寸大小。
(2) 能根据平面图绘制简单的立面图、剖面图、详图。
(3) 能运用数学规则计算建筑各构造图元的工程量。

▲ 素质目标

(1) 培养施工员岗位的建筑施工图运用技能。
(2) 培养预算员岗位的建筑施工图工程量计算技能。

▲ 实践活动

1. 实践活动任务描述

(1) 工程项目：食堂。
(2) 工程概况：一层建筑物。
(3) 任务：识读该项目建筑施工图，如图2-1～图2-3所示。

图纸目录

序号	图号	图纸名称	规格	备注
1	建施-1	建筑设计总说明 一层平面图	A3	
2	建施-2	天面平面图　⑤-①轴立面图 Ⓐ-Ⓓ轴立面图　门窗表　1-1剖面图	A3	
3	结施-1	结构设计总说明　圈梁 圈梁转角大样	A3	
4	结施-2	基础平面布置图　Z1 GZ1　J1　1-1	A3	
5	结施-3	天面平面板配筋 天面平面梁配筋	A3	

广西×××建筑设计院　设计资质等级:×级
证书编号:××××××

设计		建设单位	××××××公司	设计号	
校对		工程名称	食堂	专业	建筑、结构
审核		项目名称		日期	2013年9月

图 2-1　图纸目录

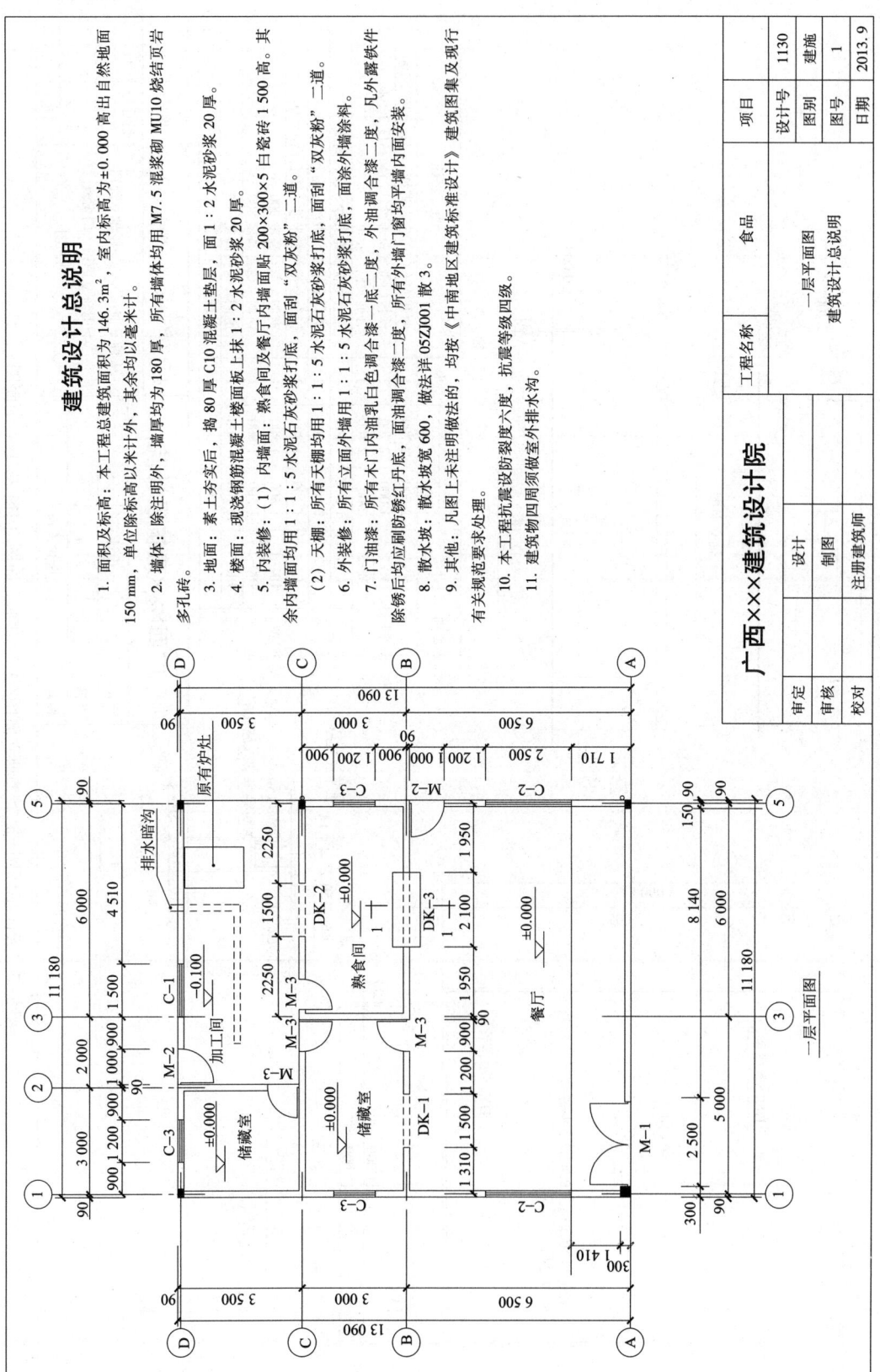

图 2-2 建筑设计总说明/一层平面图

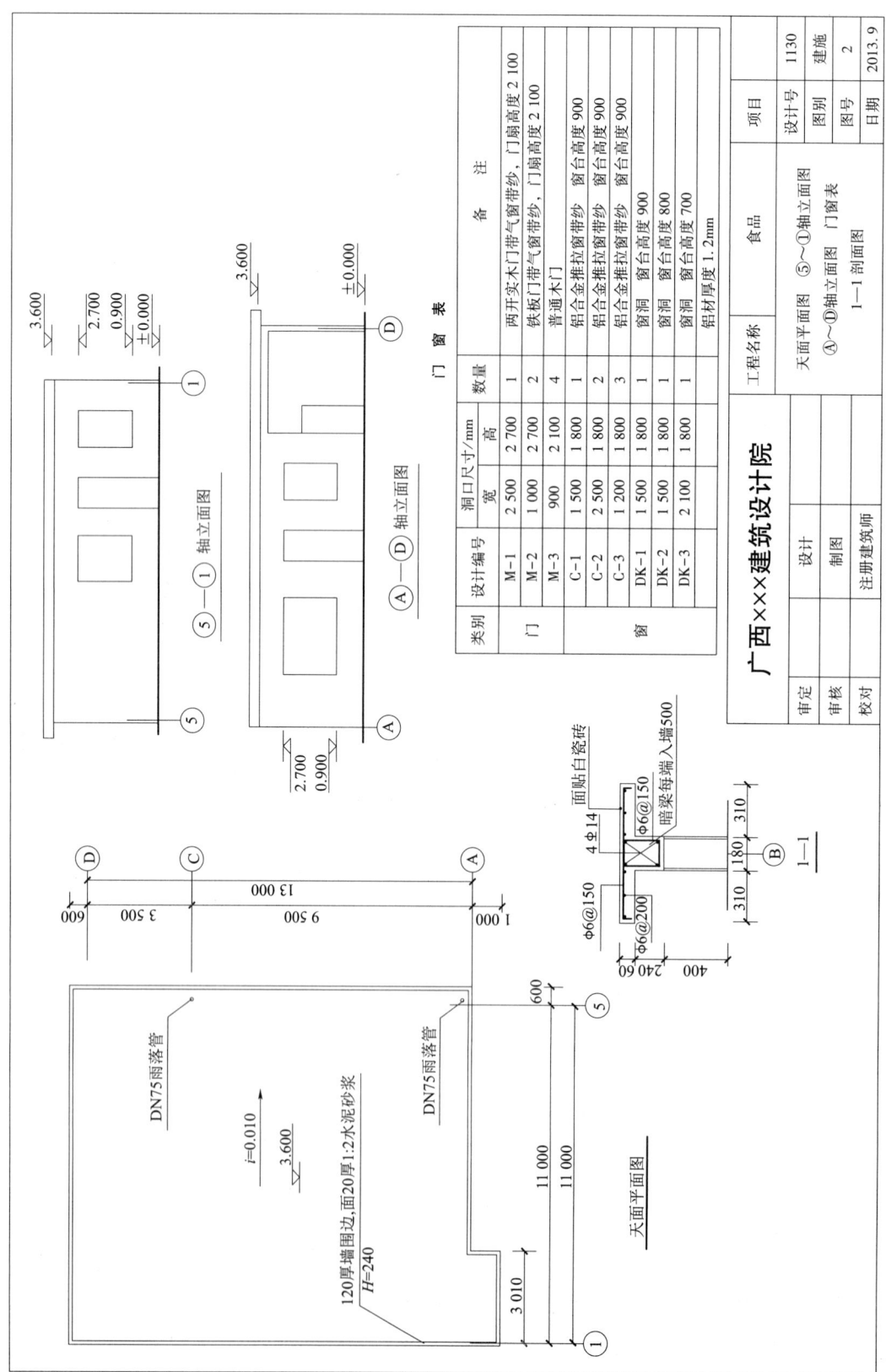

图 2-3 天面平面图/⑤~①轴立面图/Ⓐ~Ⓓ轴立面图/门窗表/1-1 剖面图

2. 实践设备、工具与材料

(1) 纸质建筑施工图纸一套。

(2) 绘图工具：小尺子、铅笔。

(3) 国家制图标准：GB/T 50103—2010《总图制图标准》；GB/T 50104—2010《建筑制图标准》；GB/T 50001—2010《房屋建筑制图统一标准》；GB/T 50105—2010《建筑结构制图标准》。

(4) 国家建筑标准设计图集：2005版《中南地区建筑标准设计建筑图集》和2011版的《中南地区工程建设标准设计建筑图集》。

(5) 建筑结构模型。

(6) 建筑结构模型照片。

(7) 建筑物实物照片。

3. 活动提示

(1) 观摩实训室的建筑结构模型。

(2) 观看模型照片。

(3) 观看建筑物实物照片。

(3) 明白国家制图标准、国家建筑标准设计图集里面的图例和常用符号等表示的含义。

(4) 施工图纸上构图元素识读，如图纸幅面规格、标题栏、图纸编排顺序、图线、比例、符号、定位轴线、尺寸标注、图例等的识读。

2.1　建筑施工图概述

建筑施工图是其他专业进行设计的基础，也是其他专业进行设计的依据，所以说建筑施工图对于整套图纸来说就是一切设计的基石。

建筑施工图的组成，大体上包括：图纸目录、门窗表、建筑设计总说明、建筑平面图、建筑立面图、建筑剖面图、建筑详图（大样图）等。

1. 图纸目录、门窗表

图纸目录是使用表格的形式描述整个建筑施工图纸的情况，从表格中可以了解图纸数量、施工图纸幅面大小、图纸名称、工程号、项目名称、建设单位、设计单位等。如果图纸目录与实际图纸有出入，必须一一核对目录与图纸的情况。门窗表就是使用表格的形式描述门窗编号、门窗尺寸、门窗使用的材料、门窗的做法及门窗的标高等。

2. 建筑设计总说明

建筑设计总说明是用文字的形式描述建筑物的工程概况、设计依据、墙体使用的材料及做法、地面使用的材料及做法、楼面使用的材料及做法、屋面使用的材料及做法等。

3. 建筑平面图

建筑平面图是用一个假想的水平剖切平面沿房屋略高于窗台的部位剖切，移去上面部分，作剩余部分的正投影而得到的水平投影图，也称为平面图。建筑平面图主要反映房屋的平面形状、大小和房间的相互关系、内部布置、墙柱的位置、厚度和材料、门窗的位置以及其他建筑构配件的位置和大小等。

4. 建筑立面图

建筑立面图是在与房屋立面平行的投影面上所做的正投影图,也称为立面图。建筑立面图主要反映房屋的外貌、各部分配件的形状和相互关系及立面装修做法等。

5. 建筑剖面图

建筑剖面图是假想用一个或一个以上的垂直于外墙轴线的铅垂剖切平面将房屋剖开,移去靠近观察者的部分,对剩余部分所做的正投影图。建筑剖面图主要反映房屋内部垂直方向的高度、分层情况,以及楼地面和屋顶的构造、构配件在垂直方向的相互关系。

6. 建筑详图

当建筑平面图、建筑立面图、建筑剖面图的比例较小,难以表达清楚建筑的细部构造时,为了满足施工要求,对该建筑的细部构造用较大的比例详细地描绘表达出来,这样的图称为建筑详图,有时也叫做大样图。

2.2 识读图纸目录

任务

识读图 2-1 所示的图纸目录。

1. 识图任务

(1) 标题栏的内容。
(2) 一套图纸的张数。
(3) 每张图纸包含的内容。

2. 识图任务提示

(1) 识读标题栏的文字。
(2) 识读表格的序号。
(3) 识读图纸名称。
(4) 查阅 GB/T 50001—2010《房屋建筑制图统一标准》。

2.2.1 概念

图纸目录是工程施工图的封面,不参与图纸编号的排列,采用表格的形式记录图纸的张数、图纸类别、图号、编排顺序、图纸名称、图纸幅面规格、备注等内容。

2.2.2 图纸目录的图示内容

1. 标题栏的内容

标题栏的内容主要有以下几项。
(1) 设计单位名称、设计资质、设计人员、设计号、设计时间。
(2) 建设单位名称。
(3) 工程名称和项目名称。
(4) 图纸所属专业。

2. 表格的内容

表格的内容主要有以下几项。

(1) 一套图纸的张数。

(2) 每张图纸包含的内容。

(3) 图号与图纸内容、图纸名称的对应关系。

在识读图纸目录时，需要掌握的最主要内容是图纸所属专业，图号与图纸内容、图纸名称的对应关系。

2.2.3 图纸目录的实例解读

以附录 A.1 某养护站办公楼的建筑施工图的图纸目录为例，说明图纸目录的识读步骤。

1. 标题栏的解读

标题栏的内容如下。

(1) 设计单位。

① 名称：位于图纸标题栏里最上面的黑体大字，即"广西×××建筑设计院"。

② 设计资质：位于标题栏里设计单位名称的后面，即"设计资质等级：×级"（一般设计资质分为甲级、乙级、丙级等）。

③ 设计院的资质证书号：证书编号××××××。

④ 设计人员：位于"设计"后面空格，一般为手签实名。

⑤ 设计号：位于"设计号"后面的空格，一般按设计的年限注写。若此处填写"2012-"表示该设计项目是该设计院 2012 年的第 n 个设计项目，这样注写是为了方便以后查找该年项目，通常作为设计院存档设计图纸时的项目索引编号。

⑥ 设计时间：位于"日期"后面的空格，其表示该设计项目完成的时间，此注写方便以后按设计时间进行查找。

(2) 建设单位名称：位于"建设单位"后面的空格。

(3) 工程名称：位于"工程名称"后面的空格。

(4) 项目名称：位于"项目名称"后面的空格。若工程项目不止一个单体工程，可在其工程名称的后面加上"1#"、"2#"、"A#"、"B#"等编码，以作不同单体建筑物区别。

(5) 图纸所属专业：位于"专业"后面的空格，表示该图纸目录做哪些专业施工图的汇总信息。若项目的图纸目录分不同专业制作，就表示整个项目的图纸目录不止一份。当然也可以按整个项目的所有专业施工图纸进行汇总信息，只做一份图纸目录，无须分专业绘制。

2. 表格的解读

图纸目录用表格的形式汇总图纸信息。表格能够表达出图号与图纸名称的对应关系，方便施工人员和预算人员按需要的图纸内容直接查找图纸页码。

(1) 第一列：序号。

此列表示了图纸的顺序、图纸的张数，同时也是识读图纸的顺序。由该列序号最后一个数字"7"得知，此套建筑和结构施工图共有 7 张。

(2) 第二列：图号。

此列表示了图纸类别（即图纸所属专业）、图号、编排顺序。

例如,"建施-1"表示建筑专业施工图第 1 张,依此类推。由此可知,建筑施工图共有 7 张。

(3) 第三列:图纸名称。

此列表示对应图号的图纸里包含的图元名称。每张图纸可以绘制一个或多个图元,每个图元可以独立表示建筑构造或建筑结构构件信息。每个独立的图元都可以有一个名称。

例如,序号"2",图号"建施-2",对应的图纸名称为"首层平面图 门窗表 女儿墙大样",即表示该张图纸包含首层平面图、门窗表、女儿墙大样等 3 个小图,3 个小图都是相对独立的。

(4) 第四列:规格。

此列所对应的所有行均显示为"A3",即表示此套建筑施工图的图纸规格大小为 A3 图纸幅面。图纸大小及使用的图纸幅面用 A0、A1、A2、A3、A4 等符号表示,不同字母表示的图纸幅面大小不一样。详见国家标准 GB/T 50001—2010《房屋建筑制图统一标准》。

(5) 第五列:备注。

此列是设计师根据需要填写。

总之,表中第二列和第三列是一一对应关系,也是图纸目录要表达的重点。建筑岗位工作人员可以通过图纸目录的表格,查阅其需要的图纸内容所在的图号,再通过直接查看每页图纸标题栏中的图号找到所需图纸内容,可以节省翻阅图纸内页的时间。

2.2.4 知识链接

不是每一套完整的施工图纸都需要编写图纸目录,若图纸张数比较少,可以不编写图纸目录。只需在每张图纸的标签栏中注明施工图纸的总张数和该张图纸的顺序号就可以了。需要注意的是施工图纸的总张数在标签栏表示时,是按不同专业分开进行张数汇总的。例如,在图号处注写"07/20",就表示该专业(如建筑专业)施工图总张数是 20 张,此张排在第 7 张。

2.2.5 技能训练项目

1. 训练任务

识读图 2-1 所示的图纸目录。

2. 训练目标

(1) 读取施工图总张数。

(2) 读取施工图所属的专业。

(3) 该专业包括的施工图总张数及每张的图纸内容。

3. 训练成果

(1) 根据训练目标编写识图报告。

(2) 试设计一套施工图的图纸目录。

2.3　识读建筑总平面图

任务

1. 识图任务

(1) 拟建房屋的位置和朝向。
(2) 拟建房屋的楼层。
(3) 拟建房屋与四周建筑物的位置关系。
(4) 拟建房屋的四周环境。

2. 识图任务提示

(1) 读取指北针或风玫瑰图。
(2) 识读拟建房屋绘制的符号和数字。
(3) 读取四周建筑物与拟建房屋的距离。
(4) 识读拟建房屋四周的道路、绿化、地形地貌。

2.3.1　概念

建筑总平面图简称总平面图。
(1) 建筑总平面图是假设在建设区的上空向下投影所得的水平投影图。
(2) 建筑总平面图主要表达拟建房屋的位置和朝向、与原有建筑的关系，以及周边道路、绿化布置及地形地貌等内容。它可作为拟建房屋定位、施工放线、土方施工以及施工总平面图布置的依据。

2.3.2　建筑总平面图的图示内容

建筑总平面图的图示内容主要有以下几项。
(1) 图名、比例。
(2) 用地范围、地形地貌和周边环境情况。
(3) 拟建房屋的平面位置和定位。
(4) 拟建房屋的朝向和主要风向。
(5) 道路交通及管线布置情况。
(8) 绿化、美化的要求和布置情况。

2.3.3　建筑总平面图的实例解读

以图 2-4 为例，说明建筑总平面图的识读步骤。
(1) 图名、比例、图例及有关的文字说明的解读。
从图 2-4 的最下面图纸名称的后面数值"1∶500"可知，该图的绘图比例为 1∶500。
(2) 工程的用地范围、地形地貌和周边环境情况的解读。
由图中可知拟建工程是东学生公寓 8#楼，层数为 7 层，楼长 60.8 m，宽 29 m，西侧有运动场，东侧有女生公寓和石化招待所。此外，图中还用虚线给出了拟建工程的规划用地范

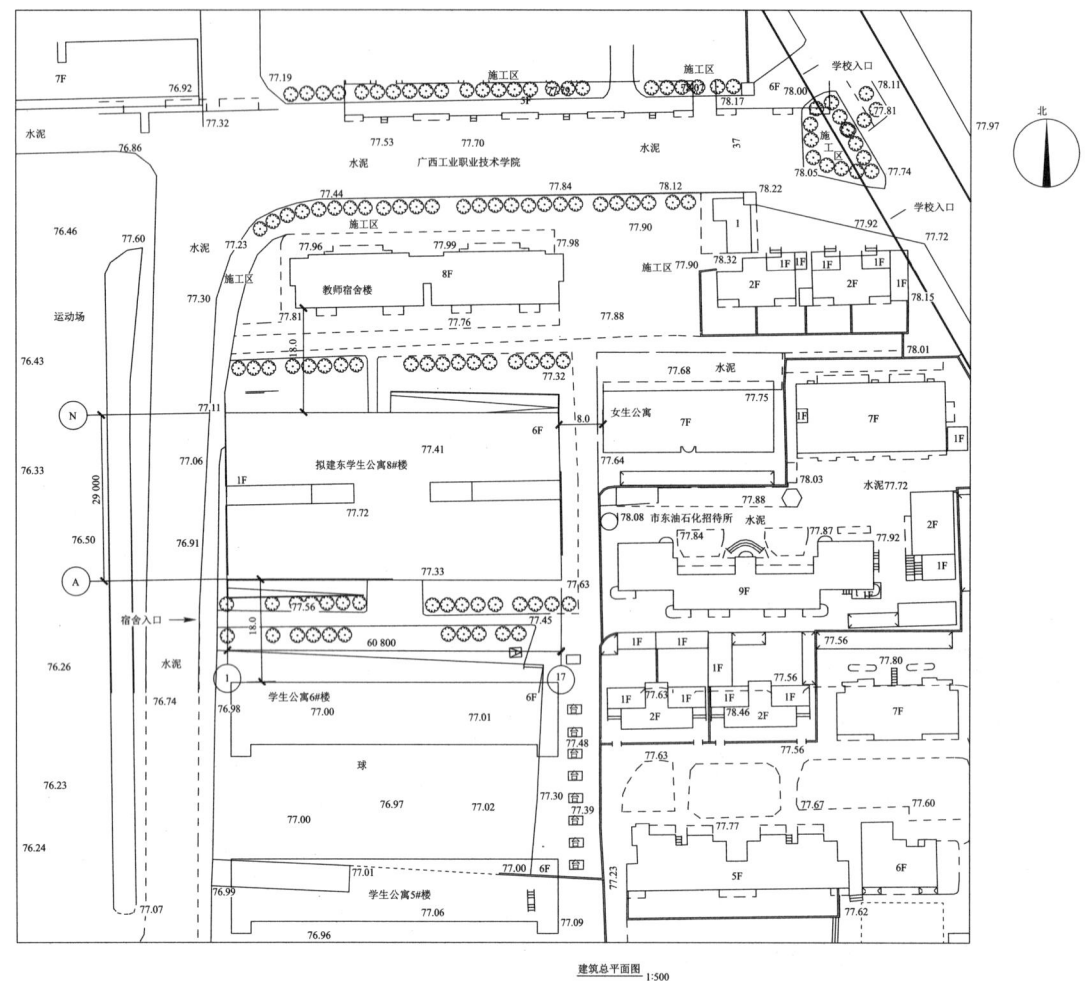

图 2-4　建筑总平面图（一）

围及规划用地等。

（3）拟建房屋的平面位置和定位依据的解读。

把房屋从图纸"搬"到地面上就是房屋的定位。图 2-4 中拟建房屋东学生公寓 8#楼北侧距教师宿舍楼 18 m，东侧距原有的女生公寓 8 m，南侧距原有的学生公寓 6#楼 18 m。这 3 个尺寸就确定了该房屋的位置。

（4）拟建房屋的朝向和主要风向的解读。

总平面图的右上角画有指北针，以指明该地区建筑物的朝向。从图 2-4 中的道路布置可知拟建房屋东学生公寓 8#楼的主要出入口位置，从指北针的方位可判断出该公寓楼的朝向为正南方向。

2.3.4　知识链接

1. 读建筑总平面图的五大步骤

第一步，识读拟建建筑物在图中的位置。

第二步，识读拟建建筑物与周边建筑物的定位尺寸。

第三步，识读图形中的各种符号，如指北针、风玫瑰图、标高符号、引出线等。

第四步，识读拟建建筑物的性质，包括层数、占地面积、使用功能等。

第五步，识读拟建建筑物所在的地形地貌、周边环境、道路情况等。

2. 专业知识

1）图名、比例、图例及有关的文字说明

总平面图因包括的地方范围大，所以绘制时采用较小的比例，如1∶2 000，1∶1 000，1∶500等。总平面图中标注的尺寸，一律以米为单位。由于总平面图的绘制比例较小，许多物体按原状画出，故使用较多的图例符号。

2）主要技术经济指标

建筑总平面图上可以直接注写主要技术经济指标的数值，一般包括规划总用地面积、总建筑面积、建筑占地面积、容积率、建筑密度、绿地率等。

（1）规划总用地面积：规划总用地面积也称为规划建设用地面积、可建设用地面积，是指项目用地红线范围内的土地面积，一般包括建筑区内的道路面积、绿地面积、建筑物所占面积、运动场地等。

（2）总建筑面积：指在建设用地范围内单栋或多栋建筑物地面以上及地面以下各层建筑面积之总和，简单地说，就是建筑物各层的水平投影面积的总和。

（3）建筑占地面积：一般指建筑物的首层占地面积。

（4）容积率：是指一个小区的地上总建筑面积与用地面积的比率。对于开发商来说，容积率决定地价成本在房屋中占的比例，而对于住户来说，容积率直接涉及居住的舒适度。一个良好的居住小区，高层住宅容积率应不超过4，多层住宅应不超过1.5。但由于受土地成本的限制，并不是所有项目都能做得到的。容积率的计算公式为：

$$容积率=地上总建筑面积÷规划总用地面积$$

（5）建筑密度：指在一定范围内，建筑物的基底面积总和与总用地面积的比例。其计算公式为

$$建筑密度=建筑物的基底面积总和÷规划建设用地面积$$

建筑密度与容积率考量的对象不同，相对于同一建筑地块，建筑密度的考量对象是建筑物的面积占用率，容积率的考量对象是建筑物的使用空间。

（6）绿地率：绿地率应不低于40%。绿地率是指居住区用地范围内各类绿地的总和与居住区用地的比率。其计算公式为：

$$绿地率=绿地面积÷土地面积×100\%$$

3. 符号

常用的符号有以下几个。

（1）指北针，如图2-5所示。

图2-5　指北针

（2）风玫瑰图，如图2-6所示。

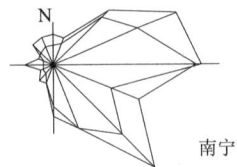

图 2-6　风玫瑰图

（3）总平面图室外地坪标高，常用涂黑的三角形表示，如图2-7所示。

图 2-7　总平面图室外地坪标高

2.3.5　技能训练项目

以图2-8所示的建筑总平面图为例进行项目训练。

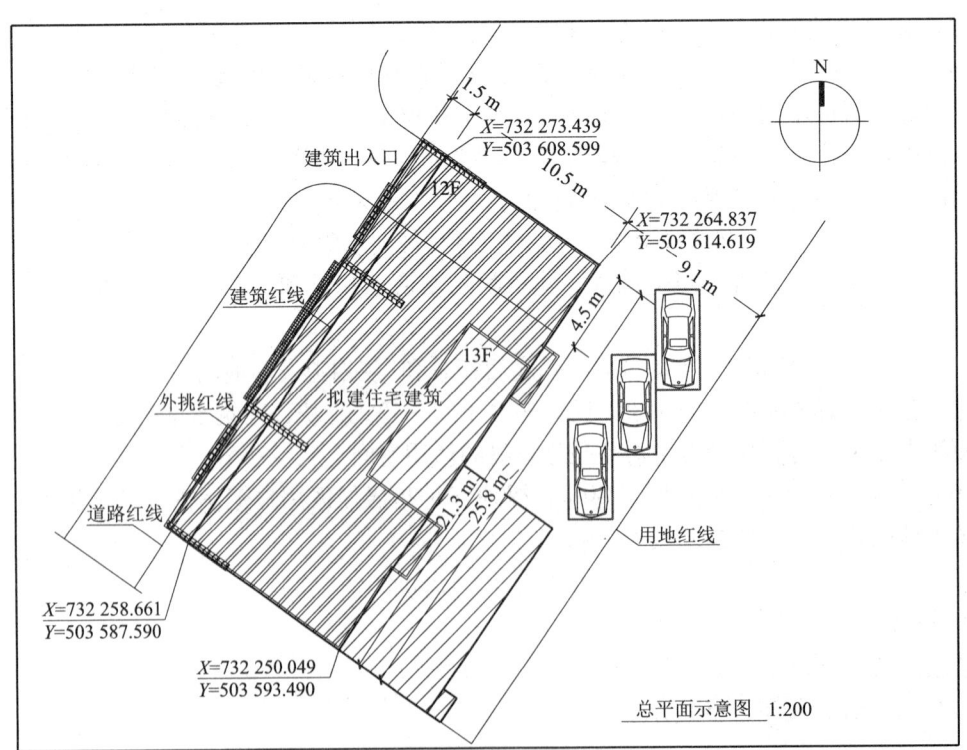

图 2-8　建筑总平面图（二）

1. 训练任务

识读图2-8所示的建筑总平面图。

2. 训练目标
（1）读取图名、比例、图例。
（2）读取周边环境情况。
（3）读取平面位置和定位依据。
（4）读取拟建房屋的朝向和主要风向。
（5）读取主要技术经济指标。
3. 训练成果
根据训练目标编写的一份识图报告。

2.4 识读建筑设计总说明

任务

1. 识图任务
（1）工程概况。
（2）设计依据。
（3）墙体做法。
（4）室外台阶做法。
（5）楼地面做法。
（6）内外墙装修做法。
（7）顶棚做法。
（8）屋面做法。
（9）楼梯做法。
（10）图集附图。
（11）其他。

2. 识图任务提示
（1）文字说明。
（2）施工图纸中的建筑构造做法与国家建筑标准设计图集 2005 版《中南地区建筑标准设计建筑图集》和 2011 版的《中南地区工程建设标准设计建筑图集》的对应关系。

2.4.1 概念

建筑设计总说明是建筑施工图的总则，主要是为了描述建筑施工图中共有的属性或是无法用图例表达的文字叙述等，主要包括设计依据、工程概况、建筑构造做法和材料说明等内容。

2.4.2 建筑设计总说明的图示内容

建筑设计总说明所包含的内容有：设计依据、工程概况、墙体做法、室外台阶做法、楼地面做法、顶棚做法、屋面做法、楼梯做法、图集附图和施工要求等。它的内容以文字表达为主，辅以一些建筑构造图例和表格，一般还会引用一些通用图集的大样做法。

2.4.3 建筑设计总说明的实例解读

以附录 A.1 某养护站办公楼的建筑施工图 01 "建筑设计总说明" 为例，说明建筑设计总说明的识读步骤。

(1) 工程概况。

① 建设地点：此套图纸未注明。

② 层数：5 层。

③ 标高：室内地坪标高为±0.000。

(2) 设计依据。国家建筑标准设计图集 2005 版《中南地区建筑标准设计建筑图集》，在建筑设计总说明中简称中南标 05ZJ001。

(3) 墙体做法：墙厚 240 mm，M7.5 混浆砌 MU10 机制红砖。

(4) 室外台阶做法：台阶做法参见中南标 05ZJ001。

(5) 楼地面做法：地面做法参见中南标 05ZJ001，地 20；楼面做法参见中南标 05ZJ001，楼 10；房间内墙装修做法参见 05ZJ001，内墙 4，面刮双飞粉腻子；女儿墙内墙装修做法参见 05ZJ001，内墙 4；外墙装修做法参见 05ZJ001，外墙 23。

(7) 顶棚装修做法：顶棚装修做法参见 05ZJ001，顶 3，面刮双飞粉腻子。

(8) 屋面做法：屋面做法参见 05ZJ001，屋 43。

(9) 楼梯做法：楼梯栏杆选用中南标 05ZJ401，第 4 页；扶手选用中南标 05ZJ401，第 28 页的第 14 号详图。

(10) 图集附图：对建筑构造做法做详细的描述并做图集的引出处说明。

(11) 其他。

① 图纸中尺寸数值使用的单位。

② 施工图使用前必须经过审查。

③ 图纸未说明部分的施工要求执行现行国家规范或规程。

2.4.4 知识链接

1. 块体的强度等级

块体的强度等级，应按下列规定采用。

(1) 烧结普通砖、烧结多孔砖等的强度等级：MU30、MU25、MU20、MU15、MU10。

(2) 蒸压灰砂砖、蒸压粉煤灰砖的强度等级：MU25、MU20、MU15、MU10。

(3) 砌块的强度等级：MU20、MU15、MU10、MU7.5、MU5。

(4) 石材的强度等级：MU100、MU80、MU60、MU50、MU40、MU30、MU20。

2. 砂浆的强度等级

砂浆的强度等级：M15、M10、M7.5、M5、M2.5。

2.4.5 技能训练项目

以图 2-2 所示的食堂建筑设计总说明为例进行训练。

1. 训练任务

识读图 2-2 所示的食堂建筑设计总说明。

2. 训练目标

识读建筑设计总说明的要点。

3. 训练成果

按识读实例形式写一份识读报告。

2.5 识读建筑平面图

任务

1. 识图任务

(1) 建筑平面图的图名。
(2) 建筑平面图的水平尺寸。
(3) 建筑平面图的房屋功能。
(4) 建筑平面图的符号。

2. 识图任务提示

(1) 平面图的类型。
(2) 三道尺寸线。
(3) 建筑物的性质、功能。
(4) 标高符号、详图符号、索引符号、剖切符号等。

2.5.1 概念

建筑平面图是建筑施工图的基本样图,它是假想用一水平的剖切面沿门窗洞位置,即略高于窗台的位置将房屋剖切后,移去上面的部分,对剖切面以下部分所作的水平投影图。它反映出房屋的平面形状、大小和布置;墙、柱的位置、尺寸和材料;门窗的类型和位置等。建筑平面图是施工放线、砌墙、安装门窗、室内装修和编制预算的重要依据。

2.5.2 建筑平面图的图示内容

建筑平面图一般包括以下内容。

1. 地下室平面图

地下室平面图包括地下室入口、地下室采光井及地下室内的排水设施等。

2. 底层平面图

底层平面图包括建筑物底层的平面形状、各房间的平面布局情况,以及出入口、走廊、楼梯的位置和各种门、窗的布置等。

底层平面图上还须反映室外可见的台阶、散水(或明沟)、花台、花池及雨水管等。

对于房屋的楼梯,由于底层平面图是底层窗台上方的一个水平剖面图,故只画出第一个楼梯段的下半部分楼梯,并按规定用倾斜折断线断开。

3. 楼层平面图

楼层平面图的图示方法与底层平面图相同，因为室外的台阶、散水（或明沟）、花台、花池及雨水管的形状及位置已在底层平面图中表达清楚了，所以中间各层平面图除要表达本层室内情况外，只需画出本层的室外阳台和下一层室外的雨篷、遮阳板等即可。此外，因剖切情况不同，标准层和顶层平面图中楼梯可以分别看到本层与下一层相邻两个楼层的部分楼梯，其部分楼梯在水平投影时是连接在一起的，似乎就是一个完整的楼层楼梯，在楼层平面图上需用倾斜的双层折断线断开，其表达梯段的情况与底层平面图不同。

4. 屋顶平面图

屋顶平面图主要表明屋顶的形状、屋面排水方向和坡度、檐沟、女儿墙、屋脊线、落水口、上人孔、楼梯出屋顶层、水箱及其他构筑物的位置和索引符号等。屋顶平面图比较简单。

2.5.3 建筑平面图的表示方法

1. 定位轴线

定位轴线是外部尺寸线里中间一道尺寸线，主要是为承重墙、柱定位。凡是承重墙、柱，都必须标注定位轴线，在定位轴线的最外边用圆圈加序号表示该轴线的编号。水平定位轴线从左到右的顺序以阿拉伯数字进行编号，竖向定位轴线从下到上的顺序以大写拉丁字母进行编号。

2. 图线

凡被剖切到的墙、柱断面轮廓线用粗实线画出，没有剖到的可见轮廓线，如墙身、窗台、台阶、梯段等用中实线画出。尺寸线、尺寸界线、引出线、图例线、索引符号、标高符号等用细实线画出，轴线用细单点长划线画出。

3. 比例与图例

平面图常用 1∶50、1∶100、1∶200 的比例绘制，由于比例较小，故在平面图中，门、窗、污水池、小便槽、卫生间、孔洞、烟道、花格等构造与配件均不按真实投影绘制而按规定的图例表示。

4. 剖切符号与索引符号

一般在底层平面中应标注剖面图的剖切位置线和投影方向，并注出编号；凡套用标准图集或另有详图表示的构件、节点，均需画出详图索引符号，以便对照阅读。

5. 平面图的尺寸标注

平面图的尺寸标注分外部尺寸和内部尺寸两种情况。

1) 外部尺寸

如果平面图的上下、左右是对称的，一般外部尺寸标注在平面图的下方及左侧。如果平面图不对称，则四周都要标注尺寸。外部尺寸一般分三道标注：最外一道是外包尺寸，表示房屋的总长度和总宽度；中间一道尺寸，表示定位轴线间的距离，说明房间的"开间"及"进深"尺寸；最里面一道尺寸，表示门窗洞口、墙垛、墙厚等细部尺寸。底层平面图中还应注出室外台阶、花台、散水等尺寸。

三道尺寸线就之间应留有适当距离（7～10 mm），以便注写数字。

2）内部尺寸

为了说明室内的门窗洞、孔洞、墙厚和固定设备的大小与位置，在平面图上应注写出有关的内部尺寸。

此外，在底层平面图中，还应注写室内外地面的标高，用以表示室内外地面高差。

6. 指北针

一般在底层平面图的下侧要画出指北针符号，以表明房屋的朝向。

2.5.4　建筑平面图的实例解读

以附录 A 某养护站办公楼建施 02 中的首层平面图为例，说明建筑平面图的识读步骤。

1. 图名、比例及文字说明的解读

1）图名的解读

在附录 A.1 某养护站办公楼建施 02 图纸中的主图形下方有一个粗实线，粗实线上方的文字即是图名，因此本图名称为"首层平面图"。

2）比例的解读

图名后面的数值"1∶100"，即表示该图形的绘图比例为 1∶100。

3）文字说明的解读

该图形内部房间注写有"办公室、设备室、卫生间"等文字，即表示该房间的使用功能。

2. 纵横尺寸线、定位轴线及编号的解读

纵向尺寸线也称竖向尺寸线，横向尺寸线也称水平尺寸线。

（1）从最外一道的外包尺寸线上的数值得知，房屋的总长度为 17 640 mm，总宽度为 7 140 mm。

（2）中间一道尺寸称为定位轴线，由此定位轴线得知房间的开间和进深，水平定位轴线间的距离即是房间的开间，竖向定位轴线间的距离即是房间的进深。竖向尺寸线的轴线号有 4 个，轴线编号从Ⓐ～Ⓓ，水平尺寸线的轴线号有 7 个，轴线编号从①～⑦。

（3）最里面一道，表示门窗洞口、墙垛的宽度或长度等细部尺寸。

3. 房屋的平面形状和尺寸的解读

该办公楼平面形状为矩形，总长 17.64 m，总宽 5.64 m，总宽不包括一楼台阶走廊的宽度。由此可计算出房屋的用地面积为 17.64 m×5.64 m＝99.49 m^2。

4. 门窗的布置、数量及型号的解读

门的名称代号是 M，窗的名称代号是 C，不同型号和尺寸的门窗，在代号后面用不同的阿拉伯数字编号，如 M0820、M1020、C1018、C1518……。一般施工图中还配有门窗明细表，以注明门窗的编号、窗洞尺寸、数量、型号和采用图集号。

5. 房屋的开间、进深、细部尺寸和室内外标高的解读

1）房屋的开间、进深的解读

该办公楼共有 5 个房间，其中办公室的开间是 3.9 m，进深是 5.4 m。开间和进深用相邻墙体的定位轴线距离计算,不能使用墙外边线到墙外边线距离计算。

2) 细部尺寸的解读

细部尺寸主要表示门窗的宽度及位置,如Ⓑ轴交①~② 轴处的窗 C1018,从最里面的水平尺寸线(细部尺寸线)可以读取其位置为距离①轴外墙外边往右(120+280+170)mm = 570 mm 处开设,宽度为 1 000 mm。

3) 室内外标高的解读

在平面图中间办公室处有一标高符号,其上数值为±0.000,即表示底层室内标高为±0.000;在台阶外有一标高符号,其上数值为-0.300,即表示底层室外地面标高为-0.300;两个数值相减得 0.3,即表示室内外高差为 0.3 m。

6. 房屋细部构造和设备配置等情况的解读

例如,在卫生间的左下角画有一个洗脸盆,在施工时需在此位置设置洗脸盆。由于此图上并未给出洗脸盆的具体位置尺寸,所以施工人员可自行决定。若此处标注有细部尺寸,按细部尺寸位置进行定位放置。

7. 剖面位置及索引符号的解读

在该图的楼梯间外注有 1—1 剖切符号,根据剖切符号的剖视方向线得知,剖开后从右向左投影;由剖切符号 1—1 在建施 04 图寻找到 1—1 剖切图。由 1—1 剖切图可知道楼梯各个部位的构造做法。

2.5.5 知识链接

1. 读建筑平面图的四大步骤

第一步,识读水平和竖向的三道尺寸线。

第二步,识读图形中的各种符号,如指北针、风玫瑰图、标高符号、剖切符号、详图符号、引出线等。

第三步,识读房屋的使用功能文字说明。

第四步,识读平面图与立面图及其他图纸的对应关系。

2. 名称解释

图名:位于每个独立的图形元素下方,标示于粗实线上方的名称。每一个独立的图形元素均需标注图名。以方便使用人员查阅和使用图纸相关的内容。

总尺寸:建筑物外轮廓尺寸,若干定位尺寸之和。

定位尺寸:即轴线尺寸,表示建筑物构配件如墙体、门、窗等相对于轴线或其他构配件确定位置的尺寸。

细部尺寸:建筑物构配件的详细尺寸。

开间和进深:开间一般指两横墙间距离;进深一般指两纵墙间距离。但是有些结构设计横墙不全在短轴,这种情况不能把开间简单看做两横墙间距离,而一般根据房间门的朝向来区分,房门进入的方向的距离为进深,左右两边距离为开间。

3. 图线、比例和图例

(1) 建筑专业制图采用的各种图线,应符合表 2-1 的规定。

表 2-1　图　　线

名称		线型	线宽	用　　途
实线	粗	———————	b	(1) 平、剖面图中被剖切的主要建筑构造（包括构配件）的轮廓线 (2) 建筑立面图或室内立面图的外轮廓线 (3) 建筑构造详图中被剖切的主要部分的轮廓线 (4) 建筑构配件详图中的外轮廓线 (5) 平、立、剖面的剖切符号
	中粗	———————	$0.7b$	(1) 平、剖面图中被剖切的次要建筑构造（包括构配件）的轮廓线 (2) 建筑平、立、剖面图中建筑构配件的轮廓线 (3) 建筑构造详图及建筑构配件详图中的一般轮廓线
	中	———————	$0.5b$	小于 $0.7b$ 的图形线、尺寸线、尺寸界限、索引符号、标高符号、详图材料做法引出线、粉刷线、保温层线、地面、墙面的高差分界线等
	细	———————	$0.25b$	图例填充线、家具线、纹样线等
虚线	中粗	— — — — —	$0.7b$	(1) 建筑构造详图及建筑构配件不可见的轮廓线 (2) 平面图中的起重机（吊车）轮廓线 (3) 拟建、扩建建筑物轮廓线
	中	— — — — —	$0.5b$	投影线、小于 $0.5b$ 的不可见轮廓线
	细	— — — — —	$0.25b$	图例填充线、家具线
单点长划线	粗	—·—·—·—	b	起重机（吊车）轨道线
	细	—·—·—·—	$0.25b$	中心线、对称线、定位轴线
折断线	细	～/～	$0.25b$	部分省略表示时的断开界线
波浪线	细	～～～	$0.25b$	部分省略表示时的断开界线，曲线形构件断开界限构造层次的断开界限

注：地平线宽可用 $1.4b$。

（2）建筑专业制图选用的各种比例，宜符合表 2-2 的规定。

表 2-2　比　　例

图　　名	比　　例
建筑物或构筑物的平面图、立面图、剖面图	1∶50、1∶100、1∶150、1∶200、1∶300
建筑物或构造物的局部放大图	1∶10、1∶20、1∶25、1∶30、1∶50
配件及构造详图	1∶1、1∶2、1∶5、1∶10、1∶15、1∶20、1∶25、1∶30、1∶50

（3）建筑施工图常用图例如表 2-3 所示。

表 2-3 图 例

序号	名 称	图 例
1	墙体	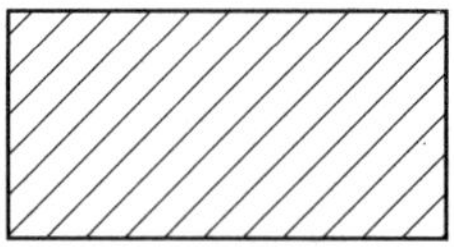
2	钢筋混凝土	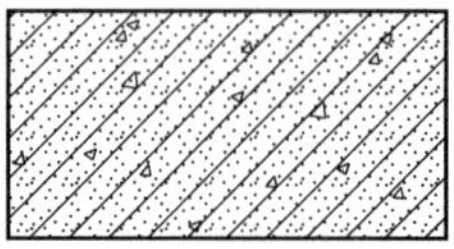
3	混凝土	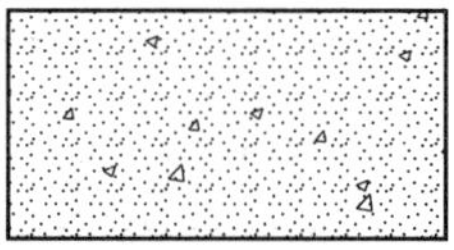
4	抹灰	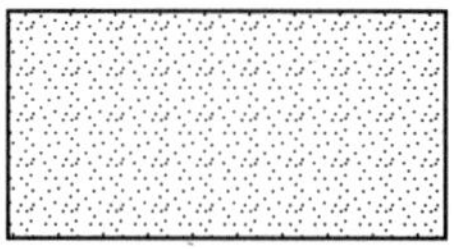
5	毛石	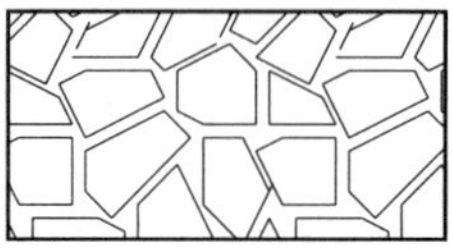

2.5.6 技能训练项目

以附录 A.1 某养护站办公楼建筑施工图为例进行训练。

1. 训练任务

（1）识读某养护站办公楼建施中的二～四层平面图。
（2）识读某养护站办公楼建施中的五层平面图。
（3）识读某养护站办公楼建施中的天面层平面图。
（4）抄绘二～四层平面图。
（5）抄绘五层平面图。
（6）抄绘天面层平面图。

2. 训练目标

（1）分别读取每一层图名、比例及文字说明。
（2）分别读取每一层纵横尺寸线、定位轴线及编号。
（3）分别读取每一层房屋的平面形状和尺寸。
（4）分别读取每一层门窗的布置、数量及型号。
（5）分别读取每一层房屋的开间、进深、细部尺寸和室内外标高。
（6）分别读取每一层房屋细部构造和设备配置等情况。
（7）分别读取每一层剖面位置及索引符号。

3. 训练成果

（1）根据训练目标编写的识图报告。
（2）抄绘的某养护站办公楼二～四层平面图的施工图纸。
（3）抄绘的某养护站办公楼五层平面图的施工图纸。
（4）抄绘的某养护站办公楼天面层平面图的施工图纸。

2.6 识读建筑立面图

任务

1. 识图任务

（1）建筑立面图的图名。
（2）建筑立面图的竖向尺寸。
（3）建筑立面图的门窗竖向尺寸。
（4）建筑立面图的外墙装修材料。

2. 识图任务提示

（1）立面图的类型。
（2）三道竖向尺寸线。
（3）建筑物的门窗形状、标高。
（4）外墙装修材料等。

2.6.1 概念

1. 立面图的形成

在与建筑立面平行的铅直投影面上所做的正投影图称为建筑立面图，简称立面图。

2. 立面图的用途

一幢建筑物是否美观，是否与周围环境协调，很大程度上取决于建筑物立面上的艺术处理，包括建筑造型与尺度、装饰材料的选用、色彩的选用等内容，在施工图中立面图主要反映房屋各部位的高度、外貌和装修要求，是建筑外装修的主要依据。

3. 立面图的命名

每幢建筑的立面至少有三个，每个立面都有自己的名称。常用的立面图的命名方式有以下三种。

1）用朝向命名

建筑物的某个立面面向哪个方向，就称为哪个方向的立面图，如建筑物的立面面向南面就称为南立面图，面向北面就称为北立面图等。

2）按外貌特征命名

将建筑物反映主要出入口或比较显著地反映外貌特征的那一面称为正立面图，其余立面图依次为背立面图、左立面图和右立面图。

3）用建筑平面图中的首尾轴线命名

按照观察者面向建筑物从左到右的轴线顺序命名，如①～⑦立面图、⑦～①立面图等。

施工图中这三种命名方式都可使用，但每套施工图只能采用其中的一种方式命名，不论采用那种命名方式，每一个立面图都应反映建筑物的外貌特征。

2.6.2 建筑立面图的图示内容

建筑立面图的图示主要内容如下。

(1) 画出从建筑物外可以看见的室外地面线、房屋的勒脚、台阶、花池、门、窗、雨篷、阳台、室外楼梯、墙体外边线、檐口、屋顶、雨水管、墙面分格线等内容。

(2) 注出建筑物立面上的主要标高。如室外地面的标高、台阶表面的标高、各层门窗洞口的标高、阳台、雨篷、女儿墙顶、屋顶水箱间及楼梯间屋顶的标高。

(3) 注出建筑物两端的定位轴线及其编号。

(4) 注出需要详图表示的索引符号。

(5) 用文字说明外墙面装修的材料及其做法。如立面图局部需画详图时应标注详图的索引符号。

2.6.3 建筑立面图的表示方法

1. 定位轴线

在立面图中一般只画出两端的轴线及其编号，以便与平面图对照识读。

2. 图线

为使图面清晰，层次感强，便于识读，建筑立面的外轮廓用粗实线画出；立面上凹进或凸出墙面的轮廓线、门窗洞口、较大的建筑配件的轮廓线用中实线画出；较小的建筑配件或装修线如门窗、雨水管、墙面分隔线、文字说明的引出线均用细实线绘制。

3. 比例和图例

立面图的绘制比例同平面图一样，常用 1∶50、1∶100、1∶200 的比例绘制。对门窗、阳台、栏杆及墙面复杂的装修可按规定图例绘制。

4. 尺寸标注

立面图上一般应在室外地坪、室内地面、各层楼面、屋顶、檐口、窗台、窗顶、雨篷底、阳台面等处注写标高，并宜沿高度方向注写各部分的高度尺寸。

另外，立面图上外墙面的装修做法一般用文字加以说明，详图索引符号的要求同平面图。

2.6.4 建筑立面图的实例解读

以附录 A.1 某养护站办公楼的建施 06 中的正立面为例，说明建筑立面图的识读步骤。

1. 图名及比例的解读

由图可知，图名为正立面，也称为①~⑦立面图；比例为 1∶100。

2. 立面图与平面图的对应关系的解读

由图可知，本图左端轴线编号为①，右端轴线编号为⑦，与平面图墙轴线①~⑦对应。据此可知该立面图是反映房屋主要出入口的正立面图。

3. 房屋的外貌特征的解读

由图可知，该办公楼为 5 层平顶立面造型。底层有一个主要入口，二层以上每层设走廊。屋顶女儿墙高 1.4 m。室内地面与室外自然地面之间采用台阶进行连接。

4. 房屋的竖向尺寸线及竖向标高的解读

由图中所注标高可知，房屋室外地坪比室内地面低 0.3 m，每层层高为 3.6 m，女儿墙顶标高 19.4 m，楼梯间屋顶标高 20.5 m，各门窗洞顶部和底部标高及尺寸在图中均已注出。立面图的水平尺寸线及数值不需要标注，但是竖向尺寸线及数值需要标注，最外边的尺寸线表示房屋总高尺寸线，中间的尺寸线表示层高尺寸线，最里面的尺寸线表示门窗高度的细部尺寸线。

5. 房屋外墙面的装饰做法的解读

从立面的文字说明可知，走廊外墙、房屋外墙、女儿墙外侧均用浅米黄色外墙漆的装饰材料，各层分界处用灰色外墙漆的装饰材料。

2.6.5 知识链接

1. 读建筑立面图的四大步骤

第一步，识读水平方向的定位轴线号、竖向的三道尺寸线、标高。
第二步，识读图形中的各种符号，如标高符号、详图符号、引出线等。
第三步，识读房屋的外墙面的装修做法。
第四步，识读立面图与平面图的对应关系。

2. 名称解释

1）层高

层高，是指上下两层楼面结构标高之间的垂直距离。

建筑物最底层的层高，有基础底板的指基础底板上表面结构标高至上层楼面的结构标高之间的垂直距离；没有基础底板的指地面标高至上层楼面结构标高之间的垂直距离。

建筑物顶层的层高，是指楼面结构标高至屋面板板面结构标高之间的垂直距离。遇有以屋面板找坡的屋面，层高指楼面结构标高至屋面板最低处板面结构标高之间的垂直距离。

2）净高

楼层净高，指楼面或地面至上部楼板底面之间的最小垂直距离，若楼板为有梁板，楼层净高指楼面或地面至上部楼板的梁底之间的最小垂直距离。

3）楼梯净高和层高的关系

无梁楼盖的楼层：

$$净高 = 层高 - 楼板厚度$$

有梁楼盖的楼层：

$$净高 = 层高 - 楼板厚度 - 梁向下凸出楼底以外的高度$$

4）标高

标高表示建筑物各部分的高度，是建筑物某一部位相对于基准面（标高的零点）的竖向高度，是竖向定位的依据。标高的单位为米。标高可分为以下几种。

（1）绝对标高：是以一个国家或地区统一规定的基准面作为零点的标高，我国规定以青岛附近黄海夏季的平均海平面作为标高的零点；所计算的标高称为绝对标高。

（2）相对标高：以建筑物室内首层主要地面高度为零点作为标高的起点，所计算的标高称为相对标高。相对标高可分为以下两种。

① 建筑标高：在相对标高中，凡是包括装饰层厚度的标高，称为建筑标高，注写在构件的装饰层面上。

② 结构标高：在相对标高中，凡是不包括装饰层厚度的标高，称为结构标高，注写在构件的顶部或底部，是构件的安装或施工高度。结构标高分为结构底标高和结构顶标高。

2.6.6 技能训练项目

以附录 A.1 某养护站办公楼建施 07 中的背立面图为例进行训练。

1. 训练任务

（1）识读附录 A.1 某养护站办公楼建施 07 中的背立面图。

（2）抄绘背立面图。

2. 训练目标

（1）读取图名、比例。

（2）读取背立面图与平面图的对应关系。

（3）读取房屋的外貌特征。

（4）读取房屋的竖向尺寸线及竖向标高。

（5）读取房屋外墙面的装饰做法。

3. 训练成果

（1）根据训练目标编写识图报告。

（2）抄绘某养护站办公楼背立面的施工图纸。

2.7 识读建筑剖面图

任务

1. 识图任务

（1）建筑剖面图的图名。

（2）建筑剖面图的竖向尺寸。

（3）建筑剖面图的墙体、门窗、楼梯等构件的竖向尺寸。

（4）楼梯剖面图的踏步宽和踏步高。

2. 识图任务提示

（1）剖面图的类型。

（2）三道竖向尺寸线的详细数值。

（3）剖面图与一层平面图的剖切符号的关系。

（4）楼梯踏步宽和踏步高个数的差别。

2.7.1 概念

建筑剖面图是指假想用一个或多个垂直于外墙轴线的铅垂剖切面，将房屋剖开，所得的投影图，称为建筑剖面图，简称剖面图。

剖面图用以表示房屋内部的结构或构造形式、分层情况和各部位的联系、材料及其高度等，是与平、立面图相互配合的不可缺少的重要图样之一。

2.7.2 建筑剖面图的图示内容

建筑剖面图的图示内容主要有以下几项。
（1）剖切位置、投影方向和绘图比例。
（2）墙体的剖切情况。
（3）地、楼、屋面的构造。
（4）楼梯的形式和构造。
（5）其他未剖切到的可见部分。

2.7.3 建筑剖面图的表示方法

1. 定位轴线

剖面图中定位轴线一般只画两端的轴线及其编号，以便与平面图对照。

2. 图线

室外地平线用加粗实线表示，剖切到的墙体、楼板、屋面板、楼梯段、楼梯平台等轮廓线用粗实线表示。未剖切到的可见轮廓线如门窗洞、楼梯段、楼梯扶手、内外墙轮廓线用中实线表示。较小的建筑构配件与装饰面层线等用细实线表示。尺寸线、尺寸界线、引出线、索引符号和标高符号按规定画成细实线。

3. 比例

剖面图的绘制比例与平面图、立面图相同，常用的比例有1∶50、1∶100、1∶200三种。

4. 图例

剖面图中，被剖切到的构配件断面材料图例，根据不同的绘制比例，而采用不同的表示方法：图形比例大于1∶50时，应画材料图例；比例为1∶100～1∶200时，材料图例可采用简化画法，如砖墙涂红、钢筋混凝土涂黑，但宜画出楼地面的面层线；比例小于1∶200时，剖面图可不画材料图例。按习惯画法，剖面图不包括基础部分。

5. 剖切位置与数量的选择

剖切图的剖切位置，应选择在房屋内部构造比较复杂、有代表性的部位，如门窗洞口、楼梯间等位置。剖切平面一般横向（即平行于侧面），必要时也可纵向（即平行于正面）。剖面图的数量应根据房屋的复杂程度和施工实际需要而定。

6. 尺寸标注

建筑剖面图中，必须标注垂直尺寸和标高。

外墙的高度尺寸一般也注三道：外侧一道为室外地面以上的总高尺寸；中间一道为层高尺寸；里面一道为门、窗洞及窗间墙的高度尺寸。此外，还应标注某些局部尺寸，如室内窗洞、窗台的高度及有些不另画详图的构配件尺寸等。

在建筑剖面图上，还应注出室内外地面、各层楼面、楼梯平台面、檐口或女儿墙顶面、高出屋面的水箱顶面、烟囱顶面、楼梯间顶面的标高。注写标高和尺寸时，注意与立面图和平面图相一致。

7. 楼、地面各层构造做法

剖面图中一般可用引出线指向所说明的部位，并按照其构造层次的顺序，逐层加以文字说明，以表示各层的构造做法。

8. 详图索引符号

剖面图上有时还须表示画详图之处的索引符号。

2.7.4　建筑剖面图的实例解读

以附录 A.1 某养护站办公楼的建施 04 中的楼梯剖面图 1—1 为例，说明建筑剖面图的识读步骤。

1. 图名及比例的解读

由图可知，该图图名为 1—1 剖面图。剖面图的比例为 1∶100，与平面图相同。

2. 剖面图与平面图的对应关系的解读

将图名和轴线编号与首层平面图的剖切符号对照，可知 1—1 剖面是过Ⓐ～Ⓓ轴线之间剖切后从右向左投影得到的横剖切面，该图剖到了楼梯间、设备室；剖面图的宽度应与平面图的宽度一致，剖面图的高度应与立面图的高度一致。

3. 房屋的构造形式的解读

从 1—1 剖面图上的材料图图例可以看出，该房屋的楼板、屋面板、各种梁、楼梯等水平承重构件均用钢筋混凝土制作，墙体用砖砌筑，属于框架结构。

4. 主要标高和尺寸的解读

在 1—1 剖面图中，注出了房屋主要部位的标高，即底层室内外地坪、各层楼面、屋面、屋顶等处均注出了标高数值。从楼面标高可推算出该房间的层高为 3.6 m。除标注标高外，剖面图还需要标注水平尺寸线和竖向尺寸线。剖面图的水平尺寸线同平面图的同向尺寸线一致，竖向尺寸线同立面图的一致。

5. 屋面、楼面、地面的构造层次及做法的解读

在剖面图中，常用多层构造引出线和文字注出屋面、楼面、地面的构造层次及各层的材料、厚度的做法。

6. 屋面的排水方式的解读

结合屋顶平面图，可了解屋顶排水方式及排水坡度。

2.7.5　知识链接

1. 读建筑剖面图的步骤

第一步，识读剖面图的图名。

第二步，根据剖面图的图名，在建筑施工图的首层平面图寻找图名对应的剖切符号，根据剖切符号的剖视方向线，再识读剖面图。

第三步，识读剖面图的尺寸、标高。

第四步，识读剖面图的文字说明，了解构造层次及做法。

第五步,识读剖面图与平面图、立面图及其他图纸的对应关系。

2.7.6 技能训练项目

1. 训练任务

识读图 2-9 所示的楼梯剖面图。

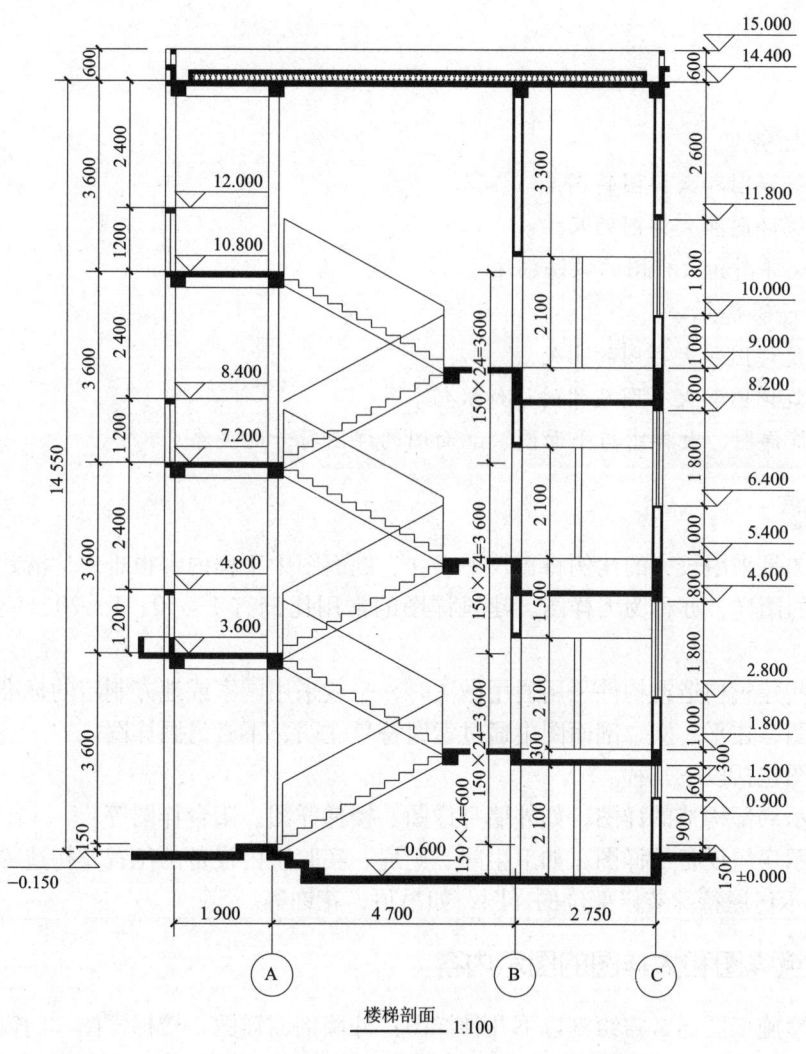

图 2-9 楼梯剖面图

(1) 识读图 2-9 所示的楼梯剖面图。
(2) 抄绘图 2-9 所示的楼梯剖面图。

2. 训练目标

(1) 读取图名、比例。
(2) 读取剖面图与平面图的对应关系。
(3) 读取房屋的构造形式。
(4) 读取主要标高和尺寸。

3. 训练成果
（1）根据训练目标编写识图报告。
（2）抄绘楼梯剖面图的施工图纸。

2.8 识读建筑详图和大样图

任务

1. 识图任务
（1）建筑详图和大样图的图名。
（2）建筑详图和大样图的尺寸。
（3）建筑详图和大样图的做法描述。

2. 识图任务提示
（1）建筑详图和大样图的出处。
（2）建筑详图和大样图尺寸的详细数值。
（3）建筑详图、大样图与平面图、立面图的详图符号的关系。

2.8.1 概念

建筑详图是采用较大的比例将建筑平、立、剖面图中工程内容很难表达清楚的部位局部放大绘制成的图样，亦称为大样图。建筑详图的常用比例有 1∶50、1∶20、1∶10、1∶5、1∶2、1∶1。

对于某些建筑构造或构件采用通用做法时，一般采用国家或地方制定的标准图集或通用图集中的详图，在平、立、剖面图中通过索引符号注明，不必另画详图。

建筑详图包括以下几种。
（1）表示局部构造的详图，如外墙身详图、楼梯详图、阳台详图等。
（2）表示房屋设备的详图，如卫生间、厨房、实验室内设备的位置及构造等。
（8）表示房屋特殊装修部位的详图，如吊顶、花饰等。

2.8.2 建筑详图和大样图的图示内容

一栋房屋施工图通常需绘制以下几种详图：外墙剖面详图、楼梯详图、门窗详图及室内外一些构配件详图（如室外的台阶、花池、散水、明沟、阳台等，室内的厕所、盥洗间、壁柜、搁板等）。各详图的内容如下。
（1）图名（或详图符号）、比例。
（2）表达出构配件各部分的构造连接方法及相对位置关系。
（3）表达出各部位、各细部的详细尺寸。
（4）详细表达构配件或节点所用的各种材料及其规格。
（5）有关施工要求、构造层次及制作方法说明。

2.8.3 建筑详图和大样图的表示方法

详图的数量和图示内容与房屋的复杂程度及平面图、立面图、剖面图的内容和比例有关。有的只需一个剖面详图就能表达清楚（如墙身平面详图），有的则需另加平面详图（如楼梯平面详图、卫生间平面详图等）或立面详图（如门窗、阳台详图）。有时还需在详图中再补充比例更大的详图。还有一些构配件详图除画平面图、立面图、剖面详图外，还需要画一些构配件的断面图，如门窗断面图。

对于套用标准图或通用图的建筑构配件和节点，只需注明所套用图集的名称和型号和页次（索引符号），可不必另画详图。

对于节点构造详图，除了要在平面图、立面图、剖面图等基础图样中的有关部位注出索引符号外，还应在详图上注出详图符号和名称，以便对照查阅。而对于构配件详图，可不注索引符号，只在详图上写明该构配件的名称或型号即可。

2.8.4 建筑详图或大样图的实例解读

以附录 A.1 某养护站办公楼的建施 02 中的详图①（女儿墙大样图）为例，说明建筑详图的识读步骤。

1. 图名及比例的解读

由图可知，图名为详图符号①，也称为详图①，比例为 1∶25。一般详图所采用的绘图比例要比平面图、立面图、剖面图使用的 1∶100 的比例要大。

2. 构配件各部分的构造连接方法及相对位置关系的解读

（1）构造连接方法：由图可知，女儿墙下面与屋面楼板和屋面梁连接，上面与压顶连接。该详图的材料图例可知，女儿墙使用砌体砌筑，屋面楼板、屋面梁、压顶使用钢筋混凝土制作。

（2）相对位置关系：由建施 05 图可知，在该张图纸中的天面层平面图的①轴、Ⓐ轴、Ⓓ轴处均有一索引符号，此索引符号是用于索引剖视详图，表示在建施 02 号图里面有一编号为① 的详图就对应着建施 05 中天面层平面图①轴、Ⓐ轴、Ⓓ轴处的女儿墙的剖视详图，其建施 05 图中天面层平面图的女儿墙①轴、Ⓐ轴、Ⓓ轴处的索引符号与建施 02 图中的①详图相对应。

3. 各部位、各细部的详细尺寸的解读

由图上部的水平尺寸线及数值可知女儿墙宽 120 mm，压顶宽 180 mm；由图左部的竖向尺寸线及数值可知女儿墙高 1 300 mm，压顶高 100 mm。

4. 构配件或节点所用的各种材料及其规格的解读

由图可知，女儿墙使用砌体砌筑，砌筑厚度规格为 120 mm 厚，屋面楼板、屋面梁、压顶使用钢筋混凝土材料制做，压顶厚 180 mm，往屋面内部挑 60 mm 做滴水。

5. 有关施工要求、构造层次及制作方法说明的解读

由图可知，女儿墙外墙装饰同立面图的外墙装饰。压顶的做法用引出线标注了钢筋形状和数值，表示的是压顶用钢筋混凝土结构，需要在其底部配置 2 根通长的直径为 10 mm 的 HPB300 级圆钢，2 根通长钢筋还需要每间隔 200 mm 用直径为 6 mm 的 HPB300 级圆钢拉结。

2.8.5 知识链接

1. 读建筑详图的五大步骤

第一步,识读详图的详图符号、图名,即详图的名称。

第二步,根据详图的符号图名,在此专业所有施工图纸的所有图元中寻找对应的索引符号。识读索引符号的含义,再对应找回详图。

第三步,识读详图的尺寸。

第四步,识读详图的文字说明。

第五步,识读详图与平面图、立面图、剖面图及其他图纸的对应关系。

2. 专业名称

(1)女儿墙:女儿墙是建筑物屋顶四周的矮墙,主要作用除维护安全外,亦会在底处施作防水压砖收头,以避免防水层渗水或是屋顶雨水漫流。依建筑技术规则规定,女儿墙起着栏杆的作用,如建筑物在 10 层楼以上、高度不得小于 1.2 m,而为避免业者刻意加高女儿墙,方便以后搭盖违建,亦规定高度最高不得超过 1.5 m。上人屋顶的女儿墙的作用是保护人员的安全,并对建筑立面起装饰作用。不上人屋顶的女儿墙的作用除立面装饰作用外,还固定油毡的作用。有混凝土压顶时,按楼板顶面算至压顶底面为准;无混凝土压顶时,按楼板顶面算至女儿墙顶面为准。

(2)压顶:露天的墙顶上用砖、瓦、石料、混凝土、钢筋混凝土、镀锌铁皮等筑成的覆盖层,最典型的为女儿墙压顶。若压顶宽度同墙厚时可视其为圈梁。

(3)滴水(线):在建筑工程中为了阻止雨水或其他水由竖向墙面流到底侧墙面而设计沿结构下部周围布置的凹槽状部位,叫做滴水线或滴水槽,简称滴水(见图 2-10)。一般设置在雨篷、窗口、楼梯踏步下、阳台、女儿墙压顶和突出外墙的腰线等部位。

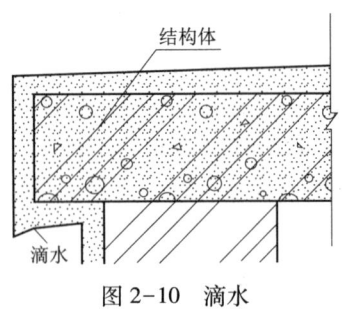

图 2-10 滴水

一般是在底面与外墙面交界的地方,距拐角 1~2 cm 处,做一条 1 cm 左右宽的凹槽,这样水就被隔断而不会向内流了。

(4)散水:为了保护墙基不受雨水侵蚀,常在外墙四周将地面用砖石或混凝土做成向外倾斜的坡面,以便将屋面的雨水排至远处,称为散水,这是保护房屋基础的有效措施之一。

(5)明沟:明沟是散水边上的排水沟,且沟上不做盖板。

(6)暗沟:暗沟是散水边上的排水沟,且沟上做盖板。

(7)地沟:一般指铺设地下管道的沟,有盖或是半盖的。

(8) 栏杆：在建筑物临边使用砌体、混凝土、铁等材料制作，用于建筑物临边围护。

(9) 拦水线：在建筑物临边使用砌体、混凝土等材料制作，比栏杆要低，一般在 300 mm 以下，用于阻止水的自由下落。

2.8.6 技能训练项目

以附录 A.1 某养护站办公楼建筑施工图为例进行训练。

1. 训练任务

(1) 识读某养护站办公楼建施 03 中的栏杆大样——详图②。

(2) 识读某养护站办公楼建施 03 中的拦水线大样——详图③。

(3) 抄绘某养护站办公楼建施 03 中的详图②。

(4) 抄绘某养护站办公楼建施 03 中的详图③。

2. 训练目标

(1) 读取图名及比例。

(2) 读取详图构配件各部分的构造连接方法及相对位置关系。

(3) 读取各部位、各细部的详细尺寸。

(4) 读取构配件或节点所用的各种材料及其规格。

(5) 读取有关施工要求、构造层次及制作方法说明。

3. 训练成果

(1) 根据训练目标编写详图②的识图报告。

(2) 根据训练目标编写详图③的识图报告。

(3) 抄绘某养护站办公楼建施 03 中的详图②栏杆大样施工图纸。

(4) 抄绘某养护站办公楼建施 03 中的详图③拦水线大样施工图纸。

2.9 项 目 任 务

运用天正建筑或 CAD 软件抄绘附录 A.1 某养护站办公楼建施 01 ～ 07。

习 题

一、填空题

识读附录 A.1 某养护站办公楼建筑施工图并作下列填空。

1. 本办公楼总长_____ mm，总宽_____ mm。

2. 本办公楼中办公室进深为_____ mm，开间为_____ mm。

3. 本办公楼中办公室室内面积为_____ m²。

4. 办公室的地面标高为_____，二层楼面标高为_____。

5. 卫生间的门和窗其型号分别是_____和_____。

6. M0820 和 M1020 的高度分别是_____ m 和_____ m。

7. 该办公楼的总高度为_____ m，楼层层高为_____ m。

8. 为了了解女儿墙的细部构造应查阅建施_____页中的_____号详图。

9. 本办公楼外墙厚度为_____ mm，卫生间的墙厚度为_____ mm。

10. 楼梯间的净宽为_____ mm，楼梯板宽为_____ mm。

11. 本办公楼的总建筑面积是_____ m^2，建筑占地面积是_____ m^2。

二、简答题

1. 建筑施工图的组成包括哪些内容？
2. 建筑施工图的作用是什么？包括哪些内容？
3. 建筑总平面图的主要内容有哪些？
4. 建筑设计说明有哪些主要内容？
5. 建筑平面图是怎样形成的？其主要内容有哪些？
6. 建筑平面图中尺寸标注主要包括哪些内容？
7. 建筑立面图的命名规则是什么？包括哪些内容？
8. 建筑剖面图的主要内容有哪些？
9. 建筑详图的作用是什么？包括哪些内容？

三、计算题

已知：规划总用地面积为 1 800 m^2，总建筑面积为 3 000 m^2，建筑占地面积为 530 m^2，求该建筑物的容积率和建筑密度。

第3章 结构施工图识读

▲ 导读

结构施工图主要包括图纸目录、结构设计总说明、结构平面布置图、基础平法施工图、柱平法施工图、梁平法施工图、楼盖平法施工图、楼梯平法施工图。

▲ 知识目标

(1) 熟悉结构施工图平面整体表示方法制图规则、图例表示、常用符号及结构构造详图的表示含义。
(2) 熟悉结构构件使用材料和构造做法。
(3) 掌握结构平面布置图、基础平法施工图、柱平法施工图、梁平法施工图、楼盖平法施工图、楼梯平法施工图的联系。
(4) 掌握结构施工图与建筑施工图的对应关系。
(5) 能列举结构施工图的主要内容；能归纳结构施工图的重要知识点。
(6) 能总结结构施工图与建筑施工图、水电施工图的对应关系。

▲ 能力目标

(1) 会使用结构构件的制图规则、构造规范、混凝土结构设计规范、混凝土结构施工规范。
(2) 能够结合国家建筑标准设计图集《混凝土结构施工图平面整体表示方法制图规则和构造详图》11G101—1、11G101—2、11G101—3 识读结构施工图中建筑物各结构构件的内部构造。
(3) 能根据结构平法施工图翻画成结构详图法施工图，或根据结构详图法施工图翻画成结构平法施工图。
(4) 能根据施工图和国家建筑标准设计图集《混凝土结构施工图平面整体表示方法制图规则和构造详图》计算结构构件内部的钢筋工程量。

▲ 素质目标

(1) 培养施工员岗位的结构施工图运用技能。
(2) 培养预算员岗位的结构施工图工程量计算技能。

▲ 实践活动

1. 实践活动任务描述

识读附录 A.1 某养护站办公楼的结构施工图。
(1) 工程项目：某养护站办公楼。
(2) 工程概况：五层建筑物。

(3) 任务：试识读该项目结构施工图。

2. 实践设备、工具与材料

(1) 纸质结构施工图纸一套。

(2) 绘图工具：小尺子、铅笔。

(3) 国家制图标准：GB/T 50103—2010《总图制图标准》；GB/T 50105—2010《建筑结构制图标准》。

(4) 国家建筑标准设计图集：《混凝土结构施工图平面整体表示方法制图规则和构造详图》（11G101—1、11G101—2、11G101—3）。

(5) 结构模型。

(6) 结构模型照片。

(7) 结构钢筋实物照片。

3. 活动提示

(1) 观摩实训室的结构模型。

(2) 观看模型照片。

(3) 观看结构钢筋实物照片。

(3) 国家制图标准、国家建筑标准设计图集里面的图例和常用符号等表示的含义。

(4) 施工图纸上结构构件钢筋图的识读，如基础平法施工图、柱平法施工图、梁平法施工图、楼盖平法施工图、楼梯平法施工图的识读。

3.1 结构施工图概述

结构专业设计是建筑物设计的重要组成部分。建筑设计在满足各种设计规范的前提下表达了建筑师的设计理念，展现了建筑物的风格，满足了业主的使用要求，而结构设计则是在考虑如何实现它。就一个单体建筑物来说，建筑师赋予了建筑物灵魂，绘制了建筑物美丽的外表，而结构师则给了它支撑起来的骨骼。结构专业设计的成果就是结构施工图，结构施工图与建筑施工图的组成类似，大体上包括：图纸目录、结构设计总说明、结构平面布置图、基础结构（基础平法）施工图、柱结构（柱平法）施工图、梁结构（梁平法）施工图、楼盖结构（楼盖平法）施工图、楼梯结构（楼梯平法）施工图。结构设计师在设计前，必须认真严谨地阅读建筑设计方案和施工图，理解建筑师的设计意图，及时与建筑师及其他专业设计师沟通。

1. 结构施工图的定义

结构施工图是在满足建筑物的安全、适用、耐久等要求的基础上，表明建筑结构体系和结构构件（如基础、梁、板、柱等）的布置、形状、尺寸、材料、细部构造和施工要求等内容的技术文件。

2. 结构施工图的主要内容

结构施工图的主要内容如下。

1) 结构设计说明

结构设计说明是统一描述该项工程的结构设计依据、对材料质量及构件的要求、地基的概况及方式要求等有关结构方面共性问题的图纸。

2) 结构布置平面图

结构布置平面图与建筑平面图一样，属于全局性的图纸，通常包含基础平面图、楼层结构平面布置图以及屋顶结构平面布置图。

3）构件详图

构件详图属于局部性的图纸，表示构件的形状、大小，用于材料的强度等级和制作安装。其主要内容有基础详图和梁、板、柱等构件详图，以及楼梯结构详图、其他构件详图。

3. 结构施工图的表示方法

结构施工图的表示方法有以下三种。

（1）详图法：通过平、立、剖面图将各构件（梁、柱、墙等）的结构尺寸、配筋规格等"逼真"地表示出来。

优点：结构构件直观"逼真"，在工业建筑和其他土木工程施工图中仍广泛采用。

缺点：绘图的工作量非常大，识图时间也长、工作量大。

（2）梁柱表法：用表格填写方法将结构构件的结构尺寸和配筋规格用数字符号表达。

优点：绘图简单方便，识图时间比较长，工作量也相对较大。

缺点：同类构件的许多数据需要多次填写，容易出现错漏，图纸数量多。

（3）平面整体表示方法：结构施工图平面整体设计形式、尺寸及所配钢筋规格在构件的平面位置用数字和符号直接表示，再与相应的"结构设计总说明"和梁、柱、墙等构件的"构造通用图及说明"配合使用。

优点：图面简洁、清楚、直观性强，图纸数量少，设计人员设计绘图工作量小、施工人员及其他识图人员识图时间不长，识图工作量也相对较小。

缺点：绘图人员和识图人员需熟练掌握国家建筑标准设计图集11G101《混凝土结构施工图平面整体表示方法制图规则和构造详图》。

使用平面整体表示方法绘制的结构施工图的图纸数量少，设计人员设计绘图工作量小、施工人员及其他识图人员识图时间需要不长，识图工作量也相对较小，深得设计人员和其他建筑岗位人员的欢迎，目前结构施工图常常使用此种绘图方法。

平面整体表示方法绘制的施工图主要包括以下内容。

1）图纸目录

图纸目录与建筑施工图中类似，在此不再赘述。

2）结构设计总说明

结构设计总说明主要说明本工程项目的设计依据、工程概况、荷载取值、地质情况、抗震要求、材料选用、构造做法和施工要求等。它的内容以文字表达为主，辅以一些大样详图和表格，一般还会引用一些通用图集的大样做法。

3）结构平面布置图

结构平面布置图是把某一结构层平面上的柱、墙、梁、板等构件的布置用平面图的形式绘制而成，它既体现了在某一结构层中的各个结构构件之间的受力体系，同时也表达出各个构件所组成的结构架构。

4）基础平法施工图

基础平法施工图使用平法设计绘制出基础平面布置图，并同时标注出各单个基础的几何数据和配筋做法等。

5）柱平法施工图

柱平法施工图使用平法设计，在柱平面布置图上直接标注出柱的截面大小、配筋等做法参数。采用柱平法施工图方式可有效节省施工图纸，整体表达整个结构平面上各柱的几何尺寸及配筋大小，方便施工。

6）梁平法施工图

梁平法施工图使用平法设计，在梁平面布置图上直接标注出梁的截面大小、配筋等做法参数。采用梁平法施工图方式可有效节省施工图纸，整体表达整个结构平面上各梁的几何尺寸及配筋大小，方便施工。

7）楼盖平法施工图

楼盖平法施工图是使用平法设计，在楼盖平面布置图上直接标注出楼盖的截面大小、配筋等做法参数，反映楼板的结构布置、标高、平面尺寸。

8）楼梯平法施工图

楼梯平法施工图有平面注写、剖面注写和列表注写三种表达方式。在国家建筑标准设计图集11G101—2《混凝土结构施工图平面整体表示方法制图规则和构造详图（现浇混凝土板式楼梯）》中，主要表述了楼梯板的表达方式方法。

3.2 识读结构设计总说明

任务

1. 识图任务

（1）工程概况。

（2）设计依据。

（3）自然条件。

（4）设计使用年限和设计等级。

（5）设计荷载。

（6）基础说明。

（7）结构材料。

（8）构造要求。

（9）详图。

（10）其他。

2. 识图任务提示

（1）文字说明。

（2）施工图纸中的详图与国家建筑标准设计图集11G101—2《混凝土结构施工图平面整体表示方法制图规则和构造详图》中标准构造详图的对应关系。

3.2.1 概念

结构设计总说明是结构施工图的总则，主要是为了描述结构施工图中共有的属性或是无法用图例表达的文字叙述等，主要包括设计依据、工程概况、结构构件做法和材料说明等内容。

3.2.2 结构设计总说明的图示内容

结构设计总说明所包含的内容有：设计依据、工程概况、荷载取值、地质情况、抗震要求、环境类别、材料选用、构造做法和施工要求等。它的内容以文字表达为主，辅以一些大样详图和表格，一般还会引用一些通用图集的大样做法。

3.2.3 结构设计总说明的实例解读

以附录 A.1 某养护站办公楼的结构施工图 01/9～02/9 "结构设计总说明"为例，说明结构设计总说明的识读步骤。

1. 工程概况

（1）建设地点：此套图纸未注明，但一般会在"结构设计总说明"的开始部分写出。
（2）层数：5 层。
（3）安全等级：二级。
（4）结构类型：框架结构。
（5）标高：室内地坪标高为±0.000。

2. 设计依据

（1）《混凝土结构设计规范》。
（2）《建筑结构荷载规范》。
（3）《建筑结构可靠度设计统一标准》。
（4）《砌体结构设计规范》。
（5）《建筑地基基础设计规范》。

3. 自然条件

（1）基本风压：$0.30 \ kN/m^2$。
（2）地震烈度：地震烈度为 6 度。
（3）场地土类型：黏土。
（4）环境类别：±0.000 以上是一类，基础部分和露天构件时二（a）类。

4. 设计使用年限和设计等级

（1）设计使用年限为 50 年。
（2）抗震等级：四级。

5. 设计荷载

一般要注明楼面、屋面、卫生间、走廊、阳台等采用的活荷载设计标准值。
（1）办公室：$2.0 \ kN/m^2$。
（2）上人屋面：$2.0 \ kN/m^2$。
（3）卫生间：$2.0 \ kN/m^2$。
（4）走廊、阳台：$2.5 \ kN/m^2$。
（5）楼梯：$3.5 \ kN/m^2$。
（6）不上人屋面：$0.5 \ kN/m^2$。

6. 基础说明

另详。

7. 结构材料

（1）混凝土等级：所有混凝土构件均为 C25。
（2）钢筋级别：HPB300、HRB335。

8. 构造要求

（1）梁的钢筋构造要求。

（2）板的钢筋构造要求。

（3）柱的钢筋构造要求。

9. 详图

（1）过梁大样图。

（2）梁附加箍筋大样图。

（3）圈梁大样图。

10. 其他

（4）图纸中使用的单位。

（5）施工图使用前必须经过审查。

（6）图纸未说明部分的施工要求执行现行国家规范或规程。

3.2.4 知识链接

（1）混凝土结构的环境类别，如表 3-1 所示。

表 3-1 混凝土结构的环境类别

环境类型	条　件
一	室内干燥环境； 无侵蚀性静水浸没环境
二 a	室内潮湿环境； 非严寒和非寒冷地区的露天环境； 非严寒和非寒冷地区与无侵蚀性的水或土壤直接接触的环境 严寒和寒冷地区的冰冻线以下与无侵蚀性的水或土壤直接接触的环境
二 b	干湿交替环境； 水位频繁变动环境； 严寒和按冷地区的露天环境； 严寒和寒冷地区的冰冻线以上与无侵蚀性的水或土壤直接接触的环境
三 a	严寒和按冷地区冬季水位变动区环境； 受除冰盐影响环境； 海风环境
三 b	盐渍土环境； 受除冰盐作用环境； 海岸环境
四	海水环境
五	受人为或自然的侵蚀性物质影响的环境

注：1. 室内潮湿环境是指构件表面经常处于结露或湿润状态的环境。
  2. 严寒和寒冷地区的划分应复合现行国家标准 GB 50176《民用建筑热工设计规范》的有关规定。
  3. 海岸环境和海风环境宜根据当地情况，考虑主导风向及结构所处迎风、背风部位等因素的影响，由调查研究和工程经验确定。
  4. 受除冰盐影响环境是指受到除冰盐盐雾影响的环境；受除冰盐作用环境是指被除冰盐溶液溅射的环境以及使用除冰盐地区的洗车房、停车楼等建筑。
  5. 暴露的环境是指混凝土结构表面所处的环境。

(2) 混凝土保护层的最小厚度，如表 3-2 所示。

表 3-2　混凝土保护层的最小厚度　　　　　　　　　　　　　　　　mm

环境类别	板、墙	梁、柱
一	15	20
二 a	20	25
二 b	25	35
三 a	30	40
三 b	40	50

注：1. 表中混凝土保护层厚度指最外层钢筋外边缘至混凝土表面的距离，适用于设计使用年限为 50 年的混凝土结构。
　　2. 构件中受力钢筋的保护层厚度不应小于钢筋的公称直径。
　　3. 设计适用年限为 100 年的混凝土结构，一类环境中、最外层钢筋的保护层厚度不应小于表中数值的 1.4 倍；二、三类环境中，应采取专门的有效措施。
　　4. 混凝土强度等级不大于 C25 时，表中保护层厚度数值应增加 5 mm。
　　5. 基础底面钢筋的保护层厚度，有混凝土垫层时应从垫层顶面算起，且不应小于 40 mm。

(3) 钢筋牌号（种类）及代号，如表 3-3 所示。

表 3-3　钢筋牌号（种类）及代号

牌号	符号
HPB300	ϕ
HRB335 HRBF335	Φ Φ^F
HRB400 HRBF400 RRB400	Φ Φ^F Φ^R
HRB500 HRBF500	Φ Φ^F

(4) 钢筋混凝土结构的混凝土强度等级不应低于 C15；当采用 HRB335 级钢筋时，混凝土强度等级不宜低于 C20；当采用 HRB400 和 RRB400 级钢筋以及承受重复荷载的构件，混凝土强度等级不得低于 C20。常用的混凝土强度等级有 C15、C20、C25、C30、C35、C40、C45、C50、C55、C60、C65、C70、C75、C80。

3.2.5　技能训练项目

以图 3-1 所示的结构设计总说明为例进行训练。

结构设计总说明

一、荷载取值：天面恒载为 3.5 kN/m², 天面活载为 1.0 kN/m², 180 mm 厚墙体恒载为 4.2 kN/m²。

二、混凝土强度等级：混凝土强度等级均为 C20。

三、所有墙体与柱连接面设 2φ6 拉结筋，墙内长度 500 mm, 柱内长度 250 mm, 间距 500 mm。

四、梁
1. 次梁处不管有无吊筋，主梁均应按下图Ⓐ、Ⓑ设置附加箍筋，箍筋规格同主梁箍筋。

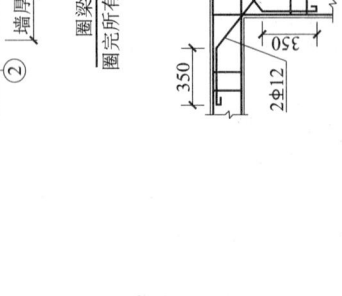

2. 梁上第一个箍筋应设在距离节点 50 mm 处。梁纵筋保护层厚度 30 mm。

五、板
1. 板钢筋保护层厚度 15 mm, 板负分布筋为 φ6@300 mm。
2. 边缘板负筋应伸至距离板边缘 30 mm 处。

六、柱
1. 柱纵筋在楼面处搭接，搭接长度范围内箍筋加密至@100 mm, 柱纵筋保护层厚度 30 mm。
2. 柱纵筋在基础（基础圈梁）内锚固长度应≥40 d。

七、基础
1. 基础设计按地基承载力 180 kPa 设计，基础底面应入老土≥300 mm。
2. 毛石条基为 M10 水泥浆砌 MU30 片石。
3. 基础埋置深度暂按图定，遇超深或其他特殊情况再另行处理。

八、门窗过梁如下图

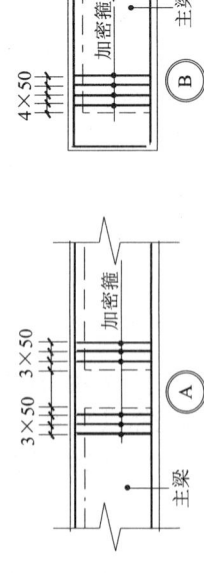

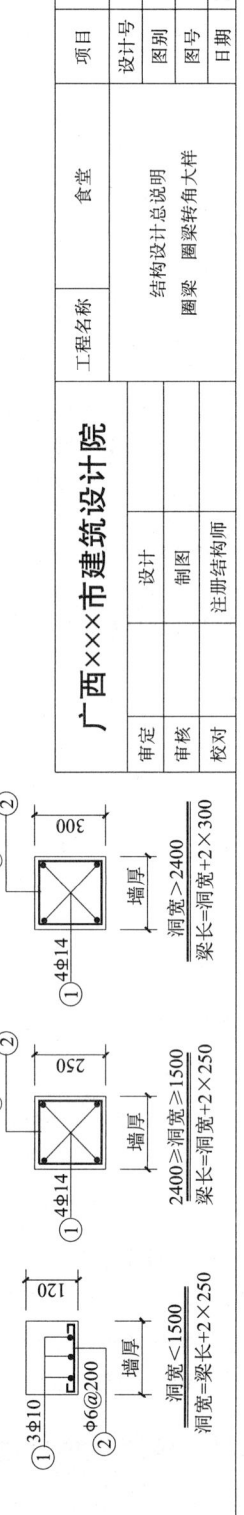

图 3-1 结构设计总说明/圈梁/圈梁转角大样

1. 训练任务

识读食堂结构设计总说明。

2. 训练目标

识读结构设计总说明的要点。

3. 训练成果

按识读实例形式写一份识读报告。

3.3 识读柱结构施工图

任务

任务一：识读柱详图法结构施工图

任务提示：

(1) 识读柱平面布置图，包括的主要内容有：

① 图名；

② 尺寸线；

③ 层高、柱标高和柱高；

④ 柱位置（定位的纵横轴号）；

⑤ 柱名称；

⑥ 柱截面尺寸标注；

⑦ 同类型柱的分布及根数。

(2) 识读柱钢筋图，柱配筋图由柱竖向剖面图和柱截面图组成，包括的主要内容有：

① 柱纵筋；

② 柱箍筋。

(3) 识读柱钢筋表，按表3-4所示从左到右的顺序识读，重点识读钢筋简图、钢筋规格。

表3-4 柱钢筋表

钢筋编号	钢筋简图	钢筋规格	钢筋长度	钢筋总长	钢筋根数	钢筋重量

(4) 识读文字说明：

① 抗震等级；

② 混凝土强度等级；

③ 柱混凝土保护层；

④ 混凝土的环境类别；

⑤ 钢筋种类。

任务二：识读柱平法结构施工图

任务提示：

1. 列表注写方式

(1) 识读结构层楼面标高（结构层高）表，包括的主要内容有：

① 层号；

② 标高；

③ 层高。

(2) 识读柱平面布置图，包括的主要内容有：

① 图名；

② 尺寸线；

③ 柱位置（定位的纵横轴号）；

④ 柱名称；

⑤ 柱截面尺寸标注；

⑥ 同类型柱的分布及根数。

(3) 识读柱箍筋类型图。

(4) 识读柱表：按表3-5所示从左到右的顺序识读柱信息，重点识读柱纵向钢筋、柱箍筋。

表3-5 柱 表

柱号	标高	截面尺寸 ($b×h$)	b_1	b_2	h_1	h_2	全部纵筋	角筋	b边一侧中部筋	h边一侧中部筋	箍筋类型号	箍筋	备注

(5) 识读文字说明，包括的主要内容有：

① 抗震等级；

② 混凝土强度等级；

③ 柱混凝土保护层；

④ 混凝土的环境类别；

⑤ 钢筋种类。

2. 截面注写方式

(1) 识读结构层楼面标高（结构层高）表，包括的主要内容有：

① 层号；

② 标高；

③ 层高。

(2) 识读柱平面布置图，包括的主要内容有：

① 图名；

② 尺寸线；

③ 柱位置（定位的纵横轴号）；

④ 柱名称；

⑤ 柱截面尺寸标注；

⑥ 柱箍筋类型；

⑦ 全部纵筋或角筋；

⑧ b边一侧中部筋、h边一侧中部筋；

⑨ 同类型柱的分布及根数。
(3) 识读文字说明,包括的主要内容有:
① 抗震等级;
② 混凝土强度等级;
③ 柱混凝土保护层;
④ 混凝土的环境类别;
⑤ 钢筋种类。

3.3.1 概念

柱结构施工图一般包括柱平面布置图、柱配筋图和文字说明三部分,当工程项目较小时尽量将这三部分编排在同一张图纸上以便看图。

柱平面布置图是用一个假想的水平面在室内某个标高位置将房屋全部切开,并将房屋上部移去,对该平面以下的建筑结构部分向下作正投影而形成的水平剖面图。

1. 柱

柱是房屋建筑的竖向承重的结构构件,承受着来自楼板、次梁和主梁传递的荷载,然后再由柱传递给基础。同时柱也是建筑物的围护结构。当以柱作为建筑物的主要竖向承重构件时,墙填充在柱之间,仅起到围护和分隔作用。

柱的实物图如图 3-2 (a) 所示,钢筋图如图 3-2 (b) 所示。

(a) 实物图　　　　　　　　　　(b) 钢筋图

图 3-2　柱

2. 柱钢筋

柱钢筋主要有以下几种。

(1) 柱纵筋：位于柱内部，与柱子同向（即竖向）的钢筋，即为柱纵筋。

(2) 柱角筋：位于柱子的角部的纵筋，称为角筋。矩形柱有 4 个角就有 4 根角筋。

(3) 柱箍筋：位于柱内部，与柱子方向垂直（即横向），将柱纵筋箍紧，且与柱纵筋进行绑扎固定的钢筋，即为柱箍筋。

3. 柱定位

在平面上，柱子是一个点构件，也就是说在二维平面空间，柱子可以看成是由横纵两条垂直的线相交所得的唯一的一个点。因此，可以用平面布置图中柱子对应的横轴和纵轴进行柱定位，也就是说柱子对应的横轴和纵轴相交得到的这个点就是柱子的位置。

3.3.2　识读柱结构施工图的图示内容

柱结构施工图一般包括柱平面布置图、柱配筋图和文字说明三部分，通过这三部分内容，在图纸上表示出柱的平面布置、柱编号、柱类型、柱标高、柱截面尺寸、柱纵向钢筋种类和规格、柱箍筋类型和规格等。

3.3.3　柱结构施工图的实例解读

柱施工图主要有两种表示方法：详图法和平法。

1. 详图法

柱结构施工图（详图法）如图 3-3 所示，以此图为例，说明柱结构施工图详图法的识读步骤。

1) 柱平面布置图的解读

(1) 图名：在图形下方有一个粗实线，粗实线上方的文字即是图名，此图名称为"二层结构平面图"。

(2) 尺寸线：水平尺寸线 1 道，长度为 1 580 mm；竖向尺寸线为 2 道，长度为 3 440 mm。结构平面布置图的尺寸线的识读与建筑平面图的尺寸线识读相同。

(3) 层高、柱标高和柱高。

① 层高：从图名和其后面的标高▽3.970 m 得知，此楼层层高为 3.970 m 减下一层的标高（未知）。

② 柱标高：3.970 m。

③ 柱高：从图名和其后面的标高▽3.970 m 得知，此柱高为 3.970 m 减下一层的标高（未知）。

(4) 柱位置（定位的纵横轴号）：从二层结构平面图上找到 XZ1，引出线指向的黑色矩形就是 XZ1，其对应的水平轴线号为 8，竖向轴线号为 1/C。因此 XZ1 的位置位于 8 轴交 1/C 轴处点的位置。

(5) 柱名称：从二层结构平面图有一引出线，引出线上的字符"XZ1"，就是柱的名称，也称为"现浇柱 1"，表示二层楼面的第一根柱。

(6) 柱截面尺寸标注：此平面图未标注。

(7) 同类型柱的分布及根数：此平面图未标注有其他相同的柱子，因此 XZ1 在此平面图上只有一根。

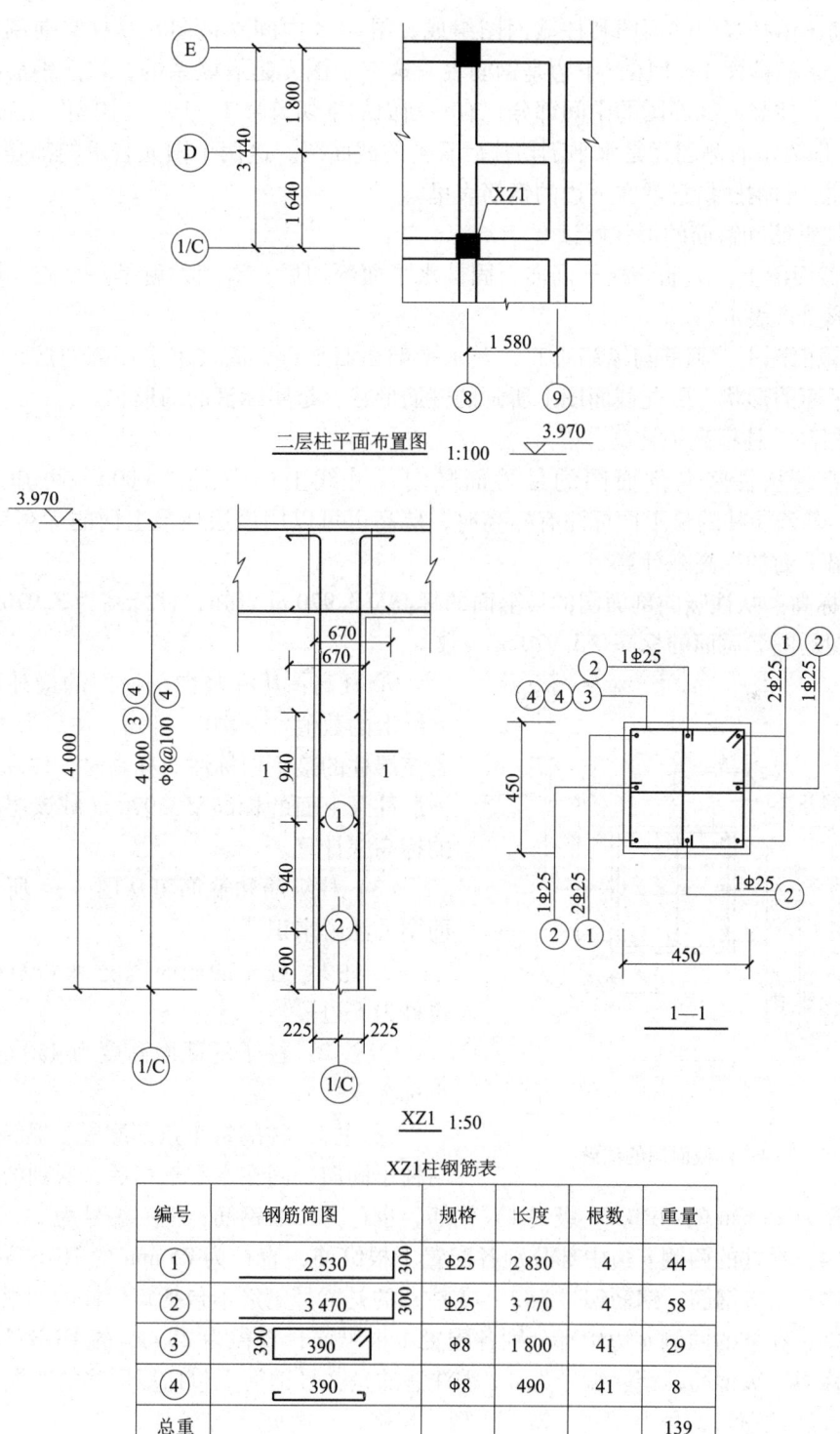

XZ1柱钢筋表

编号	钢筋简图	规格	长度	根数	重量
①	2 530 | 300	Φ25	2 830	4	44
②	3 470 | 300	Φ25	3 770	4	58
③	390 / 390	Φ8	1 800	41	29
④	390	Φ8	490	41	8
总重					139

图 3-3 柱结构施工图（详图法）

2) 柱钢筋图的解读

柱配筋图由柱竖向剖面图和柱截面图组成。图3-3中间左边图元是柱竖向剖面图,中间右边图元是柱截面1—1图,下边是钢筋表。这三个图元是有联系的,识读钢筋图时需结合起来识读。柱竖向剖面图的中间部分,有一断面的剖切符号1—1,与中间图元的名称1—1相对应。即表示右侧图元是水平剖切柱后看到的截面图。这两个图元表示的都是同一根柱子,这个柱子的钢筋信息就在下边的钢筋表里。

(1) 柱纵筋和箍筋的形状解读。

① 在截面图上,纵筋与柱子同向,固被水平面剖切后,看到的就是一个点,因此截面图上用圆形黑点表示。

② 在截面图上,箍筋与纵筋垂直,与水平剖切面平行,固被水平面剖切后,看到的就是一个水平面的形状,因此截面图上所画的箍筋形状就是实际箍筋的形状。

(2) 层高、柱标高和柱高。

① 层高:从柱竖向剖面图的最外面竖向尺寸线上的数值"4 000"可知,层高为4 000 mm。若该层柱的最下面标注有标高时,层高也可以用该层柱最上面的标高▽3.970 m减该层柱最下面的标高来计算。

② 柱标高:从柱竖向剖面图的最上面的标高▽3.970 m可知,柱标高为3.970 m,与柱平面布置图的图名后面的标高▽3.970 m一致。

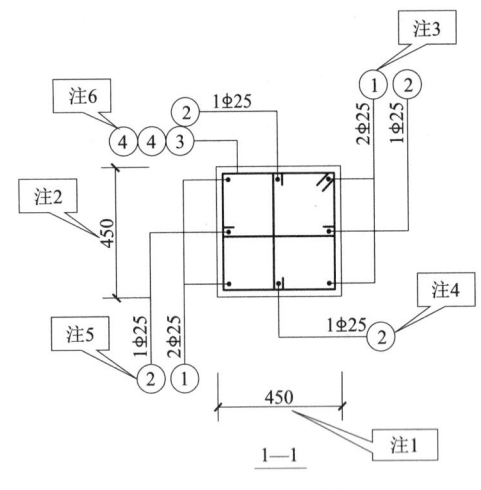

图3-4 柱截面图的注解

③ 柱高:从柱竖向剖面图的最外面竖向尺寸线上的数值"4 000"可知,柱高为4 000 mm。若该层柱的最下面标注有标高时,柱高也可以用该层柱最上面的标高▽3.970 m减该层柱最下面的标高来计算。

(3) 柱纵筋和箍筋可从图3-4所示的柱截面图的注解来识读。

① 注1:柱子的截面宽度为450 mm(宽度也称为b边)。

② 注2:柱子的截面高度为450 mm(高度也称为h边)。

③ 注3:柱的每个角部配置1根纵筋,纵筋与柱子同向,固在水平剖切后,看到的就是一个黑点,直径为25 mm的HRB335级(Φ)钢筋,也称为二级钢筋,钢筋编号为①。

④ 注4:在柱的两侧b边中部分别各配置1根纵筋,直径为25 mm的HRB335级(Φ)钢筋,也称为二级钢筋,钢筋编号为②;需注意的是②号钢筋不包括矩形柱的四根角筋。

⑤ 注5:在柱的两侧h边中部分别各配置1根纵筋,直径为25 mm的HRB335级(Φ)钢筋,也称为二级钢筋,钢筋编号为②;需注意的是②号钢筋不包括矩形柱的四根角筋。

⑥ 注6:柱箍筋编号为③④,箍筋类型、规格、长度见柱钢筋表。

3) 识读柱钢筋表

按表3-4所示从左到右的顺序识读,重点识读钢筋简图、钢筋规格。

4）文字说明的解读

以下信息一般到结构设计总说明查找：

① 抗震等级；

② 混凝土强度等级；

③ 柱混凝土保护层；

④ 混凝土的环境类别；

⑤ 钢筋种类。

2. 平法

柱平法施工图是在柱平面布置图上采用列表注写方式或截面注写方式来表达的。

1）列表注写方式

列表注写方式柱结构施工图由结构层楼面标高（结构层高）表、柱平面布置图、柱箍筋类型图和柱表四部分组成。

列表注写方式柱结构施工图如图 3-5 所示，现以此图为例说明列表式平法柱结构施工图的识读步骤。

（1）图元位置的解读。

① 结构层楼面标高（结构层高）表位于图 3-5 中的左边，放大后如图 3-6 所示。

② 柱平面布置图位于图 3-5 的上部。

③ 柱箍筋类型图位于柱平面布置图的下面，柱表的上面。

④ 柱表位于图 3-5 的下部。

（2）识读结构层楼面标高（结构层高）表。

首先需看懂结构层楼面标高（结构层高）表的 2 根竖向的粗实线（见图 3-6），它们与竖向的柱子很像，其实它们就是设计师为了让识图者看懂柱的标高、看懂楼层层高的一种简易的画法，它们就相当于柱子。对应这竖向的粗实线，就可以直接读出柱子的底标高、顶标高及中间各层处柱子标高。识读数值时，先找到最下面的文字"层号、标高、层高"，再根据文字对应的列从下往上进行识读。

现试识读 5 层顶的信息，看图 3-6 水平粗实线处得：

① 层号：从"层号"对应的列看，"5"层顶与屋面重合，即表示柱子的顶在屋面。

② 标高：从"标高"对应的列看，"5"层顶（屋面）标高数值是"17.970"，即表示 5 层顶即屋面标高为 17.970 m，那么柱子的顶标高也为 17.970 m。

③ 层高：从"层高"对应的列看，"5"层顶（屋面）对应的下一层为第五层，对应的上一层是楼梯间层，下一层为第五层对应数值为"3.6"，上一层是楼梯间层对应数值为"2.5"即表示第 5 层层高为 3.6 m，楼梯间层层高为 2.5 m。

（3）识读柱平面布置图。

① 图名：图元名称为"-1.200～17.970 柱列表法注写施工图"。

② 尺寸线：水平尺寸线为 2 道，位于图元下方，最外边的尺寸线为总尺寸线，建筑物水平总长为 17 400 mm，里边的尺寸线是定位轴线，轴线号从①～⑦；竖向尺寸线为 2 道，位于图元左方，最外边的尺寸线为总尺寸线，建筑物的竖向总长为 5 400 mm，里边的尺寸线是竖向定位轴线，轴线号从Ⓑ～Ⓓ。结构平面布置图的尺寸线的识读与建筑平面图的尺寸线识读相同。

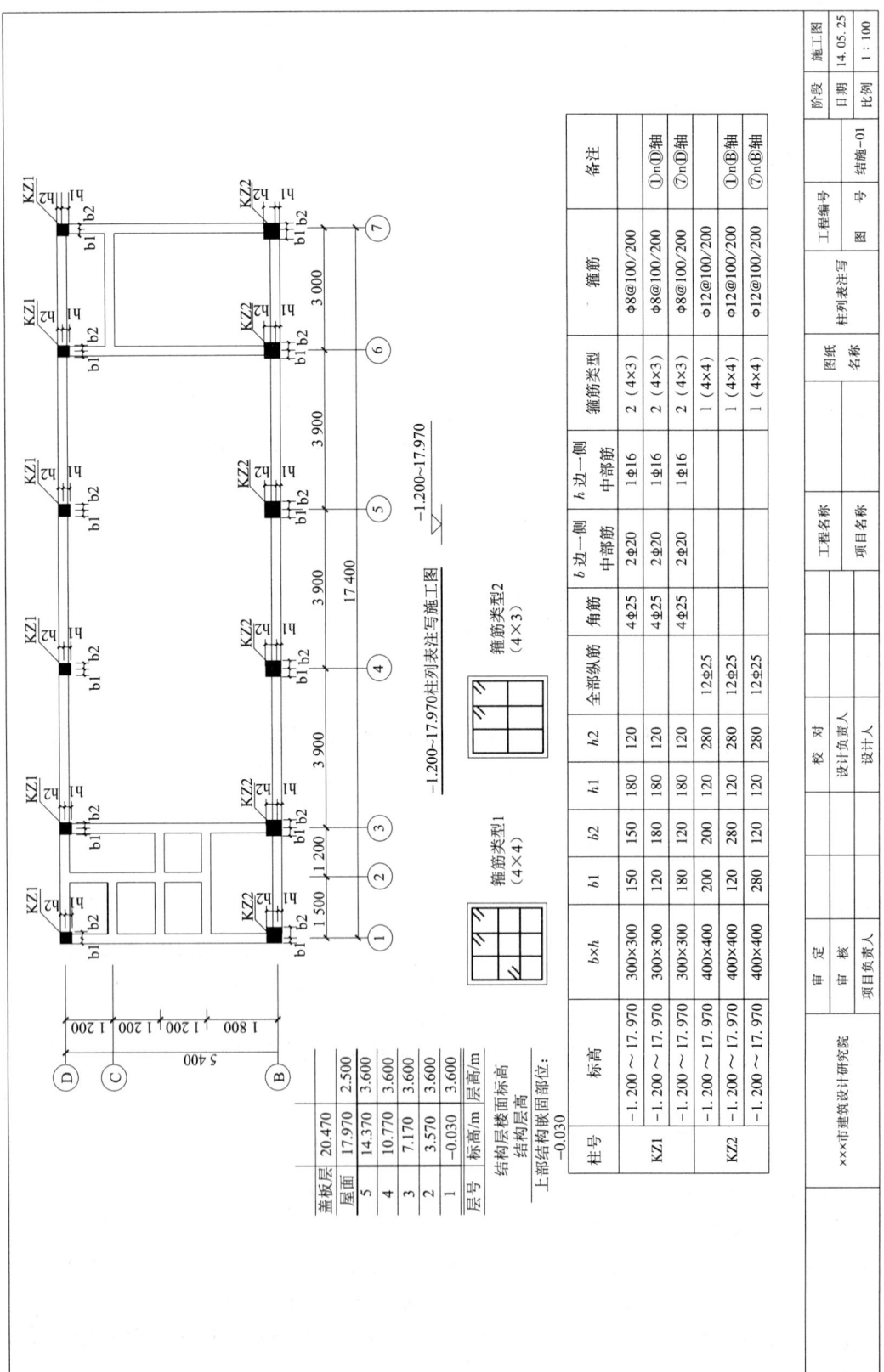

图 3-5 列表注写方式柱结构施工图

楼梯盖板	20.470	
楼梯间（屋面）	17.970	2.500
5	14.370	3.600
4	10.770	3.600
3	7.170	3.600
2	3.570	3.600
1	−0.030	3.600
层号	标高/m	层高/m

结构层楼面标高
结构层高

上部结构嵌固部位：
−0.030

图 3-6 结构层楼面标高
（结构层高）表

② 柱位置（定位的纵横轴号）：从柱结构平面布置图看，用水平轴线与竖向轴线相交来定位。例如，KZ1 的位置是①轴交Ⓓ轴处、③轴交Ⓓ轴处、④轴交Ⓓ轴处、⑤轴交Ⓓ轴处、⑥轴交Ⓓ轴处、⑦轴交Ⓓ轴处，共有 6 根 KZ1。KZ2 的定位方法同 KZ1。

③ 柱名称：看柱平面布置图中矩形块的引出线标注有"KZ1、KZ2"，KZ1 和 KZ2 即为柱子的名称。

④ 柱截面尺寸标注：柱平面布置图中，柱截面宽方向用 b_1 和 b_2 表示相对于柱子的定位水平轴线的柱外边偏移数值，柱截面高方向用 h_1 和 h_2 表示相对于柱子的定位竖向轴线的柱外边偏移数值，具体数值在平面布置图内不需要标注，在柱表内注写。

⑤ 同类型柱的分布及根数：从柱平面布置图中，识读到的柱名称只有两个"KZ1"和"KZ2"，可知柱只有这两种类型。根据不同柱名称所指的柱子个数，得 KZ1 有 6 根，KZ2 有 6 根。

（4）识读柱箍筋类型图。从柱箍筋类型图看，有两种形式的箍筋，第一种箍筋类型表示为 4×4，第二种箍筋类型表示为 4×3。识读箍筋类型符号的步骤如下。

① 识读顺序：先读 b 边，再读 h 边。

② 读取肢数：箍筋用"肢"来表示，一"肢"即是一根的意思，如图 3-7 所示，先读 b 边，得 b 边为 4 肢；再读 h 边，得 h 边为 3 肢，所以箍筋类型符号写为 4×3。依此类推，从箍筋类型符号就可以推断出柱箍筋的平面形状。

（5）识读柱表，按从左到右的顺序识读柱信息，重点识读柱纵向钢筋、柱箍筋。

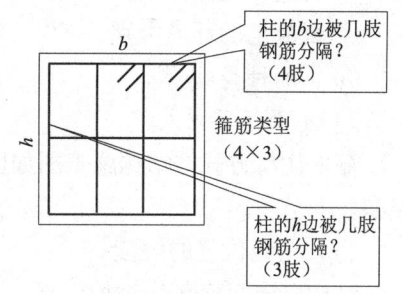

图 3-7 柱箍筋类型图

以图 3-5 中柱表里的 KZ1 为例进行说明。

① 柱号：即柱名称为"KZ1"，读作"框架柱 1"。

② 标高："−1.200 ～ 17.970"，由此可求出柱子的高度为 17.970 m −（−1.200）m = 19.170 m。

③ 柱截面尺寸："300×300"，由此可知，柱子的截面宽度为 300 mm（截面宽度也称为柱 b 边），柱子的截面高度为 300 mm（截面高度也称为柱 h 边）。

④ 柱外边与定位轴线的偏移距离：b_1、b_2、h_1、h_2 的数值就对应柱平面布置图中柱子截面尺寸的标注，反映了柱外边与定位轴线的偏移距离。

⑤ 全部纵筋：当柱的所有纵筋均为一种规格时，才用在此处标注。KZ1 处不标注，可知 KZ1 的纵筋规格不止一种。

⑥ 角筋："4Φ25"，表示在柱子的四个角的位置分别配置 1 根纵筋，直径为 25 mm 的 HRB335 级（Φ）钢筋，也称为二级钢筋。

⑦ b 边一侧中部筋："2Φ20"，表示在柱子的其中一侧 b 边的中部位置配置 2 根纵筋，直径为 20 mm 的 HRB335 级（Φ）钢筋，也称为二级钢筋。这 2 根钢筋不包含角筋。柱子的

b 边有 2 侧，那么每一侧都必须在中部配置相同的 2 根纵筋，即对称配置。

⑧ h 边一侧中部筋："1 Φ16"，表示在柱子的其中一侧 h 边的中部位置配置 1 根纵筋，直径为 16 mm 的 HRB335 级（Φ）钢筋，也称为二级钢筋。这 1 根钢筋不包含角筋。柱子的 h 边有 2 侧，那么每一侧都必须在中部配置相同的 1 根纵筋，即对称配置。

⑨ 箍筋类型号："2（4×3）"，"2"表示箍筋的平面形状如柱箍筋类型图中的"箍筋类型 2"图；"（4×3）"表示柱子的 b 边被被 4 肢钢筋分隔，柱子的 h 边被被 3 肢钢筋分隔。箍筋形状如箍筋类型 2。此数值与柱箍筋类型图中的"箍筋类型 2"相对应。

⑩ 箍筋："ф8@100/200"，表示沿柱高配置箍筋有 2 种间距，一种是在箍筋加密区每间隔 100 mm 配置一个直径为 8 mm 的 HPB300（ф）钢筋，也称为一级钢筋；另外一种是在箍筋非加密区每间隔 200 mm 配置一个直径为为 8 mm 的 HPB300（ф）钢筋，也称为一级钢筋。

⑪ 备注：① nⒹ轴，表示 KZ1 的位置，即位于①轴交Ⓓ轴处。

KZ2 识读同 KZ1。

（6）识读文字说明，以下信息一般到结构设计总说明查找。

① 抗震等级。

② 混凝土强度等级。

③ 柱混凝土保护层。

④ 混凝土的环境类别。

⑤ 钢筋种类。

2）截面注写方式

截面注写方式柱结构施工图如图 3-8 所示，现以此图为例，说明柱结构施工图的识读步骤。

（1）图元位置的解读。

结构层楼面标高（结构层高）表位于图 3-8 左下角。

柱截面平面布置图位于图 3-8 的上部。

（2）识读柱截面式平面布置图。

① 图名："-1.200～17.970 柱截面注写施工图"。

② 尺寸线：水平尺寸线为 2 道，位于图元下方，最外边的尺寸线为总尺寸线，建筑物水平总长为 17 400 mm，里边的尺寸线是定位轴线，轴线号从①～⑦；竖向尺寸线为 2 道，位于图元左方，最外边的尺寸线为总尺寸线，建筑物的竖向总长为 5 400 mm，里边的尺寸线是定位轴线，轴线号从Ⓑ～Ⓓ。结构平面布置图的尺寸线的识读与建筑平面图的尺寸线识读相同。

③ 柱位置（定位的纵横轴号）：从柱结构平面布置图看，用水平轴线与竖向轴线相交来定位。例如，KZ1 的位置是①轴交Ⓓ轴处、③轴交Ⓓ轴处、④轴交Ⓓ轴处、⑤轴交Ⓓ轴处、⑥轴交Ⓓ轴处、⑦轴交Ⓓ轴处，共有 6 根 KZ1。KZ2 的定位方法同 KZ1。

④ 柱名称：看柱平面布置图中矩形柱的引出线标注有"KZ1、KZ2"，KZ1 和 KZ2 即为柱子的名称。

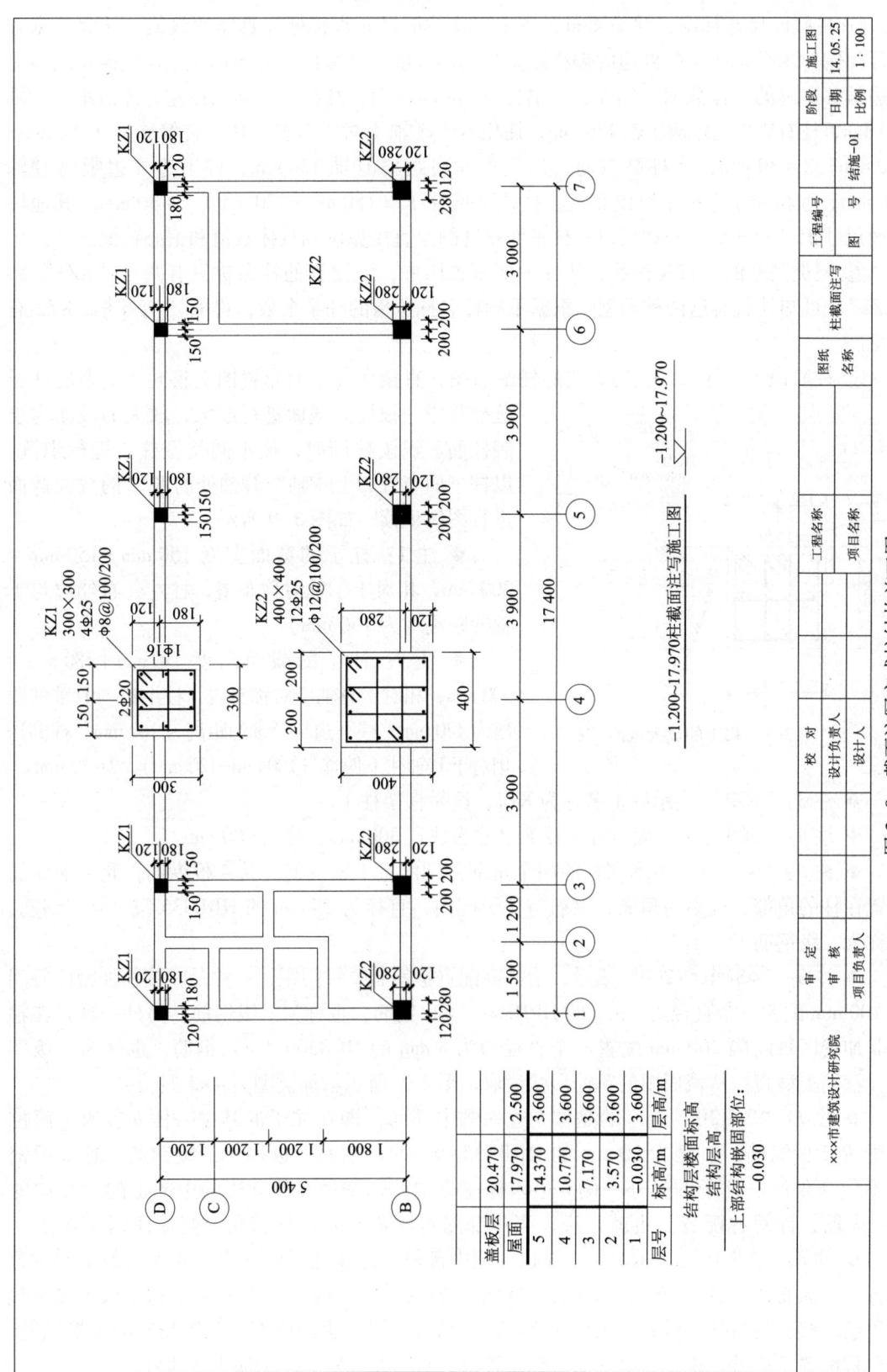

图3-8 截面注写方式柱结构施工图

⑤ 柱截面尺寸标注：柱平面布置图中，柱截面尺寸直接标注具体的数值。柱截面宽方向标注定位水平轴线与柱外边的偏移距离的具体数值，柱截面高方向标注定位竖向轴线与柱外边偏移距离的具体数值。例如，①轴交Ⓓ轴处的KZ1，在柱宽方向，柱左边外边距离①轴120 mm，柱右边外边距离①轴180 mm，柱相对于①轴不对中布置，柱往右偏移了（180 mm-120 mm）/2 = 30 mm；在柱高方向，柱上边外边距离Ⓓ轴120 mm，柱下边外边距离Ⓓ轴180 mm，柱相对于Ⓓ轴不对中布置，柱往下偏移了（180 mm-120 mm）/2 = 30 mm。其他柱截面尺寸识读同KZ1，同样可以在柱平面布置图上直接识读到具体数值和偏心数值。

⑥ 同类型柱的分布及根数：从柱平面布置图中，识读到的柱名称只有两个"KZ1"和"KZ2"，可知柱就有这两种类型。根据不同柱名称所指的柱子个数，得KZ1有6根，KZ2有6根。

⑦ 柱筋识读。柱截面注写方式的柱配筋图，直接在柱平面布置图上将同一类型的柱子选择其中一根柱的截面进行放大，放大的截面内绘制柱筋。识读柱筋时，按不同类型柱子进行识读。以柱平面布置图上④轴交Ⓓ轴处的KZ1的放大截面进行图解识读，如图3-9所示。

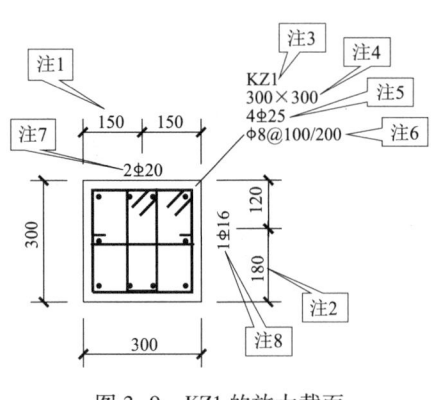

图3-9 KZ1的放大截面

◆ 注1：柱子的截面宽度150 mm + 150 mm = 300 mm，相对于①轴对称布置，柱左、右外边与①轴的距离均为150 mm。

◆ 注2：柱子的截面高度120 mm + 180 mm = 300 mm，相对于Ⓓ轴不对称布置，柱上边与Ⓓ轴的距离为120 mm，柱下边与Ⓓ轴的距离为180 mm，柱高边相对于Ⓓ轴往下偏移（180 mm-120 mm）/2=30 mm。

◆ 注3："KZ1"表示柱子名称为KZ1，读做框架柱1。

◆ 注4："300×300"表示柱子截面尺寸为柱宽300 mm，柱高300 mm。

◆ 注5："4 Φ 25"表示在柱的四个角部分别配置1根纵筋，共4根纵筋，此4根纵筋放置在柱的角部，也称为角筋，纵筋与柱子同向，直径为25 mm的HRB335级（Φ）钢筋，也称为二级钢筋。

◆ 注6："φ8@100/200"表示，沿柱高配置箍筋有2种间距，一种是在箍筋加密区每间隔100 mm配置一个直径为8 mm的HPB300（φ）钢筋，也称为一级钢筋；另外一种是在箍筋非加密区每间隔200 mm配置一个直径为为8 mm的HPB300（φ）钢筋，也称为一级钢筋。箍筋类型直接从截面图的箍筋形状读取，图3-9所示箍筋类型为4×3型。

◆ 注7："2 Φ 20"表示的是柱b边一侧中部筋，即在柱子的其中一侧b边的中部位置配置2根纵筋，直径为20 mm的HRB335级（Φ）钢筋，也称为二级钢筋。这2根钢筋不包含角筋。柱子的另外一侧b边未标注有钢筋，则另一侧b边的中部也配置相同的2根纵筋，即对称配置。也就是说，当中部筋对称布置时，只需在一侧标注钢筋规格。

◆ 注8："1 Φ 16"表示的是柱h边一侧中部筋，即在柱子的其中一侧h边的中部位置配置1根纵筋，直径为16 mm的HRB335级（Φ）钢筋，也称为二级钢筋。这1根钢筋不包含角筋。柱子的另外一侧h边未标注有钢筋，则另一侧h边的中部也配置相同的1根纵筋，即对称配置。也就是说，当中部筋对称布置时，只需在一侧标注钢筋规格即可。

(3) 识读结构层楼面标高（结构层高）表。

结构层楼面标高（结构层高）表的识读同列表式平法柱结构施工图相同，此处不再赘述。

(3) 识读文字说明：以下信息一般到结构设计总说明查找。

① 抗震等级。

② 混凝土强度等级。

③ 柱混凝土保护层。

④ 混凝土的环境类别。

⑤ 钢筋种类。

3.3.4 知识链接

1. 柱平法施工图制图规则

柱平法施工图在柱平面布置图上可采用列表注写方式或截面注写方式进行表达。

1) 列表注写方式

列表注写方式的规定如下。

(1) 注写编号，柱编号由类型代号和序号组成，应符合表 3-6 的规定。

表 3-6 柱 编 号

柱类型	代　号	序　号
框架柱	KZ	××
框支柱	KZZ	××
芯柱	XZ	××
梁上柱	LZ	××
剪力墙上柱	QZ	××

注：编号时，当柱的总高、分段截面尺寸和配筋均对应相同而截面和轴线的关系不同时，可将其编为同一柱号，但应在图中注明截面与轴线的关系。

(2) 注写各段柱的起止标高，自柱根部往上以变截面位置或截面未变但配筋改变处为界分段注写。框架柱和框支柱的根部标高是指基础顶面标高；芯柱的根部标高是指根据结构实际需要而定的起始位置标高；梁上柱的根部标高是指梁顶面标高；剪力墙上柱的根部标高是指墙顶面标高。

(3) 对于矩形柱，注写柱截面尺寸及与轴线关系几何参数代号 b_1、b_2 和 h_1、h_2 的具体数值，需对应于各段柱分别注写。其中 $b=b_1+b_2$，$h=h_1+h_2$。当截面的某一边收缩变化至与轴线重合或偏到轴线的另一侧时，b_1、b_2、h_1、h_2 中的某项为零或为负值。

(4) 注写柱纵筋。当柱纵筋直径相同，各边根数也相同时（包括矩形柱、圆柱和芯柱），将纵筋注写在"全部纵筋"一栏中；除此之外，柱纵筋分角筋、截面 b 边中部筋和 h 边中部筋三项分别注写（对于采用对称配筋的矩形截面柱，可仅注写一侧中部筋，对称边省略不注）。

(5) 注写箍筋类型号及箍筋肢数。

具体工程所设计的各种箍筋类型图以及箍筋复合的具体方式，需画在表的上部或图中的适合位置，并在其上标注与表中相对的 b、h 和类型号。

注意：当为抗震设计时，确定箍筋肢数时要满足对柱纵筋"隔一布一"和箍筋肢距的要求。

（6）注写柱箍筋，包括钢筋级别、直径与间距。

当为抗震设计时，用斜线"/"区分柱端箍筋加密区与柱身非加密区长度内箍筋的不同间距。施工人员需要根据标准构造详图的规定，在规定的几种长度值中取其最大者作为加密区长度。当框架节点核芯区内箍筋与柱端箍筋设置不同时，应在括号中注明核芯区内箍筋直径及间距。例如，"φ10@100/250（φ12@100）"表示箍筋为HPB300级箍筋、钢筋直径10 mm，加密区间距为100 mm，非加密区为250 mm；框架节点核芯区箍筋为HPB300级钢筋直径12 mm，间距为100 mm。

当箍筋沿柱全高为一种间距时，则不使用"/"线。例如，"φ10@100"表示沿柱全高范围内箍筋均为HPB300级钢筋，直径10 mm，间距为100 mm。

当圆柱采用螺旋箍筋时，需在箍筋前加"L"。例如，"Lφ10@100/200"表示采用螺旋箍筋，HPB300级钢筋，直径10 mm，加密区间距为100 mm，非加密区间距为200 mm。

2）截面注写方式

截面注写方式是在柱平面布置图的柱截面上，分别在同一编号的柱中选择一个截面，以直接注写截面的尺寸和配筋具体数值的方式来表达平法施工图。

当纵筋采用两种直径时，需再注写截面各边中部筋的具体数值（对于采用对称配筋的矩形截面柱，可仅在一侧注写中部筋，对称边省略不注）。

当在某些框架柱的一定高度范围内，在其内部的中心位设置芯柱时，首先按照按柱表注写内容中柱编号规定进行编号，继其编号之后注写芯柱的起止标高、全部纵筋及箍筋的具体数值（箍筋的注写方式同柱表注写内容中注写柱箍筋规定），芯柱截面尺寸按构造确定，并按标准构造详图施工，设计不注；当设计者采用与本结构详图不同的做法时，应另行注明。芯柱定位随框架柱，不需要注写其与轴线的几何关系。

在截面注写方式中，如柱的分段截面尺寸和配筋均相同，仅截面与轴线的关系不同时，可将其编为同一柱号。但此时应在未画配筋的柱截面上注写该柱截面与轴线关系的具体尺寸。

2. 各类型柱的结构构造要求

详见国家建筑标准设计图集11G101-1《混凝土结构施工图平面整体表示方法制图规则和构造详图》（现浇混凝土框架、剪力墙、梁、板）中的柱标准构造详图。

3.3.5 技能训练项目

以图3-10所示的柱结构施工图为例进行训练。

1. 训练任务

识读图3-10所示的柱结构施工图。

2. 训练目标

（1）解读柱平面布置图，柱截面配筋图。

（2）解读柱的混凝土保护层厚度。

（3）对应11G101-1解读柱的钢筋构造。

3. 训练成果

根据训练目标，按本节实例解读形式编写柱结构施工图识读报告。

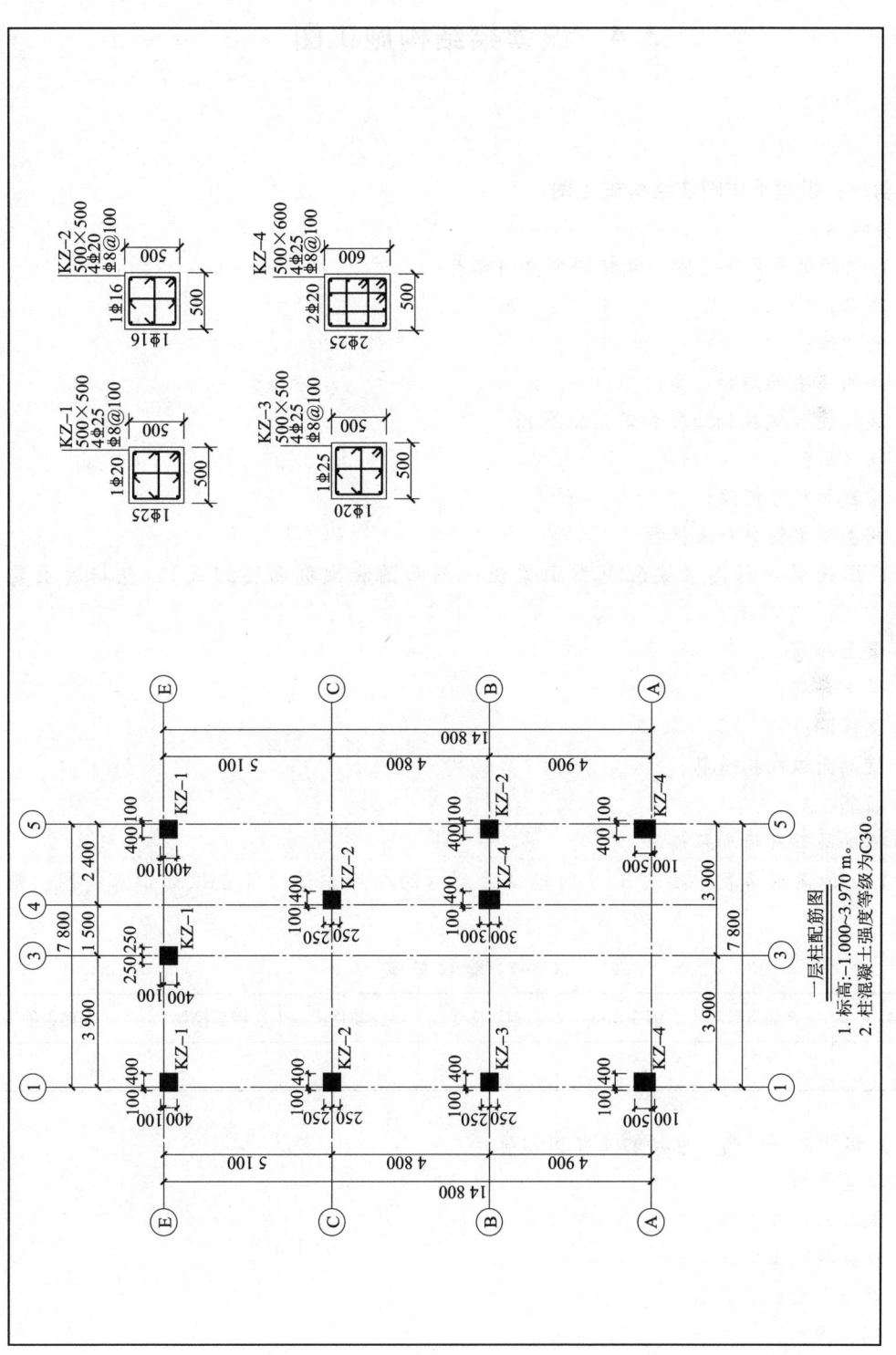

图 3-10 柱结构施工图

3.4 识读梁结构施工图

任务

任务一：识读梁详图法结构施工图

任务提示：

（1）识读梁平面布置图，包括的主要内容有：

① 图名；

② 尺寸线；

③ 层高、梁标高和梁高；

④ 梁位置（定位轴线段和定位轴线）；

⑤ 梁名称；

⑥ 梁截面尺寸标注；

⑦ 同类型梁的分布及根数。

（2）识读梁配筋图（梁配筋图由梁竖向剖面图和梁截面图组成），包括的主要内容有：

① 梁上部筋；

② 梁下部筋；

③ 梁箍筋；

④ 梁侧面纵向构造筋；

⑤ 拉筋；

⑥ 附加吊筋及附加箍筋。

（3）识读梁钢筋表，按表3-7所示从左到右的顺序识读，重点识读钢筋简图、钢筋规格。

表3-7 梁 钢 筋 表

钢筋编号	钢筋简图	钢筋规格	钢筋长度	钢筋总长	钢筋根数	钢筋重量

（4）识读文字说明，包括的主要内容有：

① 抗震等级；

② 混凝土强度等级；

③ 柱梁混凝土保护层；

④ 混凝土的环境类别；

⑤ 钢筋种类。

任务二：识读梁表法结构施工图

任务提示：

（1）识读梁平面布置图，包括的主要内容有：

① 图名；

② 尺寸线；

③ 层高、梁标高和梁高；

④ 梁位置（定位轴线段和定位轴线）；

⑤ 梁名称；

⑥ 梁截面尺寸标注；

⑦ 同类型梁的分布及根数。

(2) 识读梁截面详图，包括的主要内容有：

① 梁名称；

② 梁截面尺寸标注；

③ 层高、梁标高和梁高。

(3) 识读梁表，一般按表3-8所示从左到右的顺序识读，重点识读梁的七大类型钢筋。不同的梁施工图有不同类型的梁表，能描述梁的实际配筋即可。

表3-8 梁 表

编号	所在楼层	梁顶标高 /m	梁截面 B×H /mm	梁上部筋	梁下部筋	梁箍筋	梁侧面纵向构造筋	拉筋	附加箍筋	附加吊筋

(4) 识读文字说明：

① 抗震等级；

② 混凝土强度等级；

③ 柱梁混凝土保护层；

④ 混凝土的环境类别；

⑤ 钢筋种类。

任务三：识读梁平法结构施工图

任务提示：

1) 平面注写方式

(1) 识读结构层楼面标高（结构层高）表，包括的主要内容有：

① 层号；

② 标高；

③ 层高。

(2) 识读梁结构平面图，包括的主要内容有：

① 图名；

② 尺寸线；

③ 梁位置（定位轴线段和定位轴线）；

④ 梁名称；

⑤ 同类型梁的分布及根数；

⑥ 梁钢筋：

◆ 集中标注；
◆ 原位标注。
(3) 识读文字说明，包括的主要内容有：
① 抗震等级；
② 混凝土强度等级；
③ 梁混凝土保护层；
④ 混凝土的环境类别；
⑤ 钢筋种类。
2) 截面注写方式
(1) 识读结构层楼面标高（结构层高）表，包括的主要内容有：
① 层号；
② 标高；
③ 层高。
(2) 识读梁结构平面图，包括的主要内容有：
① 图名；
② 尺寸线；
③ 梁位置（定位的纵横轴号）；
④ 梁名称；
⑤ 同类型柱梁的分布及根数。
(3) 识读梁截面图，包括的主要内容有：
① 梁上部筋；
② 梁下部筋；
③ 梁箍筋；
④ 梁侧面纵向构造筋；
⑤ 拉筋；
⑥ 附加吊筋及附加箍筋。
(4) 识读文字说明，包括的主要内容有：
① 抗震等级；
② 混凝土强度等级；
③ 梁混凝土保护层；
④ 混凝土的环境类别；
⑤ 钢筋种类。

3.4.1 概念

梁结构施工图一般包括梁平面布置图、梁配筋图和文字说明三部分，当工程项目较小时尽量将这三部分编排在同一张图纸上以便看图。

梁平面布置图是用一个假想的水平面在室内某个标高位置将房屋全部切开，并将房屋上部移去，对该平面以下的建筑结构部分向下作正投影而形成的水平剖面图。

1. 梁

梁是房屋建筑的水平承重的结构构件,承受着来自楼板传递的荷载,然后再由梁传递给柱。梁有主次之分,楼板先将荷载传递给次梁,再由次梁传递给主梁,主梁再将荷载传递给柱。一般主梁比次梁要高,在受力许可的情况下才可以一样高。

梁实物图如图 3-11(a)所示,钢筋图如图 3-11(b)所示。

(a)实物图

(b)钢筋图

图 3-11 梁

2. 梁钢筋

梁钢筋主要有以下几种。

(1)梁纵筋:位于梁内部,与梁同向(即水平)的钢筋,即为梁纵筋。梁上部筋、梁下部筋、梁侧面纵向构造筋、梁侧面纵向受扭钢筋均为梁纵筋。

(2) 梁上部筋：位于梁的上部的纵筋，称为梁上部筋，也称梁上部纵筋。

(3) 梁下部筋：位于梁的下部的纵筋，称为梁下部筋，也称梁下部纵筋。

(4) 梁箍筋：位于梁内部，与梁方向垂直（即竖向），将梁纵筋箍紧，且与梁纵筋进行绑扎固定的钢筋，即为梁箍筋。

(5) 梁侧面纵向构造筋：位于梁的两个侧面与梁同向（即水平）且布置在梁的侧面中部的钢筋，称为梁侧面纵向构造筋。若该处钢筋受扭时，称为梁侧面纵向受扭钢筋。

(6) 拉筋：位于梁内部与梁方向垂直（即竖向），将梁两个侧面的纵向构造筋或侧面纵向受扭钢筋拉紧，且与梁侧面纵向构造筋或侧面纵向受扭钢筋进行绑扎固定的钢筋，即为梁拉筋。拉筋与箍筋同向，且拉筋间距为非加密区箍筋间距的2倍。有梁侧面纵向构造筋或侧面纵向受扭钢筋时必须有拉筋。

(7) 吊筋：只有在主、次梁相交时才设置吊筋。吊筋位于主梁内部，是在次梁的下面增设的加强钢筋。其形状和构造如图3-12所示。

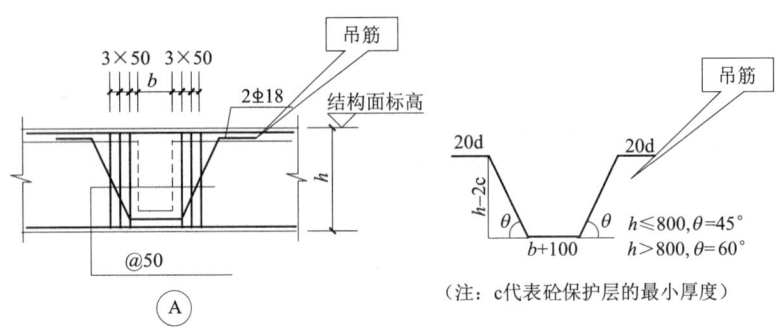

图3-12 吊筋

3. 梁定位

在平面上，梁是一个线构件，也就是说在二维平面空间，梁可以看成是由一条线段与其垂直的一条直线（横向或纵向的直线）相交所得的一个线段。因此，可以用平面布置图中梁对应的定位轴线段与定位轴线相交进行定位，也就是说梁对应的定位轴线段与定位轴线相交得的这个线段就是梁的位置。

4. 梁分类

单梁：就是只有两个支座，单独一跨的梁。

连续梁：就是支座超过两个，跨数等于或大于两跨且连续在一条轴线上的梁。这种梁受力比较好，它的中间支座可承受梁的负弯矩，可减少梁底配筋，也叫连系梁或联系梁。

3.4.2 识读梁结构施工图的图示内容

梁结构施工图一般包括梁平面布置图、梁配筋图和文字说明三部分，通过这三部分内容，在图纸上表示出梁的平面布置、梁编号、梁类型、梁标高、梁截面尺寸、梁纵向钢筋种类和规格、梁箍筋类型和规格等。

3.4.3 梁结构施工图的实例解读

梁结构施工图主要有三种表示方法：详图法、表法和平法。

1. 详图法

梁详图法结构施工图如图 3-13 所示。

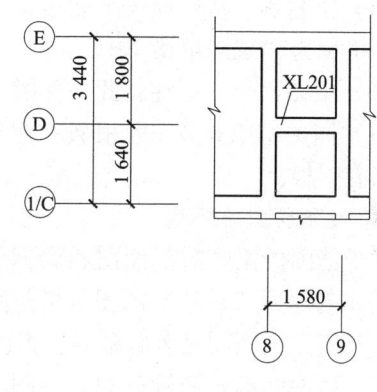

编号	钢筋简图	规格	长度	根数	重量
①	1 700	Φ14	1 700	4	8
②	210 1 820 210	Φ14	2 240	4	11
⑭	240 540	φ8	1 800	13	9
⑮	1 640	φ12	1 790	4	6
⑯	250	φ8	350	8	1
总重					36

XL201梁配筋表

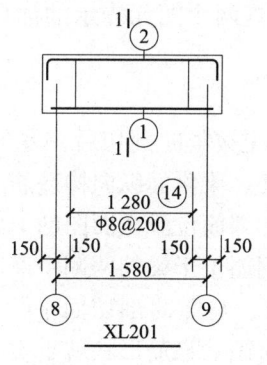

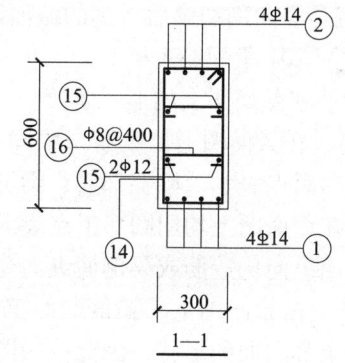

图 3-13　梁详图法结构施工图

以图 3-13 为例，说明梁详图法结构施工图的识读步骤。

1）梁平面布置图的解读

（1）图名：在图形下方有一个粗实线，粗实线上方的文字即是图名，此图名称为"二层梁平面布置图"。

（2）尺寸线：水平尺寸线 1 道，长度为 1 580 mm；竖向尺寸线为 2 道，长度为 3 440 mm。结构平面布置图的尺寸线的识读与建筑平面图的尺寸线识读相同。

（3）层高、梁标高和梁高。

① 二层层高：从图名和其后面的标高▽3.970 m 得知，此楼层层高为 3.970 m 减下一层的标高（未知），需与结构施工图的其他图元进行结合识读，此处略。

② 梁标高：梁标高就是梁顶标高，该层梁顶的标高就是楼层标高，即梁标高为 3.970 m。

③ 梁高：从梁平面布置图不能识读出梁高。

（4）梁位置（定位轴线段和定位轴线）：从二层梁平面布置图找到 XL201，其对应的水平轴线段为⑧~⑨轴，竖向轴线为Ⓓ轴。因此 XL201 的位置位于⑧~⑨轴交Ⓓ轴处线段的位置。

（5）梁名称：从二层梁平面布置图有一引出线，引出线上的字符"XL201"，就是梁的名称，也称为"现浇单梁 201"。

（6）梁截面尺寸标注：此平面图未标注。

（7）同类型梁的分布及根数：此平面图未标注有其他相同的梁，因此 XL201 在此平面图上只有一根。

2）梁配筋图的解读

梁配筋图由梁竖向剖面图和梁截面图组成。图元名称为"XL201"的图是梁竖向剖面图，图元名称为"1—1"的图是梁截面图，名称为"XL201 梁配筋表"就是梁 XL201 的钢筋表。其实三个图元是有联系的，识读钢筋图时需一起结合来识读。梁竖向剖面图的中间部分，有一断面的剖切符号 1—1，与图元名称为"1—1"的图元相对应。"1"后面的粗横折线代表剖切的方向，粗横折线是竖向的，就说明剖切面是沿竖直方向剖切水平的梁中间。因此 1—1 图元就是竖向剖切梁后看到的截面图。这两个图元表示的都是同一根梁，这根梁的钢筋信息就在 XL201 梁配筋表里。

（1）梁钢筋在截面图上的形状解读。

① 梁纵筋：在截面图上，纵筋与梁同向，固被竖向剖切后，看到的就是一个点，因此截面图上用圆形黑点表示。梁上部筋、梁下部筋、梁侧面纵向构造筋或梁侧面纵向受扭钢筋均为梁纵筋，在截面图上均用圆形黑点表示，上部筋位于截面图的上部，下部筋位于截面图的下部，梁侧面纵向构造筋或梁侧面纵向受扭钢筋位于梁的两侧中部。

② 梁箍筋：在截面图上，箍筋与纵筋垂直，与竖向剖切面平行，固被竖向面剖切后，看到的就是一个竖向面的形状，因此截面图上所画的箍筋形状就是实际箍筋的形状。

③ 拉筋：在截面图上，拉筋与纵筋垂直，与竖向剖切面平行，固被竖向面剖切后，看到的就是一个竖向面的形状，因此截面图上所画的拉筋形状就是实际拉筋的形状。

④ 附加吊筋：在截面图上不表示附加吊筋，需要用主、次梁相交的竖向剖面大样图表示。

⑤ 附加箍筋：附加箍筋的形状同梁箍筋形状。

（2）层高、梁标高、梁高、梁跨度、梁长。

① 层高：可以根据楼面标高进行计算求出。层高也就是用该层楼面标高▽3.970 m 减下一层的楼面标高。此详图未标注下一层的楼面标高，所以层高计算略。

② 梁标高：从"二层梁平面布置图"图名后面的标高得知，梁标高为 3.970 m，与梁平面布置图的图名后面的标高▽3.970 m 一致。

③ 梁高：从"1—1"梁截面图的竖向尺寸线上的数值"600"可知，梁高为 600 mm。由梁的高度，可求出梁底标高 = 梁标高 - 梁高 = 3.970 m - 0.6 m = 3.370 m。

④ 梁跨度：从"XL201"梁竖向剖面图的水平定位轴线⑧和⑨的距离"1 580"可知，梁跨度为 1 580 mm。

⑤ 梁长：从"XL201"梁竖向剖面图的水平尺寸线可知，总尺寸=（150+1 580+150）mm=1 880 mm，梁长即为1 880 mm。

（3）梁钢筋可从图3-14所示的梁截面图的注解识读。

① 注1："300"表示梁的截面宽度为300 mm（宽度也称为b边）。

② 注2："600"表示梁的截面高度为600 mm（高度也称为h边）。

③ 注3："①4Φ14"表示梁下部配置4根纵筋，纵筋与梁同向，固在竖向剖切后，看到的就是4个黑点，直径为14 mm的HRB335级（Φ）钢筋，也称为二级钢筋，钢筋编号为①。放置在梁的下部，也称为梁下部纵筋。

④ 注4："②4Φ14"表示梁上部配置4根纵筋，纵筋与梁同向，故在竖向剖切后，看到的就是4个黑点，直径为14 mm的HRB335级（Φ）钢筋，也称为二级钢筋，钢筋编号为②。放置在梁的上部，也称为梁上部纵筋。虽然上部纵筋与梁下部纵筋的钢筋规格同为"4Φ14"，但钢筋位置不同，因此上部纵筋与梁下部纵筋不是同一类型的钢筋。

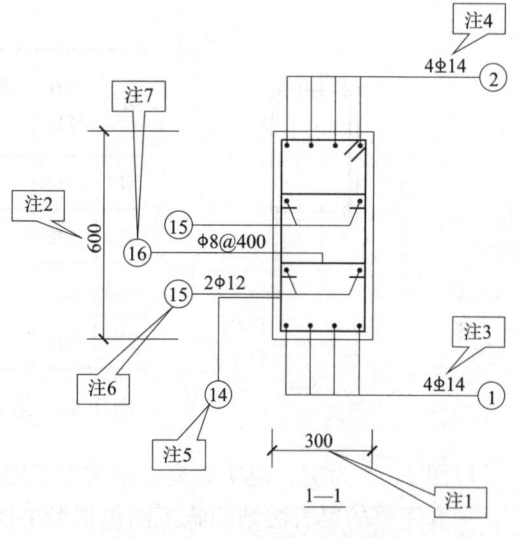

图3-14 梁截面图的注解

⑤ 注5："⑭"表示梁的箍筋，钢筋的形状如截面图上所画的矩形形状，钢筋规格截面图上不标注，可以从"XL201"梁竖向剖面图的最里面的水平尺寸线可以看到，在梁的净跨"1 280"的范围内配置的箍筋规格为"Φ8@100"，即⑭号钢筋为Φ8@200，箍筋形状、类型、规格、长度可见梁钢筋表。

⑥ 注6："⑮2Φ12"表示梁的侧面中部共配置2根纵筋，即一边侧面配置一根纵筋，纵筋与梁同向，故在竖向剖切后，看到的就是2个黑点，直径为12 mm的HPB300级（Φ）钢筋，也称为一级钢筋，钢筋编号为⑮。从截面图看，在梁的侧面中部有两排⑮号钢筋，因此放置在梁的侧面中部共有4根，每侧2根，共2排纵筋，此处钢筋也称为梁侧面纵向构造筋。

⑦ 注7："⑯Φ8@400"表示梁的拉筋，钢筋的形状如截面图上所画的线形状，钢筋规格为Φ8@400，可以从"XL201"梁钢筋表读取拉筋的形状、类型、规格、长度等。

3）识读梁配筋表

按表3-7所示从左到右的顺序识读，重点识读钢筋简图、钢筋规格。

4）识读文字说明

以下信息一般到结构设计总说明查找。

① 抗震等级。

② 混凝土强度等级。

③ 柱梁混凝土保护层。

④ 混凝土的环境类别。

⑤ 钢筋种类。

2. 表法

梁表法结构施工图如图 3-15 所示。

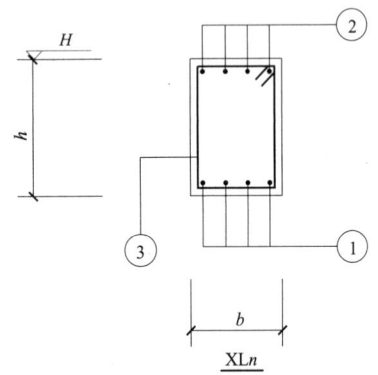

梁表

编号	所在楼层	梁顶标高 H/m	梁截面 $B×H$/（mm×mm）	上部受力纵筋②Φ	下部受力纵筋①Φ	箍筋③Φ
XL1	二层	3.970	180×300	2Φ14	2Φ14	Φ6@200
XL2	二层	3.970	1 800×400	2Φ14	2Φ16	Φ6@200
XL3	二层	3.970	240×300	2Φ14	2Φ14	Φ8@200
XL4	二层	3.970	240×400	2Φ14	2Φ18	Φ8@200

图 3-15 梁表法结构施工图

以图 3-15 为例，说明梁表法结构施工图的识读步骤。

一套完整的梁表法结构施工图包括梁平面布置图、梁截面详图、梁表等图元。由于梁表法结构施工图中梁平面布置图图元与梁详图法结构施工图中梁平面布置图的图元表示是一样的，识读的内容和方法也是一样的，所以此处不再赘述。

1）梁截面详图的解读

梁截面详图可用图 3-16 所示的注解识读。

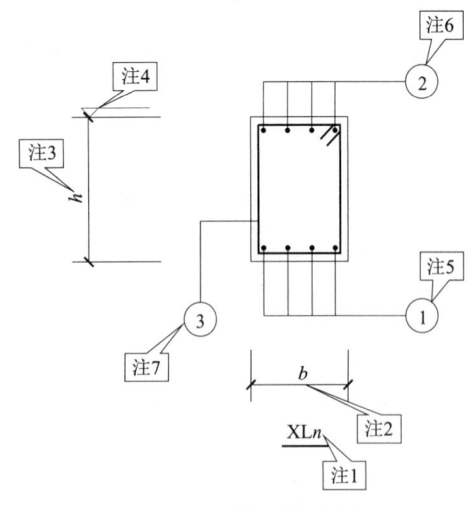

图 3-16 梁截面详图注解

（1）注 1："XLn"表示梁的名称，是所有梁的通用值，要与梁表对应识读出梁的具体名称。

（2）注 2："b"表示梁的截面宽度，是所有梁的通用值，要与梁表对应识读出梁的具体宽度。

（3）注 3："h"表示梁的截面高度，是所有梁的通用值，要与梁表对应识读出梁的具体高度。

（4）注 4："▽"表示梁的标高，即梁顶标高，是所有梁的通用值，要与梁表对应识读出梁的具体标高。

（5）注 5："①"表示梁下部纵筋的编号，是所有梁的通用值，要与梁表对应识读出梁的具体下部纵筋。

（6）注 6："②"表示梁上部纵筋的编号，是所有梁的通用值，要与梁表对应识读出梁的具体上部纵筋。

（7）注 7："③"表示梁箍筋编号，是所有梁的通用值，要与梁表对应识读出梁的具体箍筋。

2) 识读梁表

以图 3-15 中梁表的第二行 "XL1" 为例进行解读。

(1) 编号 "XL1" 表示梁的名称为 XL1，对应截面详图上注 1 所指的 XLn 的具体名称，读做现浇单梁 1，表示的是施工图中第一根现浇梁。

(2) 所在楼层 "二层" 表示 XL1 设置在二层楼面。

(3) 梁顶标高 "3.970" 表示 XL1 的梁顶标高为 3.970 m，对应截面详图上注 4 所指的梁顶标高的具体数值。

(4) 梁截面 "180×300" 中 "180" 表示 XL1 的截面宽度为 180 mm，对应截面详图上注 2 所指的 b 的尺寸大小；"300" 表示 XL1 的截面高度为 300 mm，对应截面详图上注 3 所指的 h 的尺寸大小。

(5) 上部受力纵筋② "2Φ14" 表示 XL1 上部配置 2 根纵筋，纵筋与梁同向，直径为 14 mm 的 HRB335 级（Φ）钢筋，也称为二级钢筋，钢筋编号为②。对应截面详图上注 6 所指的上部纵筋具体根数、类型、规格大小等。放置在梁的上部，也称为梁上部纵筋。

(6) 下部受力纵筋① "2Φ14" 表示 XL1 下部配置 2 根纵筋，纵筋与梁同向，直径为 14 mm 的 HRB335 级（Φ）钢筋，也称为二级钢筋，钢筋编号为①。对应截面详图上注 5 所指的下部纵筋具体根数、类型、规格大小等。放置在梁的下部，也称为梁下部纵筋。

(7) 箍筋③ "φ6@200" 表示 XL1 沿梁方向每间隔 200 mm 配置一根直径为 6 mm 的 HPB300 级（φ）钢筋，也称为一级钢筋，钢筋编号为③。钢筋形状如截面详图所画的矩形。箍筋与梁垂直，对应截面详图上注 7 所指的箍筋具体间距、类型、规格大小等。

3) 识读文字说明

以下信息一般到结构设计总说明查找。

① 抗震等级。
② 混凝土强度等级。
③ 柱梁混凝土保护层。
④ 混凝土的环境类别。
⑤ 钢筋种类。

3. 平法

梁平法结构施工图是在梁平面布置图上采用平面注写方式或截面注写方式来表达的一种方法。

1) 平面注写方式

平面注写方式，是在梁平面布置图上，分别在不同的梁中各选一根梁，在其上注写截面尺寸和配筋具体数值的方式。

平面注写方式梁结构施工图由结构层楼面标高（结构层高）表和梁结构平面图两部分组成。

平面注写方式梁结构施工图如图 3-17 所示。

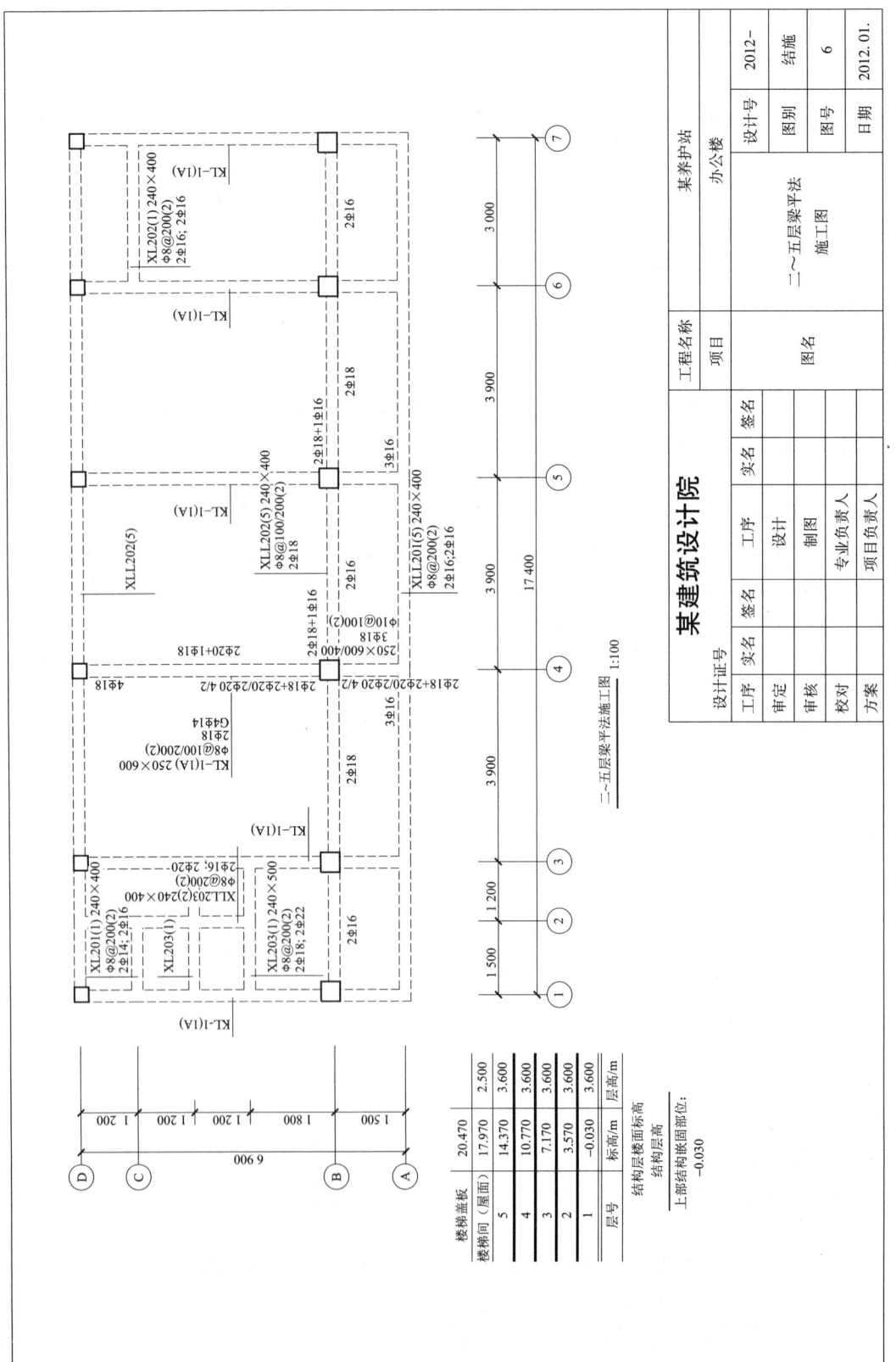

图 3-17 平面注写方式梁结构施工图

以图 3-17 为例，说明平面注写方式梁结构施工图的识读步骤。

（1）图元位置的解读。

① 结构层楼面标高（结构层高）表位于图 3-17 的左下角。

② 梁结构平面图位于图 3-17 的上部。

③ 梁配筋图直接在梁平面布置图上，分别在不同的梁中各选一根梁，在其上注写截面尺寸和配筋具体数值，这就是平面注写方式的特点，也就是说梁配筋图与梁平面布置图合二为一。

（2）识读结构层楼面标高（结构层高）表。

首先需看懂结构层楼面标高（结构层高）表的 4 根水平方向的粗实线，它们与水平方向的梁很像，其实它们就是设计师为了让识图者看懂梁的标高、看懂楼层层高的一种简易的画法，它们就相当于梁。也就是说，这一张梁平法施工图所能表达的内容包括 4 根粗实线所指的 4 个标高处的 4 个楼层的梁。那么对应这水平方向的粗实线，看其左中右的数值，就可以直接读出该层的楼面标高和梁标高。识读数值时，先找到最下面的文字"层号、标高、层高"，再根据文字对应的列从下往上进行识读。

现试读图 3-18 中最上面的水平粗实线处的信息。

① 层号：从"层号"对应的列看，"5"表示第 5 层。

② 标高：从"标高"对应的列看，"5"后面的标高数值是"14.370"，即表示 5 层楼面标高为 14.370 m，5 层梁的标高也为 14.370 m。

③ 层高：从"层高"对应的列看，"5"后面对应的层高数值是"3.600"，即表示第 5 层层高为 3.6 m，上面楼梯间层高为 2.5 m，下面 4 层层高为 3.6 m。

楼梯盖板	20.470	
楼梯间（屋面）	17.970	2.500
5	14.370	3.600
4	10.770	3.600
3	7.170	3.600
2	3.570	3.600
1	-0.030	3.600
层号	层高/m	层高/m

结构层楼面标高
结构层高

上部结构嵌固部位：
-0.030

图 3-18 结构层楼面标高（结构层高）表

（3）识读梁结构平面图。

梁配筋图与梁平面布置图合二为一，称为梁结构平面图。

① 图名：图元名称为"二～五层梁平法施工图"。

② 尺寸线：水平尺寸线为 2 道，位于图元下方，最外边的尺寸线为总尺寸线，建筑物水平总长为 17 400 mm，里边的尺寸线是定位轴线，轴线号从①～⑦；竖向尺寸线为 2 道，位于图元左方，最外边的尺寸线为总尺寸线，建筑物的竖向总长为 6 900 mm，里边的尺寸线是定位轴线，轴线号从Ⓐ～Ⓓ，尺寸数值略。结构平面布置图的尺寸线的识读与建筑平面图的尺寸线识读相同。

③ 梁位置（定位轴线段和定位轴线）：从梁平面布置图看，用定位轴线段和定位轴线相交来定位。以 KL-1 为例，KL-1 对应的水平轴线号有①、③、④、⑤、⑥、⑦轴，对应的竖向轴线段均为Ⓐ～Ⓓ轴，因此，KL-1 的位置位于Ⓐ～Ⓓ轴线段交①、③、④、⑤、⑥、⑦轴线段处，共有 6 根。

④ 梁名称：看梁平面布置图中，有水平引出线标注有"XL201、XL202、XL203、XLL201、XLL202"和竖向引出线标注有"KL-1、XLL203"，XL201、XL202、XL203、XLL201、XLL202、KL-1、XLL203 即为梁的名称。

⑤ 同类型梁的分布及根数：XL201、XL202、XL203、XLL201、XLL202 水平布置，

KL-1、XLL203 竖向布置；XL203 有 2 根，XLL202 有 2 根，KL-1 有 6 根，其他梁各有 1 根。

⑥ 梁钢筋识读。梁平面注写方式的梁配筋图，直接在梁平面布置图上分别在不同的梁中各选一根梁，在其上注写截面尺寸和配筋具体数值，识读梁钢筋时，按不同类型梁进行识读。以梁平面布置图上Ⓐ～Ⓓ轴交④轴处的 KL-1 进行图解识读，如图 3-19 所示。

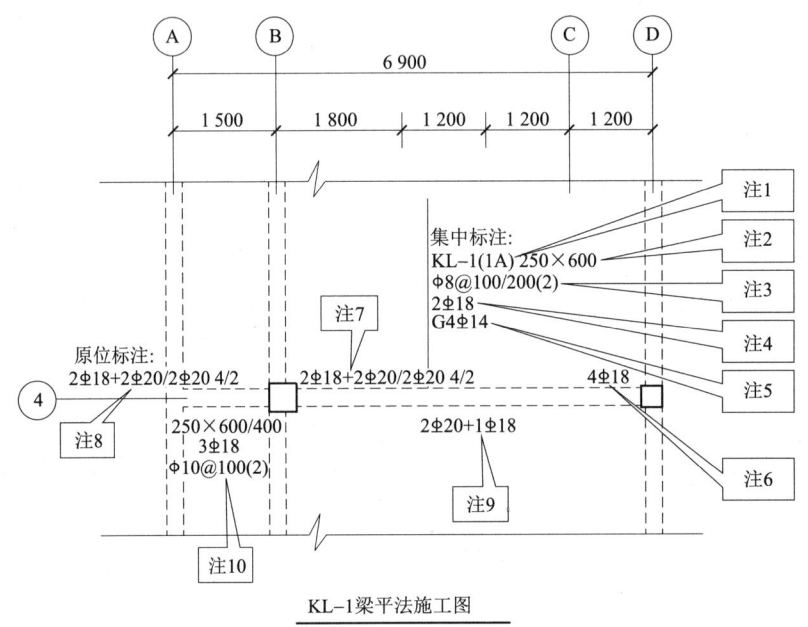

图 3-19　梁平面布置图注解

a. 集中标注：梁集中标注的内容，有梁编号、截面尺寸、梁箍筋、梁上部通长筋或架立筋、梁侧面纵向构造钢筋或受扭钢筋五项必注值。其中梁顶面标高高差，为选注值。

◆ 注 1："KL-1"表示梁的名称为 KL-1，第 1 号框架梁，读做框架梁 1；"(1A)"表示梁为 1 跨梁，带一端悬挑。

◆ 注 2："250×600"表示梁截面尺寸为梁宽 250 mm，梁高 600 mm。

◆ 注 3："φ8@100/200"表示沿梁长配置箍筋有 2 种间距，一种是在箍筋加密区每间隔 100 mm 配置一个直径为 8 mm 的 HPB300（φ）钢筋，也称为一级钢筋；另外一种是在箍筋非加密区每间隔 200 mm 配置一个直径为为 8 mm 的 HPB300（φ）钢筋，也称为一级钢筋；"(2)"表示箍筋类型为 2 肢箍。

◆ 注 4："2Φ18"表示的是梁上部配置 2 根通长纵筋，直径为 18 mm 的 HRB335 级（Φ）钢筋，也称为二级钢筋。

◆ 注 5："G4Φ14"表示梁的两侧中部共配置 4 根直径为 14 mm 的 HRB335 级（Φ）钢筋，也称为二级钢筋，每侧各配置 2Φ14，即配置 2 排梁侧面纵向构造钢筋；"G"表示构造钢筋，若此处为"N"则表示受扭的钢筋。

b. 原位标注：梁原位标注的内容主要有梁支座上部纵筋、梁下部纵筋两项内容。但当在梁上集中标注的内容（即梁截面尺寸、箍筋、上部通长筋和架立筋、梁侧面纵向构造钢筋或受扭纵向钢筋，以及梁顶面标高高差中的某一项或几项数值）不适应用于某跨或某悬挑部分时，都可以进行原位标注。

原位标注先读上排，再读下排，可从左向右，也可从右向左读。上排钢筋标注在梁上部，下排钢筋标注在梁下部。

◆ 注6："4Φ18"表示第一跨梁右边支座上部有4根钢筋，其中2根直径为18 mm的HRB335级（Φ）钢筋放在角部（这2根钢筋就是集中标注的2Φ18梁上部通长筋），2根直径为18 mm的HRB335级（Φ）钢筋放在中部。梁支座上部纵筋含通长筋在内的所有纵筋。

◆ 注7："2Φ18+2Φ20/2Φ20"表示第一跨梁左边支座上部有6根钢筋，分2排布置。上一排2根直径为18 mm的HRB335级（Φ）钢筋放在角部（这2根钢筋就是集中标注的2Φ18梁上部通长筋），2根直径为20 mm的HRB335级（Φ）钢筋放在中部；下一排2根直径为20 mm的HRB335级（Φ）钢筋放在上排角部通长筋的下面。"4/2"表示梁上部钢筋分2排布置，上排4根，下排2根。

◆ 注8："2Φ18+2Φ20/2Φ20"表示在梁悬挑部分支座上部纵筋拉通长至整段悬挑部分，钢筋规格和排布同第一跨梁左边支座上部纵筋。

◆ 注9："2Φ20+1Φ18"表示第一跨梁下部纵筋有3根钢筋，其中2根直径为20 mm的HRB335级（Φ）钢筋放在角部，1根直径为18 mm的HRB335级（Φ）钢筋放在中部。

◆ 注10："250×600/400"表示悬挑梁的根部高度为600 mm，端部高度为400 mm；"3Φ18"表示悬挑梁下部纵筋为3根直径为18 mm的HRB335级（Φ）钢筋；"Φ10@100"表示沿整段悬挑部分每间隔100 mm配置一个直径为10 mm的HPB300（φ）钢筋，也称为一级钢筋；"（2）"表示箍筋类型为2肢箍。

（3）识读文字说明，以下信息一般到结构设计总说明查找。

① 抗震等级。

② 混凝土强度等级。

③ 梁混凝土保护层。

④ 混凝土的环境类别。

⑤ 钢筋种类。

2）截面注写方式

截面注写方式，是在梁平面布置图上，分别在不同编号的梁中各选择一根梁用剖面号引出配筋图，并在其上注写截面尺寸和配筋具体数值的方式来表达梁平法施工图。

截面注写方式梁结构施工图由结构层楼面标高（结构层高）表、梁结构平面图、梁截面图三部分组成。

截面注写方式梁结构施工图如图3-20所示，现以此图为例说明截面注写方式梁结构施工图的识读步骤。

（1）图元位置的解读。

① 结构层楼面标高（结构层高）表位于图3-20的左下角。

② 梁结构平面图位于图3-20的上部。

③ 梁截面图位于图3-20的右部。

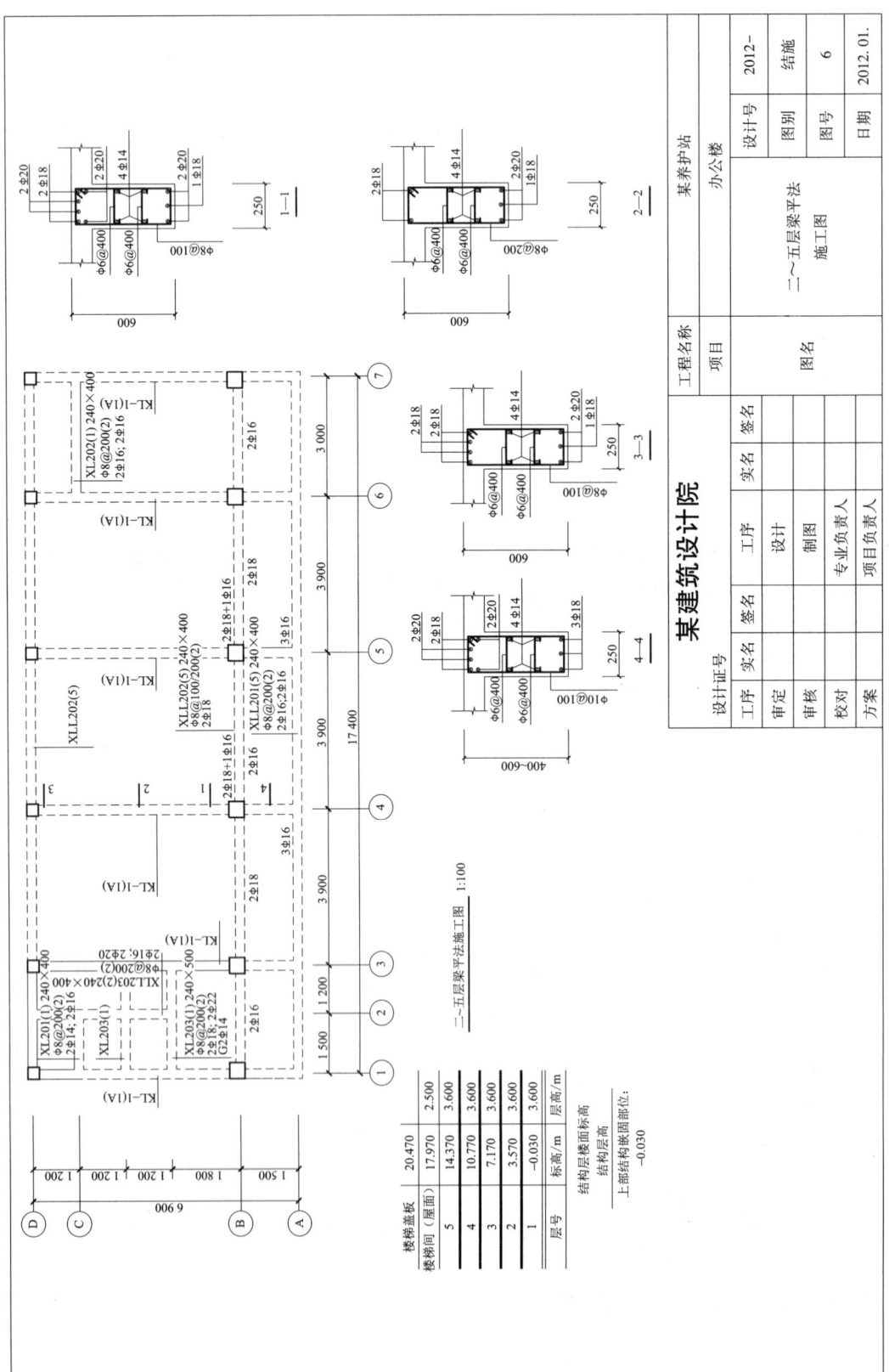

图 3-20 截面注写方式梁结构施工图

（2）识读结构层楼面标高（结构层高）表。

首先需看懂结构层楼面标高（结构层高）表的 4 根水平方向的粗实线，它们与水平方向的梁很像，其实它们就是设计师为了让识图者看懂梁的标高、看懂楼层层高的一种简易画法，它们就相当于梁。也就是说，这一张梁平法施工图所能表达的内容包括 4 根粗实线所指的 4 个标高处的 4 个楼层的梁。那么对应这水平方向的粗实线，看其左中右的数值，就可以直接读出该层的楼面标高和梁标高。识读数值时，先找到最下面的文字"层号、标高、层高"，再根据文字对应的列从下往上进行识读。

楼梯盖板	20.470	
楼梯间（屋面）	17.970	2.500
5	14.370	3.600
4	10.770	3.600
3	7.170	3.600
2	3.570	3.600
1	−0.030	3.600
层号	标高/m	层高/m

结构层楼面标高
结构层高

上部结构嵌固部位：
−0.030

图 3-21　结构层楼面标高
（结构层高）表

现识读图 3-21 最上面的水平粗实线处的信息。

① 层号：从"层号"对应的列看，"5"表示第 5 层。

② 标高：从"标高"对应的列看，"5"后面的标高数值是"14.370"，即表示 5 层楼面标高为 14.370 m，5 层梁的标高也为 14.370 m。

③ 层高：从"层高"对应的列看，"5"后面对应的层高数值是"3.600"，即表示第 5 层层高为 3.6 m，上面楼梯间层层高为 2.5 m，下面第 4 层层高为 3.6 m。

（3）识读梁结构平面图。

梁配筋图与梁平面布置图合二为一，称为梁结构平面图。

① 图名：图元名称为"二～五层梁平法施工图"。

② 尺寸线：水平尺寸线为 2 道，位于图元下方，最外边的尺寸线为总尺寸线，建筑物水平总长为 17 400 mm，里边的尺寸线是定位轴线，轴线号从①～⑦；竖向尺寸线为 2 道，位于图元左方，最外边的尺寸线为总尺寸线，建筑物的竖向总长为 6 900 mm，里边的尺寸线是定位轴线，轴线号从Ⓐ～Ⓓ。结构平面布置图的尺寸线的识读与建筑平面图的尺寸线识读相同。

③ 梁位置（定位轴线段和定位轴线）：从梁平面布置图看，用定位轴线段和定位轴线相交来定位。以 KL-1 为例，KL-1 对应的水平轴线号有①、③、④、⑤、⑥、⑦轴，对应的竖向轴线段均为Ⓐ～Ⓓ轴，因此，KL-1 的位置位于Ⓐ～Ⓓ轴线段交①、③、④、⑤、⑥、⑦轴线段的位置，共有 6 根。截面注写方式的梁位置定位同平面注写方式的梁位置定位。

④ 梁名称：看梁平面布置图中，有水平引出线标注有"XL201、XL202、XL203、XLL201、XLL202"和竖向引出线标注有"KL-1、XLL203"，XL201、XL202、XL203、XLL201、XLL202、KL-1、XLL203 即为梁的名称。

⑤ 同类型梁的分布及根数：XL201、XL202、XL203、XLL201、XLL202 水平布置，KL-1、XLL203 竖向布置；XL203 有 2 根，XLL202 有 2 根，KL-1 有 6 根，其他梁各有 1 根。

（3）识读梁截面图。

梁截面注写方式的梁配筋图，对所有梁进行编号，从相同编号的梁中选择一根梁，先将"单边截面号"画在该梁上，再将截面配筋详图画在本图或其他图上。因此，梁的截面尺寸和配筋具体数值等信息绘制在梁截面图上。识读梁钢筋时,按不同类型梁进行识读。

现以梁平面布置图上Ⓐ~Ⓓ轴交④轴处的 KL-1 进行识读。从平面布置图中 KL-1 的单边截面号对应截面图图名得知,1—1 截面图剖切的是第一跨梁的左边,2—2 截面图剖切的是第一跨梁的中间,3—3 截面图剖切的是第一跨梁的右边,4—4 截面图剖切的是左边悬挑部分的中间。以 1—1 截面图为例,进行图解注解识读,如图 3-22 所示。

① 注 1:"250"表示梁的截面宽度为 250 mm(宽度也称为 b 边)。

② 注 2:"600"表示梁的截面高度为

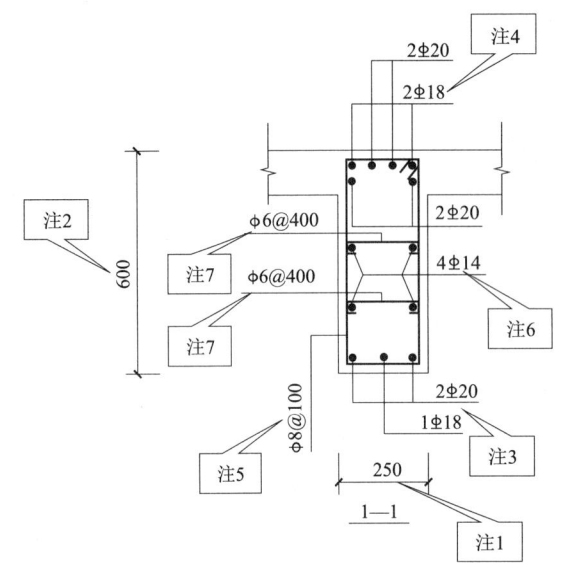

图 3-22　1—1 截面注解

600 mm(高度也称为 h 边)。

③ 注 3:指的是梁下部纵筋,表示第一跨梁下部纵筋有 3 根钢筋,其中 2 根直径为 20 mm 的 HRB335 级(Φ)钢筋放在角部,1 根直径为 18 mm 的 HRB335 级(Φ)钢筋放在中部。平面注写可以写成"2Φ20+1Φ18"。

④ 注 4:指的是梁支座上部纵筋,表示第一跨梁左边支座上部有 6 根钢筋,分 2 排布置。上一排 2 根直径为 18 mm 的 HRB335 级(Φ)钢筋放在角部(这 2 根钢筋是梁上部通长筋),2 根直径为 20 mm 的 HRB335 级(Φ)钢筋放在中部;下一排 2 根直径为 20 mm 的 HRB335 级(Φ)钢筋放在上排角部通长筋的下面。平面注写可以写成"2Φ18+2Φ20/2Φ20"。

⑤ 注 5:指的是梁的箍筋,表示在第一跨梁 1/3 左边部分沿梁长每间隔 100 mm 配置一个直径为 8 mm 的 HPB300(φ)钢筋,也称为一级钢筋,形状如截面图所画的矩形,也叫 2(双)肢箍。平面注写可以写成"φ8@100"。

⑥ 注 6:指的是梁侧面纵向构造筋,表示在第一跨梁的侧面中部共配置 4 根,2 排,即每边侧面中部配置 2 根纵筋,纵筋与梁同向,直径为 14 mm 的 HRB335 级(Φ)钢筋,也称为二级钢筋。平面注写可以写成"G4Φ14"。

⑦ 注 7:指的是梁拉筋,表示在第一跨梁的侧面纵向构造筋被每间隔 400 mm 配置一个直径为 6 mm 的 HPB300(φ)钢筋,也称为一级钢筋,形状如截面图所画的线形钢筋拉结。平面注写可以写成"φ6@400"。

2—2、3—3、4—4 截面图的识读同 1—1 截面图的注解识读,在此略。

(4)识读文字说明,以下信息一般到结构设计总说明查找。

① 抗震等级。

② 混凝土强度等级。

③ 梁混凝土保护层。

④ 混凝土的环境类别。

⑤ 钢筋种类。

3.4.4 知识链接

1. 梁平法施工图制图规则

1) 平面注写方式

平面注写方式,是在梁平面布置图上,分别在不同的梁中各选一根梁,在其上注写截面尺寸和配筋具体数值的方式来表达梁平法施工图。

平面注写包括集中标注与原位标注,集中标注表达梁的通用数值,原位标注表达梁的特殊数值。当集中标注某项数值不适应梁某部位时,则将该数值原位标注,施工时,按原位标注值施工。

(1) 梁编号应符合表3-9的规定。

表 3-9 梁 编 号

梁构件名称	代 号	序 号	跨数及是否带有悬挑
梁	L	××	(××).(××A).(××B)
连续梁	LL	××	(××).(××A).(××B)
现浇梁	XL	××	(××).(××A).(××B)
现浇连续梁	XLL	××	(××).(××A).(××B)
屋面梁	WL	××	(××).(××A).(××B)
现浇屋面梁	XWL	××	(××).(××A).(××B)
框架梁、楼层框架梁	KL	××	(××).(××A).(××B)
屋面框架梁	WKL	××	(××).(××A).(××B)
框支梁	KZL	××	(××).(××A).(××B)
非框架梁	L	××	(××).(××A).(××B)
悬挑梁	XL	××	
井字梁	JZL	××	(××).(××A).(××B)
圈梁	QL	××	
过梁	GL	××	
基础梁	JL	××	(××).(××A).(××B)
楼梯梁	LT	××	
吊车梁	DL	××	(××).(××A).(××B)

注:(××A) 为一端有悬挑梁,(××B) 为两端有悬挑梁,悬挑不计入跨数。

(2) 梁集中标注的内容,有以下五项必注值(集中标注可以从梁的任意一跨引出)。

① 梁编号。

② 梁的截面尺寸,用 $b×h$ 表示。

③ 梁箍筋,包括钢筋级别、直径、加密区与非加密区间距及肢数。

④ 梁上部通长筋或架立筋配置(通长筋可为相同或不同直径采用搭接连接、机械连接或焊接的钢筋)。

⑤ 梁侧面纵向构造钢筋或受扭钢筋配置。

(3) 梁集中标注的内容有一项选注值——梁顶面标高高差,是指相对于结构层楼面标高的高度差值，对于位于结构夹层的梁，则指相对于结构夹层楼面标高的高差。有高差时，需将其写入括号内，无高差时不注。

（4）梁原位标注的内容规定如下。

① 梁支座上部纵筋，该部位含通长筋在内的所有纵筋。

a. 当上部纵筋多于一排时，用斜线"/"将各排纵筋自上而下公开。

b. 当同排纵筋有两种直径时，用加号"+"将两种直径的纵筋相连，注写时将角部纵筋写在前面。

c. 当梁支座两边的上部纵筋不同时，须在支座两边分别标注；当梁中间支座两边的上部纵筋相同时，可仅在支座的一边标注配筋值，另一边省去不注。

② 梁下部纵筋。

a. 当下部纵筋多于一排时，用斜线"/"将各排纵筋自上而下分开。

b. 当同排纵筋有两种直径时，用加号"+"将两种直径的纵筋相连，注写时角部纵筋写在前面。

c. 当梁下部纵筋不全部伸入支座时，将梁支座下部纵筋减少的数量写在括号内。

d. 当梁的集中标注中已经注写梁上部和下部均为通长的纵筋值时，则无须在梁下部重复做原位标注。

③ 当在梁上集中标注的内容（即梁截面尺寸、箍筋、上部通长筋和架立筋、梁侧面纵向构造钢筋或受扭纵向钢筋，以及梁顶面标高高差中的某一项或几项数值）不适应用于某跨或某悬挑部分时，则将其不同数值原位标注在该跨或该悬挑部位，施工时应该按原位标注数值取用。

④ 附加箍筋或吊筋，将直接画在平面图中的主梁上，用线引注总配筋值（附加箍筋的肢数注在括号内）当多数附加箍筋或吊筋相同时，可在梁平法施工图上统一注明，少数与统一数值不同时，在原位引注。

2）截面注写方式

截面注写方式，是在梁平面布置图上，分别在不同编号的梁中各选择一根梁用剖面号引出配筋图，并在其上注写截面尺寸和配筋具体数值的方式来表达梁平法施工图。

对所有梁按表 3-10 的规定进行编号，从相同编号的梁中选择一根梁，先将"单边截面号"画在该梁上，再将截面配筋详图画在本图或其他图上。当某梁的顶面标高与结构层的楼面标高不同时，应在其编号后注写梁顶面标高高差（注写规定与平面方式相同）。

在截面配筋详图上注写截面尺寸、上部筋、下部筋、侧面构造筋或受扭筋以及箍筋的具体数值时，其表达形式与平面注写方式相同。

截面注写方式既可以单独使用，也可与平面注写方式结合使用。

2. 各类型梁的结构构造要求

详见国家建筑标准设计图集 11G101-1《混凝土结构施工图平面整体表示方法制图规则和构造详图》（现浇混凝土框架、剪力墙、梁、板）中的梁标准构造详图。

3.4.5 技能训练项目

以附录 A.1 某养护站办公楼结构施工图为例进行训练。

1. 训练任务

识读某养护站办公楼结构施工图7：天面层梁平法施工图。

2. 训练目标

（1）解读 WXL1 的配筋信息。

（2）解读 WLL1 的配筋信息。

（3）解读 WKL-1 的配筋信息。

3. 训练成果

（1）按本节实例解读形式，写出 WXL1 的集中标注和原位标注的解读报告。

（2）按本节实例解读形式，写出 WLL1 的集中标注和原位标注的解读报告。

（3）按本节实例解读形式，写出 WKL-1 的集中标注和原位标注的解读报告。

3.5 识读板结构施工图

任务

任务一：识读板详图法结构施工图

任务提示：

（1）识读板平面布置图，包括的主要内容有：

① 图名；

② 尺寸线；

③ 板标高和板厚；

④ 板位置（定位的纵横轴线段）；

⑤ 板名称；

⑥ 同类型板的分布及块数。

（2）识读板钢筋图，识读的顺序及包括的主要内容有：

① 板下部筋；

② 板上部筋；

③ 板分布筋。

（3）识读板钢筋表，按表3-10所示从左到右的顺序识读，重点识读钢筋简图、钢筋规格。

表3-10 板 钢 筋 表

钢筋编号	钢筋简图	钢筋规格	钢筋长度	钢筋总长	钢筋根数	钢筋重量

（4）识读文字说明，包括的主要内容如下。

① 抗震等级。

② 混凝土强度等级。

③ 板混凝土保护层。

④ 混凝土的环境类别。

⑤ 钢筋种类。

任务二：识读板平法结构施工图

任务提示：

1) 识读结构层楼面标高（结构层高）表，包括的主要内容有：

(1) 层号；

(2) 标高；

(3) 层高。

2) 识读板平法施工图，包括的主要内容有：

(1) 图名；

(2) 尺寸线；

(3) 板位置（定位轴线段和定位轴线段）；

(4) 板名称；

(5) 同类型板的分布及块数；

(6) 板钢筋。

① 板块集中标注：

◆ 板块编号；

◆ 板厚；

◆ 贯通纵筋；

◆ 标高高差。

② 板支座原位标注：

◆ 板支座上部非贯通纵筋；

◆ 悬挑板上部受力钢筋。

(3) 识读文字说明，包括的主要内容如下。

① 抗震等级。

② 混凝土强度等级。

③ 板混凝土保护层。

④ 混凝土的环境类别。

⑤ 钢筋种类。

3.5.1 概念

板结构施工图也分为平法施工图和详图法施工图两种表达方式。传统采用的详图法直接在板平面布置图上详细绘制各板配筋，并辅助以文字说明、板厚标注、配筋大小和间距、钢筋尺寸标注等。平法施工图则是直接在板平面布置图上，采用平面注写的方式注明板厚、配筋大小和间距等各类相关参数，钢筋尺寸在下料时按规范图集规定自行计算。板平面注写主要包括板块集中标注和板支座原位标注。

板结构施工图可以假想为在一个水平面上揭开板面混凝土保护层后，从板上方俯视所看到的板的水平剖面图。

1. 板

板是房屋建筑的水平承重的结构构件。楼板除了承受本身自重产生的恒荷载以外，建筑的竖向活荷载大部分情况下首先由楼板直接承载，然后通过次梁和主梁传递到柱和剪力墙，然后再由柱和剪力墙传递给基础。从建筑的角度来说，板属于建筑物的竖向空间分隔构件。通过板在不同标高上的分隔，可以把建筑物分隔为各个不同楼层。

板实物图如图3-23（a）所示，钢筋图如图3-23（b）所示。

(a) 实物图

(b) 钢筋图

图3-23 板

2. 结构平面的坐标方向

为方便设计表达和施工识图，结构平面的坐标方向规定如下。

（1）当两向轴网正交布置时，图面从左至右为X向（详图法中称为横向），从下至上为Y向（详图法中称为纵向）。

（2）当轴网转折时，局部坐标方向顺轴网转折角度做相应转折。

（3）当轴网向心布置时，切向为X向，径向为Y向。

此外，对于平面布置比较复杂的区域，如轴网转折交界区域、向心布置的核心区域等，其平面坐标方向应由设计者另行规定并在图上明确表示。

3. 板钢筋

板钢筋可分为以下两种。

1）板受力钢筋

板受力钢筋按放置位置不同分为下部钢筋和上部钢筋两种，下部钢筋用于承受板跨中产生的弯矩，上部钢筋用于承受支座产生的负弯矩。

（1）板下部钢筋，也可以称为板下部贯通纵筋、板底筋、板底跨中筋等。

（2）板上部钢筋，贯通时称为板上部贯通纵筋；不贯通时称为板支座上部非贯通纵筋、板支座筋、板支座负筋等。

2）板分布筋

板分布筋属于构造钢筋，一般位于板的上部，通过绑扎把板上部钢筋联结成一个整体，避免板上部钢筋在施工过程中产生位移和变形。

4. 板定位

在平面上，楼板是一个面构件，在二维平面空间，一块板可以看成是由横纵各两条垂直的线段相交所围合得的一个面。因此，可以用平面布置图中板对应的 X 向两端和 Y 向两端的横轴和纵轴进行板定位。

3.5.2 识读板结构施工图的图示内容

板结构施工图一般包括板平面布置图、板配筋图和文字说明三部分，通过这三部分内容，在图纸上表示出板的平面布置、板编号、板类型、板标高、板截面尺寸、板纵向钢筋类型和规格等。

3.5.3 板结构施工图的实例解读

板施工图主要有两种表示方法：详图法和平法。

1. 详图法

板详图法结构施工图如图 3-24 所示。

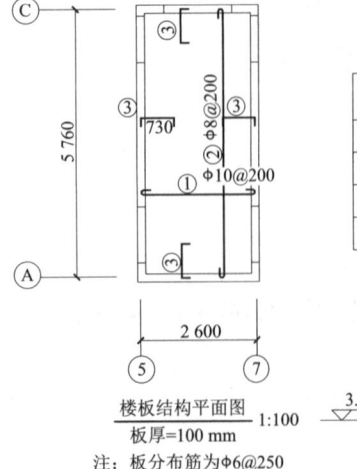

楼板钢筋表

编号	钢筋简图	规格	最短长度	最长长度	根数	总长度	重量
①	2 540	Φ10@200	2 666	2 666	29	77 314	47.7
②	5 790	Φ8@200	5 890	5 890	13	76 570	30.2
③	85　730　85	Φ8@200	900	900	77	69 300	27.3
总重		105					

图 3-24　板详图法结构施工图

根据图 3-23 所示的板详图法结构施工图为例，说明板详图法结构施工图的识读步骤。

（1）板平面布置图的解读。

① 图名：图名名称为"楼板结构平面图"。

② 尺寸线：水平尺寸线 1 道，长度为 2 600 mm；竖向尺寸线为 1 道，长度为 5 760 mm。结构平面布置图的尺寸线的识读与建筑平面图的尺寸线识读相同。

③ 板标高和板厚：从图名后面的标高▽3.570 m 得知，此楼层楼面标高为 3.570 mm，楼面标高就是板标高，也是板顶标高。在图名下面说明可知，板厚为 100 mm。

④ 板位置（定位的纵横轴线段）：楼板对应的水平轴线段为⑤～⑦轴，竖向轴线段为Ⓐ～Ⓒ轴。因此楼板位置位于⑤～⑦轴交Ⓐ～Ⓒ轴线段所围合得的面。

⑤ 板名称：一般标注于板内部，用 LBn 表示。相同的板块可以用同一个板编号代替。

⑥ 同类型板的分布及块数：施工图内用不同的板编号进行板类型区分，相同编号的板进行汇总即得同类型板的块数。此结构施工图只画了一块板，同类型板的分布及块数略。

（2）板配筋图的解读。

板配筋图是在板平面布置图上直接绘制钢筋的施工图，也称为板结构平面图。也就是说板配筋图与板平面布置图合二为一，称为板结构平面图。

板的配筋形式是双层双向配筋，即板下部有一层配筋，上部有一层配筋，共 2 层配筋，每一层配筋都是 2 个方向的。

① 板下部筋。

a. X 向："①ϕ10@200"表示在板的下部，沿竖直方向每间隔 200 mm 配置一根 X 向的直径为 10 mm 的 HPB300 级（ϕ）钢筋，也称为一级钢筋，钢筋编号为①。钢筋形状如板结构平面图所画的线形，具体形状、规格、长度等可见板钢筋表。此处钢筋称为 X 向板下部贯通纵筋或板底筋或板底跨中筋。

b. Y 向："②ϕ8@200"表示在板的下部，沿水平方向每间隔 200 mm 配置一根 Y 向的直径为 8 mm 的 HPB300 级（ϕ）钢筋，也称为一级钢筋，钢筋编号为②。钢筋形状如板结构平面图所画的线形，具体形状、规格、长度等可见板钢筋表。此处钢筋称为 Y 向板下部贯通纵筋或板底筋或板底跨中筋。

② 板上部筋。

a. X 向："③ϕ8@200"表示在板的支座⑤、⑦轴处，沿⑤、⑦轴每间隔 200 mm 配置一根 X 向的直径为 8 mm 的 HPB300 级（ϕ）钢筋，也称为一级钢筋，钢筋编号为③。钢筋形状如板结构平面图所画的线形，具体形状、规格、长度等可见板钢筋表。此处钢筋称为 X 向板支座上部非贯通纵筋或板支座筋或板支座负筋。

b. Y 向："③ϕ8@200"表示在板的支座Ⓐ、Ⓒ轴处，沿Ⓐ、Ⓒ轴每间隔 200 mm 配置一根 Y 向的直径为 8 mm 的 HPB300 级（ϕ）钢筋，也称为一级钢筋，钢筋编号为③。钢筋形状如板结构平面图所画的线形，具体形状、规格、长度等可见板钢筋表。此处钢筋称为 Y 向板支座上部非贯通纵筋或板支座筋或板支座负筋。

③ 板分布筋。

只要有板上部贯通纵筋或板支座上部非贯通纵筋、板支座筋、板支座负筋时，就必须设置板分布筋。板分布筋可以不必画出来，在图中统一注明即可。

在图名下方注"板分布筋为 ϕ6@250"表示在板⑤轴、⑦轴、Ⓐ轴、Ⓒ轴处的支座上部非贯通纵筋③的下面与其垂直方向设置分布筋。分布筋的排布按每间隔 250 mm 配置一根直径为 6 mm 的 HPB300 级（Φ）钢筋，也称为一级钢筋。分布筋的形状、长度与对应的板下部筋相同。

④ 板筋位置。

由于板是双层双向配筋，所以钢筋的上下位置有一定的要求，用一竖直剖切平面沿板的 X 向剖切，往竖直方向投影可得到楼板剖面配筋图（见图 3-25）。为了方便看图，此图略去 Y 向板支座上部非贯通纵筋和其下面的分布筋不画。结合该图对板钢筋的位置进行解读。

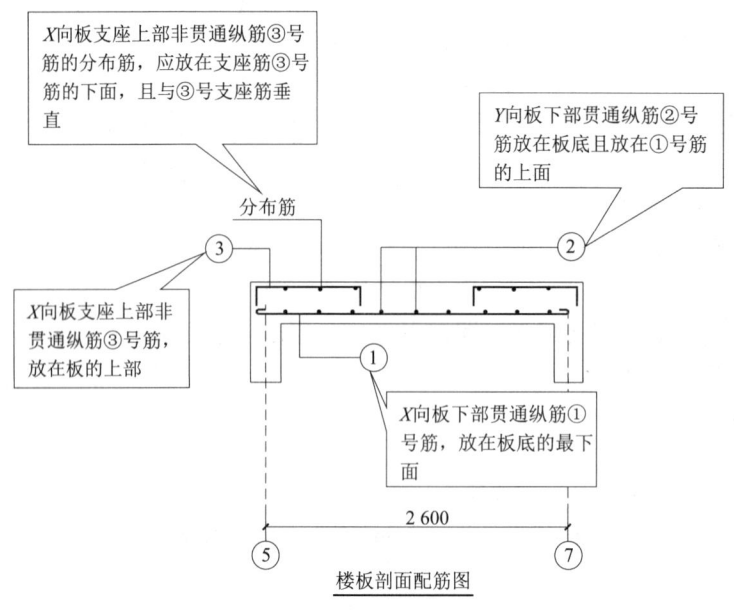

图 3-25 楼板剖面配筋图

a. 板下部筋：楼板结构平面图的钢筋①和钢筋②，表示的是 1 号钢筋和 2 号钢筋。这 2 种钢筋放置在板底（板的下部），成十字交叉放置，短边的①钢筋放在下面，长边的②钢筋放在①钢筋的上面。规范规定，短边的钢筋放在下面，长边的钢筋放在短边钢筋的上面。板下部筋也称板下部贯通纵筋或板底筋或板底跨中筋。①钢筋也称为 X 向板下部筋、②钢筋也称为 Y 向板下部筋。

b. 板上部筋：楼板配筋图的钢筋③，表示的是 3 号钢筋。3 号钢筋放置在板面（板的上部），板上部筋也称为板支座上部非贯通纵筋或板支座筋或板支座负筋。

c. 板分布筋：板分布筋在楼板结构平面图中不必画出来，在图中统一注明即可，因此分布筋没有钢筋编号。只要有板支座负筋的，就应在支座负筋③的下面与其垂直方向设置分布筋。XY 方向的支座负筋和分布筋的排布都是一样的，在此不再分开描述。

（3）识读板钢筋表，按表 3-10 所示从左到右的顺序识读，重点识读钢筋简图、钢筋规格。

（4）识读文字说明，以下信息一般到结构设计总说明查找。

① 抗震等级。

② 混凝土强度等级。

③ 板混凝土保护层。
④ 混凝土的环境类别。
⑤ 钢筋种类。

2. 平法

板平法结构施工图，是在楼面板和屋面板布置图上，采用平面注写的方式来表达的，主要包括板块集中标注和板支座原位标注两种方式。

板平法结构施工图由结构层楼面标高（结构层高）表和板结构平面图两部分组成，如图 3-26 所示。

现以图 3-26 为例，说明板平法结构施工图的识读步骤。

1) 图元位置的解读

（1）结构层楼面标高（结构层高）表位于图 3-26 左下角。

（2）板结构平面图位于图 3-26 的上部。

（3）板配筋图：在板平面布置图上对所有板块逐一编号，相同编号的板块可择其一做集中标注，注写截面板块编号、板厚、贯通纵筋，以及当板面标高不同时的标高高差等具体数值。其他相同板块仅注写置于圆圈内的板编号，以及当板面标高不同时的标高高差。也就是说，板平法结构施工图就是板配筋图与板平面布置图合二为一的图，也称为板结构平面图。

2) 识读结构层楼面标高（结构层高）表

板平法结构施工图中的结构层楼面标高（结构层高）表的识读同梁平法结构施工图中的结构层楼面标高（结构层高）表的的识读相同。

现来识读图 3-27 所示的结构层楼面标高（结构层高）表。

（1）层号：从"层号"对应的列看，画的是 2, 3, 4, 5 层的楼板配筋图。

（2）标高：从"标高"对应的列看，2, 3, 4, 5 层的楼板对应的楼板标高分别为 3.570 m、7.170 m、10.770 m、14.370 m。

（3）层高：从"层高"对应的列看，2, 3, 4, 5 层的层高均为 3.6 m。

3) 识读板平法施工图

（1）图名：图元名称为"二～五层板平法施工图"。

（2）尺寸线：水平尺寸线为 2 道，位于图元下方，最外边的尺寸线为总尺寸线，建筑物水平总长为 17 400 mm，里边的尺寸线是定位轴线，轴线号从①～⑦；竖向尺寸线为 2 道，位于图元左方，最外边的尺寸线为总尺寸线，建筑物的竖向总长为 6 900 mm，里边的尺寸线是定位轴线，轴线号从Ⓐ～Ⓓ。结构平面布置图的尺寸线的识读与建筑平面图的尺寸线识读相同。

（3）板位置：从板平面布置图看，用定位轴线段和定位轴线相交来定位。例如，LB1 对应的水平轴线段为③～④轴、④～⑤轴、⑤～⑥轴，竖向轴线段为Ⓑ～Ⓓ轴。以 LB1 为例，LB1 的位置位于③～④交Ⓐ～Ⓓ轴、④～⑤交Ⓐ～Ⓓ轴、⑤～⑥交Ⓐ～Ⓓ轴所围成的面。LB1 有三个面，即有 3 块 LB1。

（4）板名称：看板平面布置图中，在楼板内标注的"LB1、LB2、LB3、LB4"即为板的名称，也称为板的编号。

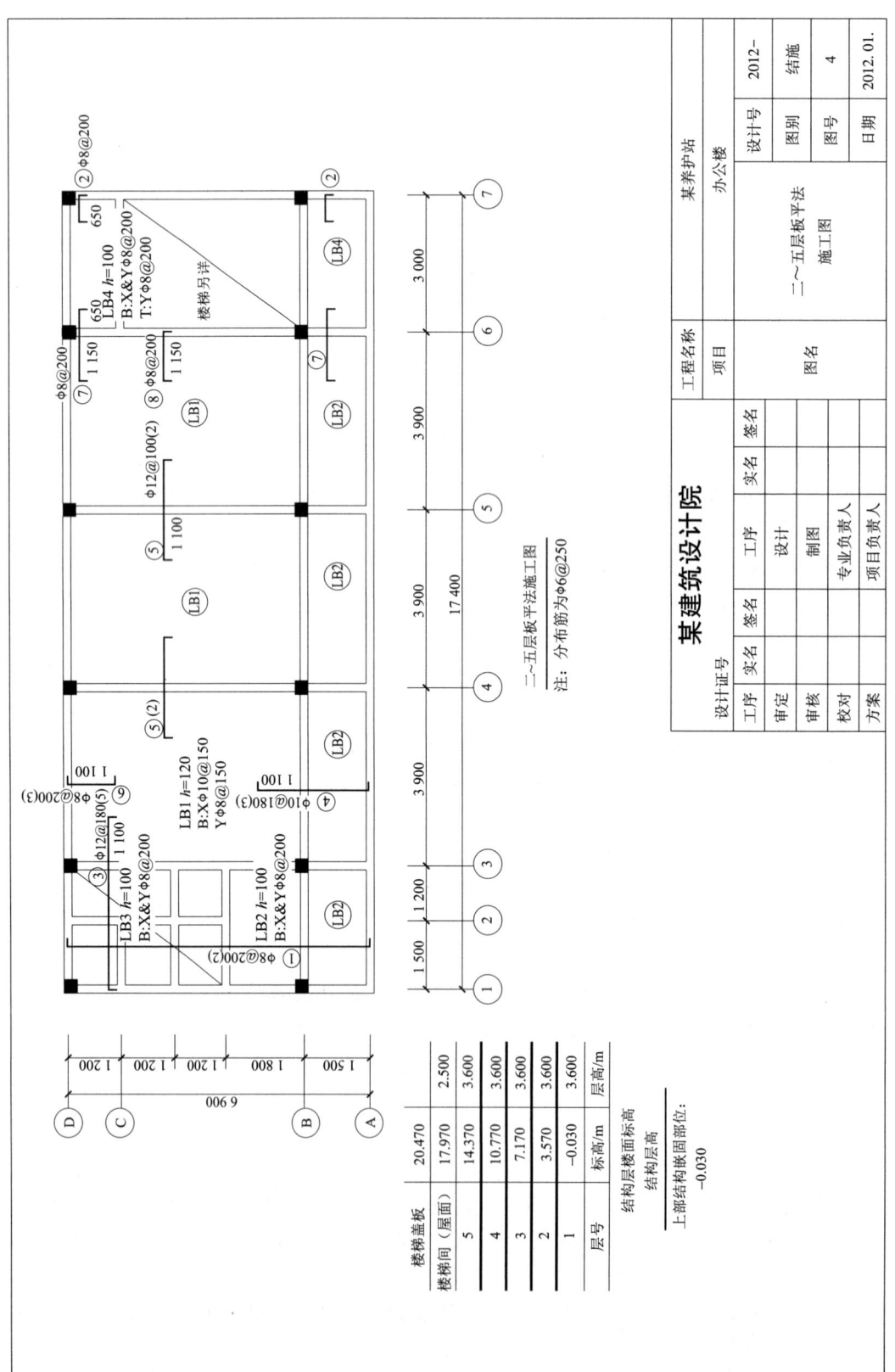

图 3-26 二~五层板平法结构施工图

(5) 同类型板的分布及块数：从板平面布置图板的编号得知，2，3，4，5 层楼板各有 4 种类型的板。其中 LB1 有 3 块，LB3 有 1 块，LB4 有 2 块，其余的都是 LB2，LB2 有 5 块。

(6) 板钢筋。平面注写方式的板配筋图，是直接在板平面布置图上择其相同编号的一板块做集中标注，标注的内容有截面板块编号、板厚、贯通纵筋，以及当板面标高不同时的标高高差等具体数值。其他相同板块仅注写置于圆圈内的板编号，以及当板面标高不同时的标高高差。也就是说板配筋图就是在板平面布置图上直接注写钢筋信息的图，也称为板结构平面图。

以板平法结构施工图上③～④轴线段交Ⓑ～Ⓓ轴线段的 LB1 进行图解识读，如图 3-28 所示。

楼梯盖板	20.470	
楼梯间（屋面）	17.970	2.500
5	14.370	3.600
4	10.770	3.600
3	7.170	3.600
2	3.570	3.600
1	-0.030	3.600
层号	标高/m	层高/m
结构层楼面标高		
结构层高		
上部结构嵌固部位：-0.030		

图 3-27 结构层楼面标高（结构层高）表

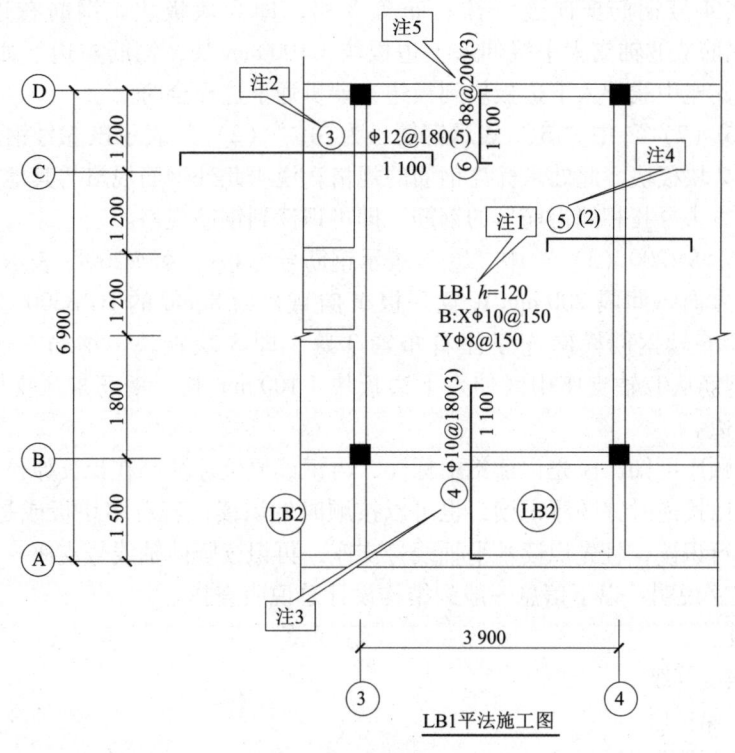

图 3-28 LB1 施工图注解

在图 3-28 中，注 1 属于板块集中标注，注 2～注 5 属于板支座原位标注。

① 注 1：此处为板块集中标注。

a. 板块编号："LB1"表示板编号为 1，板的名称为 LB1，读做楼板 1，是该层第一种类型的板块，也称为 1 号楼面板。

b. 板厚："h=120"表示板的厚度为 120 mm。

c. 贯通纵筋："B：Xφ10@150；Yφ8@150"表示板下部配置的贯通纵筋 X 向为 φ10@150，即在板的下部，沿竖直方向每间隔 150 mm 配置一根 X 向的直径为 10 mm 的 HPB300 级（φ）

钢筋；Y 向为 φ8@150，即在板的下部，沿水平方向每间隔 150 mm 配置一根 Y 向的直径为 8 mm 的 HPB300 级（φ）钢筋；板上部未配置贯通纵筋。

d. 标高高差：此处未标注标高高差，表示楼板的标高同楼层标高。

从集中标注得知，板上部未配置贯通纵筋。因此板上部配置的是板支座上部非贯通纵筋。从注 2～注 5 也看到，板上部筋是分支座设置的。因此，板须在支座处进行原位标注。

② 注 2："③φ12@180（5）"中"③"表示钢筋号为③；"φ12@180"表示该号钢筋在③轴支座处沿③轴方向每间隔 180 mm 配置一根 X 向直径为 12 mm 的 HPB300 级（φ）钢筋；"（5）"表示该③号钢筋横向连续往下布置 5 跨，即 5 块板块。钢筋下面右边标注的"1 100"，表示钢筋从③轴支座中线伸入右边板块 1 100 mm 长，钢筋下面左边未标注数值，表示钢筋从③轴支座中线伸入左边板块到板边，即贯通左边板全跨。

③ 注 3："④φ10@180（3）"中"④"表示钢筋号为④；"φ10@180"表示该号钢筋在Ⓑ轴支座处沿Ⓑ轴方向每间隔 180 mm 配置一根 Y 向直径为 10 mm 的 HPB300 级（φ）钢筋；"（3）"表示该④号钢筋横向连续往右布置 3 跨，即 3 块板块。钢筋右边上面标注的"1 100"，表示钢筋从Ⓑ轴支座中线伸入上边板块 1 100 mm 长，钢筋右边下面未标注数值，表示钢筋从Ⓑ轴支座中线伸入下边板块到板边，即贯通下边板全跨。

④ 注 4："⑤（2）"中"⑤"表示钢筋号为⑤；"（2）"表示该⑤号钢筋横向连续往下布置 2 跨，即 2 块板块。此处未标注钢筋的规格，说明此处钢筋规格与其他地方的钢筋一样，可到其他地方去寻找相同钢筋号的钢筋，即可识读到钢筋规格。

⑤ 注 5："⑥φ8@200（3）"中"⑥"表示钢筋号为⑥；"φ8@200"表示该号钢筋在Ⓓ轴支座处沿Ⓓ轴方向每间隔 200 mm 配置一根 Y 向直径为 8 mm 的 HPB300 级（φ）钢筋；"（3）"表示该⑥号钢筋横向连续往右布置 3 跨，即 3 块板块。钢筋右边下面标注的"1 100"，表示钢筋从Ⓓ轴支座中线伸入下边板块 1 100 mm 长，钢筋未从支座中线伸入上边，因为已到板边。

由以上识读顺序可知，应先识读集中标注，再识读原位标注。在识读原位标注时，如果只有一块板，可以按逆时针顺序识读，也可以按顺时针识读；若有多块板或是整层楼板时，按轴线号顺序进行识读，且先识读水平轴线号支座，再识读竖向轴线号支座。

（3）识读文字说明：以下信息一般到结构设计总说明查找。

① 抗震等级。

② 混凝土强度等级。

③ 板混凝土保护层。

④ 混凝土的环境类别。

⑤ 钢筋种类。

3.5.4 知识链接

有梁板盖的制图规则适用于以梁为支座的楼面与屋面板平法施工图设计。

1. 板块集中标注

板块集中标注的内容为：板块编号、板厚、贯通纵筋，以及当板面标高不同时的标高高差。

对于普通楼面，两向均以一跨为一板块；对于密肋楼盖，两向主梁（框架梁）均以一跨为一板块（非主梁密肋不计）。所有板块应逐一编号，相同编号的板块可择其一做集中标注，其他仅注写置于圆圈内的板编号，以及当板面标高不同时的标高高差。

(1) 板块编号按表3-11的规定。

表3-11 板块编号

板 类 型	代 号	序 号
楼面板	LB	××
屋面板	WB	××
悬挑梁	XB	××

板厚注写为"h=×××"（为垂直于板面的板厚）；当悬挑板的端部改变截面厚度时，用斜线分隔根部与端部的高度值，注写为"h=×××/×××"；当设计已在图注中统一注明板厚时，此项可不注。

(2) 贯通纵筋按板块的下部和上部分别注写（当板块上部不设贯通纵筋时不注），并以B代表下部，以T代表上部，B&T代表上部与下部；X向贯通纵筋以X打头，Y向贯通纵筋以Y打头，两向贯通纵筋配置相同时则以X&Y打头。

① 当为单向板时，分布筋可不用注写，而在图中统一注明。

② 当在某些板内（如在悬挑板XB的下部）配置有构造钢筋时，则X向以XC、Y向以YC打头注写。

③ 当Y向采用反射配筋时（切向为X向，径向为Y向），设计者应注明配筋间距的定位尺寸。

④ 当贯通筋采用两种规格钢筋"隔一布一"方式时，表达为"一级钢筋XX/YY@XXX"，表示直径为XX的钢筋和直径为YY的钢筋二者之间间距为XXX，直径XX的钢筋的间距为XXX的2倍，直径YY的钢筋的间距为XXX的2倍。

(3) 板面标高高差，相当于结构层楼面标高的高差，应将其注写在括号内，且有高差则注，无高差不注。

同一编号板块的类型、板厚和贯通纵筋均应相同，但板面标高、跨度、平面形状可为矩形、多边形及其他形状等。施工预算时，应根据其实际平面形状，分别计算各板块的混凝土与钢材用量。

2. 板支座原位标注

板支座原位标注的内容为：板支座上部非贯通纵筋和悬挑板上部受力钢筋。

(1) 板支座原位标注的钢筋，应在配置相同跨的第一跨表达（当在悬挑板部位单独配置时在原位表达）。在配置相同跨的第一跨（或悬挑板部位），垂直于板支座（梁或墙）绘制一段适宜长度的中粗实线（当该筋通常设置在悬挑板或短跨板上部时，实线段应画至对边或贯通短跨），以该线段代表支座上部非贯通纵筋，并在线段上方注写钢筋编号（如1、2等）、配筋值、横向连续布置的跨数（注写在括号内，且当为一跨时可不注），以及是否横向布置到梁的悬挑端。

(2) 板支座上部非贯通筋自支座中线向跨内的伸出长度，注写在线段的下方位置。

(3) 当中间支座上部非贯通纵筋向两侧对称伸出时，可仅在支座一侧线段下方标注伸出长度,另一侧不注。

(4) 当向支座两侧非对称伸出时,应分别在支座两侧线段下方注写伸出长度。

(5) 对线段画出至对边贯通全跨或贯通全悬挑长度的上部通长纵筋,贯通全跨或伸出至全悬挑一侧的长度值不注,只注明非贯通筋另一侧的伸出长度值。

(6) 当板支座为弧形,支座上部非贯通纵筋呈放射状分布时,设计者应注明配筋间距的度量位置并加注"放射分布"四字,必要时应补绘平面配筋图。

3.5.5 技能训练项目

以附录 A.1 某养护站办公楼结构施工图为例进行训练。

1. 训练任务

识读某养护站办公楼结构施工图 5:天面层板平法施工图。

2. 训练目标

(1) 解读 LB1 的配筋信息。
(2) 解读 LB2 的配筋信息。
(3) 解读 LB3 的配筋信息。
(4) 解读 LB4 的配筋信息。

3. 训练成果

(1) 按本节实例解读形式,写出 LB1 的解读报告。
(2) 按本节实例解读形式,写出 LB2 的解读报告。
(3) 按本节实例解读形式,写出 LB3 的解读报告。
(4) 按本节实例解读形式,写出 LB4 的解读报告。

3.6 识读楼梯结构施工图

任务

任务一:识读楼梯详图法结构施工图

任务提示:

(1) 识读楼梯平面布置图,包括的主要内容有:
① 楼梯间的平面尺寸;
② 楼层结构标高;
③ 层间结构标高;
④ 楼梯的上下方向;
⑤ 梯板的平面几何尺寸;
⑥ 梯板类型及编号;
⑦ 梯梁、梯柱、平台梁、平台板编号。

(2) 识读楼梯板剖面布置图,包括的主要内容有:
① 梯板类型及编号;
② 梯梁、梯柱、平台梁、平台板编号;

③ 梯板水平及竖向尺寸；
④ 楼层结构标高；
⑤ 层间结构标高。
(3) 识读梯板钢筋图，识读的顺序及包括的主要内容有：
① 梯板支座上部纵筋；
② 梯板下部纵筋；
③ 梯板分布筋。
(4) 识读文字说明，包括的主要内容有：
① 抗震等级；
② 混凝土强度等级；
③ 楼梯板混凝土保护层；
④ 混凝土的环境类别；
⑤ 钢筋种类。
(5) 其他：
① 梯梁配筋图；
② 梯柱配筋图；
③ 平台梁配筋图；
④ 平台板配筋图。

任务二：识读楼梯平法结构施工图

任务提示：
1) 平面注写方式
识读楼梯平面布置图，包括的主要内容如下。
(1) 集中标注：
① 梯板类型代号与序号；
② 梯板厚度；
③ 踏步段总高度和踏步级数，之间以"/"分隔；
④ 梯板支座上部纵筋，下部纵筋，之间以"；"分隔；
⑤ 梯板分布筋。
(2) 外围标注：
① 楼梯间的平面尺寸；
② 楼层结构标高；
③ 层间结构标高；
④ 楼梯的上下方向；
⑤ 梯板的平面几何尺寸；
⑥ 平台板配筋；
⑦ 梯梁及梯柱配筋。
(3) 识读文字说明：
① 抗震等级；
② 混凝土强度等级；

③ 板混凝土保护层；
④ 混凝土的环境类别；
⑤ 钢筋种类。
2）剖面注写方式
(1) 识读楼梯平面布置图，包括的主要内容有：
① 楼梯间的平面尺寸；
② 楼层结构标高；
③ 层间结构标高；
④ 楼梯的上下方向；
⑤ 梯板的平面几何尺寸；
⑥ 梯板类型及编号；
⑦ 平台板配筋；
⑧ 梯梁及梯柱配筋。
(2) 识读楼梯剖面图，包括的主要内容如下。
① 集中标注：
a. 梯板类型代号与序号；
b. 梯板厚度；
c. 梯板支座上部纵筋，下部纵筋，之间以";"分隔；
d. 梯板分布筋；
e. 梯梁、梯柱编号。
② 梯板水平及竖向尺寸；
③ 楼层结构标高；
④ 层间结构标高。
(3) 识读文字说明，包括的主要内容有：
① 抗震等级；
② 混凝土强度等级；
③ 板混凝土保护层；
④ 混凝土的环境类别；
⑤ 钢筋种类。
(4) 其他：
① 梯梁配筋图；
② 梯柱配筋图；
③ 平台梁配筋图；
④ 平台板配筋图。
3）列表注写方式
列表注写方式的具体要求与剖面注写方式相同，仅将剖面注写方式中的梯板集中标注的梯板配筋注写项改为列表注写项即可。
梯板列表格式如表3-12所示。

表 3-12　梯板几何尺寸和配筋

梯板编号	踏步段总高度/踏步级数	板厚 h	上部纵向钢筋	下部纵向钢筋	分布筋

3.6.1　概念

楼梯结构施工图分为平法施工图和详图法施工图两种表达方式。传统采用的详图法是直接在楼梯剖面图上详细绘制各楼梯板配筋，并辅助以文字说明、板厚标注、配筋大小和间距、钢筋尺寸标注等。平法施工图则是直接在楼梯平面布置图和楼梯剖面图上采用平面注写的方式或表格注写的方式注明楼梯板厚、配筋大小和间距等各类相关参数，钢筋尺寸在下料时按规范图集规定自行计算。

1. 楼梯

楼梯是房屋建筑内部联系各层的垂直交通设施，供人们上下楼和物件上下楼运输使用。楼梯是一个受力体系，由梯段、休息平台、楼梯梁、平台梁、踏步、栏杆、扶手组成。

楼梯实物图如图 3-29（a）所示。

（a）实物图

（b）钢筋图

图 3-29　楼梯

2. 楼梯板钢筋

楼梯板钢筋如图 3-29（b）所示，其可分为以下两种。

1）梯板受力钢筋

梯板受力钢筋按放置位置不同可分为下部钢筋和上部钢筋两种，下部钢筋用于承受板跨中产生的弯矩，上部钢筋用于承受支座产生的负弯矩。

① 下部纵筋，也称为板下部贯通纵筋、板底筋、板底跨中筋等。

② 上部纵筋，贯通时称为板上部贯通纵筋；不贯通时称为板支座上部非贯通纵筋、板支座筋、板支座负筋等。

2）梯板分布筋

梯板分布筋属于构造钢筋，位于梯板下部纵筋的上面和梯板上部纵筋的下面，且分布筋放置的方向与受力纵筋方向垂直，通过与下部纵筋和上部纵筋绑扎把板钢筋联接成一个整体，避免板下部和上部钢筋在施工过程中产生位移和变形。

3.6.2 识读楼梯结构施工图的图示内容

楼梯结构施工图一般包括楼梯平面布置图、楼梯剖面图、楼梯配筋图和文字说明四部分，通过这四部分内容，在图纸上表示出梯板的平面布置、梯板编号、梯板类型、梯板标高、梯板水平及竖向尺寸、梯板钢筋类型和规格大小等。

3.6.3 楼梯结构施工图的实例解读

楼梯结构施工图主要有两种表示方法：详图法和平法。

1. 详图法

楼梯详图法结构施工图如图 3-30 所示。

现以图 3-30 为例，说明楼梯详图法结构施工图的识读步骤。

（1）识读楼梯平面布置图。以二层楼梯平面布置图为例。

① 楼梯间的平面尺寸。

楼梯开间：3 000 mm。

楼梯进深：4 200 mm。

楼梯井宽：100 mm。

② 楼梯的上下方向：左上右下。

③ 梯板的平面几何尺寸：

$$楼梯板宽 = (3\ 000-120\times 2-100)\ \text{mm}/2 = 1\ 330\ \text{mm}$$

④ 梯板类型及编号：TB1。

⑤ 梯梁、梯柱、平台梁、平台板编号。

梯梁编号：TL1。

平台梁编号：PL1。

平台板编号：PB1。

（2）识读楼梯板剖面布置图。

① 梯板类型及编号：TB1。

② 梯梁梯柱平台梁平台板编号。

梯梁编号：TL1。

平台梁编号：PL1。

平台板编号：PB1。

③ 梯板水平及竖向尺寸。

梯板水平尺寸（梯板长）：10×270 mm = 2 700 mm。

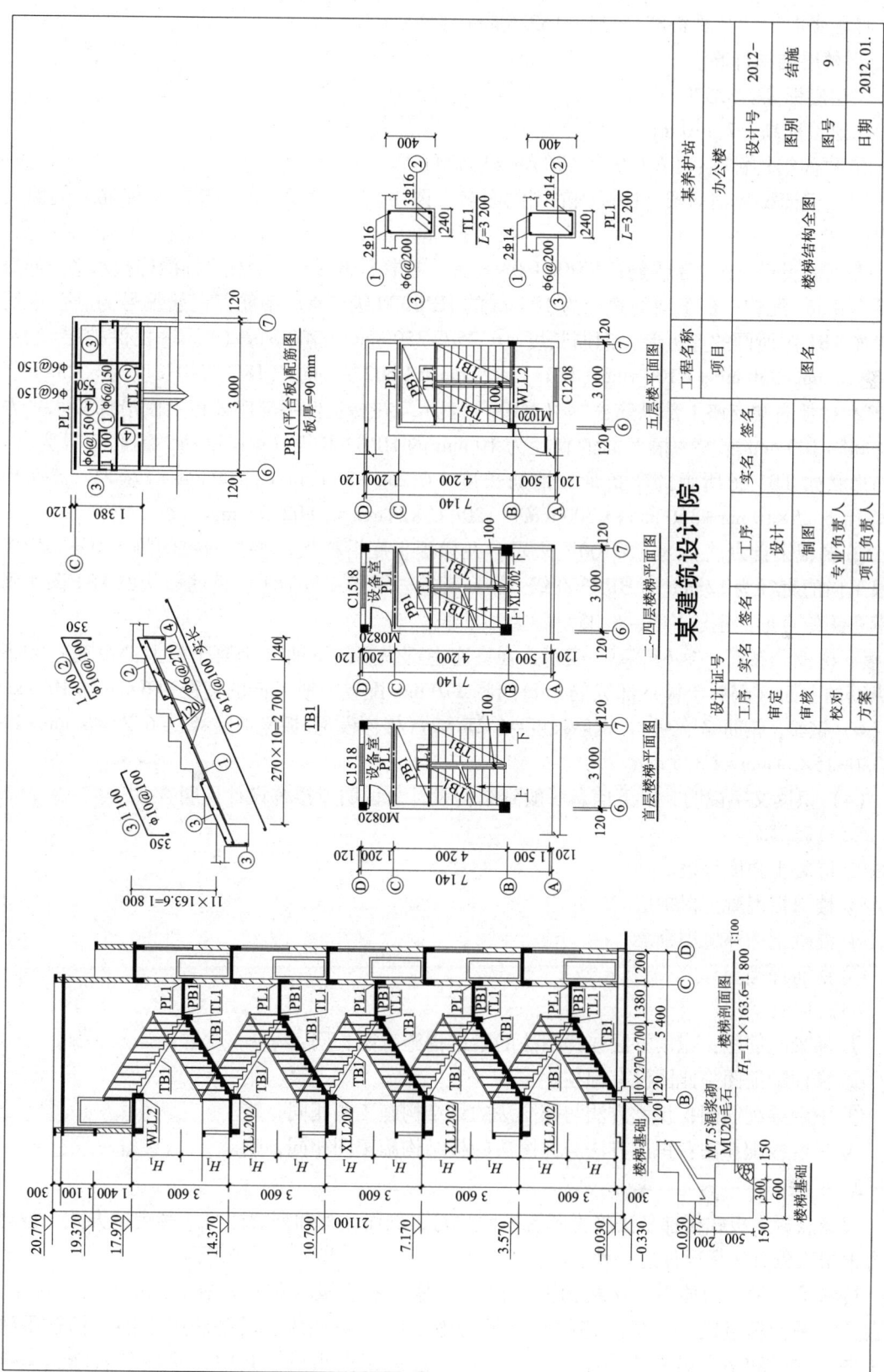

图 3-30 楼梯详图法结构施工图

梯板竖向尺寸（梯板高）：11 * 163.6 mm = 1 800 mm。

④ 楼层结构标高。

二层底标高：3.570 m。

二层顶标高：7.170 m。

⑤ 层间结构标高：(7.170-3.570) m = 3.600 m。

（3）识读梯板钢筋图。梯板钢筋图的图名在图中叫"TB1"，即是楼梯板配筋的剖面大样图。

① 梯板低端支座上部纵筋："φ10@100"表示，在梯板低端支座处板上面沿梯板水平方向每间隔 100 mm 配置一根 Y 向的直径为 10 mm 的 HPB300 级（φ）钢筋，钢筋编号为③。钢筋形状如 TB1 图所画的弯折形。钢筋长度 = $6.25d$+350 mm+1 100 mm+(板厚-板保护层×2) = 6.25×10 mm+350 mm+1 100 mm+(120-15×2) mm = 1 602.5 mm。（180°弯钩长度为 $6.25d$）

② 梯板高端支座上部纵筋："φ10@100"表示，在梯板低端支座处板上面沿梯板水平方向每间隔 100 mm 配置一根 Y 向的直径为 10 mm 的 HPB300 级（φ）钢筋，钢筋编号为②。钢筋形状如 TB1 图所画的弯折形。钢筋长度 = $6.25d$+350 mm+1 300 mm+(板厚-板保护层×2) = 6.25×10 mm+350 mm+1 300 mm+(120-15×2) mm = 1 802.5 mm。

③ 梯板下部纵筋："φ12@100"表示，在梯板板底沿梯板水平方向每间隔 100 mm 配置一根 Y 向的直径为 12 mm 的 HPB300 级（φ）钢筋，钢筋编号为①。钢筋形状如 TB1 图所画的带弯钩的直形。钢筋长度 = $6.25d$×2+直段实长。

④ 梯板分布筋："φ6@270"表示，在支座上部纵筋的下面（仍属于板上部纵筋）和下部纵筋的上面（仍属于板下部纵筋）每间隔 270 mm 配置一根 X 向的直径为 6 mm 的 HPB300 级（φ）钢筋，钢筋编号为④，钢筋长度 = $6.25d$×2+(楼梯板宽-板保护层×2) = 6.25×6 mm×2+(1 330-15×2) mm = 1 375 mm。

（4）识读文字说明，以下信息一般到结构设计总说明或楼梯设计说明查找。

① 抗震等级。

② 混凝土强度等级。

③ 楼梯板混凝土保护层。

④ 混凝土的环境类别。

⑤ 钢筋种类。

（5）其他。

① 梯梁配筋图：识读方法与详图法的梁结构施工图相同，略。

② 梯柱配筋图：此图没有梯柱。

③ 平台梁配筋图：识读方法与详图法的梁结构施工图相同，略。

④ 平台板配筋图：识读方法与详图法的板结构施工图相同，略。

2. 平法

现浇混凝土板式楼梯平法施工图有平面注写、剖面注写和列表注写三种表达方式，设计者可根据工程具体情况任选一种。

楼梯是一个受力体系，从结构上来说，它是由踏步段（梯段、梯板）、梯柱、梯梁、平台梁、平台板组成。一套完整的楼梯平法施工图也是由踏步段平法施工图、梯柱平法施工图、梯梁和平台梁平法施工图、平台板平法施工图组成。其中，梯柱平法施工图与柱平法施工图相同，梯梁和平台梁平法施工图与梁平法施工图相同、平台板平法施工图与板（楼盖）平法施工图相同，此处不再赘述，只讲解踏步段（梯段、梯板）平法施工图的识读。

1）平面注写方式

平面注写方式，是在楼梯平面布置图上注写截面尺寸和配筋具体数值的方式来表达楼梯施工图，包括集中标注和外围标注两种方式。

平面注写方式的楼梯平法施工图只有楼梯平面布置图，所以平面注写方式施工图的识读就只有楼梯平面布置图的识读。

平面注写方式楼梯结构施工图如图 3-31 所示，现以此图为例，说明平面注写方式楼梯结构施工图的识读步骤。

（1）集中标注。

① 梯板类型代号与序号："AT1"表示梯板类型为 AT 型，是整个楼梯的第一块梯板。

② 梯板厚度："$h=120$"表示梯板厚 120 mm。

③ 踏步段总高度和踏步级数："1 800/11"表示踏步段总高度为 1 800 mm，踏步级数为 11 级。

④ 梯板支座上部纵筋，下部纵筋："ϕ10@100；ϕ12@100"表示，梯板支座上部纵筋为 ϕ10@100，梯板下部纵筋为 ϕ12@100。钢筋设置如详图法的解读。

⑤ 梯板分布筋："Fϕ6@270"表示梯板分布筋为 ϕ6@270。钢筋设置如详图法的解读。

（2）外围标注。

① 楼梯间的平面尺寸。

楼梯开间：3 000 mm。

楼梯进深：4 200 mm。

楼梯井宽：100 mm。

② 楼层结构标高。

二层底标高：3.570 m。

二层顶标高：7.170 m。

③ 层间结构标高：（7.170-3.570）m=3.600 m。

④ 楼梯的上下方向：左上右下。

⑤ 梯板的平面几何尺寸：

楼梯板宽=（3 000-120×2-100）mm/2=1 330 mm

⑥ 平台板配筋：识读方法与板平法施工图相同，略。

⑦ 梯梁及梯柱配筋：识读方法与梁及柱平法施工图相同，略。

（3）识读文字说明，以下信息一般到结构设计总说明或楼梯设计说明查找。

① 抗震等级。

② 混凝土强度等级。

③ 板混凝土保护层。

④ 混凝土的环境类别。

⑤ 钢筋种类。

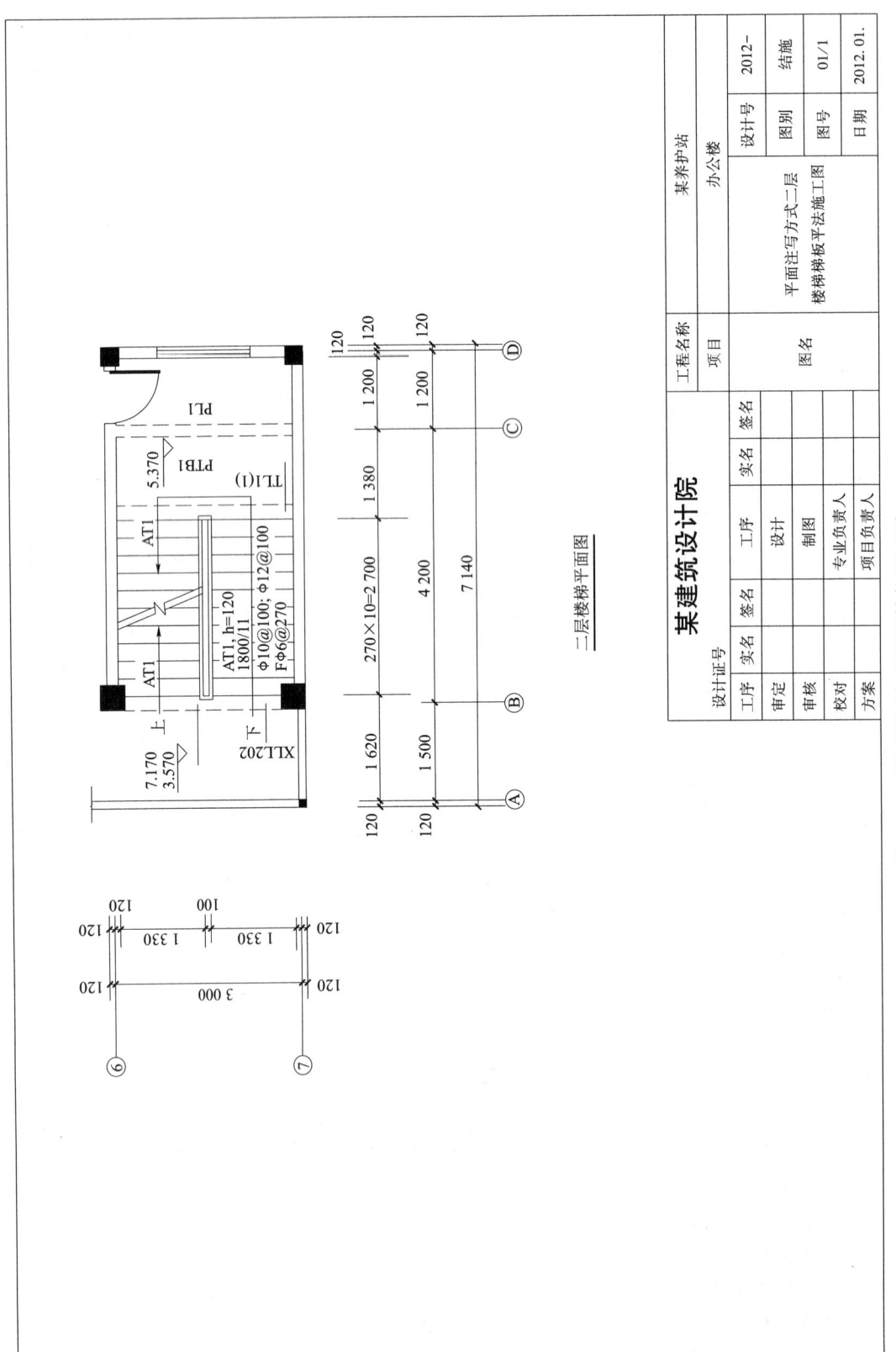

图 3-31 平面注写方式楼梯结构施工图

2)剖面注写方式

剖面注写方式需在楼梯平法施工图中绘制楼梯平面布置图和楼梯剖面图,注写方式分平面注写、剖面注写两部分。由于剖面注写方式的楼梯平法施工图由楼梯平面布置图和楼梯剖面图组成,所以剖面注写方式施工图的识读就包括楼梯平面布置图的识读和楼梯剖面图的识读两部分。

剖面注写方式的楼梯结构施工图如图3-32所示,现以此图为例,说明剖面注写方式楼梯结构施工图的识读步骤。

(1)识读楼梯平面布置图。

① 楼梯间的平面尺寸。

楼梯开间:3 000 mm。

楼梯进深:4 200 mm。

楼梯井宽:100 mm。

② 楼层结构标高。

二层底标高:3.570 m。

二层顶标高:7.170 m。

③ 层间结构标高:(7.170-3.570) m=3.600 m。

④ 楼梯的上下方向:左上右下。

⑤ 梯板的平面几何尺寸:

$$楼梯板宽 = (3\ 000-120\times2-100)/2 = 1\ 330\ mm$$

⑥ 梯板类型及编号:"AT1"表示梯板类型为AT型,是整个楼梯的第一块梯板。

⑦ 平台板配筋:识读方法与板平法施工图相同,略。

⑧ 梯梁及梯柱配筋:识读方法与梁及柱平法施工图相同,略。

(2)识读楼梯剖面图。

① 集中标注。

梯板类型代号与序号:"AT1"表示梯板类型为AT型,是整个楼梯的第一块梯板。

梯板厚度:"$h=120$"表示梯板厚120 mm。

梯板支座上部纵筋,下部纵筋:"ϕ10@100;ϕ12@100"表示梯板支座上部纵筋为ϕ10@100,梯板下部纵筋为ϕ12@100。钢筋设置如详图法的解读。

梯板分布筋:"Fϕ6@270"表示梯板分布筋为ϕ6@270。钢筋设置如详图法的解读。

② 梯梁编号:在梯梁处的引出线上标注"TL1",梯梁的编号就是TL1。

③ 梯板水平及竖向尺寸。

梯板水平尺寸(梯板长):10×270 mm=2 700 mm。

梯板竖向尺寸(梯板高):11×163.6 mm=1 800 mm。

④ 楼层结构标高。

二层底标高:3.570 m。

二层顶标高:7.170 m。

⑤ 层间结构标高:(7.170-3.570) m=3.600 m。

(3)识读文字说明,以下信息一般到结构设计总说明或楼梯设计说明查找。

① 抗震等级。

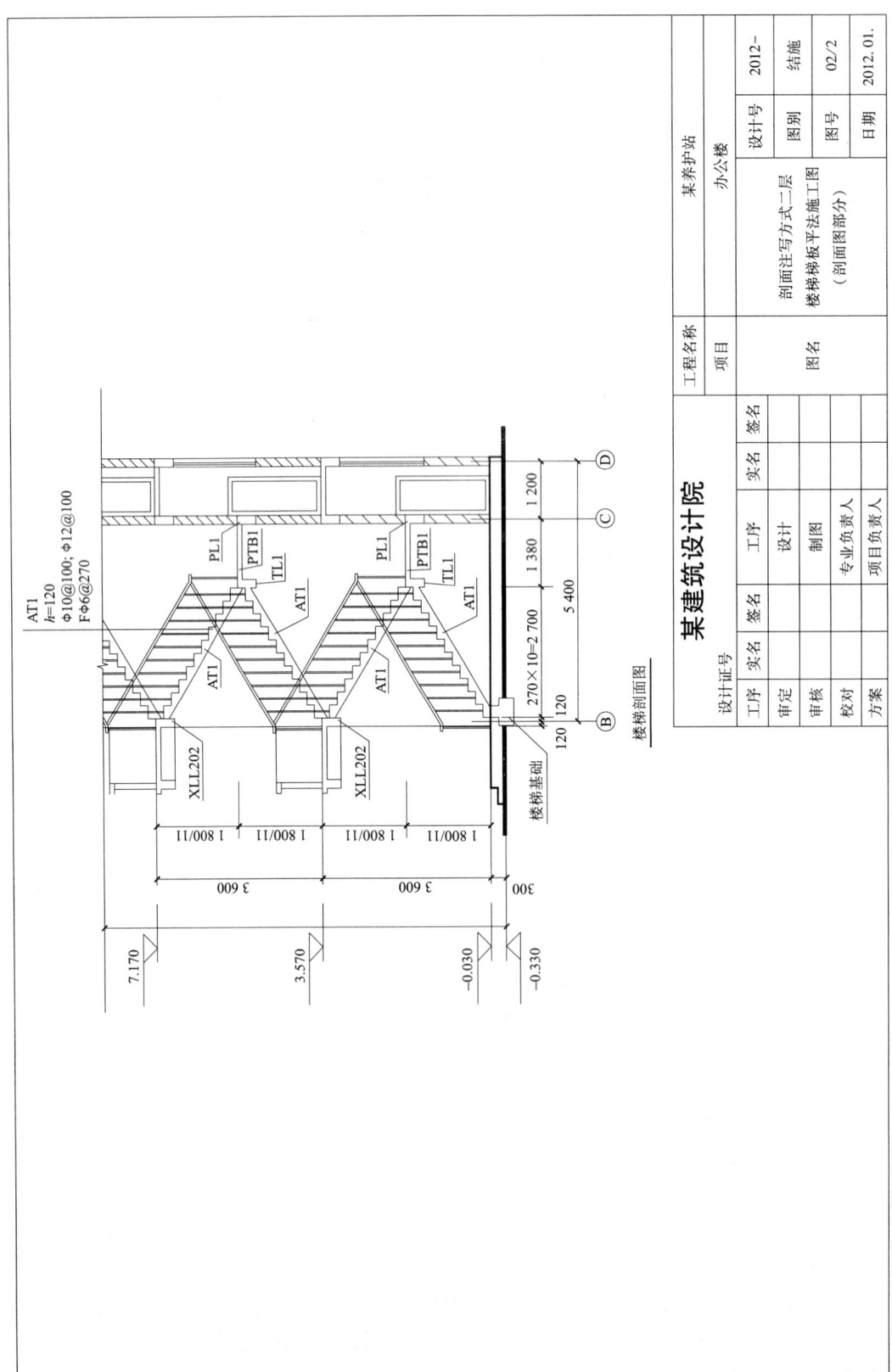

图 3-32 剖面注写方式楼梯结构施工图

② 混凝土强度等级。
③ 板混凝土保护层。
④ 混凝土的环境类别。
⑤ 钢筋种类。
（4）其他。
① 梯梁配筋图：识读方法与梁及柱平法施工图相同，略。
② 梯柱配筋图：识读方法与柱平法施工图相同，略。
③ 平台梁配筋图：识读方法与梁及柱平法施工图相同，略。
④ 平台板配筋图：识读方法与板平法施工图相同，略。

3）列表注写方式

列表注写方式，是用列表方式注写梯板截面尺寸和配筋具体数值的方式来表达楼梯施工图。列表注写方式的具体要求与剖面注写方式相同，仅将楼梯剖面图上梯板集中标注的内容改为列表注写即可。

列表注写方式的楼梯平法施工图由楼梯平面布置图、梯板几何尺寸和配筋表组成。所以列表注写方式施工图的识读包括楼梯平面布置图的识读、梯板几何尺寸和配筋表的识读。

列表注写方式的楼梯结构施工图如图 3-33 所示。

现以图 3-33 为例，说明列表注写方式楼梯结构施工图的识读步骤。

（1）列表注写方式楼梯平面布置图的识读与剖面注写方式楼梯平面布置图的识读相同，略。

（2）梯板几何尺寸和配筋表格的识读与楼梯剖面图上梯板集中标注的识读相同，略。

（3）识读文字说明，以下信息一般到结构设计总说明或楼梯设计说明查找。
① 抗震等级。
② 混凝土强度等级。
③ 板混凝土保护层。
④ 混凝土的环境类别。
⑤ 钢筋种类。
（4）其他。
① 梯梁配筋图：识读方法与梁及柱平法施工图相同，略。
② 梯柱配筋图：识读方法与柱平法施工图相同，略。
③ 平台梁配筋图：识读方法与梁及柱平法施工图相同，略。
④ 平台板配筋图：识读方法与板平法施工图相同，略。

3.6.4 知识链接

1. 现浇混凝土板式楼梯平法施工图的表示方法

在楼梯平法结构施工图中，与楼梯相关的平台板、梯梁、梯柱的注写方式参见国家建筑标准设计图集 11G101-1《混凝土结构施工图平面整体表示方法制图规则和构造详图（现浇混凝土框架、剪力墙、梁、板）》。

楼梯平面布置图，应按照楼梯标准层，采用适当比例集中绘制，需要时才绘制其剖面图。

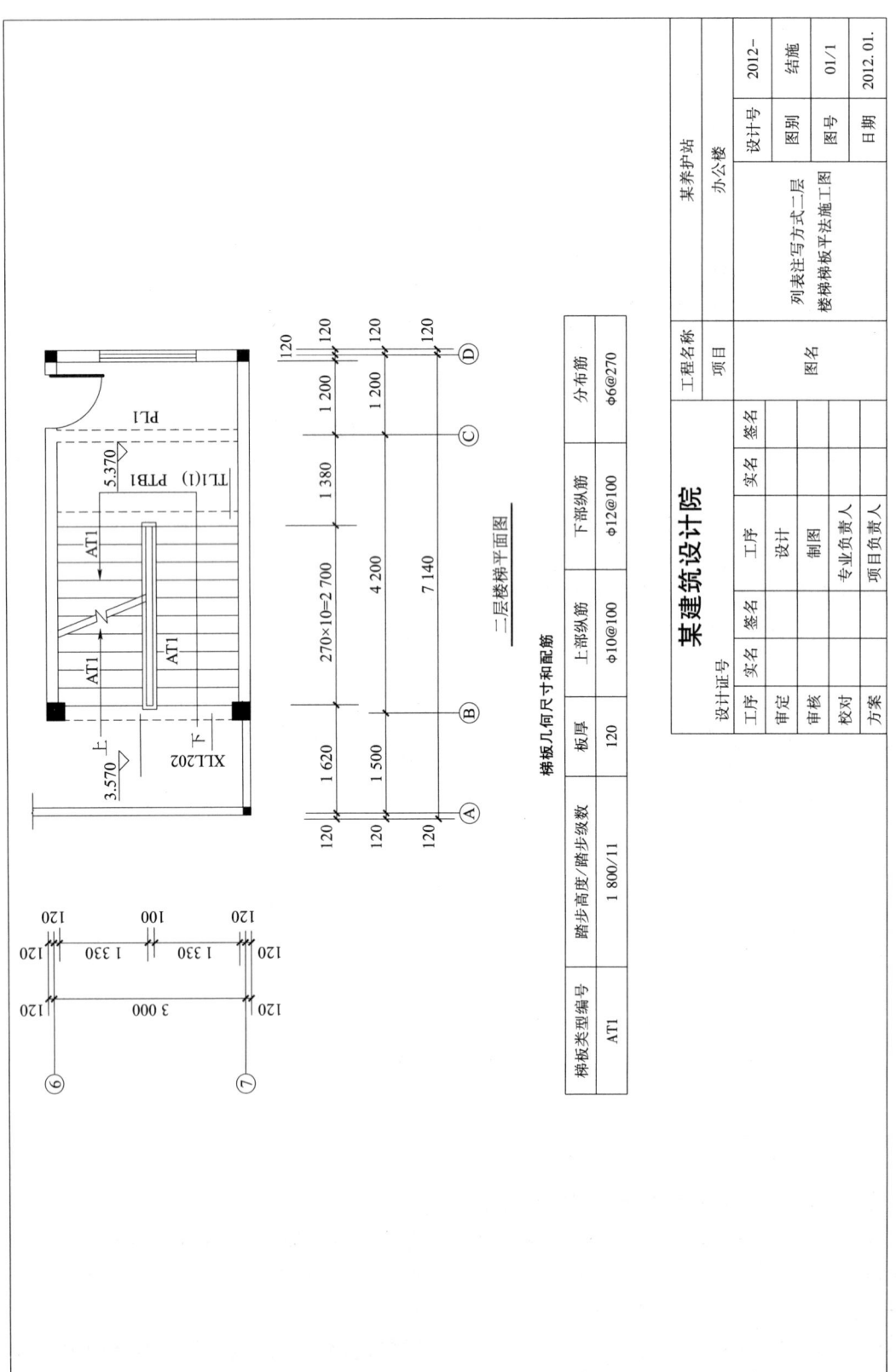

图 3-33 列表注写方式楼梯结构施工图

为方便施工，在集中绘制的板式楼梯平法施工图中，宜注明各结构层的楼面标高、结构层高及相应的结构层号。

2. 类型

楼梯包含11种类型，如表3-13所示。各梯板截面形状与支座位置示意图见国家建筑标准设计图集11G101-2《混凝土结构施工图平面整体表示方法制图规则和构造详图（现浇混凝土板式楼梯）》第11～15页。

表 3-13 楼 梯 类 型

序号	梯板代号	适用范围		是否参与结构整体抗震计算	示意图所在图集11G101-2的页码
		抗震构造措施	适用结构		
1	AT	无	框架、剪力墙、砌体结构	不参与	11
2	BT				
3	CT	无	框架、剪力墙、砌体结构	不参与	12
4	DT				
5	ET	无	框架、剪力墙、砌体结构	不参与	13
6	FT				
7	GT	无	框架结构	不参与	14
8	HT		框架、剪力墙、砌体结构		
9	ATa	无	框架结构	不参与	15
10	ATb			不参与	
11	ATc	有		参与	

注：1. ATa低端设滑动支座支承在梯梁上，ATb低端设滑动支座支承在梯梁的挑板上。
2. ATa、ATb、ATc均用于抗震设计，设计者应指定楼梯的抗震等级。

（1）楼梯注写：楼梯编号由梯板代号和序号组成，如AT××、BT××、ATa××等。

（2）AT～ET型板式楼梯具有以下一些特征。

① AT～ET型板式楼梯代号代表一段带上下支座的梯板，梯板的主体为踏步段，除踏步段之外，梯板可包括低端平板、高端平板以及中位平板。

② AT～ET各型梯板的坏布形状：

AT型梯板全部由踏步段构成；

BT型梯板由低端平板和踏步段构成；

CT型梯板由踏步段和高端平板构成；

DT型梯板由低端平板、踏步板和高端平板构成；

ET型梯板由低端踏步段、中位平板和高端踏步段构成。

③ AT～ET型梯板的两端分别以（低端和高端）梯梁为支座，采用该级板式楼梯的楼梯间内部既要设置楼层梯梁，也要设置层间梯梁（其中ET型梯板两端楼层均为楼层梯梁），以及与其相连的楼层平台板和层间平台板。

④ AT～ET型样板的型号、板厚、上下部纵向钢筋及分布钢筋等内容由设计者在平法施工图中注明。梯板上部纵向钢筋向跨内伸出的水平投影长度见相应的标准构造详图，设计不注，但设计者应予以校核；当标准构造详图规定的水平投影长度不满足具体工程要求时，

应由设计者另行注明。

(3) FT～HT型板式楼梯具备以下一些特征。

① FT～HT每个代号代表两跑踏步段和连接它们的楼层平板及层间平板。

② FT～HT型梯板可分为以下两类。

第一类：FT型和GT型，由层间平板、踏步段和楼层平板构成。

第二类：HT型，由层间平板和踏步段构成。

③ FT～HT型梯板的支承方式如下。

FT型：样板一端的层间平板采用三边支承，另一端的楼层平板也采用三边支承。

GT型：梯板一端的层间平板采用单边支承，另一端的楼层平板采用三边支承。

HT型：梯板一端的层间平板采用三边支承，另一端的样板段采用单边支承（在梯梁上）。

以上各型样板的支承方式如表3-14所示。

表3-14 FT～HT型样板支承方式

梯板类型	层间平板端	踏步段端（楼层处）	楼层平板端
FT	三边支承		三边支承
GT	单边支承		三边支承
HT	三边支承	单边支承（梯梁上）	

注：由于FT～HT梯板本身带有层间平板或楼层平板，对平板段采用三边支承方式可以有效减少样板的计算跨度，能够减少板厚从而减轻样板自重和减少配筋。

④ FT～HT型样板的型号、板厚、上下部纵向钢筋及分布钢筋等内容由设计者在平法施工图中注明。FT～HT型平台上部横向钢筋及其外伸长度，在平面图中原位标注。梯板上部纵向钢筋向跨内伸出的水平投影长度见相应的标准构造详图，设计不注，但设计者应予以校核；当标准构造详图规定的水平投影长度不满足个体工程要求时，就需设计另行注明。

(4) ATa、ATb型板式楼梯具备以下一些特征。

① ATa、ATb型为带滑动支座的板式楼梯，梯板全部由踏步段构成，其支承方式为梯板高端均支承在梯梁上，ATa型梯板低端带滑动支座支承在梯梁的挑板上。

② ATa、ATb型梯板采用双层双向配筋。梯梁支承在梯柱上时，其构造做法采用11G101-1中框架梁KL的做法；支承在梁上时其构造做法采用11G101-1中非框架梁L的做法。

(5) ATc型板式楼梯具备以下一些特征。

① ATc型梯板全部由踏步段构成，其支承方式为梯板两端均支承在梯梁上。

② ATc楼梯休息平台与主体结构可整体连接，也可脱开连接，见图集11G101-2《混凝土结构施工图平面整体表示方法制图规则和构造详图（现浇混凝土板式楼梯）》第43页。

③ ATc型楼梯梯板厚度应按计算确定，且不宜小于140 mm；梯板采用双层配筋。

④ ATc型梯板两侧设置边缘（暗梁），边缘构件的宽度取1.5倍板厚；边缘构件纵筋数量，当抗震等级为一、二级时不少于6根，当抗震等级为三、四级时不少于4根；纵筋直径为A12且不小于梯板纵向受力钢筋的直径；箍筋为$\phi 6@200$。

梯梁按双向受弯构件计算，当支承在梯柱上时，其构造做法采用11G101-1中框架梁KL的做法；当支承在梁上时采用11G101-1中非框架梁L的做法。

(6）建筑专业地面、楼层平台板和层间平台板的建筑面层厚度经常与楼梯踏步面层厚度不同，为使建筑面层做好后的楼梯踏步等高，各型号楼梯踏步板的第一级踏步高度和最后一级踏步高度需要相应增加或减少，若没有楼梯剖面图，其取值方法详见图集 11G101-2《混凝土结构施工图平面整体表示方法制图规则和构造详图（现浇混凝土板式楼梯）》第 45 页。

3. 平面注写方式

（1）平面注写方式，是在楼梯平面布置图上注写截面尺寸和配筋具体数值的方式来表达楼梯施工图的。其包括集中标注和外围标注两种方式。

（2）楼梯集中标注的内容有五项，具体规定如下。

① 梯板类型代号与序号，如 AT××。

② 梯板厚度，注写为"$h=×××$"。当为带平板的梯板且梯段板厚和平板厚度不同时，可在梯段厚度后面括号内以字母 P 打头注写平板厚度。例如，"$h=130（P150）$"中，"130"表示梯段板厚度，"150"表示梯板平板段的厚度。

③ 踏步段总高度和踏步级数，之间以"/"分隔。

④ 梯板支座上部纵筋、下部纵筋之间以"；"分隔。

⑤ 梯板分布筋，以 F 打头注写分布钢筋的具体数值，该项也可在图中统一说明。

例如，平面图中梯板类型及配筋的完整标注示例如下（AT 型）。

"AT1，$h=120$"——梯板类型及编号，梯板板厚。

"1 800/12"——踏步段总高度/踏步级数。

"$\Phi10@200；\Phi12@150$"——上部纵筋；下部纵筋。

"Fϕ8@250"——梯板分布筋（可统一说明）。

（3）楼梯外围标注的内容，包括楼梯间的平面尺寸、楼层结构标高、层间结构标高、楼梯的上下方向、梯板的平面几何尺寸、平台板配筋、梯梁及梯柱配筋等。

4. 剖面注写方式

剖面注写方式需在楼梯平法施工图中绘制楼梯平面布置图和楼梯剖面图，注写方式分平面注写、剖面注写两部分。

（1）楼梯平面布置注写内容，包括楼梯间的平面尺寸、楼层结构标高、层间结构标高、楼梯的上下方向、梯板的平面几何尺寸、梯板类型及编号、平台板配筋、梯梁及梯柱配筋等。

（2）楼梯剖面图注写内容，包括梯板集中标注、梯梁梯柱编号、梯板水平及竖向尺寸、楼层结构标高、层间结构标高等。

梯板集中标注的内容有四项，具体规定如下。

（1）梯板类型及编号，如 AT××。

（2）梯板厚度，注写为"$h=××$"。当样板由踏步段和平板构成，且踏步段样板厚度和平板厚度不同时，可在样板厚度后面括号内以字母 P 打头注写平板厚度。

（3）梯板配筋。注明梯板上部纵筋和梯板下部纵筋，用分号"；"将上部与下部纵筋的配筋值分隔开来。

（4）梯板分布筋，以 F 打头注写分布钢筋的具体数值，该项也可在图中统一说明。

5. 列表注写方式

列表注写方式，是用列表方式注写梯板截面尺寸和配筋具体数值的方式来表达楼梯施工图。

列表注写方式的具体要求与剖面注写方式相同,仅将剖面注写方式中的梯板集中标注中的梯板配筋项改为列表注写项即可。

梯板列表格式如表 3-15 所示。

表 3-15　梯板几何尺寸和配筋表

梯板编号	踏步段总高度/ 踏步级数	板厚	上部纵向钢筋	下部纵向钢筋	分布筋

6. 其他

(1) 楼层平台梁板配筋可绘制在楼梯平面图中,也可在各层梁板配筋图中绘制;层间平台梁板配筋在楼梯平面图中绘制。

(2) 楼层平台板可与该层的现浇楼板整体设计。

3.6.5　技能训练项目

以图 3-34 所示的楼梯配筋图为例进行训练。

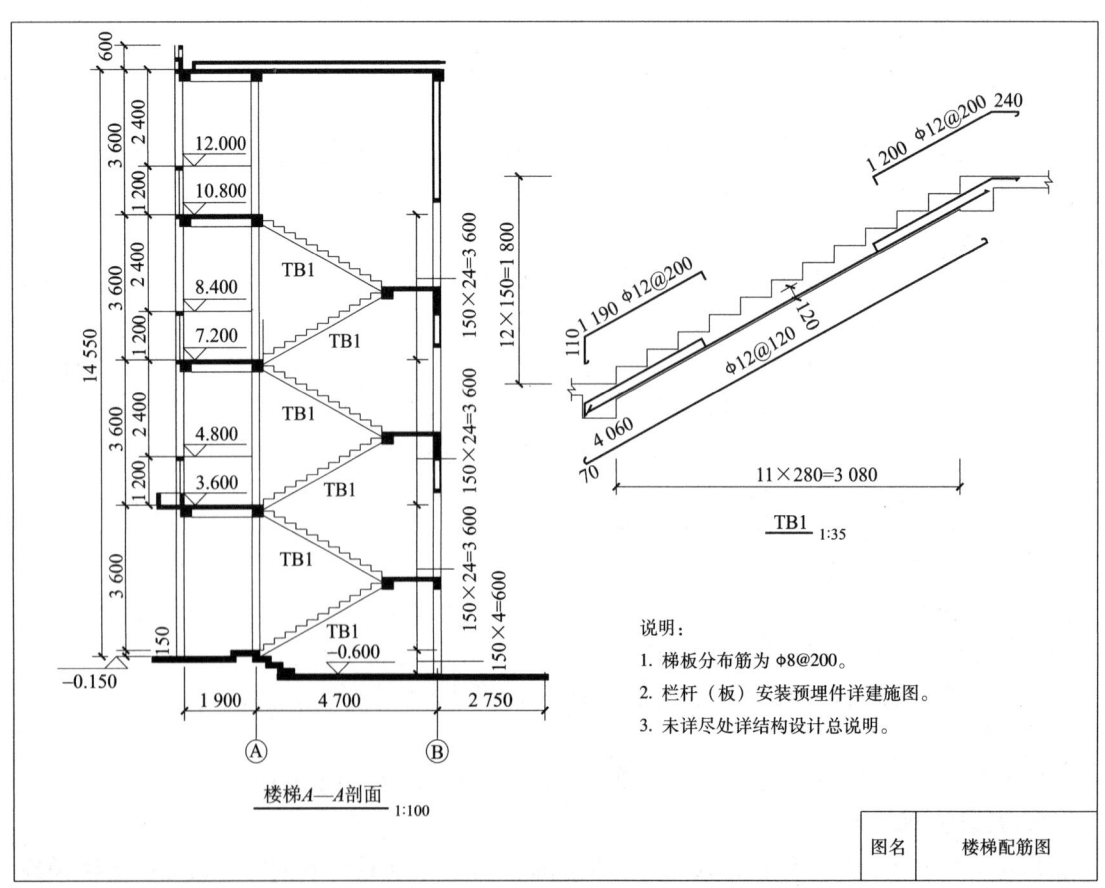

图 3-34　楼梯配筋图

1. 训练任务

识读图 3-34 所示的楼梯配筋图。

2. 训练目标

（1）解读楼梯剖面图。
（2）解读 TB1 剖面配筋图的配筋信息。
（3）解读楼梯说明。

3. 训练成果

（1）按本节实例解读形式，写出楼梯剖面图的解读报告。
（2）按本节实例解读形式，写出 TB1 剖面配筋图的配筋信息解读报告。
（3）按本节实例解读形式，写出楼梯说明的解读报告。

3.7 识读剪力墙结构施工图

任务

任务一：识读列表注写方式剪力墙平法施工图

任务提示：

（1）识读结构层楼面标高（结构层高）表，包括的主要内容有：
① 层号；
② 标高；
③ 层高。

（2）识读剪力墙结构平面布置图，包括的主要内容有：
① 图名；
② 尺寸线；
③ 墙柱、墙身、墙梁的位置；
④ 墙柱、墙身、墙梁的名称；
⑤ 同类型墙柱、墙身、墙梁的分布及数量。

（3）识读剪力墙柱表，包括的主要内容有：
① 墙柱编号；
② 墙柱的截面尺寸；
③ 墙柱的起止标高；
④ 纵向钢筋和箍筋。

（4）识读剪力墙身表，包括的主要内容有：
① 墙身编号；
② 墙身的起止标高；
③ 墙厚；
④ 水平分布钢筋、竖向分布钢筋和拉筋。

（5）识读剪力墙梁表，包括的主要内容有：
① 墙梁编号；

② 墙梁所在楼层号；
③ 墙梁顶面标高高差；
④ 墙梁截面尺寸；
⑤ 墙梁上部纵筋；
⑥ 墙梁下部纵筋；
⑦ 墙梁箍筋；
⑧ 墙梁侧面纵向钢筋；
⑨ 暗撑截面尺寸及配筋；
⑩ 交叉斜筋配筋；
⑪ 集中对角斜筋配筋。
(6) 识读文字说明，包括的主要内容有：
① 抗震等级；
② 混凝土强度等级；
③ 混凝土保护层；
④ 混凝土的环境类别；
⑤ 钢筋种类。

任务二：识读截面注写方式剪力墙平法施工图
任务提示：
(1) 识读结构层楼面标高（结构层高）表，包括的主要内容有：
① 层号；
② 标高；
③ 层高。
(2) 识读剪力墙结构平面布置图，包括的主要内容有：
① 图名；
② 尺寸线；
③ 墙柱、墙身、墙梁的位置；
④ 墙柱、墙身、墙梁的名称；
⑤ 同类型墙柱、墙身、墙梁的分布及数量；
⑥ 识读剪力墙柱截面配筋图：
◆ 墙柱编号；
◆ 墙柱的截面尺寸；
◆ 纵向钢筋和箍筋。
⑦ 识读剪力墙身平面注写：
◆ 墙身编号；
◆ 墙厚；
◆ 水平分布钢筋；
◆ 竖向分布钢筋；
◆ 拉筋。
⑧ 识读剪力墙梁平面注写：

- ◆ 墙梁编号；
- ◆ 墙梁所在楼层号；
- ◆ 墙梁顶面标高高差；
- ◆ 墙梁截面尺寸；
- ◆ 墙梁上部纵筋；
- ◆ 墙梁下部纵筋；
- ◆ 墙梁箍筋；
- ◆ 墙梁侧面纵向钢筋；
- ◆ 暗撑截面尺寸及配筋；
- ◆ 交叉斜筋配筋；
- ◆ 集中对角斜筋配筋。

(3) 识读文字说明，包括的主要内容有：

① 抗震等级；
② 混凝土强度等级；
③ 混凝土保护层；
④ 混凝土的环境类别；
⑤ 钢筋种类。

3.7.1 概念

剪力墙是一个受力体系，从结构上来说，剪力墙可视为由剪力墙柱、剪力墙身和剪力墙梁三类构件构成。剪力墙在房屋或构筑物中主要承受风荷载或地震作用引起的水平荷载和竖向荷载，因此剪力墙也称抗风墙或抗震墙、结构墙。剪力墙按结构材料可以分为钢板剪力墙、钢筋混凝土剪力墙和配筋砌块剪力墙。其中以钢筋混凝土剪力墙最为常用，主要用于高层建筑。在此只介绍钢筋混凝土剪力墙。

剪力墙实物图如图 3-35（a）所示，其钢筋图如图 3-35（b）所示。

(a) 实物图

(b) 钢筋图

图 3-35 剪力墙

3.7.2 识读剪力墙结构施工图的图示内容

剪力墙结构施工图一般包括结构层楼面标高（结构层高）表、剪力墙结构平面布置图、剪力墙配筋表（图）和文字说明三部分，通过这三部分内容，在图纸上表示出剪力墙的平面布置、编号、类型、标高、截面尺寸、钢筋类型和规格等。

3.7.3 剪力墙结构施工图的实例解读

剪力墙平法施工图主要有两种表示方法：列表注写方式和截面注写方式。

1. 列表注写方式

列表注写方式剪力墙平法施工图如图3-36所示，现以此图为例，说明剪力墙结构施工图的识读步骤。

（1）识读结构层楼面标高（结构层高）表，与其他构件（柱、梁、板）平法施工图的结构层楼面标高（结构层高）表的识读方法相同。

① 层号：一层。

② 标高：层底标高为 -0.030 m；层顶标高为 4.770 m。

③ 层高：一层层高为 4.8 m。

（2）识读剪力墙结构平面布置图，包括的主要内容如下。

① 图名："-0.030~4.770剪力墙平面布置图（一）"。

② 尺寸线：水平尺寸线总长 8 000 mm，轴线号为①~④；竖向尺寸线总长 7 600 mm，轴线号为ⓒⒻⒽⒿ。

③ 墙柱、墙身、墙梁的位置：详见平面布置图，具体构件位置用纵横交错的轴线进行定位。定位方法与柱、梁平法施工图的定位方法相同。

④ 墙柱、墙身、墙梁的名称。

墙柱名称有：AZ1~AZ8。

墙身名称有：Q-1。

墙梁名称有：LL-1~LL-4。

⑤ 同类型墙柱、墙身、墙梁的分布及数量。

墙柱数量有：AZ1~AZ8，8种，每种个一根。

墙身数量有：Q-1，1种，共有8段。

墙梁数量有：LL-1~LL-4，4种，除LL-2有2根，其他各有一根。

墙柱、墙身、墙梁的分布按平面布置图设置。

（3）识读剪力墙柱表，包括的主要内容如下（以AZ1为例）。

① 墙柱编号：AZ1。

② 墙柱的截面尺寸：具体尺寸详见剪力墙柱表中的柱截面。截面尺寸的识读与柱详图法中柱截面的识读方法相同，此处略。

③ 墙柱的起止标高：-0.030~4.770 m。

④ 纵向钢筋和箍筋：纵向钢筋为 12Φ16，箍筋为 Φ10@100。钢筋位置按柱表的截面图设置，剪力墙柱钢筋的解读与柱平法施工图中柱筋的解读相同，在此略。

（4）识读剪力墙身表，包括的主要内容如下。

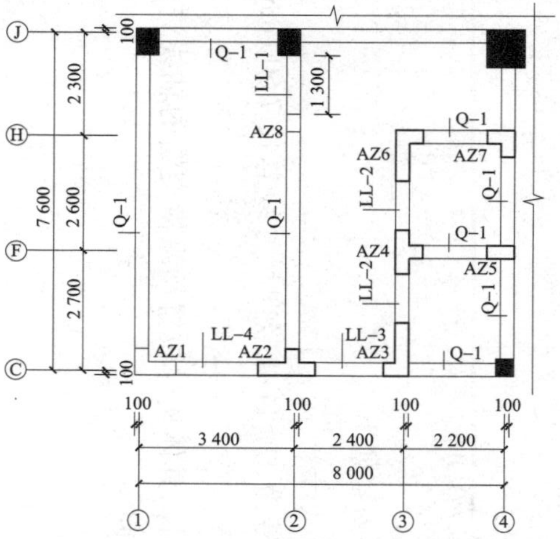

-0.030~-4.770剪力墙平面布置图(一)

剪力墙柱表

截面	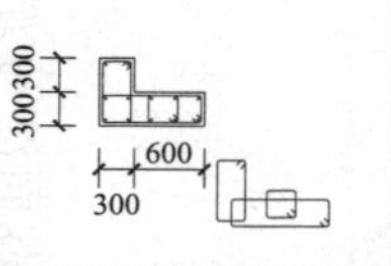	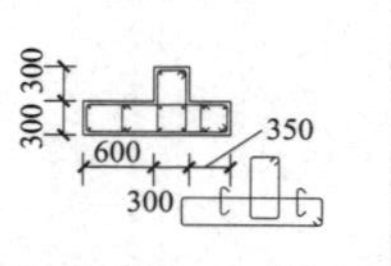	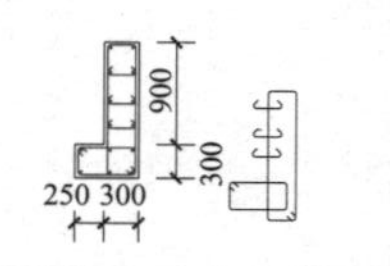	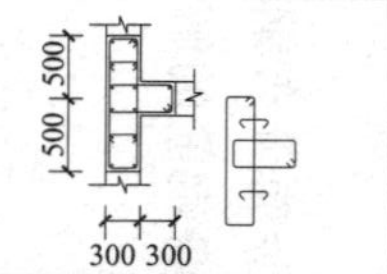
编号	AZ1	AZ2	AZ3	AZ4
标高	-0.030 ~ 4.770	-0.030 ~ 4.770	-0.030 ~ 4.770	-0.030 ~ 4.770
纵筋	12⌀16	14⌀16	14⌀16	14⌀16
箍筋	⌀10@100	⌀10@100	⌀10@100	⌀10@100
截面	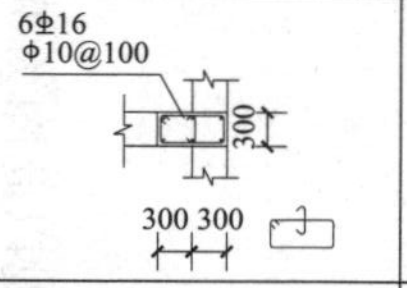	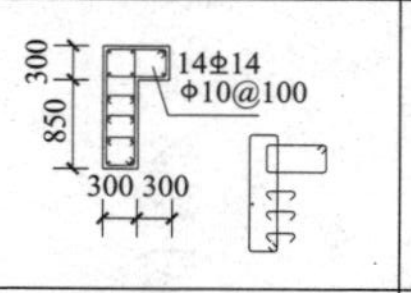	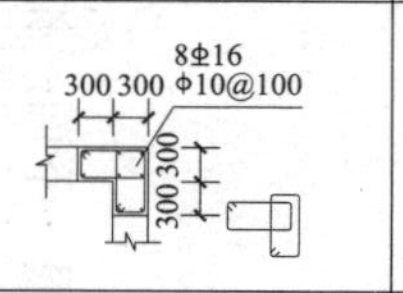	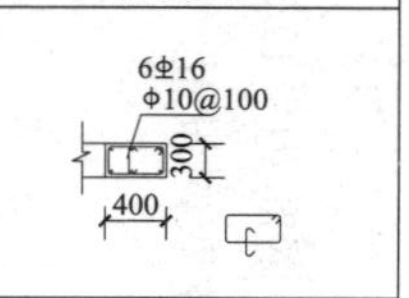
编号	AZ5	AZ6	AZ7	AZ8
标高	-0.030 ~ 4.770	-0.030 ~ 4.770	-0.030 ~ 4.770	-0.030 ~ 4.770
纵筋	6⌀16	14⌀14	8⌀16	6⌀16
箍筋	⌀10@100	⌀10@100	⌀10@100	⌀10@100

层号	标高/m	层高/m
屋面	53.820	
14	49.770	4.050
13	46.470	3.300
12	41.970	4.500
11	38.370	3.600
10	34.770	3.600
9	31.170	3.600
8	27.570	3.600
7	23.970	3.600
6	20.370	3.600
5	16.470	3.900
4	12.570	3.900
3	8.670	3.900
2	4.770	3.900
1	-0.030	4.800
-1	-4.230	4.200

结构层楼面标高
结构层高

剪力墙身表

编号	标高/m	墙厚/mm	水平分布筋	垂直分布筋	拉筋（梅花状）
Q-1（2 排）	基础顶~-0.030	300	⌀12@150	⌀12@150	⌀6@600×600
	-0.030-49.770	300	⌀12@150	⌀12@150	⌀6@600×600

剪力墙连梁配筋表

名称	标高/m	梁顶相对标高高差	梁截面	上部纵筋	下部纵筋	侧面纵筋	箍筋
LL-1	-4.230 ~-0.030	0.000	300×2 100	6⌀25 3/3	6⌀25 3/3	同所在墙身的水平分布筋	⌀10@100(2)
LL-2	-0.030 ~ 4.770	0.000	300×2 600	4⌀25	4⌀25	同所在墙身的水平分布筋	⌀8@150(2)
	4.770 ~ 20.370	0.000	300×1 700	4⌀25	4⌀25	同所在墙身的水平分布筋	⌀8@150(2)
	20.370 ~ 41.970	0.000	300×1 400	4⌀25	4⌀25	同所在墙身的水平分布筋	⌀8@150(2)
	41.970 ~ 46.470	0.000	300×2 300	4⌀25	4⌀25	同所在墙身的水平分布筋	⌀8@150(2)
LL-3	-0.030 ~ 4.770	0.000	300×2 700	4⌀25	4⌀25	同所在墙身的水平分布筋	⌀8@150(2)
	4.770 ~ 20.370	1.000	300×2 100	4⌀25	4⌀25	同所在墙身的水平分布筋	⌀8@150(2)
	20.370 ~ 41.970	1.000	300×1 800	4⌀25	4⌀25	同所在墙身的水平分布筋	⌀8@150(2)
	41.970 ~ 46.470	1.000	300×2 700	4⌀25	4⌀25	同所在墙身的水平分布筋	⌀8@150(2)
	46.470 ~ 49.770	0.000	300×500	4⌀22	4⌀22	同所在墙身的水平分布筋	⌀8@150(2)
LL-4	-0.030 ~ 4.770	1.000	300×3 000	5⌀25 3/2	5⌀25 2/3	同所在墙身的水平分布筋	⌀8@150(2)
	4.770 ~ 20.370	1.000	300×2 100	4⌀25	4⌀25	同所在墙身的水平分布筋	⌀8@150(2)
	20.370 ~ 41.970	1.000	300×1 800	4⌀25	4⌀25	同所在墙身的水平分布筋	⌀8@150(2)
	41.970 ~ 46.470	1.000	300×2 700	4⌀25	4⌀25	同所在墙身的水平分布筋	⌀8@150(2)
	46.470 ~ 49.770	0.000	300×500	4⌀22	4⌀22	同所在墙身的水平分布筋	⌀8@150(2)

某建筑设计院				建设单位		
设计证号：	资质等级：建筑工程乙级			工程名称		
总工		项目负责人		列表注写方式剪力墙平法施工图	设计号	2012-22
审核		专业负责人			图别	结施
					图号	27-6
校对		设计			日期	2012-11

图 3-36　列表注写方式剪力墙平法施工图

① 墙身编号：Q-1。
② 墙身的起止标高：-0.030～4.770 m。
③ 墙厚：300 mm。
④ 水平分布钢筋、竖向分布钢筋和拉筋：水平分布钢筋为Φ12@150、竖向分布钢筋为Φ12@150，配置双排。拉筋为Φ6@600×600，拉筋按梅花双向设置。剪力墙身钢筋的解读与板平法施工图中板钢筋的解读相同，在此略。

（5）识读剪力墙梁表，包括的主要内容如下。
① 墙梁编号：LL-4。
② 墙梁所在楼层号：二层。
③ 墙梁顶面标高高差：4.770 m。
④ 墙梁截面尺寸：300 mm×3 000 mm。
⑤ 墙梁上部纵筋：5 Φ25，放2排；最上面一排3根，下面一排2根。
⑥ 墙梁下部纵筋：5 Φ25，放2排；最上面一排2根，下面一排3根。
⑦ 墙梁箍筋：Φ8@150，双肢箍。
⑧ 墙梁侧面纵向钢筋：同所在墙身的水平分布筋。

（6）识读文字说明，以下信息一般到结构设计总说明查找。
① 抗震等级。
② 混凝土强度等级。
③ 混凝土保护层。
④ 混凝土的环境类别。
⑤ 钢筋种类。

2. 截面注写方式

截面注写方式剪力墙平法施工图如图 3-37 所示，现以此图为例，说明截面注写方式剪力墙结构施工图的识读步骤。

（1）识读结构层楼面标高（结构层高）表，与其他构件（柱、梁、板）平法施工图的结构层楼面标高（结构层高）表的识读相同。
① 层号：一层。
② 标高：层底标高为-0.030 m；层顶标高为 4.770 m。
③ 层高：一层层高 4.8 m。

（2）识读剪力墙结构平面布置图，包括的主要内容如下。
① 图名："-0.030～4.770 剪力墙平面布置图（一）"。
② 尺寸线：水平尺寸线总长 8 000 mm，轴线号为①～④；竖向尺寸线总长 7 600 mm，轴线号为ⒸⒻⒽⒿ。
③ 墙柱、墙身、墙梁的位置：详见平面布置图，具体构件位置用纵横交错的轴线进行定位。定位方法与柱、梁平法施工图的定位方法相同。
④ 墙柱、墙身、墙梁的名称。
墙柱名称有：AZ1～AZ8。
墙身名称有：Q-1。
墙梁名称有：LL-1～LL-4。

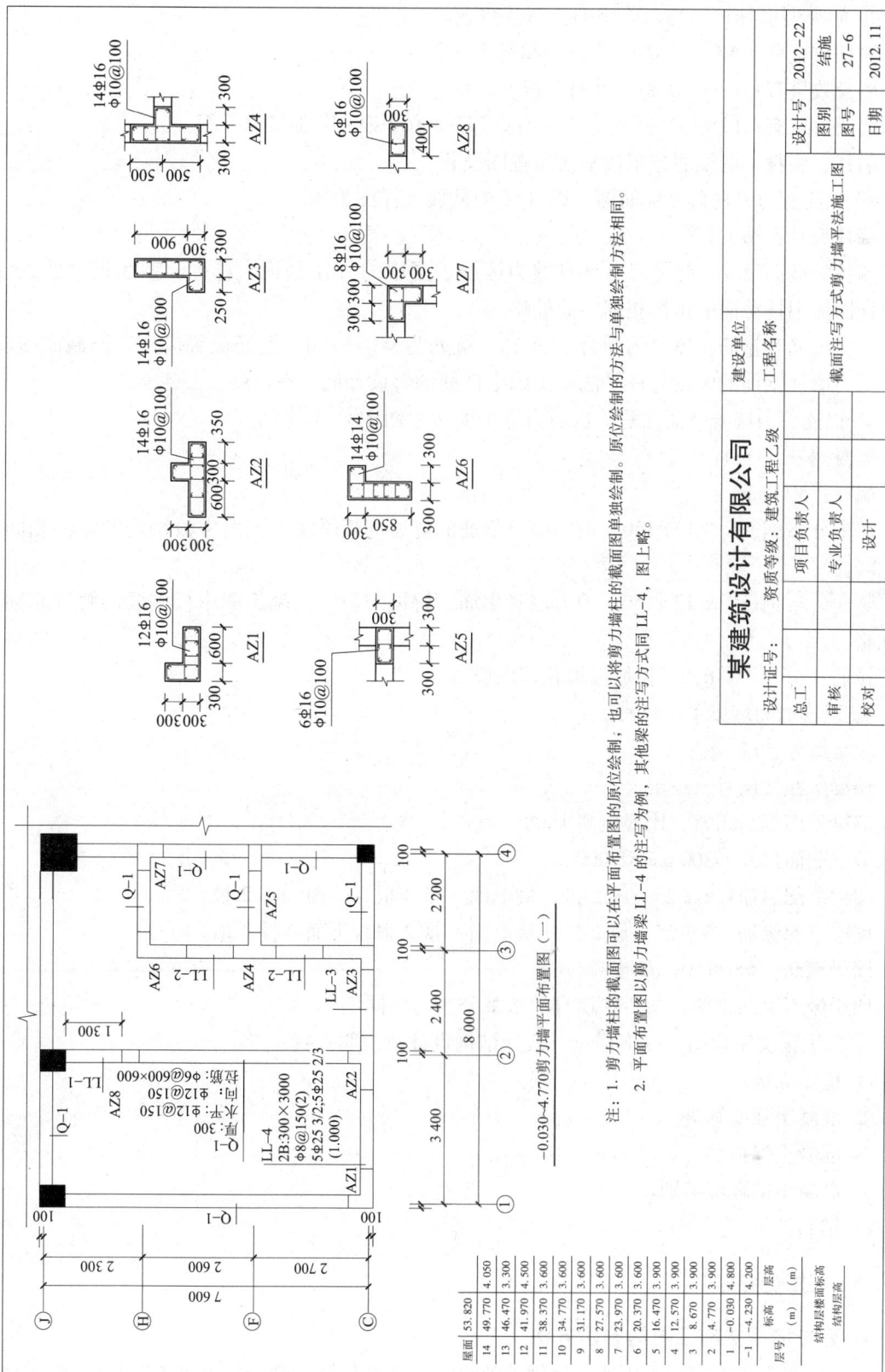

图 3-37 截面注写方式剪力墙平法施工图

⑤ 同类型墙柱、墙身、墙梁的分布及数量。

墙柱数量有：AZ1～AZ8，8种，每种个一根。

墙身数量有：Q-1，1种，共有8段。

墙梁数量有：LL-1～LL-4，4种，除LL-2有2根，其他各有一根。

墙柱、墙身、墙梁的分布按平面布置图设置。

⑥ 识读剪力墙柱截面配筋图，以 AZ1 的截面大样图为例。

墙柱编号：AZ1。

墙柱的截面尺寸：具体尺寸详见剪力墙施工图中的 AZ1 截面大样图。截面尺寸的识读与柱详图法中柱截面的识读相同，此处略。

纵向钢筋和箍筋：纵向钢筋为 12Φ16，箍筋为 Φ10@100。钢筋位置按柱表的截面图设置，剪力墙柱钢筋的解读与柱平法施工图中柱筋的解读相同，在此略。

⑦ 识读剪力墙身平面注写，以剪力墙平面布置图中 Q-1 为例。

墙身编号：Q-1。

墙厚：300 mm。

水平分布钢筋：Φ12@150，剪力墙身钢筋的解读与板平法施工图中板钢筋的解读相同，在此略。

竖向分布钢筋：Φ12@150，剪力墙身钢筋的解读与板平法施工图中板钢筋的解读相同，在此略。

拉筋：Φ6@600×600，拉筋按梅花双向设置。

⑧ 识读剪力墙梁平面注写。

墙梁编号：LL-4。

墙梁所在楼层号：二层。

墙梁顶面标高高差：比楼板高 1 m。

墙梁截面尺寸：300 mm×3 000 mm。

墙梁上部纵筋：5Φ25，放2排；最上面一排3根，下面一排2根。

墙梁下部纵筋：5Φ25，放2排；最上面一排2根，下面一排3根。

墙梁箍筋：Φ8@150，双肢箍。

墙梁侧面纵向钢筋：与所在墙身的水平分布筋相同。

（3）识读文字说明，以下信息一般到结构设计总说明查找。

① 抗震等级。

② 混凝土强度等级。

③ 混凝土保护层。

④ 混凝土的环境类别。

⑤ 钢筋种类。

3.7.4 知识链接

1. 剪力墙平法施工图的表示方法

剪力墙平面布置图可采用适当比例单独绘制，也可与柱或梁平面布置图合并绘制。当剪力墙复杂或用截面注写方式时，应按标准层分别绘制剪力墙平面布置图。

在剪力墙平法施工图中，应按规定注明各结构层楼面的标高、结构层高及相应的结构层号，并注明上部结构嵌固部位位置。

对于轴线未居中的剪力墙（包括端柱），应标注其偏心定位尺寸。

2. 列表注写方式

列表注写方式，分别制作剪力墙柱表、剪力墙身表和剪力墙梁表中，对应剪力墙平面布置图上的编号，用绘制截面配筋图并注写几何尺寸与配筋具体数值的方式，来表达剪力墙平法施工图。

（1）编号规定：将剪力墙按剪力墙柱、剪力墙身、剪力墙梁（简称为墙柱、墙身、墙梁）三类构件分别编号。

① 墙柱编号，由墙柱类型代号和序号组成，表达形式应符合表 3-16 的规定。

表 3-16 墙 柱 编 号

墙柱类型	代　号	序　号
约束边缘构件	YBZ	××
构造边缘构件	GBZ	××
非边缘暗柱	AZ	××
扶壁柱	FBZ	××

注：约束边缘构件包括约束边缘暗柱、约束边缘端柱、约束边缘翼墙、约束边缘转角墙四种（见图集 11G101-1《混凝土结构施工图平面整体表示方法制图规则和构造详图》（现浇混凝土框架、剪力墙、梁、板）中第 14 页的图 3.2.2-1）。构造边缘构件包括构造边缘暗柱、构造边缘端柱、构造边缘翼墙、构造边缘转角墙四种（见图集 11G101-1 中第 14 页的图 3.2.2-2）。

② 墙身编号，由墙身代号、序号以及墙身所配置的水平与竖向分布钢筋的排数组成，其中，排数注写在括号内。表达形式为：

$$Q\times\times\ (\times排)$$

在编号中，如果若干墙柱的截面尺寸与配筋均相同，仅截面与轴线的关系不同时，可将其编为同一墙柱号；如果若干墙身的厚度尺寸和配筋均相同，仅墙厚和轴线的关系不同或墙身长度不同时，也可以将其编为同一墙身号，但应在图中注明与轴线的几何关系。

对于分布钢筋网的排数规定：非抗震情况下：当剪力墙厚度大于 160 mm 时，应配置双排；当其厚度不大于 160 mm 时，宜配置双排；抗震情况下：当剪力墙厚度不大于 400 mm 时，应配置双排；当剪力墙厚度大于 400 mm 但不大于 700 mm 时，宜配置三排；当剪力墙厚度大于 700 mm 时，宜配置四排。

各排水平分布钢筋和竖向分布钢筋的直径与间距宜保持一致。

当剪力墙配置的分布钢筋多于两排时，剪力墙拉筋应同时勾住外排水平纵筋和竖向纵筋，还应与剪力墙内排水平纵筋和竖向纵筋绑扎在一起。

③ 墙梁编号，由墙梁类型代号和序号组成，表示形式应符合表 3-17 的规定。

表 3-17 墙梁编号

墙梁的类型	代 号	序 号
连梁	LL	××
连梁（对角暗撑配筋）	LL（JC）	××
连梁（交叉斜筋配筋）	LL（JX）	××
连梁（集中对角斜筋配筋）	LL（DX）	××
暗梁	AL	××
边框梁	BKL	××

注：在具体工程中，当某些墙身需设置暗梁或边框梁时，宜在剪力墙平法施工图中绘制暗梁或边框梁的平面布置图并编号，以明确其具体位置。

（2）在剪力墙柱表中表达的内容，规定如下。

① 注写墙柱编号，绘制该墙柱截面配筋图，标准墙柱几何尺寸。

a. 约束边缘构件（见图集 11G101-1 中第 14 页的图 3.2.2-1）需注明阴影部分尺寸。剪力墙平面布置图中应注明约束边缘构件沿墙肢长度 lc（约束边缘翼墙中沿墙肢长度尺寸为 $2b_f$ 时可不注。

b. 构造边缘构件（见图集 11G101-1 中第 14 页的图 3.2.2-2）需注明阴影部分的尺寸。

c. 扶壁柱及非边缘暗柱需标准几何尺寸。

② 注写各段墙柱的起止标高，自墙柱根部往上以变截面位置或截面未变但配筋改变处为界分段注写。墙柱根部标高一般指基础顶面标高（部分框支剪力墙结构则为框支梁顶面标高）。

③ 注写各段墙柱纵向钢筋和箍筋，注写值应与在表中绘制的截面配筋图对应一致。纵向钢筋注总配筋值；墙柱箍筋的注写方式与柱箍筋相同。

约束边缘构件除注写阴影部位的箍筋外，尚需在剪力墙平面布置图中注写非阴影区内布置的拉筋（或箍筋）。

（3）在剪力墙身表中表达的内容，规定如下。

① 注写墙身编号（含水平与竖向分布钢筋的排数）。

② 注写各段墙身起止标高，自墙身根部往上以变截面位置或截面未变但钢筋改变处为界分段注写。墙身根部标高一般指基础顶面标高（部分框支剪力墙结构则为框支梁的顶面标高）。

③ 注写水平分布钢筋、竖向分布钢筋和拉筋的具体数值。注写数值为一排水平分布钢筋和竖向分布钢筋的规格与间距，具体设置几排已经在墙身编号后面表达。

拉筋应注明布置发展是"双向"还是"梅花双向"，如图 3-38 所示（图中 a 为竖向分布钢筋间距，b 为水平分布钢筋间距）。

（4）在剪力墙梁表中表达的内容，规定如下。

① 注写墙梁编号。

② 注写墙梁所在楼层层号。

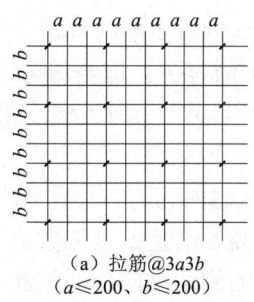
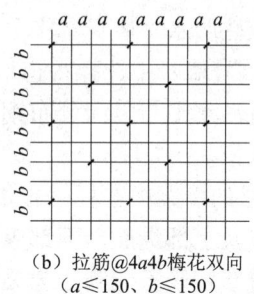

(a) 拉筋@3a3b
($a \leqslant 200$、$b \leqslant 200$)

(b) 拉筋@4a4b梅花双向
($a \leqslant 150$、$b \leqslant 150$)

图 3-38　双向拉筋与梅花双向拉筋示意

③ 注写墙梁顶面标高高差（相对于墙梁所在的结构层楼面标高），无高度差时不注。

④ 注写墙梁截面尺寸，以及上部纵筋、下部纵筋和箍筋的具体数值。

⑤ 当连梁设有对角暗撑时［代号为 LL（JX）××］，注写暗撑截面尺寸（箍筋外皮尺寸）；注写一根暗撑的全部纵筋，并标注"×2"表明有两根暗撑相互交叉；注写暗撑箍筋的具体数值。

⑥ 当连梁设有交叉斜筋时［代号为 LL（JX）××］，注写连梁一侧对角斜筋的配筋值，并标注"×2"表明对称设置；注写对角斜筋在连梁端部设置的拉筋根数、规格及直径，并标注"×4"表明四个角都设置；注写连梁一侧折线筋配筋值，并标注"×2"表明对称设置。

⑦ 当连梁设有集中对角斜筋是［代号为 LL（DX）××］，注写一条对角斜筋，并标注"×2"表明对称设置。

当墙身水平分布钢筋满足连梁、暗梁及边框梁的梁侧面纵向构造钢筋的要求时，墙梁侧面纵筋的配置与墙身水平分布钢筋相同，表中不注，施工按标准结构详图的要求即可；当不满足时，应在表中补充注明梁侧面纵筋的具体数值（其在支座内的锚固要求同连梁中受力钢筋）。

（5）采用列表注写方式分别表示剪力墙墙梁、墙身和墙柱的平法施工图示例见图集 11G101-1 中第 21、22 页图。

3. 截面注写方式

截面注写方式，是在剪力墙平面布置图上，直接在墙柱、墙身、墙梁上注写截面尺寸和配筋具体数值来表达剪力墙平法施工图。

（2）选用适当的比列原位放大剪力墙平面布置图，其中对墙柱绘制配筋截面图；对所有的墙柱、墙身、墙梁进行编号，并分别在相同编号的墙柱、墙身、墙梁中选择一根墙柱、一道墙身、一根墙梁进行注写。

① 从相同编号的墙柱中选择一个截面，注明几何尺寸，标注全部纵筋及箍筋的具体数值。

注意：约束边缘构件除注明阴影部分具体尺寸外，尚需注明约束边缘构件沿墙肢长度 l_c，约束边缘翼墙中沿墙肢长度尺寸为 $2bl$ 时可不注。除注写阴影部位的箍筋外，还需注写非阴影区内布置的拉筋（或箍筋）。仅当 l_c 不同时，可编为同一构件，但应单独注明 l_c 的具体尺寸并标注非阴影区内布置的拉筋（或箍筋）。

设计施工时应注意：当约束边缘的构件体积配筋率计算中计入墙身水平分布钢筋时，设计者应注明。还应注明水平墙身水平分布钢筋在阴影区域内设置的拉筋。

② 从相同的编号墙身中选择一道墙身，按顺序引注内容为：墙身编号（应包括注写在括号内墙身所配置的水平与竖向分布钢筋的排数）、墙厚尺寸、水平分布钢筋、竖向分布钢筋和拉筋的具体数值。

③ 从相同编号的墙梁中选择一根墙梁，按顺序引注的内容为：墙梁编号、墙梁截面尺寸、墙梁钢筋，以及上部纵筋、下部纵筋和墙梁顶面标高、高差的具体数值。

当墙身水平分布钢筋不能满足连梁、暗梁及边框梁的侧面纵向构造钢筋的要求时，应补充注明梁侧面的具体数值；注写时，以大写字母 N 打头。其在支座内的锚固要求与连梁中受力钢筋相同。

例如，"NΦ10@150"表示墙梁两个侧面纵筋对称配置 HRB400 级钢筋，直径 10 mm，间距为 150 mm。

4. 剪力墙洞口的表示方式

无论采用列表注写方式还是截面注写方式，剪力墙上的洞口均可在剪力墙平面布置图上原位表达。

洞口的具体表示方法如下。

（1）在剪力墙平面布置图上绘制洞口示意，并标注洞口中心的平面定位尺寸。

（2）在洞口中心位置引注：洞口编号、洞口几何尺寸、洞口中心相对标高、洞口每边补强钢筋，共四项内容。具体规定如下。

① 洞口编号：矩形洞口为 JD××（××序号），圆形洞口为 YD××（××为序号）。

② 洞口几何尺寸：矩形洞口为洞宽×洞高，圆形洞口为洞口直径。

③ 洞口中心相对标高，相当于结构层楼（地）面标高的洞口中心高度。当其高于结构层楼面时为正值，低于结构层楼面时为负数。

④ 洞口每边补强钢筋，分以下几种不同情况。

a. 当矩形洞口的宽度、洞高均不大于 800 mm 时，此项注写为洞口每边补强钢筋的具体数值（如果按标准构造详图设置补强钢筋时可不注）。当洞宽、洞高方向补强钢筋不一致时，分别注写洞宽方向、洞高方向补强钢筋，以"/"分隔。

【例】"JD2　400×300　+3.100　3Φ14"，表示 2 号矩形洞口，洞宽 400 mm，洞高 300 mm，洞口中心距本结构层楼面 3 100 mm，洞口每边补强钢筋为 3Φ14。

【例】"JD3　400×300　+3.100"，表示 3 号矩形洞口，洞宽 400 mm，洞高 300 mm，洞口中心距本结构层楼面 3 100 mm，洞口每边补强钢筋按构造配置。

【例】"JD4　800×300　+3.100　3Φ18/3Φ14"，表示 4 号矩形洞口，洞宽 800 mm，洞高 300 mm，洞口中心距本结构层楼面 3 100 mm，洞宽方向补强钢筋为 3Φ18，洞口方向补强钢筋为 3Φ14。

b. 当矩形或圆形洞口的洞宽或直径大于 800 mm 时，在洞口的上、下需设置补强暗梁，此项注写为洞口上下每边暗梁的纵筋与箍筋的具体数值（在标准构造详图中，补强暗梁梁高一律定为 400 mm，施工时按标准构造详图取值，设计不注。当设计者与改构造详图不同做法时，应另行注明），圆形洞口尚需注明环向加强箍筋的具体数值；当洞口上、下边为剪力墙连梁时，此项免注；洞口竖向两侧设置边缘构件时，亦不在此项表达（当洞口两侧不设置边缘构件时，设计者应给出具体做法）。

【例】"JD5 1 800×2 100　+1.800　6⏀20　φ8@150"，表示5号矩形洞口，洞宽1 800 mm、洞高2 100 mm，洞口中心距本结构层楼面1 800 mm，洞口上下设补强暗梁，每边暗梁纵筋为6⏀20，箍筋为φ8@150。

【例】"YD51 000+1.800 6⏀20　φ8@150　2⏀16"，表示5号圆形洞口，直径1 000 mm，洞口中心距本结构层楼面1 800 mm，洞口上下设补强暗梁，每边暗梁纵筋为6⏀20，箍筋为φ8@150，环向加强箍筋2⏀16。

c. 当圆形洞口设置在连梁中部1/3范围（且圆洞直径不大于1/3梁高）时，需注写在圆洞上下左右每边布置的补强纵筋与箍筋。

d. 当圆形洞口设置在墙身或暗梁、边框梁的位置，且洞口直径不大于300 mm时，此项注写为洞口上下左右每边布置的补强纵筋的具体数值。

e. 当圆形洞口直径大于300 mm但不大于800 mm时，其加强钢筋在标准构造详图中按照圆外切正六边形的边长方向布置，设计仅需中心六边形中一边补强钢筋的具体数值。

5. 地下室外墙的表示方法

地下室外墙仅适用于起挡土作用的地下室外围护墙，其墙柱、连梁及洞口等的表示方法同地上剪力墙。

（1）地下室外墙编号，由墙身代号、序号组成，表达为"DWQ××"。

（2）地下室外墙平面注写方式，包括集中标准编号、厚度、贯通筋、拉筋等和原位标注附加非贯通筋等两部分内容。当仅设置贯通筋未设置附加贯通筋时，仅做集中标注。

（3）地下室外墙的集中标注，规定如下。

① 注写地下室外墙的外侧编号，包括代号、序号、墙身长度（注为××～××轴）。

② 注写地下室外墙的厚度。

③ 注写地下室外墙的外侧、内侧贯通筋和拉筋。

a. 以OS代表外墙外侧贯通筋。其中，外侧水平贯通筋以H打头注写，外侧竖向贯通筋以V打头注写。

b. 以IS代表外墙内侧贯通筋。其中，内侧水平贯通筋与H打头注写；内侧竖向贯通筋以V打头注写。

c. 以Tb打头注写拉筋直径、强度等级及间距，并说明是"双向"还是"梅花双向"。

【例】DWQ2（①～⑥），bw=300
　　　OS：H⏀18@200，V⏀20@200
　　　IS：H⏀16@200，V⏀18@200
　　　Tb：φ6@400@400 双向

表示2号外墙，长度范围为①～⑥之间，墙厚为300 mm；外侧水平贯通筋为⏀18@200，竖向贯通筋为⏀20@200；内侧水平贯通筋为⏀16@200，贯通筋竖向为⏀18@200；双向拉筋为φ6，水平间距为400 mm，竖向间距为400 mm。

（4）地下室外墙的原位标注，主要表示在外墙外侧配置的水平非贯通筋或竖向非贯通筋。

当配置水平非贯通筋时，在地下室墙体平面图原位标注。在地下室外墙外侧绘制粗实线段代表水平非贯通筋，在其上注写箍筋编号并以H打头注写钢筋强度等级、直径、分布间距,以及自支座中线向两边跨内的伸出长度值。当自支座中线向两侧对称伸出时,可仅在单侧标注跨内伸出长度,另一侧不注,此种情况下非贯通筋总长度为标注长度的2倍,支座处非贯通筋钢筋的伸出长度值从支座外边缘算起。

地下室外墙外侧非贯通筋通常采用"隔一布一"方式与集中标注的贯通筋间隔布置,其标注间距应与贯通筋相同,两者组合后的实际分布间距为各自标注间距的1/2。

当在地下室外墙外围底部、顶部、中层楼板位置配置竖向非贯通筋时,应补充绘制地下室外墙竖向截面轮廓图并在其上原位标注。表示方法在地下室外墙竖向截面轮廓图外侧绘制粗实线段代表竖向贯通筋,在其上注写钢筋编号并以V打头注写钢筋强度等级、直径、分布间距,以及向上(下)层的伸出长度值,并在外墙竖向截面图名下注写分布范围(××~××轴)。

注意:向层内的伸出长度值注写方式的规定如下。

① 地下室外墙底部非贯通钢筋向内的伸出长度值从基础板底顶面算起。
② 地下室外墙顶部非贯通钢筋向层内的伸出长度值从板底算起。
③ 中层楼板处非贯通钢筋向层内伸出长度值从板中间算起,当上下两处伸出长度相同时可仅注写一侧。

地下室外墙外侧水平、竖向非贯通筋配置相同者,可仅选择一处注写,其他可仅注写编号。

当在地下室外墙顶部设计通长加强钢筋时应注明。

6. 其他

(1) 在抗震设计中,应注明底部加强区在剪力墙平法施工图中的所在部位及其高度范围,以便使施工人员明确在该范围内应按照强度部位的构造要求进行施工。

(2) 当剪力墙中有偏心受拉墙肢时,无论采用多大直径的竖向钢筋,均应采用机械连接或焊接接长,设计者应在剪力墙平法施工图中加以注明。

3.7.5 技能训练项目

以图3-39所示剪力墙结构施工图为例进行训练。

1. 训练任务

识读图3-39所示的剪力墙结构施工图。

2. 训练目标

(1) 解读结构层楼面标高(结构层高)表。
(2) 解读剪力墙结构平面布置图。
(3) 解读剪力墙柱截面配筋图。
(4) 解读剪力墙身表。
(5) 解读剪力墙梁表。

3. 训练成果

根据训练目标,按本节实例解读形式编写剪力墙结构施工图识读报告。

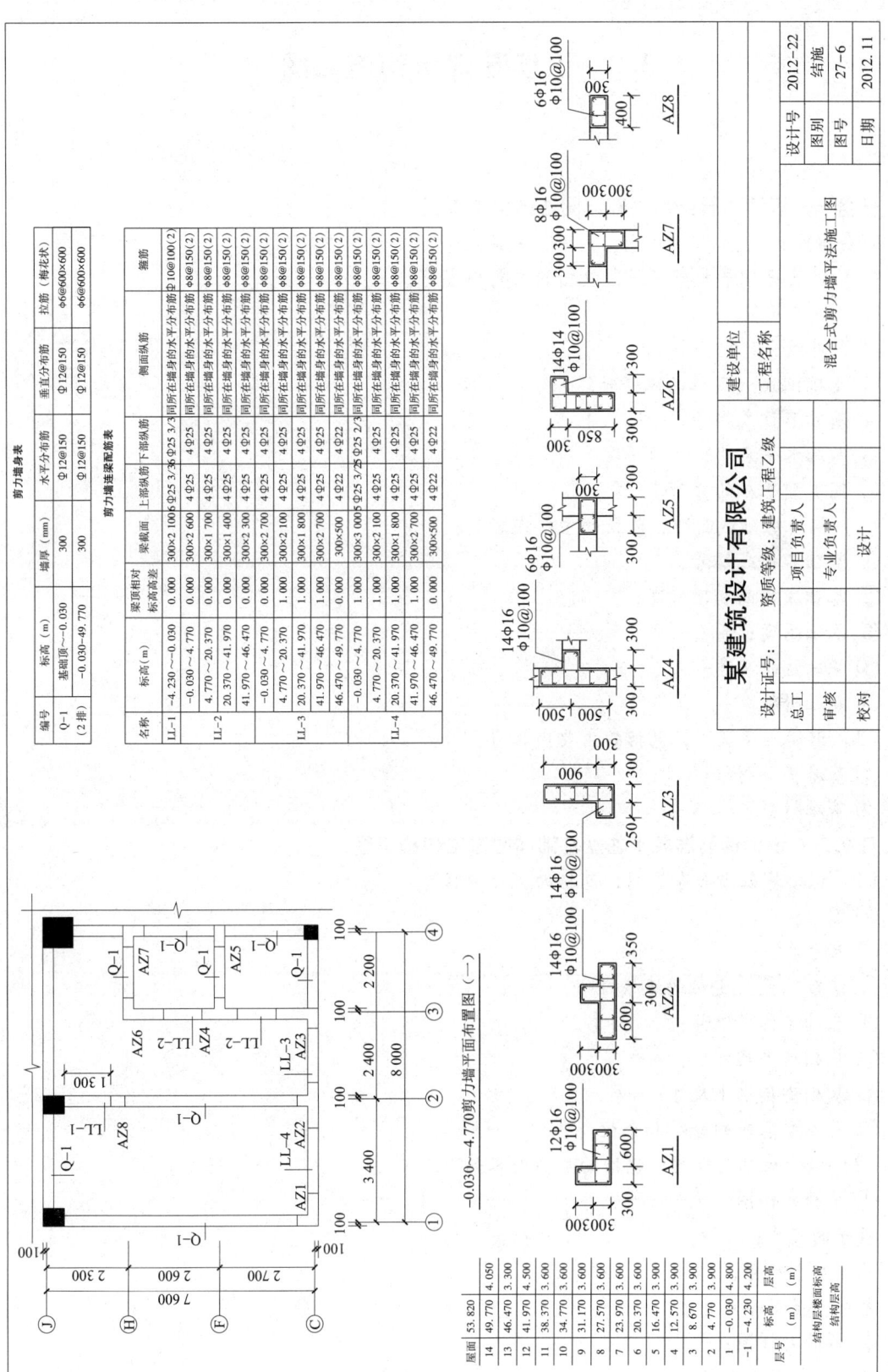

图 3-39 剪力墙结构施工图

3.8 识读基础结构施工图

任务

任务一：识读毛石条形基础详图法结构施工图
任务提示：
(1) 识读基础平面布置图，包括的主要内容有：
① 图名；
② 尺寸线；
③ 基础位置（定位的纵横轴线）；
④ 基础名称或编号；
⑤ 基础水平尺寸；
⑥ 同类型基础的分布。
(2) 识读基础截面图，包括的主要内容有：
① 基础名称或编号；
② 基础底标高和顶标高；
③ 基础高度；
④ 基础竖向尺寸；
⑤ 基础材料。
(3) 识读文字说明，包括的主要内容有：
① 基础垫层材料；
② 基础材料。

任务二：识读钢筋混凝土独立基础详图法结构施工图
(1) 识读基础平面布置图，包括的主要内容有：
① 图名；
② 尺寸线；
③ 基础位置（定位的纵横轴线）；
④ 基础名称或编号；
⑤ 基础水平尺寸；
⑥ 基础垫层水平尺寸；
⑦ 同类型基础的分布和个数。
(2) 识读基础大样图，包括的主要内容如下。
① 平面大样图：
柱子的尺寸；
基础水平尺寸；
基础垫层水平尺寸。
② 截面大样图：
基础底标高和顶标高；

基础高度;
基础竖向尺寸;
基础垫层竖向尺寸及材料;
基础配筋。
(3) 识读文字说明，包括的主要内容有：
① 抗震等级;
② 混凝土强度等级;
③ 混凝土保护层;
④ 混凝土的环境类别;
⑤ 钢筋种类。

任务三：识读钢筋混凝土独立基础平法施工图
1. 平面注写方式
1) 识读基础平面布置图
其包括的主要内容如下。
(1) 图名。
(2) 尺寸线。
(3) 基础位置（定位的纵横轴线）。
(4) 基础名称或编号。
(5) 基础水平尺寸。
(6) 同类型基础的分布及个数。
(7) 基础的平面注写。
① 基础的集中标注：
基础编号;
截面竖向尺寸;
配筋;
基础底面标高（与基础底面基准标高不同时）;
必要的文字注解。
② 基础的原位标注：基础的平面尺寸。
2) 识读文字说明
其包括的主要内容如下。
(1) 抗震等级。
(2) 混凝土强度等级。
(3) 混凝土保护层。
(4) 混凝土的环境类别。
(5) 钢筋种类。
(6) 基础底面基准标高。

2. 截面注写方式
1) 识读基础平面布置图
其包括的主要内容如下。

(1) 图名。
(2) 尺寸线。
(3) 基础位置（定位的纵横轴线）。
(4) 基础名称或编号。
(5) 基础水平尺寸。
(6) 同类型基础的分布及个数。

2) 识读基础大样图

其包括的主要内容如下。

(1) 平面大样图：
① 柱子的尺寸通用值字母表示；
② 基础水平尺寸通用值字母表示；
③ 基础垫层水平尺寸通用值字母表示。

(2) 截面大样图：
① 基础底标高和顶标高通用值字母表示；
② 基础高度通用值字母表示；
③ 基础竖向尺寸通用值字母表示；
④ 基础垫层竖向尺寸通用值字母表示；
⑤ 基础配筋通用值字母表示。

3) 识读独立基础几何尺寸和配筋表

其包括的主要内容如下。

(1) 柱子的尺寸具体数值。
(2) 基础水平尺寸具体数值。
(3) 基础垫层水平尺寸具体数值。
(4) 基础底标高和顶标高具体数值。
(5) 基础高度具体数值。
(6) 基础竖向尺寸具体数值。
(7) 基础垫层竖向尺寸具体数值。
(8) 基础配筋具体数值。

4) 识读文字说明

其包括的主要内容如下。

(1) 抗震等级。
(2) 混凝土强度等级。
(3) 混凝土保护层。
(4) 混凝土的环境类别。
(5) 钢筋种类。
(6) 基础底面基准标高。

任务四：识读钢筋混凝土条形基础平法施工图

1. 平面注写方式

1) 识读基础平面布置图

其包括的主要内容如下。

(1) 图名。

(2) 尺寸线。

(3) 基础位置（定位的纵横轴线）。

(4) 基础名称或编号。

(5) 基础水平尺寸。

(6) 同类型基础的分布。

(7) 基础梁的平面注写。

① 基础梁 JL 的集中标注：

基础梁编号；

梁跨数；

截面尺寸；

配筋；

基础梁底面标高（与基础底面基准标高不同时）；

必要的文字注解。

② 基础梁 JL 的原位标注：

原位标注基础梁端或梁在柱下区域的底部全部纵筋（包括底部非贯通纵筋和已集中注写的底部贯通纵筋）；

原位注写基础梁的附加箍筋或（反扣）吊筋；

原位注写基础梁外伸部位的变截面高度尺寸；

原位注写修正内容。

(8) 条形基础底板的平面注写。

① 条形基础底板的集中标注：

条形基础底板编号；

条形基础跨数；

截面竖向尺寸；

配筋；

条形基础底板底面标高（与基础底面基准标高不同时）；

必要的文字注解。

② 条形基础底板的原位标注：

原位注写条形基础底板的平面尺寸；

原位注写修正内容。

2) 识读文字说明

其包括的主要内容如下。

(1) 抗震等级。

(2) 混凝土强度等级。

(3) 混凝土保护层。

(4) 混凝土的环境类别。

(5) 钢筋种类。

(6) 基础底面基准标高。

2. 截面注写方式——截面标注

1) 识读基础平面布置图

其包括的主要内容如下。

(1) 图名。

(2) 尺寸线。

(3) 基础位置（定位的纵横轴线）。

(4) 基础名称或编号。

(5) 基础水平尺寸。

(6) 同类型基础的分布。

2) 识读基础截面图

其包括的主要内容如下。

(1) 基础梁：

① 基础梁编号；

② 基础梁几何尺寸；

③ 基础梁配筋；

④ 基础梁底面标高。

(2) 基础底板：

① 基础底板编号；

② 基础底板几何尺寸；

③ 基础底板配筋；

④ 基础底板底面标高。

3) 识读文字说明

其包括的主要内容如下。

(1) 抗震等级。

(2) 混凝土强度等级。

(3) 混凝土保护层。

(4) 混凝土的环境类别。

(5) 钢筋种类。

(6) 基础底面基准标高。

3. 截面注写方式——列表注写（结合截面示意图）

1) 识读基础平面布置图

其包括的主要内容如下。

(1) 图名。

(2) 尺寸线。

(3) 基础位置（定位的纵横轴线）。

(4) 基础名称或编号。
(5) 基础水平尺寸。
(6) 同类型基础的分布。
2) 识读基础截面图
均用通用值的表示方法，用字母表示通用值数值。
(1) 基础梁：
① 基础梁编号；
② 基础梁几何尺寸；
③ 基础梁配筋；
④ 基础梁底面标高。
(2) 基础底板：
① 基础底板编号；
② 基础底板几何尺寸；
③ 基础底板配筋；
④ 基础底板底面标高。
3) 识读基础梁列表
对应基础截面图，用列表中的具体数值代替截面图中对应的字母。
(1) 基础梁编号。
(2) 基础梁几何尺寸。
(3) 基础梁配筋。
(4) 基础梁梁底标高。
4) 识读基础底板列表
对应基础截面图，用列表中的具体数值代替截面图中对应的字母。
(1) 基础底板编号。
(2) 基础底板几何尺寸。
(3) 基础底板配筋。
(4) 基础底板底标高。
5) 识读文字说明
其包括的主要内容如下。
(1) 抗震等级。
(2) 混凝土强度等级。
(3) 混凝土保护层。
(4) 混凝土的环境类别。
(5) 钢筋种类。
(6) 基础底面基准标高。

任务五：识读钢筋混凝土梁板式筏形基础平法施工图

(1) 识读基础平面布置图，包括的主要内容如下。
① 图名。

② 尺寸线。

③ 基础梁位置（定位的纵横轴线）。

④ 基础主梁与基础次梁的平面注写。

a. 基础主梁 JL 与基础次梁 JCL 的集中标注：

基础梁编号；

截面尺寸；

配筋；

基础梁底面标高高差（相对于筏形基础平板底面标高）。

b. 基础主梁 JL 与基础次梁 JCL 的原位标注：

原位注写梁端（支座）区域的询问全部纵筋，包括已经集中注写过的贯通纵筋在内的所有纵筋；

平面注写基础梁的附加箍筋或（反扣）吊筋；

当基础梁外伸部位变截面高度时，在该部位原位注写 $b \times h_1/h_2$，h_1 为根部截面高度，h_2 为尽端截面高度；

原位注写修正内容。

⑤ 梁板式筏形基础平板的平面注写。

a. 板底部与顶部贯通纵筋的集中标注：

注写基础平板的编号；

注写基础平板的截面尺寸；

注写基础平板的底部与顶部纵筋及其总长度。

b. 板底部附加非贯通纵筋的原位标注：

板底部附加非贯通纵筋；

注写修正内容；

当若干基础梁下基础平板的底部附加非贯通纵筋配置相同时（其底部、顶部的贯通纵筋可以不同），可仅在一根基础梁下做原位注写，并在其他梁上注明"该梁下基础平板底部附加非贯通纵筋同××基础梁"。

（2）识读文字说明，包括的主要内容如下。

① 抗震等级。

② 混凝土强度等级。

③ 混凝土保护层。

④ 混凝土的环境类别。

⑤ 钢筋种类。

任务六：识读钢筋混凝土平板式筏形基础平法施工图

（1）识读基础平面布置图，包括的主要内容如下。

① 图名。

② 尺寸线。

③ 柱下板带和跨中板带的平面注写。

a. 板带底部与顶部贯通纵筋的集中标注：

注写编号；

注写截面尺寸，注写"b=×××"表示板带宽度（在图注中注明基础平板厚度）；

注写底部与顶部贯通纵筋。

b. 板带底部附加非贯通纵筋的原位标注：

注写底部附加非贯通纵筋；

注写修正内容。

(2) 识读文字说明，包括的主要内容如下。

① 抗震等级。

② 混凝土强度等级。

③ 混凝土保护层。

④ 混凝土的环境类别。

⑤ 钢筋种类。

任务七：识读钢筋混凝土桩基础结构施工图

(1) 识读桩基础平面布置图，包括的主要内容如下。

① 图名。

② 尺寸线。

③ 桩基础位置（定位的纵横轴线）。

④ 桩基础梁。

⑤ 与桩联结的柱。

(2) 识读桩基础大样图，包括的主要内容如下。

① 桩基础名称。

② 桩基础几何尺寸。

③ 桩端扩大头尺寸。

④ 桩基础配筋。

(3) 识读桩基础配筋表，包括的主要内容如下。

① 桩基础配筋表名称。

② 桩基础信息。

a. 桩编号。

b. 混凝土强度。

c. 设计桩顶标高。

d. 护壁厚度。

e. 桩基础几何尺寸。

f. 桩端扩大头尺寸。

g. 桩配筋：长纵筋；螺旋箍；加劲筋。

h. 桩的分布。

(4) 识读文字说明，包括的主要内容如下。

① 抗震等级。
② 混凝土强度等级。
③ 桩基础混凝土保护层。
④ 混凝土的环境类别。
⑤ 钢筋种类。
⑥ 桩端承载力。

3.8.1 概念

1. 基础的类型

按不同的分类方法可将基础分为不同的种类。

（1）按使用的材料分为：灰土基础、砖基础、毛石基础、混凝土基础、钢筋混凝土基础。

（2）按埋置深度可分为：浅基础、深基础。埋置深度不超过 5 m 者称为浅基础，大于等于 5 m 者称为深基础。

（3）按受力性能可分为：刚性基础和柔性基础。

（4）按构造形式可分为：条形基础、独立基础、井格基础、满堂基础和桩基础。

① 条形基础。当建筑物上部结构采用墙承重时，基础沿墙身设置，多做成长条形，这类基础称为条形基础或带形基础，是墙承式建筑基础的基本形式。

② 独立基础。当建筑物上部结构采用框架结构或单层排架结构承重时，基础常采用方形或矩形的独立基础，这类基础称为独立基础或柱式基础。独立基础是柱下基础的基本形式。

当柱采用预制构件时，基础做成杯口形，然后将柱子插入并嵌固在杯口内，称为杯形基础。

③ 井格基础。当地基条件较差时，为了提高建筑物的整体性，防止柱子之间产生不均匀沉降，常将柱下基础沿纵横两个方向扩展连接起来，做成十字交叉的井格基础。

④ 满堂基础。当上部结构传下的荷载很大、地基承载力很低、独立基础不能满足地基要求时，常将这个建筑物的下部做成整块钢筋混凝土基础，称为满堂基础。满堂基础按构造又分为筏形基础和箱形基础两种。

a. 筏形基础。当建筑物上部荷载大，而地基又较弱，这时采用简单的条形基础或井格基础已不能适应地基变形的需要，通常将墙或柱下基础连成一片，使建筑物的荷载承受在一块整板上，此时称为筏形基础。筏形基础有平板式和梁板式两种。

b. 箱形基础。当筏形基础做得很深时，常将基础改成箱形基础。箱形基础是由钢筋混凝土底板、顶板和若干纵、横隔墙组成的整体结构，基础的中空部分可用作地下室（单层或多层的）或地下停车库。箱形基础整体空间刚度大，整体性强，能抵抗地基的不均匀沉降，适用于高层建筑或在软弱地基上建造的重型建筑物。

⑤ 桩基础。当建造比较大的工业与民用建筑时，若地基的软弱土层较厚，采用浅埋基础不能满足地基强度和变形要求，常采用桩基。桩基的作用是将荷载通过桩传给埋藏较深的坚硬土层，或通过桩周围的摩擦力传给地基，按照施工方法可分为钢筋混凝土预制桩和灌注桩。

2. 基础实物图

（1）毛石基础，如图 3-40 所示。

图 3-40　毛石基础

（2）独立基础，如图 3-41 所示。

（a）整体图

（b）钢筋图

图 3-41　独立基础

(3) 条形基础，如图 3-42 所示。

(a) 整体图　　　　　　　　　　　　　　(b) 钢筋图

图 3-42　条形基础

(4) 筏形基础，如图 3-43 所示。

(a) 整体图　　　　　　　　　　　　　　(b) 钢筋图

图 3-43　筏形基础

(5) 桩基础，如图 3-44 所示。

(a) 整体图　　　　　　　　　　　　　　(b) 钢筋图

图 3-44　桩基础

3.8.2 识读基础施工图的图示内容

基础施工图一般包括基础平面布置图、基础断面详图和文字说明三部分，通过这三种形式，在图纸上表示出基础的平面布置位置、基础编号、基础类型、基础底标高和基础顶标高、基础平面尺寸、基础截面尺寸、基础高度、垫层、钢筋类型、钢筋配置等。

3.8.3 详图法基础施工图的实例解读

基础的详图法是传统的单构件正投影表示方法，与现在常用的平面整体表示方法有很多类似的地方，此只选择部分类型基础进行详图法的识读举例。

1. 识读毛石条形基础结构施工图

现以附录 A.1 某养护站办公楼的结构施工图 03/9 毛石条形基础（即 1—1 剖面图）为例，说明毛石条形基础的识读步骤。

（1）基础平面布置图的解读。

① 图名：基础平面布置图、1—1、J-1、J-2、基础施工说明等。

② 尺寸线：水平尺寸线为 2 道，位于图元下方，最外边的尺寸线为总尺寸线，建筑物水平总长为 17 400 mm，里边的尺寸线是定位轴线，轴线号从①～⑦；竖向尺寸线为 2 道，位于图元左方，最外边的尺寸线为总尺寸线，建筑物的竖向总长为 5 400 mm，里边的尺寸线是竖向定位轴线，轴线号从Ⓑ～Ⓓ。基础平面布置图的尺寸线的识读与建筑平面图的尺寸线识读相同。

③ 基础位置（定位的纵横轴线）：如①～⑦轴交Ⓓ的条基。

④ 基础名称或编号：1—1。

⑤ 基础水平尺寸：1 200 mm。

⑥ 同类型基础的分布：沿墙布置。

（2）基础截面图的解读。

① 基础名称或编号：1-1。

② 基础底标高和顶标高：底标高为-1.900 m；顶标高为-0.700 m。

③ 基础高度：1 200 mm。

④ 基础竖向尺寸：基础分为三阶，每阶高 400 mm。

⑤ 基础材料：M7.5 水泥砂浆砌 Mu20 毛石。

（3）文字说明的解读。

① 一般与其他基础一起做统一基础说明，或是直接在平面图或截面图上做文字说明。

② 在基础截面图上标注了基础所用材料为 M7.5 水泥砂浆砌 Mu20 毛石。

2. 识读钢筋混凝土独立基础结构施工图

现以附录 A.1 某养护站办公楼的结构施工图 03/9 混凝土独立基础为例，说明混凝土独立基础的识读步骤。

（1）基础平面布置图的解读。

① 图名：基础平面布置图、1—1、J-1、J-2、基础施工说明等。

② 尺寸线：水平尺寸线为 2 道，位于图元下方，最外边的尺寸线为总尺寸线，建筑物水平总长为 17 400 mm，里边的尺寸线是定位轴线，轴线号从①～⑦；竖向尺寸线为 2 道，

位于图元左方,最外边的尺寸线为总尺寸线,建筑物的竖向总长为 5 400 mm,里边的尺寸线是竖向定位轴线,轴线号从Ⓑ~Ⓓ。基础平面布置图的尺寸线的识读与建筑平面图的尺寸线识读相同。

③ 基础位置(定位的纵横轴线):如①轴交Ⓓ轴的 J-1、①轴交Ⓑ轴的 J-2 等。

④ 基础名称或编号:J-1、J-2。

⑤ 基础水平尺寸:以①轴交Ⓓ轴的 J-1 为例,基础截面长为(870+930)mm = 1 800 mm;基础截面宽为(870+930)mm = 1 800 mm。

⑥ 同类型基础的分布和个数:以柱布置,J-1 沿Ⓓ的柱布置,共有 6 个;J-2 沿Ⓑ的柱布置,共有 6 个。

(2) 基础大样图的解读。以 J-1 基础(平面及截面)大样图为例。

① 平面大样图。

a. 柱子的尺寸:截面宽为 300 mm,截面高也为 300 mm。

b. 基础水平尺寸:基础截面长为(870+930)mm = 1 800 mm;基础截面宽为(870+930)mm = 1 800 mm;第一阶宽为 400 mm,第二阶宽为 350 mm,基础外伸两边的阶宽对称。

c. 基础垫层水平尺寸:基础垫层截面长为(1 800+100+100)mm = 2 000 mm;基础垫层截面宽为(1 800+100+100)mm = 2 000 mm;

② 截面大样图。

a. 基础底标高和顶标高:底标高为-1.800 m;顶标高为-1.200 m。

b. 基础高度:600 mm。

c. 基础竖向尺寸:基础分为两阶,每阶高 300 mm。

d. 基础垫层竖向尺寸及材料:基础垫层高 100 mm,材料为 C15 素混凝土。

e. 基础配筋:在基础板底配置双向钢筋,X 向的钢筋为 $\phi 10@180$,Y 向的钢筋为 $\phi 10@180$。

(3) 文字说明的解读:一般到结构设计总说明或基础施工说明查找。

① 抗震等级。

② 混凝土强度等级:C20。

③ 混凝土保护层。

④ 混凝土的环境类别。

⑤ 钢筋种类:HPB300 和 HRB335。

3.8.4 平法基础施工图的实例解读

1. 识读独立基础平法施工图

1) 平面注写方式

现以图 3-45 所示的独立基础平法施工图(平面注写方式)为例,说明独立基础结构施工图的识读步骤。

(1) 基础平面布置图的解读。

① 图名:独立基础平法施工图。

② 尺寸线:水平尺寸线为 2 道,位于图元下方,最外边的尺寸线为总尺寸线,建筑物水平总长为 17 400 mm,里边的尺寸线是定位轴线,轴线号从①~⑦;竖向尺寸线为 1 道,

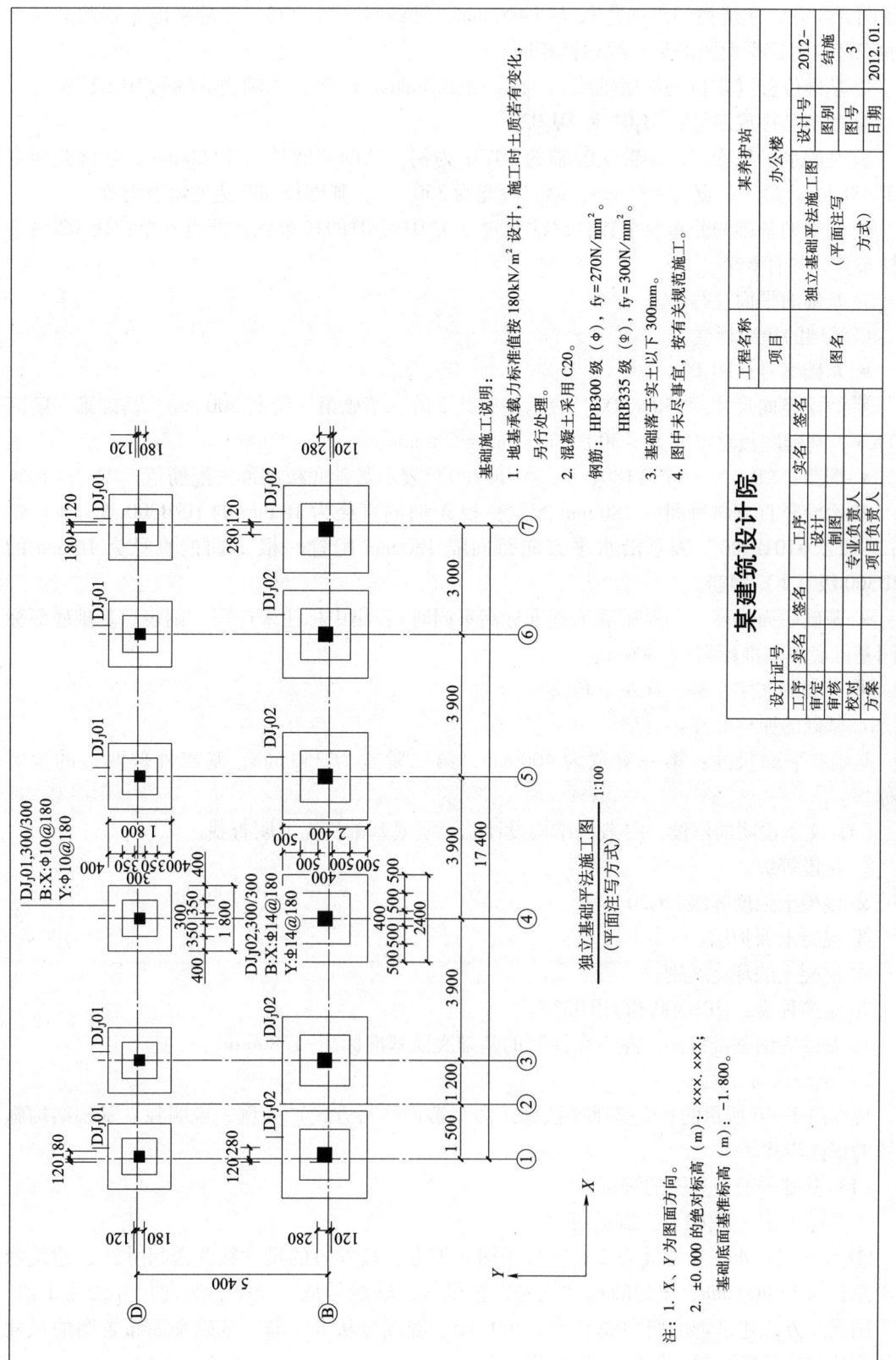

图 3-45 独立基础平法施工图（平面注写方式）

位于图元左方，建筑物的竖向总长为 5 400 mm，轴线号从Ⓑ～Ⓓ。基础平面布置图的尺寸线的识读与建筑平面图的尺寸线识读相同。

③ 基础位置（定位的纵横轴线）：如①轴交Ⓓ轴的 DJ_j01、①轴交Ⓑ轴的 DJ_j02 等。

④ 基础名称或编号：DJ_j01 和 DJ_j02。

⑤ 基础水平尺寸：以④轴交Ⓓ轴的 DJ_j01 为例，基础截面长为 1 800 mm；基础截面宽为 1 800 mm；第一阶宽为 400 mm，第二阶宽为 350 mm，基础外伸两边的阶宽对称。

⑥ 同类型基础的分布及个数：以柱布置，DJ_j01 沿Ⓓ的柱布置，共有 6 个；DJ_j02 沿Ⓑ的柱布置，共有 6 个。

⑦ 基础的平面注写。

a. 基础的集中标注。

- 基础编号：DJ_j01。
- 截面竖向尺寸："300/300" 表示基础共 2 阶，基础第一阶高 300 mm，基础第二阶高 300 mm，基础底板总厚度为 (300+300) mm=600 mm。
- 配筋："B：X：$\phi10@180$；Y：$\phi10@180$" 表示基础底板底部的配筋值。"X：$\phi10@180$" 表示沿竖直方向每间隔 180 mm 配置一根 X 向的直径为 10 mm 的 HPB300 级（φ）钢筋；"Y：$\phi10@180$" 表示沿水平方向每间隔 180 mm 配置一根 Y 向的直径为 10 mm 的 HPB300 级（φ）钢筋。
- 基础底面标高（与基础底面基准标高不同时）：集中标注未注写，则表示基础底面标高同基础底面基准标高−1.800 m。
- 必要的文字注解：详左下角注写。

b. 基础的原位标注。

基础的平面尺寸：第一阶宽为 400 mm，第二阶宽为 350 mm，基础外伸两边的阶宽对称。

(3) 文字说明的解读：一般到结构设计总说明或基础施工说明查找。

① 抗震等级。

② 混凝土强度等级：C20。

③ 混凝土保护层。

④ 混凝土的环境类别。

⑤ 钢筋种类：HPB300 和 HRB335。

⑥ 基础底面基准标高：左下角注写的基础底面基准标高−1.800 m。

2）截面注写方式

现以图 3-46 所示的独立基础平法施工图（截面注写方式）为例，说明独立基础结构施工图的识读步骤。

(1) 基础平面布置图的解读。

① 图名：独立基础平法施工图。

② 尺寸线：水平尺寸线为 2 道，位于图元下方，最外边的尺寸线为总尺寸线，建筑物水平总长为 17 400 mm，里边的尺寸线是定位轴线，轴线号从①～⑦；竖向尺寸线为 1 道，位于图元左方，建筑物的竖向总长为 5 400 mm，轴线号从Ⓑ～Ⓓ。基础平面布置图的尺寸线的识读与建筑平面图的尺寸线识读相同。

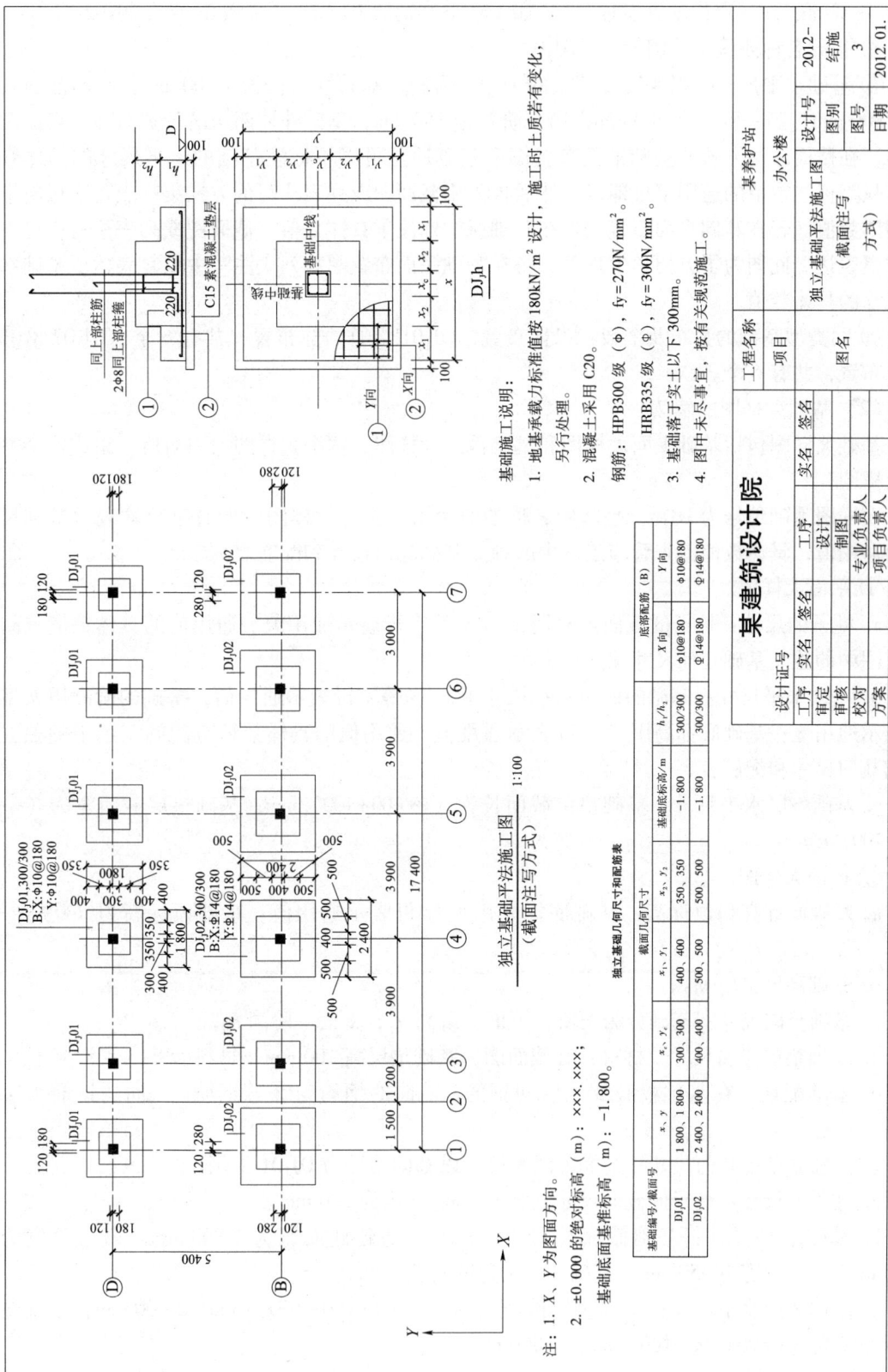

图 3-46 独立基础平法施工图（截面注写方式）

③ 基础位置（定位的纵横轴线）：如①轴交Ⓓ轴的 DJ_J01、①轴交Ⓑ轴的 DJ_J02 等。

④ 基础名称或编号：DJ_J01 和 DJ_J02。

⑤ 基础水平尺寸：以④轴交Ⓓ轴的 DJ_J01 为例，基础截面长为 1 800 mm；基础截面宽为 1 800 mm；第一阶宽为 400 mm，第二阶宽为 350 mm，基础外伸两边的阶宽对称。需注意的是，在截面注写方式的基础平面布置图上基础原位可以不标注基础的水平尺寸的具体数值，只需标注数值的通用字母即可，然后再采用截面图或列表注写的方式集中表达字母所指的具体数值。若在基础平面布置图上在基础原位标注了具体数值，截面图或列表注写中可不再重复表达。此图为了方便学生理解，特在基础平面布置图和列表注写中重复表达了基础水平尺寸的具体数值。

⑥ 同类型基础的分布及个数：以柱布置，DJ_J01 沿Ⓓ的柱布置，共有 6 个；DJ_J02 沿Ⓑ的柱布置，共有 6 个。

（2）基础大样图的解读。

基础大样图包括基础平面大样图和基础截面大样图，两个大样图一一对应，组成一个整体大样图。

大样图基础编号为 DJ_Jn，是基础名称的通用值。而且大样图中所有字母均表示基础尺寸的通用值，具体数值需查看施工图中的独立基础几何尺寸和配筋表。

① 平面大样图。

a. 柱子的尺寸：柱子的截面尺寸用 x_c、y_c 等字母表示通用值。通用值的具体数值查阅施工图中的独立基础几何尺寸和配筋表。

b. 基础水平尺寸：基础的四边水平尺寸用 x、y 等字母表示通用值；基础的阶高用 h 字母表示通用值；基础底标高用 D 字母表示通用值。通用值的具体数值查阅施工图中的独立基础几何尺寸和配筋表。

c. 基础垫层水平尺寸：基础垫层截面长为 $(x+100+100)$ mm；基础垫层截面宽为 $(y+100+100)$ mm。

② 截面大样图。

a. 基础底标高和顶标高：基础底标高用 D 字母表示通用值。基础顶标高为 $(D+h_1+h_2)$。

b. 基础高度：h_1+h_2。

c. 基础竖向尺寸：基础分为两阶，下面一阶高 h_1，上面一阶高 h_2。

d. 基础垫层竖向尺寸及材料：看截面图，基础垫层高 100 mm，材料为 C15 素混凝土。

e. 基础配筋：在基础板底配置双向钢筋，X 向的钢筋为②号钢筋，Y 向的钢筋为①钢筋。

（3）独立基础几何尺寸和配筋表的解读。以基础编号为 DJ_J01 为例。

a. 柱子的尺寸：柱子的截面尺寸宽为 300 mm，高为 300 mm。

b. 基础水平尺寸：基础截面长为 1 800 mm；基础截面宽为 1 800 mm；第一阶宽为 400 mm，第二阶宽为 350 mm，基础外伸两边的阶宽对称。

c. 基础垫层水平尺寸：基础垫层截面长为 (1 800+100+100) mm = 2 000 mm；基础垫层截面宽为 (1 800+100+100) mm = 2 000 mm。

d. 基础底标高和顶标高：基础底标高为 -1.800 m，基础顶标高为 (-1.800+0.300+

0.300) m=-1.200 m。

  e. 基础高度：（300+300）mm=600 mm。

  f. 基础竖向尺寸：基础分为两阶，下面一阶高 300 mm，上面一阶高 300 mm。

  g. 基础垫层竖向尺寸及材料：看截面图，基础垫层高 100 mm，材料为 C15 素混凝土。

  h. 基础配筋：在基础板底配置双向钢筋，X 向的钢筋为②号钢筋 Φ10@180；Y 向的钢筋为①号钢筋 Φ10@180。钢筋的设置识读同平面注写方式的识读，在此略。

  (4) 文字说明的解读：一般到结构设计总说明或基础施工说明查找。

  ① 抗震等级。

  ② 混凝土强度等级：C20。

  ③ 混凝土保护层。

  ④ 混凝土的环境类别。

  ⑤ 钢筋种类：HPB300 和 HRB335。

  ⑥ 基础底面基准标高：左下角注写的基础底面基准标高 -1.800 m。

2. 识读条形基础平法施工图

1) 平面注写方式

现以图 3-47 所示的条形基础平法施工图（平面注写方式）为例，说明条形基础结构施工图的识读步骤。

  (1) 基础平面布置图的解读。

  ① 图名：条形基础平法施工图。

  ② 尺寸线：水平尺寸线为 2 道，位于图元下方，最外边的尺寸线为总尺寸线，建筑物水平总长为 17 400 mm，里边的尺寸线是定位轴线，轴线号从①～⑦，在①和⑦轴的两边各有一段尺寸，其数值为"1 120"，表示条形基础在①和⑦轴处均外挑，条基外挑长度为 1 120 mm。竖向尺寸线为 1 道，位于图元左方，建筑物的竖向总长为 5 400 mm，轴线号从Ⓑ～Ⓓ，在Ⓑ和Ⓓ轴的两边各有一段尺寸，其数值为"1 120"，表示条形基础在Ⓑ和Ⓓ轴处均外挑，条基外挑长度为 1 120 mm。基础平面布置图的尺寸线的识读与建筑平面图的尺寸线识读相同。

  ③ 基础位置（定位的纵横轴线）：在①、③、④、⑤、⑥、⑦、Ⓑ、Ⓓ轴处各有一条条形基础。

  ④ 基础名称或编号：要将条形基础底板和条形基础梁分开编号。从图可知，Ⓑ和Ⓓ轴处的基础底板名称为 TJB_J01，基础梁名称为 JL01；①、③、④、⑤、⑥、⑦轴处的基础底板名称为 TJB_J02，基础梁名称为 JL02。

  ⑤ 基础水平尺寸：TJB_J01 宽 2 400 mm；TJB_J02 宽 2 400 mm。

  ⑥ 同类型基础的分布：TJB_J01 有 2 条，位于Ⓑ和Ⓓ轴；TJB_J02 有 6 条，位于①、③、④、⑤、⑥、⑦轴。

  ⑦ 基础梁的平面注写。以 JL01 为例识读。

  a. 基础梁 JL 的集中标注。

- 基础梁编号："JL01"表示该基础梁是此图中的第一种基础梁，读做基础梁 01。
- 梁跨数："5B"表示 JL01 为 5 跨加 2 端外伸。
- 截面尺寸："400×600"表示梁宽为 400 mm，梁高为 600 mm。

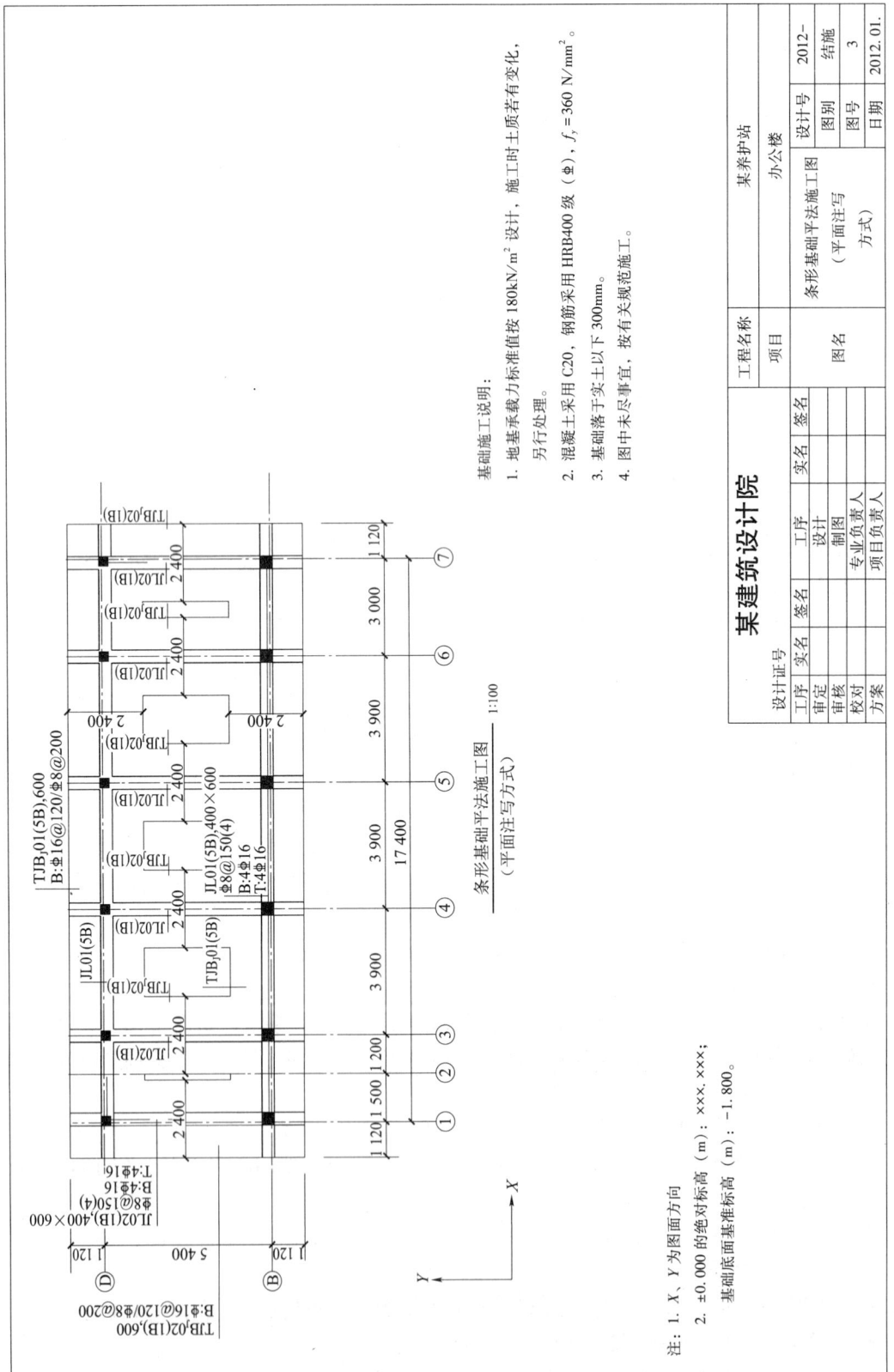

图 3-47 条形基础平法施工图（平面注写方式）

- 配筋:"⌽8@150"表示沿梁的方向每间隔150 mm配置一个的直径为8 mm的HRB400级(⌽)钢筋,箍筋肢数为4肢箍;"B:4⌽16"表示梁底部配置贯通纵筋为4⌽16;"T:4⌽16"表示梁顶部配置贯通纵筋为4⌽16。
- 基础梁底面标高:同基础底面基准标高-1.800mm。

b. 基础梁JL的原位标注。此图基础梁没有原位标注,表示梁的信息均在集中标注。集中标注适用于所有的跨梁。

⑧ 条形基础底板的平面注写。以TJB_J01为例识读。

a. 条形基础底板的集中标注。

- 条形基础底板编号:"TJB_J01"表示该基础底板是阶梯形,是图中的第一种基础底板,读做阶形基础底板01。
- 条基跨数:"5B"表示5跨加2端外伸。
- 截面竖向尺寸:"600"表示基础底板的厚度为600 mm高。
- 配筋:"B:⌽16@120/⌽8@200"表示条形基础底板底部配置HRB400级横向受力钢筋,直径为16 mm,分布间距120 mm;与横向受力钢筋垂直方向配置HRB400级构造钢筋,直径为8 mm,分布间距200 mm。
- 条形基础底板底面标高:同基础底面基准标高-1.800 mm。
- 必要的文字注解。

b. 条形基础底板的原位标注。

- 原位注写条形基础底板的平面尺寸:基础底板总宽度为2 400 mm。
- 原位注写修正内容:此处略。

(2) 文字说明的解读:一般到结构设计总说明或基础施工说明查找。

① 抗震等级。

② 混凝土强度等级:C20。

③ 混凝土保护层。

④ 混凝土的环境类别。

⑤ 钢筋种类:HRB400。

⑥ 基础底面基准标高:左下角注写的基础底面基准标高-1.800 m。

2) 截面注写方式——截面标注

现以图3-48所示的条形基础平法施工图(截面注写方式——截面标注)为例,说明条形基础结构施工图的识读步骤。

(1) 基础平面布置图的解读:同条形基础平法施工图(平面注写方式)相同。

① 图名:条形基础平法施工图。

② 尺寸线:水平尺寸线为2道,位于图元下方,最外边的尺寸线为总尺寸线,建筑物水平总长为17 400 mm,里边的尺寸线是定位轴线,轴线号从①~⑦,在①和⑦轴的两边各有一段尺寸,其数值为"1 120",表示条形基础在①和⑦轴处均外挑,条基外挑长度为1 120 mm。竖向尺寸线为1道,位于图元左方,建筑物的竖向总长为5 400 mm,轴线号从Ⓑ~Ⓓ,在Ⓑ和Ⓓ轴的两边各有一段尺寸,其数值为"1 120",表示条形基础在Ⓑ和Ⓓ轴处均外挑,条基外挑长度为1 120 mm。基础平面布置图的尺寸线的识读与建筑平面图的尺寸线识读相同。

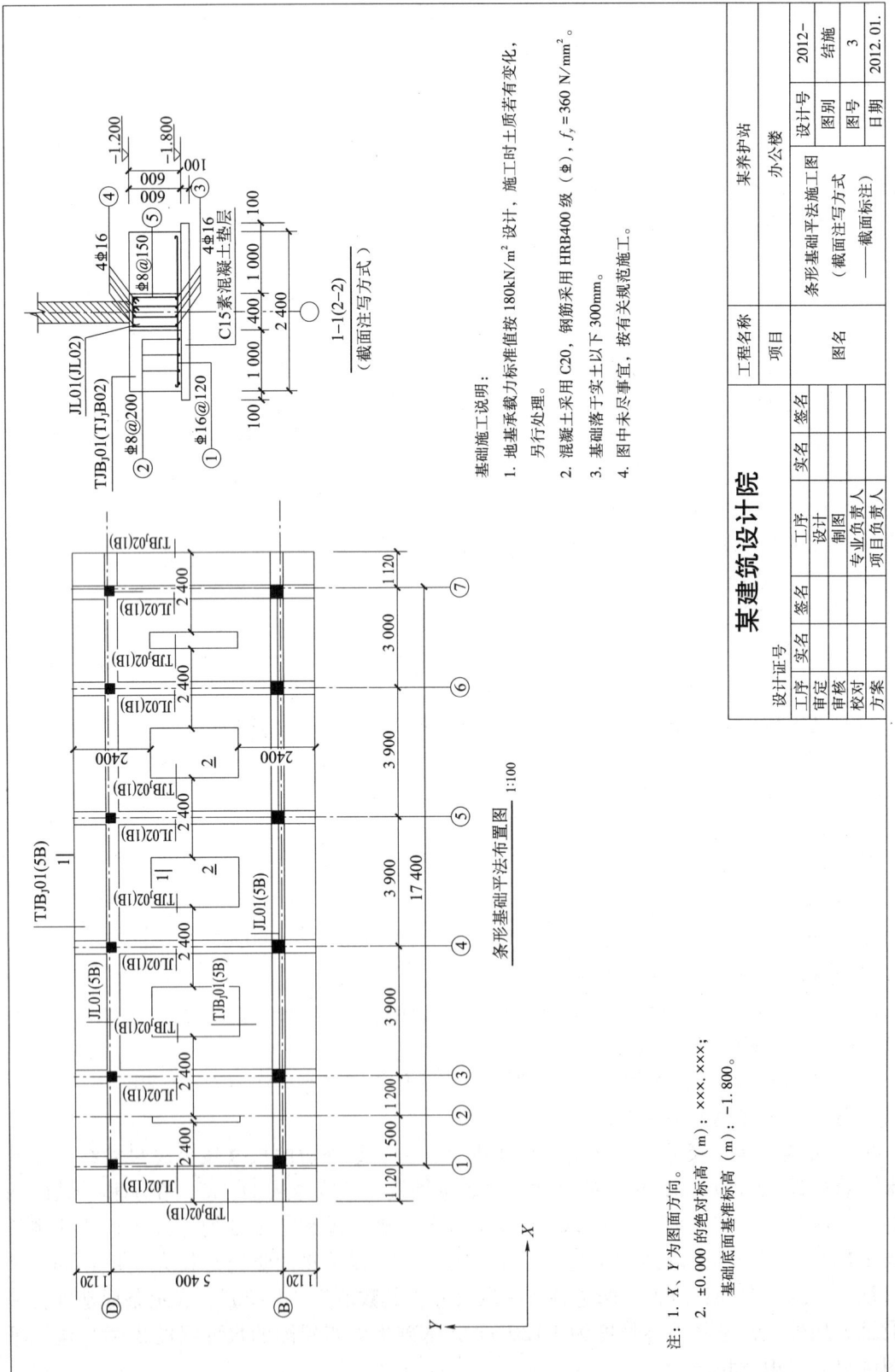

图 3-48 条形基础平法施工图（截面注写方式——截面标注）

③ 基础位置（定位的纵横轴线）：在①、③、④、⑤、⑥、⑦、Ⓑ、Ⓓ轴处各有一条条形基础。

④ 基础名称或编号：要将条形基础底板和条形基础梁分开编号。从图可知，Ⓑ和Ⓓ轴处的基础底板名称为TJB_J01，基础梁名称为JL01；①、③、④、⑤、⑥、⑦轴处的基础底板名称为TJB_J02，基础梁名称为JL02。

⑤ 基础水平尺寸：TJB_J01 宽 2 400 mm；TJB_J02 宽 2 400 mm。

⑥ 同类型基础的分布：TJB_J01 有 2 条，位于Ⓑ和Ⓓ轴；TJB_J02 有 6 条，位于①、③、④、⑤、⑥、⑦轴。

(2) 基础截面图的解读。

① 基础梁。

a. 基础梁编号：JL01 和 JL02。

b. 基础梁几何尺寸：JL01 和 JL02 的梁宽均为 400 mm，梁高均为 600 mm。

c. 基础梁配筋。

• 梁箍筋为⑤⊈8@150，表示沿梁的方向每间隔 150 mm 配置一个直径为 8 mm 的 HRB400 级（⊈）钢筋，箍筋肢数为 4 肢箍，钢筋号为⑤。

• 梁底部钢筋为③4⊈16，表示梁底部配置贯通纵筋为 4⊈16。

• 梁顶部钢筋为④4⊈16，表示梁顶部配置贯通纵筋为 4⊈16。

d. 基础梁底面标高：同基础底面基准标高−1.800 mm。

② 基础底板。

a. 基础底板编号：TJB_J01 和 TJB_J02。

b. 基础底板几何尺寸：TJB_J01 和 TJB_J02 的板底宽均为 2 400 mm。

c. 基础底板配筋。

• 基础底板底部横向受力钢筋为①⊈16@120，表示条形基础底板底部配置 HRB400 级横向受力钢筋，直径为 ⊈16 mm，分布间距 120 mm。

• 基础底板底部构造钢筋为②⊈8@200，表示与横向受力钢筋垂直方向配置 HRB400 级构造钢筋，直径为 ⊈8 mm，分布间距 200 mm。

d. 基础底板底面标高：同基础底面基准标高−1.800 mm。

(3) 文字说明的解读：一般到结构设计总说明或基础施工说明查找。

① 抗震等级。

② 混凝土强度等级：C20。

③ 混凝土保护层。

④ 混凝土的环境类别。

⑤ 钢筋种类：HRB400。

⑥ 基础底面基准标高：左下角注写的基础底面基准标高−1.800 m。

3) 截面注写方式——列表注写

现以图 3-49 所示的条形基础平法施工图（截面注写方式——列表注写）为例，说明条形基础结构施工图的识读步骤。

(1) 基础平面布置图的解读：同条形基础平法施工图（平面注写方式）相同。

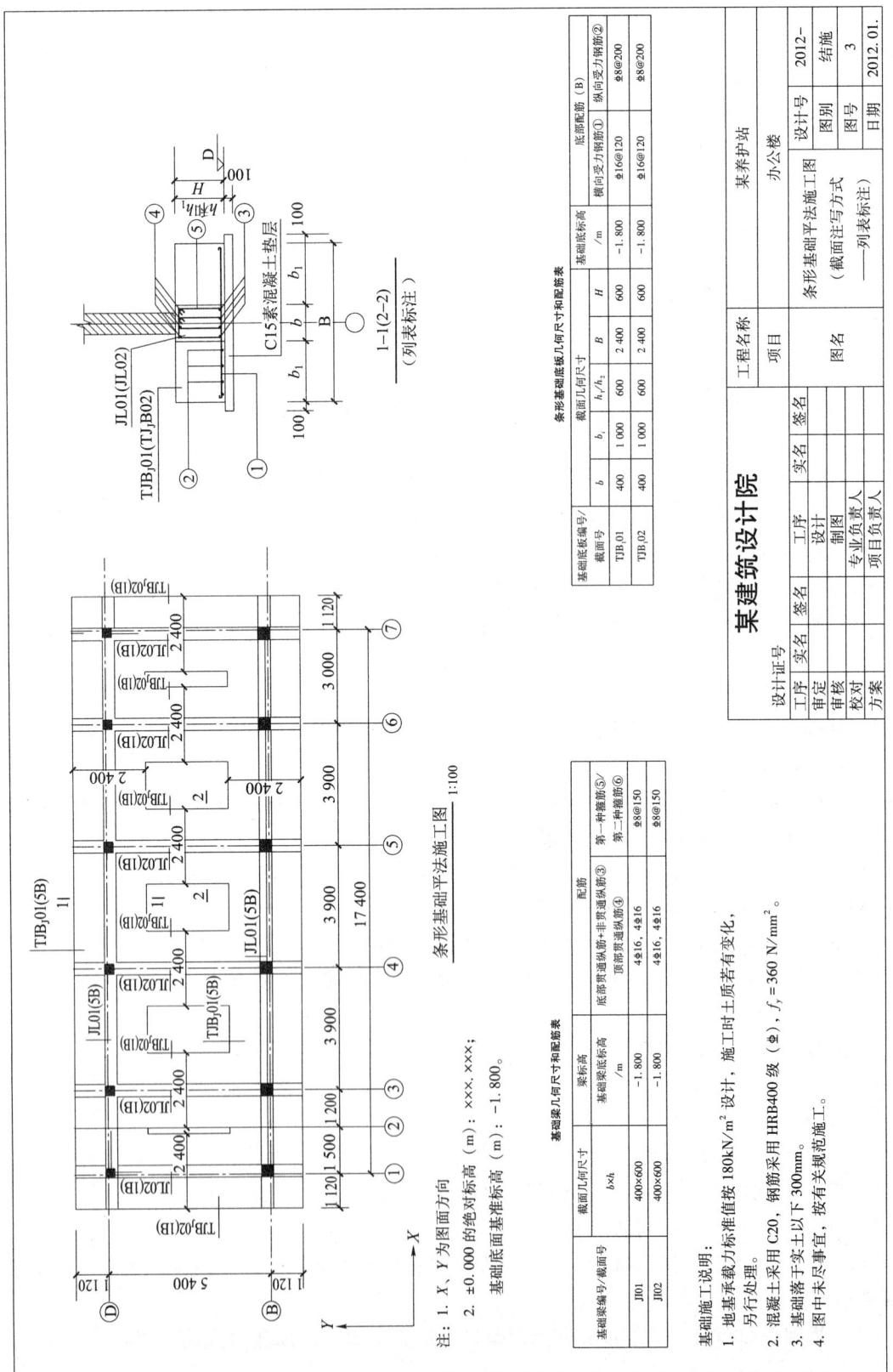

图 3-49 条形基础平法施工图（截面注写方式——列表注写）

① 图名：条形基础平法施工图。

② 尺寸线：水平尺寸线为 2 道，位于图元下方，最外边的尺寸线为总尺寸线，建筑物水平总长为 17 400 mm，里边的尺寸线是定位轴线，轴线号从①~⑦，在①和⑦轴的两边各有一段尺寸，其数值为"1 120"，表示条形基础在①和⑦轴处均外挑，条基外挑长度为 1 120 mm。竖向尺寸线为 1 道，位于图元左方，建筑物的竖向总长为 5 400 mm，轴线号从Ⓑ~Ⓓ，在Ⓑ和Ⓓ轴的两边各有一段尺寸，其数值为"1 120"，表示条形基础在Ⓑ和Ⓓ轴处均外挑，条基外挑长度为 1 120 mm。基础平面布置图的尺寸线的识读与建筑平面图的尺寸线识读相同。

③ 基础位置（定位的纵横轴线）：在①、③、④、⑤、⑥、⑦、Ⓑ、Ⓓ轴处各有一条条形基础。

④ 基础名称或编号：要将条形基础底板和条形基础梁分开编号。从图可知，Ⓑ和Ⓓ轴处的基础底板名称为 TJB_J01，基础梁名称为 JL01；①、③、④、⑤、⑥、⑦轴处的基础底板名称为 TJB_J02，基础梁名称为 JL02。

⑤ 基础水平尺寸：TJB_J01 宽 2 400 mm；TJB_J02 宽 2 400 mm。

⑥ 同类型基础的分布：TJB_J01 有 2 条，位于Ⓑ和Ⓓ轴；TJB_J02 有 6 条，位于①、③、④、⑤、⑥、⑦轴。

（2）基础截面图的解读。列表注写方式的截面图表示的是基础梁和基础底板的通用值，通用值用字母表示，具体数值在列表中注写。

① 基础梁。

a. 基础梁编号：JL01 和 JL02。

b. 基础梁几何尺寸：JL01 和 JL02 的梁宽通用值用 b 表示，梁高通用值用 h 表示，基础板底宽度方向往梁两边外挑长度通用值用 b_i 表示，具体数值在列表中注写。

c. 基础梁配筋。

- 梁箍筋钢筋号为⑤，具体数值在列表中注写。
- 梁底部钢筋钢筋号为③，具体数值在列表中注写。
- 梁顶部钢筋钢筋号为④，具体数值在列表中注写。

d. 基础梁底面标高：与基础底面基准标高相同，具体数值在列表注写。

② 基础底板。

a. 基础底板编号：TJB_J01 和 TJB_J02。

b. 基础底板几何尺寸：TJB_J01 和 TJB_J02 的板底宽通用值用 B 表示，TJB_J01 和 TJB_J02 的板底厚度通用值用 H 表示。

c. 基础底板配筋。

- 基础底板底部横向受力钢筋的钢筋号为①，具体数值在列表中注写。
- 基础底板底部纵向构造钢筋的钢筋号为②，具体数值在列表中注写。

d. 基础底板底面标高：与基础底面基准标高相同，具体数值在列表中注写。

（3）基础梁列表的解读。

a. 基础梁编号：JL01 和 JL02。

b. 基础梁几何尺寸：JL01 和 JL02 的梁宽 b 均为 400 mm，梁高 h 均为 600 mm。

c. 基础梁配筋：JL01 和 JL02 的配筋信息一样。

- 梁箍筋为⑤Φ8@150，表示沿梁的方向每间隔 150 mm 配置一个的直径为 8 mm 的 HRB400 级（Φ）钢筋，箍筋肢数为 4 肢箍，钢筋号为⑤。
- 梁底部钢筋为③4Φ16，表示梁底部配置贯通纵筋为 4Φ16。
- 梁顶部钢筋为④4Φ16，表示梁顶部配置贯通纵筋为 4Φ16。

d. 基础梁底面标高：同基础底面基准标高-1.800 mm。

（4）基础底板列表的解读。

a. 基础底板编号：TJB_J01 和 TJB_J02。

b. 基础底板几何尺寸：TJB_J01 和 TJB_J02 的板底宽 B 均为 2 400 mm，基础板底厚度 H 均为 600 mm。基础板底宽度方向往梁两边外挑长度 b_i 均为 1 000 mm。

c. 基础底板配筋。TJB_J01 和 TJB_J02 的配筋信息一样。

- 基础底板底部横向受力钢筋为①Φ16@120，表示条形基础底板底部配置 HRB400 级横向受力钢筋，直径为 Φ 16 mm，分布间距 120 mm。
- 基础底板底部纵向构造钢筋为②Φ8@200，表示与横向受力钢筋垂直方向配置 HRB400 级构造钢筋，直径为 Φ8 mm，分布间距 200 mm。

d. 基础底板底面标高：同基础底面基准标高-1.800 mm。

（5）文字说明的解读：一般到结构设计总说明或基础施工说明查找。

① 抗震等级。
② 混凝土强度等级：C20。
③ 混凝土保护层。
④ 混凝土的环境类别。
⑤ 钢筋种类：HRB400。
⑥ 基础底面基准标高：左下角注写的基础底面基准标高-1.800 m。

3. 识读筏形基础平法施工图

1）梁板式

梁板式筏形基础由基础主梁、基础次梁、基础平板等构成，因此梁板式筏形基础结构施工图由基础主梁、基础次梁、基础平板的配筋图组成。

梁板式筏形基础平法施工图，是在基础平面布置上采用平面注写方式进行表达的。因此梁板式筏形基础的基础主梁、基础次梁、基础平板的配筋图都采用平面注写方式进行表达，如图 3-50 和图 3-51 所示。

2）平板式

平板式筏形基础可分为柱下板带和跨中板带；若不分板带，则按基础平板进行表达。因此平板式筏形基础结构施工图主要由基础平板的配筋图组成。

平板式筏形基础平法施工图，是在基础平面布置上采用平面注写方式进行表达的，因此其配筋图也采用平面注写方式进行表达。

4. 识读桩基础平法施工图

现以图 3-52 所示的桩基础平法施工图为例，说明桩基础结构施工图的识读步骤。

桩基础平法施工图一般由桩基础设计说明、桩基础平面布置图、桩基础大样图、桩基础配筋表组成。

（1）桩基础平面布置图的解读。

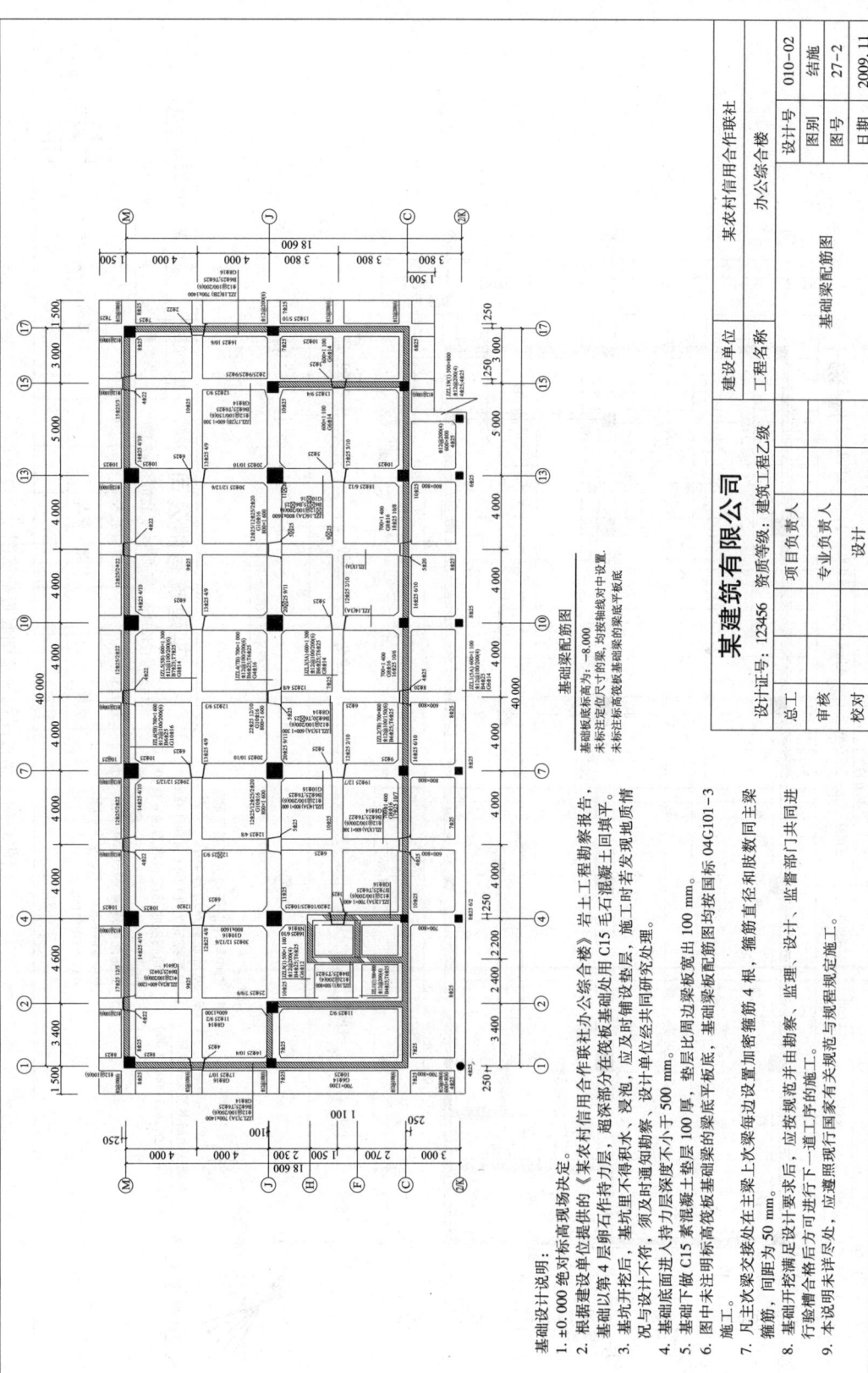

图 3-50 梁板式筏形基础梁配筋图

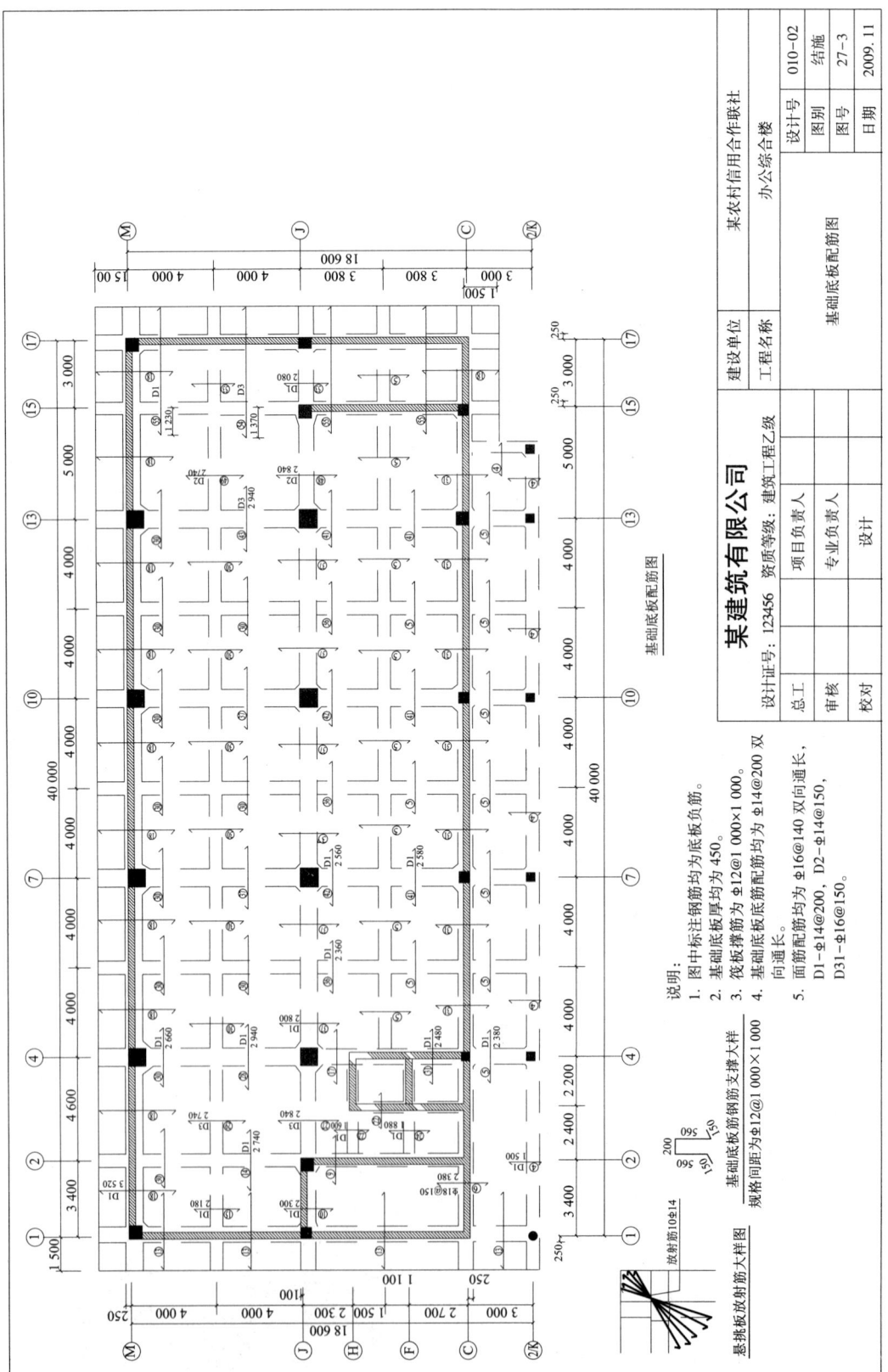

图 3-51 梁板式筏形基础底板配筋图

① 图名：桩基础平面布置图、桩基大样、柱与桩联结大样、桩护壁大样、JLL1 等。

② 尺寸线：桩基平面长 14 560 mm，宽 13 760 mm。

③ 桩基础位置（定位的纵横轴线）：同柱子定位，如 ZJ4 为 1/1 轴交 1/C 轴处。

④ 桩基础梁：结合桩基础平面布置图和 JLL1 的截面大样图进行识读，与梁详图法识读相同，此处略。

⑤ 与桩联结的柱：结合桩基础平面布置图和柱与桩联结大样进行识读，与柱详图法识读相同，此处略。

(2) 桩基础大样图的解读。

① 桩基础名称：通用名称"桩基大样"。

② 桩基础几何尺寸：桩身直径通用值用 D 表示，桩身未扩大时长度通用值用 L 表示，平均桩长按 6 m 计，桩端伸入岩石的扩大头长度通用值用 H_1 表示，桩端未伸入岩石的扩大头长度通用值用 H_2 表示。

③ 桩端扩大头尺寸：桩身直径通用值用 D 表示，桩端扩大头扩出桩身直径外长通用值用 b 表示。

④ 桩基础配筋。

a. 桩长方向的纵筋钢筋号为①，具体数值在列表注写。

b. 桩螺旋箍筋钢筋号为②，具体数值在列表注写。

c. 桩身加劲筋钢筋号为③，具体数值在列表注写。

d. 桩与基础梁连接处加密螺旋箍筋钢筋号为④，加密范围从梁顶往下 1 500 mm 区间，具体数值在列表注写。

(3) 桩基础配筋表的解读。

① 桩基础配筋表名称：桩基础结构配筋参数表。

② 桩基础信息：以 ZJ1 为例。

a. 桩编号：ZJ1。

b. 混凝土强度：桩基为 C25，护壁为 C25。

c. 设计桩顶标高：-0.530 m。

d. 护壁厚度：对应桩护壁大样，a_1 = 120 mm，a_2 = 50 mm。

e. 桩基础几何尺寸：桩直径 D = 1 300 mm，桩身未扩大时长度按现场定，平均桩长按 6 m 计，桩端伸入岩石的扩大头长度 H_1 = 500 mm，桩端未伸入岩石的扩大头长度 H_2 = 1 000 mm。

f. 桩端扩大头尺寸：桩身直径 D = 1 300 mm，桩端扩大头扩出桩身直径外长 b = 250 mm。

g. 桩配筋。

• 长纵筋：为①20⊈14，表示沿桩周均匀配置竖向 20 根直径为 14 mm 的 HRB400 级（⊈）钢筋。

• 第一种螺旋箍：②ϕ8@200，表示沿桩长方向每间隔 200 mm 配置与长纵筋垂直的螺旋状直径为 8 mm 的 HPB300 级（ϕ）钢筋。

• 加劲筋③⊈16@2 000，表示沿桩长方向每间隔 2 000 mm 配置与长纵筋垂直的圆形状直径为 16 mm 的 HRB400 级（⊈）钢筋。

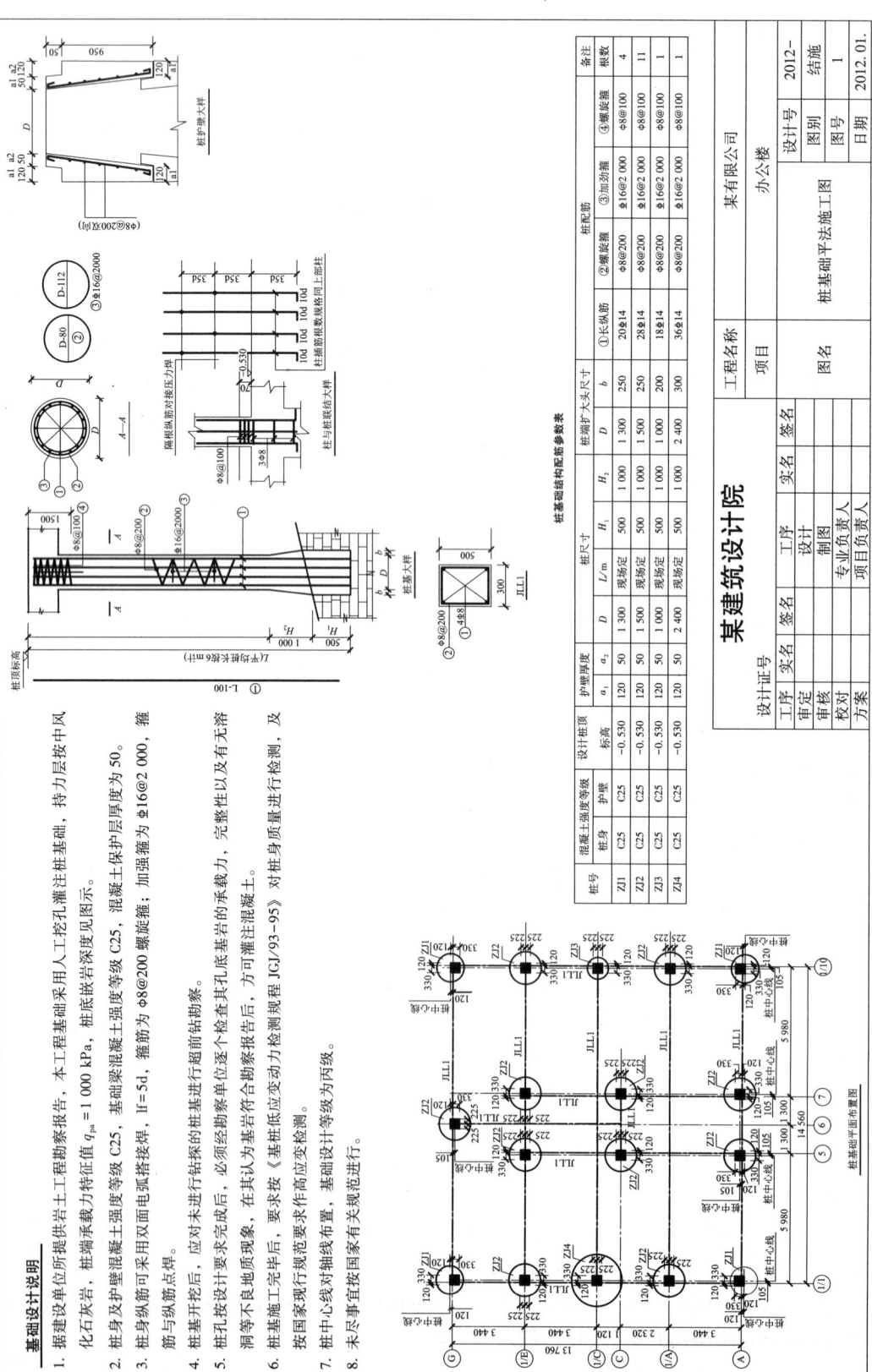

图 3-52 桩基础平法施工图

- 第二种螺旋箍②ϕ8@100，表示在梁顶往下 1 500 mm 区间，沿桩长方向每间隔 100 mm 配置与长纵筋垂直的螺旋状直径为 8 mm 的 HPB300 级（ϕ）钢筋。

h. 桩的分布：ZJ1 有 4 根，分布如桩基础平面布置图。

(4) 文字说明的解读：一般到结构设计总说明或基础施工说明查找。

① 抗震等级。

② 混凝土强度等级：C25。

③ 桩基础混凝土保护层。

④ 混凝土的环境类别。

⑤ 钢筋种类。

⑥ 桩端承载力：1 000 kPa。

3.8.5 知识链接

1. 读基础结构施工图的五大步骤

第一步，识读基础平面布置图。

第二步，识读基础大样图，一般包括基础水平大样图和截面大样图。

第三步，识读基础列表。

第四步，识读与基础相连接的梁。

第五步，识读与基础相连接的柱。

不管识读哪一步，都必须识读其尺寸数值及字母表示，且在识读时对照 11G101-3《混凝土结构施工图平面整体表示方法制图规则和构造详图（独立基础、条形基础、筏形基础及桩基承台）》图集中的制图规则和构造详图。

2. 独立基础平法施工图制图规则

1) 独立基础平法施工图的表示方法

独立基础平法施工图，有平面注写与截面注写两种表达方式，设计者可根据具体工程情况选择一种，或两种方式相结合进行独立基础的施工图设计。

当绘制独立基础平面布置图时，应将独立基础平面与基础所连接的柱一起绘制。当设置基础联系梁时，可根据图面的疏密情况，将基础联系梁与基础平面布置图一起绘制，或将基础联系梁布置图单独绘制。

在独立基础平面布置图上应标注基础定位尺寸；当独立基础的柱中心线或杯口中心线与建筑轴线不重合时，应标注其定位尺寸。编号相同且定位尺寸相同的基础，可仅选择一个进行标注。

2) 独立基础编号

(1) 各种独立基础编号按表 3-18 规定。

表 3-18 独立基础编号

类型	基础底板截面形状	代号	序号
普通独立基础	阶形	DJ_J	××
	坡形	DJ_P	××
杯口独立基础	阶形	BJ_j	××
	坡形	BJ_p	××

设计时应注意：当独立基础截面形状为坡形时，其坡面应采用能保证混凝土浇筑、振捣密实的较缓坡度；当采用较陡坡度时，应要求施工采用在基础顶部坡面加模板等措施，以确保独立基础的坡面浇筑成型、振捣密实。

3）独立基础的平面注写方式

独立基础的平面注写方式，分为集中标注和原位标注两部分内容。

普通独立基础和杯口独立基础的集中标注，是在基础平面图上集中引注基础编号、截面竖向尺寸、配筋三项必注内容，以及基础底面标高（与基础底面基准标高不同时）和必要的文字注解两项选注内容。

素混凝土变通独立基础的集中标注，除无基础配筋内容外均与钢筋混凝土变通独立基础相同。

独立基础集中标注的具体内容，规定如下：

① 注写独立基础编号（必注内容）；
② 注写独立基础截面竖向尺寸（必注内容）；
③ 注写独立基础配筋（必注内容）；
④ 注写基础底面标高（选注内容）；
⑤ 必要的文字注解（选注内容）。

钢筋混凝土和素混凝土独立基础的原位标注，是在基础平面布置图上标注独立基础的平面尺寸。对相同编号的基础，可选择一个进行原位标注；当平面图形较小时，可将所选定进行原位标注的基础按比例适当放大；其他相同编号者仅注编号。

4）独立基础的截面注写方式

独立基础的截面注写方式，又可分为截面标注和列表注写（结合截面示意图）两种表达方式。不管采用哪种方式，都应在基础平面布置图上所有基础进行编号，如表 3-18 所示。

对单个基础进行截面标注的内容和形式，与传统"间构件正投影表示方法"基础相同。对于已在基础平面布置图上原位标注清楚的该基础的平面几何尺寸，在截面图上可不再重复表达，具体表达内容可参照配图集中相应的标准构造。

对多个同类基础，可采用列表注写（结合截面示意图）的方式进行集中表达。表中内容为基础截面的几何数据和配筋等，在截面示意图上应标注与表栏目相对应的代号。

普通独立基础列表如表 3-19 所示。

表 3-19 普通独立基础列表

基础编号/截面号	截面几何尺寸				底部配筋	
	x、y	x_c、y_c	x_i、y_i	h_1/h_2	X 向	Y 向

注：表中可根据实际情况增加栏目。例如，当基础底面标高与基础底面基准标高不同时，加注基础底面标高；当为双柱独立基础时，加注基础顶部配筋或基础梁几何尺寸和配筋；当设置短柱时增加短柱尺寸及配筋等。

4. 条形基础平法施工图制图规则

1）条形基础平法施工图的表示方法

条形基础平法施工图，有平面注写与截面注写两种表达方式，设计者可根据具体工程情况选择一种，或将两种方式相结合进行条形基础的施工图设计。

当绘制条形基础平面布置图时，应将条形基础平面与基础所支承的上部结构的柱、墙一起绘制。当基础底面标高不同时，需注明与基础底面基准标高不同之处的范围和标高。

当梁板式基础梁中心或板式条形基础板中心与建筑定位轴线不重合时，应标注其定位尺寸；对于编号相同的条形基础，可仅选择一个进行标注。

条形基础整体上可分为以下两类。

（1）梁板式条形基础。该类条形基础适用于钢筋混凝土框架结构、框架-剪力墙结构、部分框支剪力墙结构和钢结构。平法施工图将梁板式条形基础分解为基础梁和条形基础底板分别进行表达。

（2）板式条形基础。该类条形基础适用于钢筋混凝土剪力墙结构和砌体结构。平法施工图仅表达条形基础底板。

2）条形基础编号

条形基础编号分为基础梁编号和条形基础底板编号，按表 3-20 的规定进行编号。

表 3-20　条形基础梁及底板编号

类　　型		代号	序号	跨数及有无外伸	
基础梁		JL	××	（××）	端部外无外伸
条形基础底板	坡形	TJB_P	××	（××A）	一部外无外伸
	阶形	TJB_J	××	（××B）	两部外无外伸

注：条形基础通常采用坡形截面或单阶形截面。

3）基础梁的平面注写方式

基础梁 JL 的平面注写方式，分集中标注的原位标注两部分内容。

（1）基础梁的集中标注内容为：基础梁编号、截面尺寸、配筋三项必注内容，以及基础梁底面标高（与基础底面基准标高不同时）和必要的文字注解两项选注内容，具体规定如下。

① 注写基础梁编号（必注内容），如表 3-20 所示。

② 注写基础梁截面尺寸（必注内容）。注写"$b×h$"，表示梁截面宽度与高度；当为加腋时，用"$b×h\ Yc_1×c_2$"表示，其中"c_1"为腋长，"c_2"为腋高。

③ 注写基础梁配筋（必注内容）：注写基础梁箍筋；注写基础梁底部、顶部及侧面纵向钢筋。

④ 注写基础梁底面标高（选注内容）。

⑤ 必要的文字注解（选注内容）。

（2）基础梁的原位标注规定如下。

① 原位标注基础梁端或梁在柱下区域的底部全部纵筋（包括底部非贯通纵筋和已集中注写的底部贯通纵筋）。

② 原位注写基础梁的附加箍筋或（反扣）吊筋。

③ 原位注写基础梁外伸部位的变截面高度尺寸。

④ 原位注写修正内容。

4）条形基础底板的平面注写方式

条形基础底板的平面注写方式，分集中标注和原位标注两部分内容。

（1）条形基础底板的集中标注内容为：条形基础底板编号、截面竖向尺寸、配筋三项必注内容，以及条形基础底板底面标高（与基础底面基准标高不同时）、必要的文字注解两项选注内容。

素混凝土条形基础底板的集中标注，除无底板配筋内容外与钢筋混凝土条形基础底板相同，具体规定如下。

① 注写条形基础底板编号（必注内容），如表3-20所示。
② 注写条形基础底板截面竖向尺寸（必注内容）。
③ 注写条形基础底板询问及顶部配筋（必注内容）。
④ 注写条形基础底板底面标高（选注内容）。
⑤ 必要的文字注解（选注内容）。

（2）条形基础底板的原位标注规定如下。

① 原位注写条形基础底板的平面尺寸。
② 原位注写修正内容。

5）条形基础的截面注写方式

条形基础的截面注写方式，可分为截面标注和列表注写（结合截面示意图）两种。无论采用哪种方式，都应在基础平面布置图上对所有条形基础进行编号，如表3-20所示。

（1）对条形基础进行截面标注的内容和形式，与传统"单构件正投影表示方法"基本相同。对于已在基础平面布置图上原位标注清楚的该条形基础梁和条形基础底板的水平尺寸，可不在截面图上重复表达，具体表达内容可参照本图集中相应的标准构造。

（2）对多个条形基础可采用列表注写（结合截面示意图）的方式进行集中表达。表中内容为条形基础截面的几何数据和配筋，截面示意图上应标注与表中栏目相对应的代号。列表的具体内容规定如下。

① 基础梁。基础梁列表集中注写栏目如下。

• 编号：注写JL××（××）、JL××（××A）或JL××（××B）。
• 几何尺寸：梁截面宽度与高度"$b×h$"。当为加腋梁时，注写"$b×h$ 加腋 $c_1×c_2$"。
• 配筋：注写基础梁底部贯通纵筋+非贯通纵筋，顶部贯通纵筋，箍筋。当设计为两种箍筋时，箍筋注写为：第一种箍筋/第二种箍筋。第一种箍筋为梁端部箍筋，注写内容包括箍筋的箍数、钢筋级别、直径、间距与肢数。

基础梁列表格式如表3-21所示。

表3-21 基础梁列表

基础梁编号/截面号	截面几何尺寸		配筋	
	$b×h$	加腋 $c_1×c_2$	底部贯通纵筋+非贯通纵筋，顶部贯通纵筋	第一种箍筋/第二种箍筋

注：表中可根据实际情况增加栏目，如增加基础梁底面标高等。

② 条形基础底板。条形基础底板列表集中注写栏目如下。
- 编号：坡形截面编号为 TJBp×× （××）、TJBp×× （××A） 或 TJBp×× （××B），阶形截面编号为 TJB$_J$×× （××）、TJB$_J$×× （××A） 或 TJB$_J$×× （××B）。
- 几何尺寸：水平尺寸 "b、b_i"，$i=1, 2, 3, \cdots$；竖向尺寸 "h_1/h_2"。
- 配筋：B：⊕××@×××/⊕××@×××。

条形基础底板列表格式如表 3-22 所示。

表 3-22　条形基础底板列表

基础底板编号/截面号	截面几何尺寸			底部配筋	
	b	b_i	h_1/h_2	横向受力钢筋	纵向构造钢筋

注：表中可根据实际情况增加栏目，如增加上部配筋、基础底板底面标高（与基础底板底面基础标高不一致时）等。

5. 梁板式筏形基础平法施工图制图规则

1) 梁板式筏形基础平法施工图的表示方法

梁板式筏形基础平法施工图，是在基础平面布置上采用平面注写方式进行表达的。

（1）当绘制基础平面布置图时，应将梁板式筏形基础与其所的柱、墙一起绘制。当基础底面标高不同时，需注明与基础底面基准标高不同之处的范围和标高。

（2）通过选注基础梁底面与基础平板底面的标高高差来表达两者间的位置关系，可以明确其"高板位"（梁顶与板顶齐平）、"低板位"（梁底与板底齐平）以及"中板位"（板在梁的中部）三种不同位置组合的筏形基础，方便设计表达。

（3）对于轴线未居中的基础梁，应标注其定位尺寸。

2) 梁板式筏形基础构件的类型与编号

梁板式筏形基础由基础主梁、基础次梁、基础平板等构成，编号按表 3-23 的规定进行。

表 3-23　梁板式筏形基础构件编号

构件类型	代号	序号	跨数及有无外伸
基础主梁（柱下）	JL	××	(××) 或 (××A) 或 (××B)
基础次梁	JCL	××	(××) 或 (××A) 或 (××B)
梁板筏基础平板	LPB	××	

注：1. (××A) 为一端有外伸，(××B) 为两端有外伸，外伸不计入跨数。
　　2. 梁板式筏形基础平板跨数及是否有外伸分别在 X、Y 两向的贯通纵筋之后表达。图面从左至右为 X 向，从下至上为 Y 向。
　　3. 梁板式筏形基础主梁与条形基础梁 编号与标准构造详图一致。

3) 基础主梁与基础次梁的平面注写方式

基础主梁与基础次梁 的平面注写，分集中标注与原位标注两部分内容。

（1）基础主梁与基础次梁的集中标注内容为：基础梁编号、截面尺寸、配筋三项必注内容,以及基础梁底面标高高差(相对于筏形基础平板底面标高)一项选注内容,具体规定如下。

① 注写基础梁的编号,如表 3-23 所示。

② 注写基础梁的截面尺寸。以"$b \times h$"表示梁截面宽度与高度,当为加腋梁时,用"$b \times h$""$Yc_1 \times c_2$"表示,其中"c_1"为腋长,"c_2"为腋高。

③ 注写基础梁的配筋。

④ 注写基础梁底面标高高差(指相对于筏形基础平板底面标高的高差值),该项为选注值。

(2) 基础主梁与基础次梁的原位标注规定如下。

① 注写梁端(支座)区域的底部全部纵筋,包括已经集中注写过的贯通纵筋在内的所有纵筋。

② 注写基础梁的附加箍筋或(反扣)吊筋。

③ 当基础梁外伸部位变截面高度时,在该部位原位注写"$b \times h_1/h_2$","h_1"为根部截面高度,"h_2"为尽端截面高度。

④ 注写修正内容。

4) 梁板式筏形基础平板的平面注写方式

梁板式筏形基础平板的平面注写,分板底部与顶部贯通纵筋的集中标注与板底部附加非贯通纵筋的原位标注两部分内容;当仅设置贯通纵筋而未设置附加非贯通纵筋时,则仅做集中标注。

(1) 梁板式筏形基础平板贯通纵筋的集中标注,应在所表达的板区双向均为第一跨(X 与 Y 双向首跨)的板上引出(图面从左至右为 X 向,从下至上为 Y 向)。

板区划分条件:板厚相同、基础平板底部与顶部贯通纵筋配置相同的区域为同一板区。

集中标注的内容规定如下。

① 注写基础平板的编号。

② 注写基础平板的截面尺寸。注写"$h=\times\times\times$"表示板厚。

③ 注写基础平板的底部与顶部纵筋及其总长度。先注写 X 向底部(B 打头)贯通纵筋与顶部(T 打头)贯通纵筋及纵向长度范围;再注写 Y 向底部(B 打头)贯通纵筋与顶部(T 打头)贯通纵筋及纵向长度范围(图面从左至右为 X 向,从下至上为 Y 向)。

贯通纵筋的总长度注写在括号中,注写方式为"跨数及有无外伸",其表达形式为:(××)(无外伸)、(××A)(一端有外伸)或(××B)(两端有外伸)。

(2) 梁板式筏形基础平板的原位标注,主要表达板底部附加非贯通纵筋。

① 原位注写位置及内容。板底部原位标注的附加非贯通纵筋,应在配置相同跨的第一跨表达(当在基础梁悬挑部位单独配置时则在原位表达)。在配置相同跨的第一跨(或基础梁外伸部位),垂直于基础梁绘制一段中粗虚线(当该筋通彻设置在外伸部位或短跨板下部时,应画至对边或贯通短跨),在虚线上注写编号(如①、②等)、配筋值、横向布置的跨数及是否布置到外伸部位。

② 注写修正内容。当集中标注的某些内容不适用于梁板式筏形基础平板某板区的某一板跨时,应由设计者在该板跨内注明,施工时应按注明内容取用。

③ 当若干基础梁下基础平板的底部附加非贯通纵筋配置相同时（其底部、顶部的贯通纵筋可以不同），可仅在一根基础梁下做原位注写，并在其他梁上注明"该梁下基础平板底部附加非贯通纵筋同××基础梁"。

(3) 梁板式筏形基础平板的平面注写规定，同样适用于钢筋混凝土墙下的基础平板。

6. 平板式筏形基础平法施工图制图规则

1) 平板式筏形基础规范施工图的表示方法

平板式筏形基础平法施工图，是在基础平面布置图上采用平面注写方式表达的。

当绘制基础平面布置图时，应将平板式筏形基础与其支承的柱、墙一起绘制。当基础底面标高不同时，需注明与基础底面基准标高不同之处的标高。

2) 平板式筏形基础构件的类型与编号

平板式筏形基础可划分为柱下板带和跨中板带；若不分板带，就按基础平板进行表达。平板式筏形基础构件编号按表3-24的规定进行。

表3-24 平板式筏形基础构件编号

构件类型	代 号	序 号	跨数及有无外伸
柱下板带	ZXB	××	（××）或（××A）或（××B）
跨中板带	KZB	××	（××）或（××A）或（××B）
平板筏基础平板	BPB	××	

注：1. (××A) 为一端有外伸，(××B) 为两端有外伸，外伸不计入跨数。
　　2. 平板式筏形基础平板，其跨数及是否有外伸分别在 X，Y 两向的贯通纵筋之后表达。图面从左到右为 X 向，从下到上为 Y 向。

3) 柱下板带、跨中板带的平面注写方式

柱下板带（视其为无箍筋的宽扁梁）与跨中板带的平面注写，分板带底部与顶部贯通纵筋的集中标注与板带底部附加非贯通纵筋的原位标注两部分内容。

(1) 柱下板带与跨中板带的集中标注，应在第一跨（X 向为左端跨，Y 向为下端跨）引出，具体规定如下。

① 注写编号，如表3-24所示。

② 注写截面尺寸，注写"$b=×××$"表示板带宽度（在图注中注明基础平板厚度）。确定柱下板带宽度应根据规范要求与结构实际受力需要。当柱下板带宽度确定后，跨中板带宽度亦随之确定（即相信两平等柱下板带之间的距离）。当柱下板带中心线偏离柱中心线时，应在平面图上标注其定位尺寸。

③ 注写底部与顶部贯通纵筋。注写底部贯通纵筋（B打头）与顶部贯通纵筋（T打头）的规格与间距，用分号"；"将其分隔开；柱下板带的柱下区域，通常在其底部贯通纵筋的间隔内插空设有（原位注写的）底部附加非贯通纵筋。

(2) 柱下板带与跨中板带原位标注的内容，主要为底部附加非贯通纵筋，具体规定如下。

① 注写内容：以一段与板带同向的中粗虚线代表附加非贯通纵筋；柱下板带，贯穿其柱下区域绘制；跨中板带，横贯柱中线绘制。在虚线上注写底部附加非贯通纵筋的编号、钢筋级别、直径、间距，以及自柱中线分别向两侧跨内的伸出长度值。当向两侧对称伸出时，

长度值可仅在一侧标注,另一侧不注。外伸部位的伸出长度与方式按标准构造,设计不注。对同一板带中底部附加非贯通筋相同者,可仅在一根钢筋上注写,其他可仅在中粗虚线上注写编号。

② 注写修正内容。当在柱下板带、跨中板带上集中标注的某些内容(如截面尺寸、底部与顶部贯通纵等)不适用于某跨或某外伸部分时,则将数值原位标注在该跨或该外伸部位,施工时原位标注取值优先。

(3) 柱下板带与跨中板带的注写规定,同样适用于平板式筏形基础上局部有剪力墙的情况。

4) 平板式筏形基础平板的平面注写方式

平板式筏形基础的平面注写,分板底部与顶部贯通纵筋的集中标注与板底部附加非贯通纵筋的原位标注两部分内容。当仅设置底部与顶部贯通纵筋而未设置底部附加非贯通纵筋时,仅做集中标注。

基础平板的平面注写与柱下板带、跨中板带的平面注写为不同的表达方式,但可以表达同样的内容。当整片板式筏形基础配筋比较规律时,宜采用基础平板平面注写的表达方式。

(1) 平板式筏形基础的集中标注,除按表 3-24 所示注写编号外,所有规定均与梁板式筏形基础平板贯通纵筋的集中标注相同。

当某向底部贯通纵筋或顶部贯通纵筋的配置,在跨内有两种不同间距时,先注写跨内两端的第一种间距,并在前面加注纵筋根数(以表示其分布的范围);再注写跨中部的第二种间距(不需加注根数);两者用"/"分隔。

(2) 平板式筏形基础平板的原位标注,主要表达横跨柱中心线下的底部附加非贯通纵筋,注写规定如下。

① 原位注写位置及内容。在配置相同的若干跨的第一跨下,垂直于柱中线绘制,一段中粗虚线代表底部附加非贯通纵筋,在虚线上的注写内容与梁板式筏形基础平板的原位标注中"原位注写位置及内容"相同。

② 当某些柱中心线下的基础平板底部附加非贯通纵筋横向配置相同时(其底部、顶部的贯通纵筋可以不同),可仅在一条中心线下做原位注写,并在其他柱中心线上注明"该柱中心线下基础平板底部附加非贯通纵筋同××柱中心线"。

(4) 平板式筏形基础平板的平面注写规定,同样适用于平板式筏形基础上局部有剪力墙的情况。

3.8.6 技能训练项目

以图 3-53 所示的基础平面布置图为例进行训练。

1. 训练任务

识图 3-53 所示的基础平面布置图。

2. 训练目标

(1) 识读文字说明。
(2) 识读出各个基础的定位位置。
(3) 识读基础板底钢筋的形式和长度。
(4) 识读伸入基础的插筋规格。

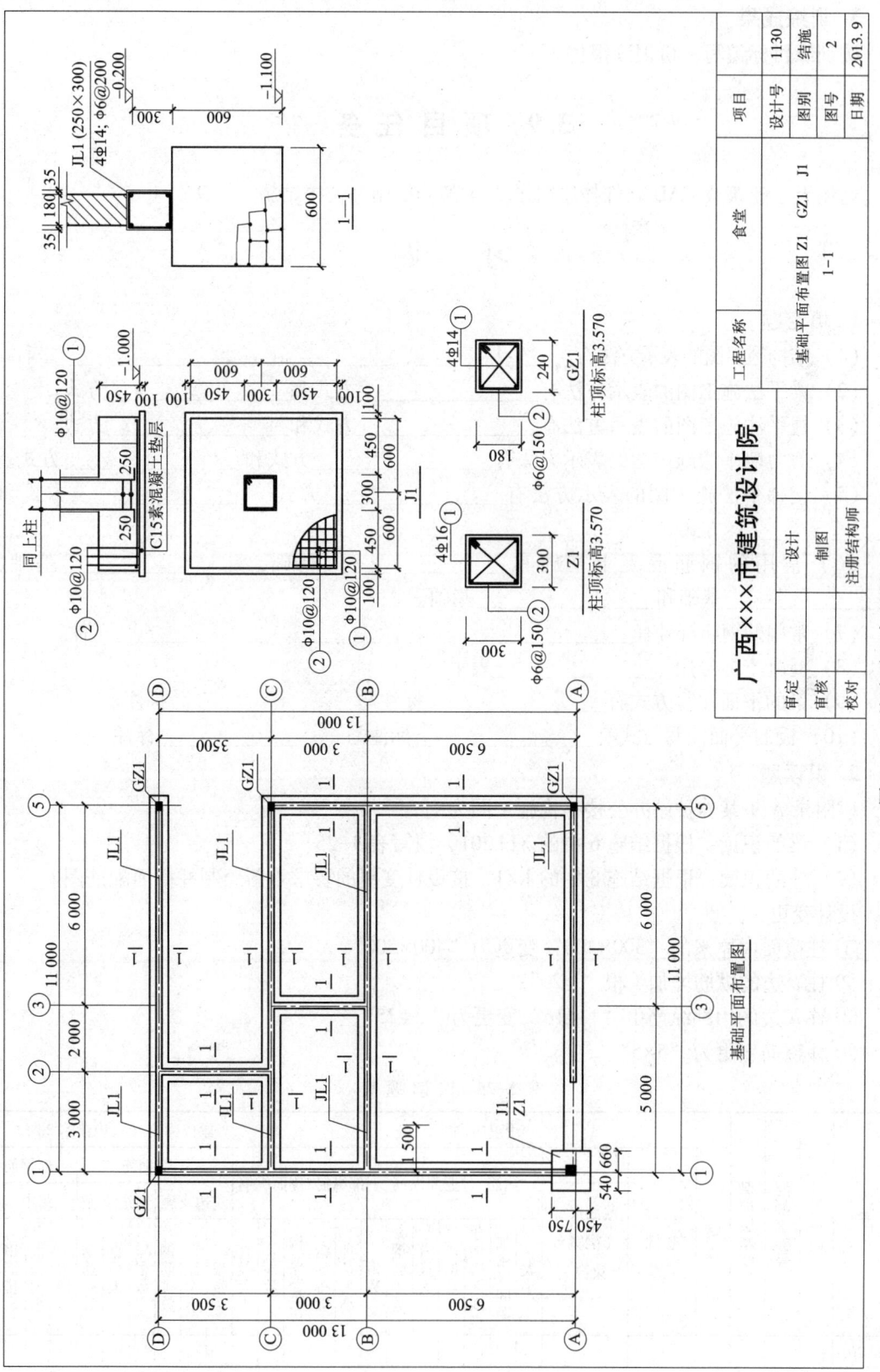

图 3-53 基础平面布置图

3. 训练成果

按训练目标编写一份识读报告。

3.9 项目任务

运用天正建筑或 CAD 软件抄绘附录 A.1 某养护站办公楼结施 1～9。

习 题

1. 填空题

（1）结构施工图的表示方法有_____、_____、_____三种。

（2）梁平法施工图的表示方法有_____方式和_____方式。

（3）柱平法施工图的表示方法有_____方式和_____方式。

（4）剪力墙平法施工图的表示方法有_____方式和_____方式。

（5）楼梯平法施工图的表示方法有_____方式、_____方式和_____方式。

（6）常用的钢筋混凝土基础有_____基础、_____基础、_____基础和_____基础。

（7）常用的钢筋符号有_____、_____、_____三种。

（8）混凝土标号用_____表示。

（9）梁的平面注写方式有_____标注与_____标注。

（10）板的平面注写方式有_____标注与_____标注。

2. 识读题

以附录 A.1 某养护站办公楼结构施工图为例。

（1）梁的识读：根据结施 6 中的 XLL201，填写表 3-25。

（2）柱的识读：根据结施 8 中的 KZ1，按设计变更的要求重新绘制柱截面配筋图。

设计变更：

① 柱截面由原来的"300×300"变更为"400×500"；

② 柱 b 边的纵筋增加 1 根"Φ20"；

③ 柱 h 边的中部纵筋由"1Φ16"变更为"3Φ25"；

④ 柱箍筋变更为"5×5"。

表 3-25 识 读 题 表

梁号	梁标高	混凝土标号	保护层厚度	跨数	是否悬挑（几端）	截面尺寸（梁宽×梁高）	集中标注								原位标注（只识读第2跨）					
							箍筋			上部纵筋		下部纵筋		侧面纵筋		左边支座		右边支座		跨中	
							大小	加密区间距	非加密区间距	根数	直径大小	根数	直径大小 钢筋排数	根数	构造或抗扭	根数	直径大小 钢筋排数	根数	直径大小 钢筋排数	根数	直径大小 钢筋排数
XLL201																					

3. 简答题

（1）梁集中标注的五项必注值是什么？

（2）梁原位标注包括哪些内容？

（3）板的集中标注包括哪些内容？

（4）板支座原位标注包括哪些内容？

（5）在什么情况下设置梁侧面纵向构造筋？拉筋的直径是如何要求的？

第4章 建筑给水排水施工图识读

▲ 导读

建筑给水排水施工图（习惯上简称给排水施工图）包括图纸目录、主要设备材料表、设计说明、图例、平面图、系统图、施工详图等。

▲ 知识目标

(1) 了解室内给水排水系统的组成及分类。
(2) 熟悉室内给水排水系统常用材料。
(3) 掌握室内给水排水系统安装的工艺要求。
(4) 能掌握给水排水系统施工图的识读方法，具有室内给水排水系统的识读能力。

▲ 能力目标

(1) 室内给水排水系统的识读。
(2) 运用数学规则计算室内给水排水系统的工程量。

4.1 建筑给水排水（雨水）工程

任务描述：图 4-1 所示为某一层给水排水平面图与系统图。试识读该给水排水施工图。

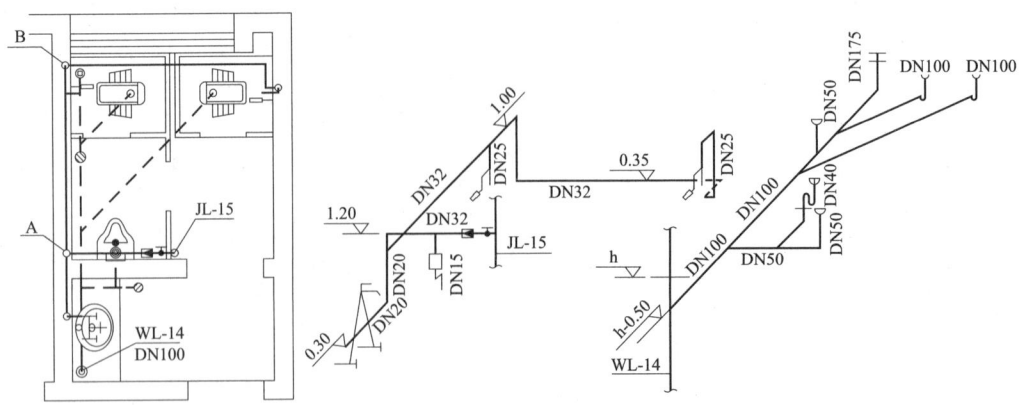

图 4-1 给水排水施工图

1. 识图任务

(1) 哪一条线属于给水，哪一条线属于排水？
(2) 排水平面图蹲式大便器和检查口的排水管径为多少？
(3) 哪一个属于给水系统图，哪一个属于排水系统图？

2. 识图提示

（1）图中有哪些设备？

（2）图中有哪些不同管径的管道？

（3）管道的最大管径和最小管径分别是多少？

（4）管道的起点、终点在哪里？

4.1.1　常用管材

1. 金属管

常用的金属管有以下几种。

（1）无缝钢管：无缝钢管是用普通碳素钢、优质碳素钢或低合金钢用热轧或冷轧工艺制造而成，其外观特征是纵、横向均无焊缝，常用于生产给水系统，满足各种工业用水，如冷却用水、锅炉给水等。

无缝钢管在同一外径下往往有几种壁厚，所以这种管材和管件的规格一般不用公称直径表示而以实际的外径乘以实际的壁厚来表示。例如，D57×4 表示无缝钢管的外径是 57 mm，壁厚是 4 mm。

无缝钢管通常采用焊接连接，一般不采用螺纹连接，因其规格不是公称直径，所需的连接管件配不上。

（2）焊接钢管：焊接钢管又称有缝钢管，包括普通焊接钢管、螺旋缝电焊钢管等，采用普通碳素钢制造而成。

① 普通焊接钢管：普通焊接钢管又名水煤气管，可分为镀锌钢管（白铁管）和非镀锌钢管（黑铁管）。适用于生活给水、消防给水、采暖系统等工作压力低和要求不高的管道系统中。

其规格中公称直径"DN"表示，如 DN100，表示的是该管的公称直径为 100 mm。

普通焊接钢管的连接方式有焊接、螺纹、法兰和沟槽连接，镀锌钢管应避免焊接。

② 螺旋缝电焊钢管：螺旋缝电焊钢管也叫螺旋钢管，采用钢板卷制、焊接而成。其规格用外径"D"表示，常用规格 D219～D720 mm。管材通常用于工作压力小于等于 1.6 MPa、介质温度不超过 200 ℃的直径较大的远距离输送管道。

焊接钢管按管道壁厚不同又分为一般焊接钢管和加厚焊接钢管。一般焊接钢管用于工作压力小于 1 MPa 的管路系统中，加厚焊接钢管用于工作压力小于 1.6 MPa 的管路系统中。

（3）铸铁管：铸铁管由生铁制成，按材质可分为灰口铁管、球墨铸铁管及高硅铁管，多用于给水管道埋地敷设的给水排水系统工程中。铸铁管的优点是耐腐蚀、耐用，缺点是质脆、重量大、加工和安装难度大、不能承受较大的动荷载。

铸铁管通常采用承插口连接和法兰连接两种方式，管段之间采用承插连接，需要拆卸和与设备、阀门之间连接采用法兰连接。

铸铁管以公称直径"DN"表示，如 DN300 表示该管公称直径为 300 mm。工程中对于大管径的铸铁管通常仅用"D"表示，如 DN300 也可写成 D300。

2. 复合管

常用的复合管有以下几种。

（1）钢塑复合管：钢塑复合管由普通镀锌钢管和管件以及 ABS、PVC、PE 等工程塑料管道复合而成，兼镀锌钢管和普通塑料管的优点。

钢塑复合管一般采用螺纹连接。

（2）铜塑复合管：铜塑复合管是一种新型的给水管材，由外层为热导率小的塑料和内层稳定性极高的铜管复合而成，从而综合了铜管和塑料管的优点，具有良好的保温性能和耐腐蚀性能，有配套的铜质管件，连接快捷方便，但价格较高，主要用于星级宾馆的室内热水供应系统。

（3）铝塑复合管：铝塑复合管是以焊接铝管为中间层，内外层均为聚乙烯塑料管道，广泛用于民用建筑室内冷热水、空调水、采暖系统及室内煤气、天燃气管道系统。

铜塑复合管和铝塑复合管一般采用卡套式连接。

（4）钢骨架塑料复合管：钢骨架塑料复合管是钢丝缠绕网骨架增强聚乙烯复合管的简称，它是用高强度钢丝缠绕成的钢丝骨架为基体，内外覆高密度聚乙烯，具有耐冲击性、耐腐蚀性和内壁光滑、输送阻力小等特点，是解决塑料管道承压问题的最佳解决方案。

钢骨架塑料复合管一般采用热熔连接。

3. 塑料给水管

常用的塑料给水管有以下几种。

（1）**硬聚氯乙烯塑料管（PVC-U 管）**：硬聚氯乙烯塑料管是以 PVC 树脂为主加入必要的添加剂进行混合、加热挤压而成，该管材常用于输送温度不超过 45 ℃的水。

PVC-U 管一般采用承插连接或弹性密封圈连接，与阀门、水表或设备连接时可采用螺纹或法兰连接。

（2）**PE 塑料管**：PE 塑料管常用于室外埋地敷设的燃气管道和给水工程中，一般采用电熔焊、对接焊、热熔承插焊等。

（3）**工程塑料管**：工程塑料管又称 ABS 管，是由丙烯腈-丁二烯-苯乙烯三元共聚物粒料经注射、挤压成型的热塑性塑料管。该管强度高，耐冲击，使用温度为-40 ℃～80 ℃。常用于建筑室内生活冷、热水供应系统及中央空调水系统中。工程塑料管一般采用承插粘合连接，与阀门、水表或设备连接时可采用螺纹或法兰连接。

（4）**PP-R 塑料管**：PP-R 塑料管是由丙烯-乙烯共聚物加入适量的稳定剂，挤压成型的热塑性塑料管，特点是耐腐蚀、不结垢；耐高温（95 ℃）、高压；质量轻、安装方便。其主要应用于建筑室内生活冷、热水供应系统及中央空调水系统中。

PP-R 塑料管一般采用热熔连接，与阀门、水表或设备连接时可采用螺纹或法兰连接。

4. 塑料排水管

常用的塑料排水管有以下几种。

（1）**硬聚氯乙烯塑料管（PVC-U 管）**：建筑排水用硬聚氯乙烯管的公称外径有 40、50、75、110、160 mm，壁厚 2～4 mm。

PVC-U 管排水管用"公称外径×壁厚"的方法表示规格，连接方式为承插粘接。

PVC-U 排水管道适用于建筑室内排水系统，当建筑高度大于或等于 100 m 时不宜采用塑料排水管，可选用柔性抗振金属排水管，如铸铁排水管。

（2）**双壁波纹管**：双壁波纹管分为高密度聚乙烯（HDPE）双壁波纹管和聚氯乙烯（U-PVC）双壁波纹管，是一种用料省，刚性高，弯曲性优良，具有波纹状外壁、光滑内壁的管材。其连接方式为挤压夹紧、热熔合、电熔合。

常见的塑料排水管管件如图 4-2 所示。

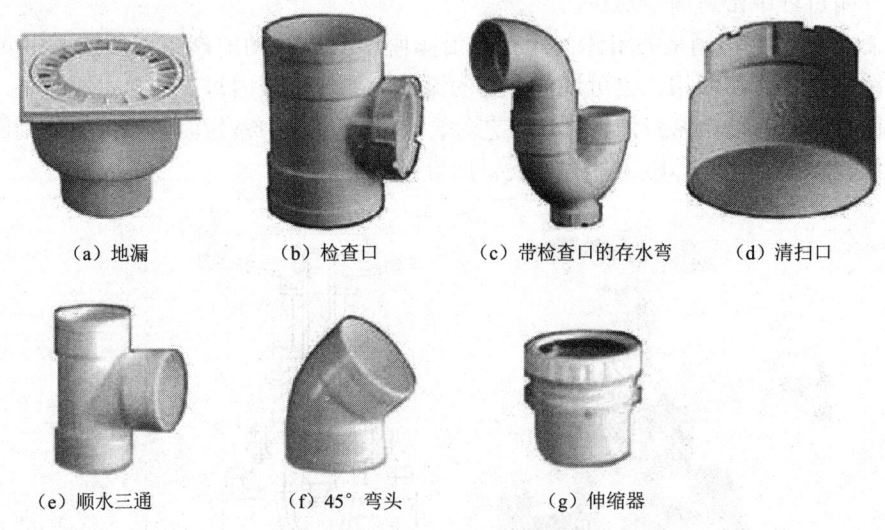

图 4-2　常用的塑料排水管管件

5. 钢筋混凝土管

钢筋混凝土管可分为普通的钢筋混凝土管（RCP）、自应力钢筋混凝土管（SPCP）和预应力钢筋混凝土管（PCP）。钢筋混凝土管的特点是节省钢材，价格低廉（和金属管材相比），防腐蚀性能好，具有较好的抗渗性、耐久性，能就地取材。目前大多生产的钢筋混凝土管管径为 100～1 500 mm。

4.1.2　常用阀门

1. 阀门分类

根据阀门的不同用途可分为以下几种。
（1）开断用：用来接通或切断管路介质，如截止阀、闸阀、球阀、蝶阀等。
（2）止回用：用来防止介质倒流，如止回阀。
（3）调节用：用来调节介质的压力和流量，如调节阀、减压阀。
（4）分配用：用来改变介质流向、分配介质，如三通旋塞、分配阀、滑阀等。
（5）安全阀：在介质压力超过规定值时，用来排放多余的介质，保证管路系统及设备安全，如安全阀、事故阀等。
（6）其他特殊用途阀门。

2. 常用阀门

常用的阀门有以下几种。
（1）闸阀：闸阀指关闭件（闸板）沿通路中心线的垂直方向移动的阀门，如图 4-3 所示。

闸阀是使用很广的一种阀门，它在管路中主要作切断用，一般口径大于等于 50 mm 的切断装置且不经常开闭时都选用它，如水泵进出水口、引入管总阀等。还有一些小口径也用闸阀，如铜闸阀。

闸阀具有流体阻力小,介质的流向不受限制的特点,缺点是外形尺寸较大,安装所需空间较大,开闭过程中密封面容易擦伤。

(2) 截止阀:截止阀是关闭件(阀瓣)沿阀座中心线移动的阀门,如图 4-4 所示。截止阀在管路中主要作切断用,也可调节一定的流量,如住宅楼内每户的总水阀。

截止阀通常只有一个密封面,制造工艺好,在开闭过程中密封面的摩擦力比闸阀小,耐磨且便于维修;缺点是流体阻力损失较大,而且具有方向性。

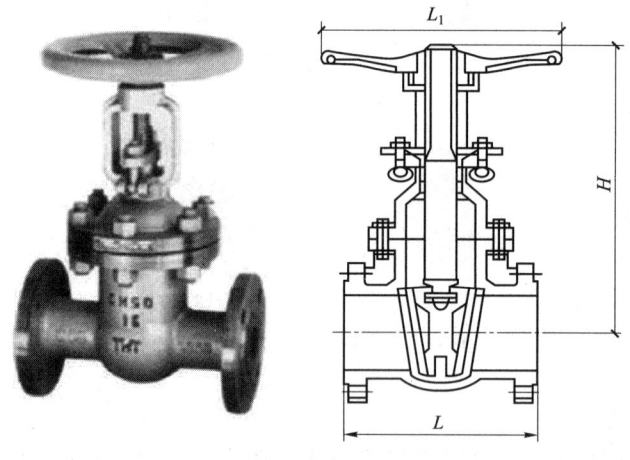

图 4-3 闸阀

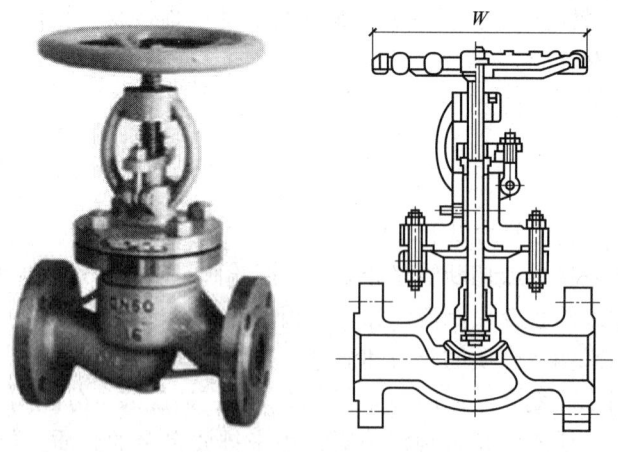

图 4-4 截止阀

(3) 止回阀:止回阀是指依靠介质本身流动而自动开、闭阀瓣的阀门,如图 4-5 所示,用来防止介质倒流,又称逆止阀、单向阀、逆流阀和背压阀,其安装示意图如图 4-6 所示。止回阀根据用途不同又有如下几种形式。

① 消声式止回阀:消声式止回阀主要由阀体、阀座、导流体、阀瓣、轴承及弹簧等主要零件组成,内部流道采用流线型设计,压力损失极小。阀瓣启闭行程很短,停泵时可快速关闭,从而防止巨大的水锤声,具有静音关闭的特点。该阀主要用于给水排水、消防及暖通系统,可安装于水泵出口处,以防止倒流及水锤对泵的损害。

② 多功能水泵控制阀:一般安装在高层建筑给水系统以及其他给水系统的水泵出口管

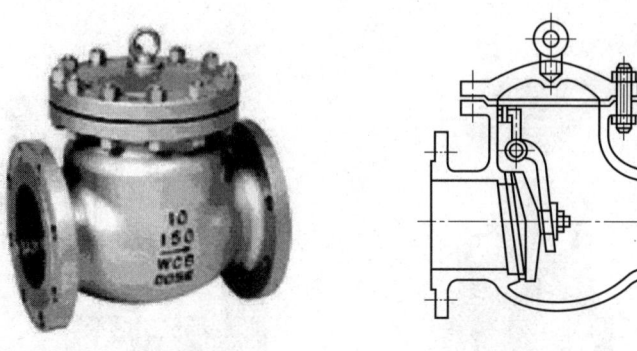

图 4-5　止回阀

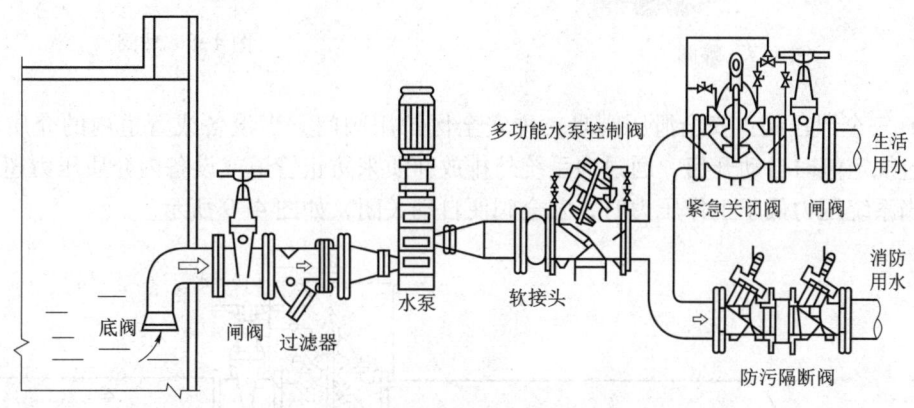

图 4-6　止回阀典型安装示意图

道上，用来防止介质倒流，防止水锤及水击现象的产生，兼具电动阀、逆止阀和水锤消除器三种功能，可有效地提高供水系统的安全可靠性。

③ 倒流防止器：用于高层建筑的供水系统、消防水系统、空调水系统及市政供水管道系统等，用来防止不洁净水倒流入主管。

④ 防污隔断阀：它是一种安装在各类管路系统中用于严格阻止介质倒流，保护其后的介质或设备不受污染的止逆类阀门。它由两个串联的止回阀和过渡部分组成，密封严密，确保介质无一点回流，安全可靠。

⑤ 底阀：底阀安装在水泵水下吸管的底端，限制水泵管内液体返回水源，起着只进不出的功能，相当于止回阀，主要应用在抽水的管路上。

（4）蝶阀：它是蝶板在阀体内绕固定轴旋转的阀门，主要由阀体、蝶板、阀杆、密封圈和传动装置组成，如图 4-7 所示。蝶阀在管路中主要作切断用，也可调节一定的流量。

蝶阀具有结构简单、外形尺寸小、启闭方便迅速、调节性能好的特点，蝶板旋转 90° 即可完成启闭，通过改变蝶板的旋转角度可以分级控制流量。蝶阀的主要缺点是蝶板占据一定的过水断面，增大一定的水头损失。蝶阀通常采用法兰连接或对夹连接。

（5）球阀：球阀和旋塞阀是同属一个类型的阀门，它的关闭件是个球体，是通过球体绕阀体中心线作旋转运动来达到开启、关闭的一种阀门，如图 4-8 所示。球阀在管路中主要用来切断、分配和改变介质的流动方向。在水暖工程中，使用的都是小口径的球阀，采用螺纹连接或法兰连接。

图 4-7 蝶阀

图 4-8 球阀

（6）安全泄压阀：安全泄压阀是一种安全保护用阀门，当设备或管道内的介质压力升高，超过规定值时自动开启，通过向系统外排放介质来防止管道或设备内介质压力超过规定数值；当系统压力低于工作压力时，安全阀便自动关闭，如图 4-9 所示。

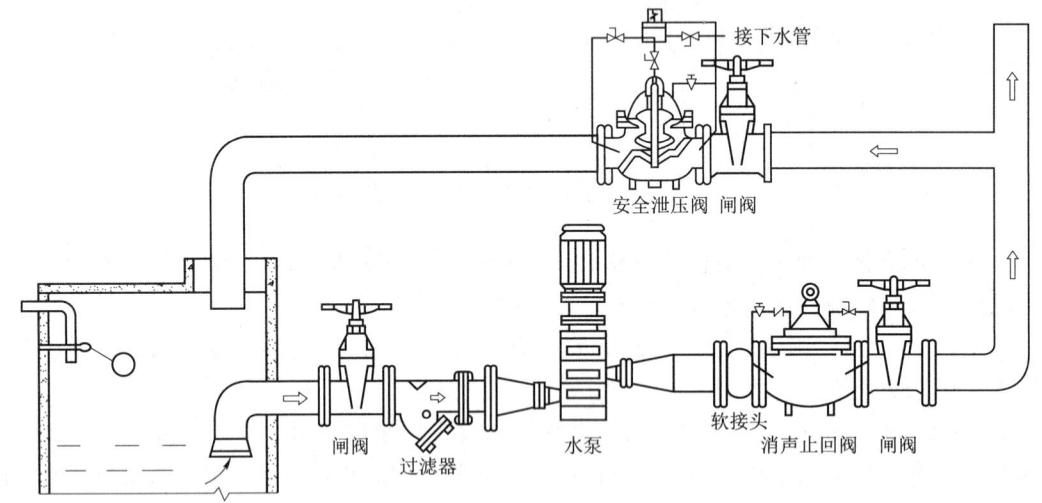

图 4-9 安全泄压阀安装示意图

（7）疏水阀：疏水阀是用于蒸汽加热设备、蒸汽管网和凝结水回收系统的一种阀门，如图 4-10 所示。它能迅速、自动、连续地排除凝结水，有效地阻止蒸汽泄漏。

（8）水位控制阀：它是一种自动控制水箱、水塔液面高度的水力控制阀。当水面下降超过预设值时，浮球阀打开，活塞上腔室压力降低，活塞上下形成压差，在此压差作用下阀瓣打开进行供水作业；当水位上升到预设高度时，浮球阀关闭，活塞上腔室压力不断增大致使阀瓣关闭停止供水，如图 4-11 所示。如此往复自动控制液面在设定高度，实现自动供水功能。该产品适用于工矿企业、民用建筑中各种水箱（池）、水塔的自动供水系统，并可用作常压锅炉循环供水控制阀。

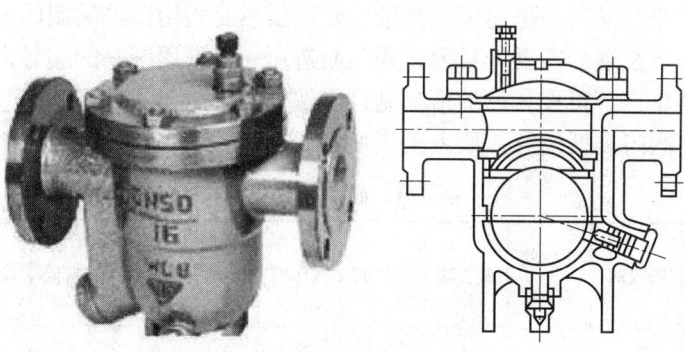

图 4-10 疏水阀

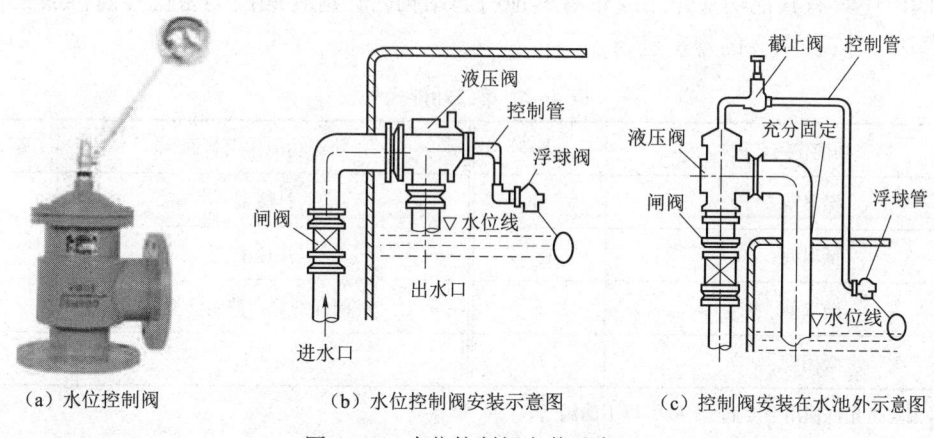

(a) 水位控制阀　　(b) 水位控制阀安装示意图　　(c) 控制阀安装在水池外示意图

图 4-11 水位控制阀安装示意图

3. 常用阀门型号表示方法

阀门产品的型号是由七个单元组成，用来表明阀门类别、驱动种类、连接形式、结构形式、密封面或衬里材料、公称压力及阀体材料，如图 4-12 所示。

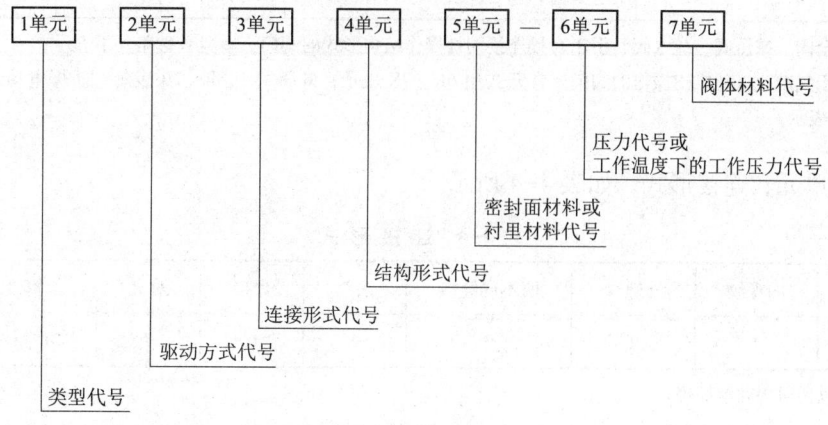

图 4-12 阀门型号表示方法

阀门型号的标准化对阀门的设计、选用、经销，提供了方便。当今阀门的类型和材料种类越来越多，阀门型号的编制也愈来愈复杂。我国虽然有阀门型号编制的统一标准，但已逐渐不能适应阀门工业发展的需要。目前，阀门制造厂一般采用统一的编号方法；不能采用统一编号方法的，各生产厂可按自己的情况制订出编号方法。

(1) 1 单元：阀门类型代号，如表 4-1 所示。

表 4-1 阀门类型代号

类型	安全阀	蝶阀	隔膜阀	止回阀底阀	截止阀	节流阀	排污阀	球阀	疏水阀	柱塞阀	旋塞阀	减压阀	闸阀
代号	A	D	G	H	J	L	P	Q	S	U	X	Y	Z

当阀门还具有其他功能作用或带有其他特异结构时，应在阀门类型代号前再加注一个汉语拼音字母，按表 4-2 的规定进行。

表 4-2 第二功能代号

第二功能作用名称	代号	第二功能作用名称	代号
保温型	B	排渣型	P
低温型	D①	快速型	Q
防火型	F	（阀杆密封）波纹管型	W
缓闭型	H	—	—

① 低温型指允许使用温度低于 -46℃ 以下的阀门。

(2) 2 单元：传动方式，如表 4-3 所示。

表 4-3 传 动 方 式

传动方式	电磁动	电磁-液动	电-液动	蜗轮	正齿轮	伞齿轮	气动	液动	气-液动	电动	手柄手轮
代号	0	1	2	3	4	5	6	7	8	9	无代号

注：1. 安全阀、减压阀、疏水阀、手轮直接连接阀杆操作结构形式的阀门，本代号省略，不表示；
2. 对于气动或液动机构操作的阀门：常开式用 6K、7K 表示；常闭式用 6B、7B 表示；防爆电动装置的阀门用 9B 表示。

(3) 3 单元：连接形式，如表 4-4 所示。

表 4-4 连 接 形 式

连接方式	内螺纹	外螺纹	两不同连接	法兰	焊接	对夹	卡箍	卡套
代号	1	2	3	4	6	7	8	9

注：焊接包括对焊和承插焊。

(4) 4 单元：结构形式，用阿拉伯数字表示，按表 4-5～表 4-15 的规定进行。

表 4-5 闸阀结构形式代号

结构形式			代号
阀杆升降式（明杆）	楔式闸板	弹性闸板	0
		刚性闸板 单闸板	1
		刚性闸板 双闸板	2
	平行式闸板	刚性闸板 单闸板	3
		刚性闸板 双闸板	4
阀杆非升降式（暗杆）	楔式闸板	单闸板	5
		双闸板	6
	平行式闸板	单闸板	7
		双闸板	8

表 4-6 截止阀、节流阀和柱塞阀结构形式代号

结构形式		代号	结构形式		代号
阀瓣非平衡式	直通流道	1	阀瓣平衡式	直通流道	6
	Z 形流道	2		角式流道	7
	三通流道	3		—	—
	角式流道	4		—	—
	直流流道	5		—	—

表 4-7 球阀结构形式代号

结构形式		代号	结构形式		代号
浮动球	直通流道	1	固定球	直通流道	7
	Y 形三通流道	2		四通流道	6
	L 形三通流道	4		T 形三通流道	8
	T 形三通流道	5		L 形三通流道	9
	—	—		半球直通	0

表 4-8 蝶阀结构形式代号

结构形式		代号	结构形式		代号
密封型	单偏心	0	非密封型	单偏心	5
	中心垂直板	1		中心垂直板	6
	双偏心	2		双偏心	7
	三偏心	3		三偏心	8
	连杆机构	4		连杆机构	9

表 4-9　隔膜阀结构形式代号

结构形式	代号	结构形式	代号
屋脊流道	1	直通流道	6
直流流道	5	Y形角式流道	8

表 4-10　旋塞阀结构形式代号

结构形式		代号	结构形式		代号
填料密封	直通流道	3	油密封	直通流道	7
	T形三通流道	4		T形三通流道	8
	四通流道	5	—	—	—

表 4-11　止回阀结构形式代号

结构形式		代号	结构形式		代号
升降式阀瓣	直通流道	1	旋启式阀瓣	单瓣结构	4
	立式结构	2		多瓣结构	5
	角式流道	3		双瓣结构	6
—	—	—	蝶形止回式		7

表 4-12　安全阀结构形式代号

结构形式		代号	结构形式		代号
弹簧载荷弹簧密封结构	带散热片全启式	0	弹簧载荷弹簧不封闭且带扳手结构	微启式、双联阀	3
	微启式	1		微启式	7
	全启式	2		全启式	8
	带扳手全启式	4	—	—	—
杠杆式	单杠杆	2	带控制机构全启式		6
	双杠杆	4	脉冲式		9

表 4-13　减压阀结构形式代号

结构形式	代号	结构形式	代号
薄膜式	1	波纹管式	4
弹簧薄膜式	2	杠杆式	5
活塞式	3	—	—

表 4-14　蒸汽疏水阀结构形式代号

结构形式	代号	结构形式	代号
浮球式	1	蒸汽压力式或膜盒式	6
浮桶式	3	双金属片式	7
液体或固体膨胀式	4	脉冲式	8
钟形浮子式	5	圆盘热动力式	9

表 4-15　排污阀结构形式代号

结构形式		代号	结构形式		代号
液面连接排放	截止型直通式	1	液底间断排放	截止型直流式	5
	截止型角式	2		截止型直通式	6
	—	—		截止型角式	7
	—	—		浮动闸板型直通式	8

(5) 5 单元：密封副材料，如表 4-16 所示。

表 4-16　密封副材料

材料	锡基轴承合金巴氏合金	搪	渗氮钢	18-8 系不锈钢	氟塑料	玻璃	Cr13 不锈钢	衬胶	蒙乃尔合金	尼龙塑料	渗硼钢	衬铅	Mo2Ti 不锈钢	塑料	铜合金	橡胶	硬质合金	阀体直接加工
代号	B	C	D	E	F	G	H	J	M	N	P	Q	R	S	T	X	Y	W

注：当密封副的密封面材料不同时，以硬度低的材料代号表示。

(6) 6 单元：公称压力。

公称压力：与管道系统元件的力学性能和尺寸特性相关、用于参考的字母和数字组合的标识，它由字母 PN 和后跟无因次的数字组成。

① 字母 PN 后跟的数字不代表测量值，不应用于计算目的，除非在有关标准中另有规定。

② 除与相关的管道元件标准有关联外，术语 PN 不具有意义。

③ 管道元件允许压力取决于元件的 PN 数值、材料、设计和允许工作温度等，允许压力在相应标准的压力温度等级表中给出。

④ 具有同样 PN 和 DN 数值的所有管道元件同与其相配的法兰应具有相同的配合尺寸。

PN 的最新定义来自标准 GB/T 1048—2005《管道元件 PN（公称压力）的定义和选用》，并被各管件和管材标准中加以引用。

(7) 单元：阀体材料，如表 4-17 所示。

表 4-17　阀体材料

阀体材料	钛及钛合金	碳钢	Cr13 系不锈钢	铬钼钢	可锻铸铁	铝合金	18-8 系不锈钢	球墨铸铁	Mo2Ti 系不锈钢	塑料	铜及铜合金	铬钼钒钢	灰铸铁
代号	A	C	H	I	K	L	P	Q	R	S	T	V	Z

注：灰铸铁底压阀和钢制中压阀省略此项。

阀门的名称按传动方式、连接形式、结构形式、衬里材料和类型命名，但下面内容在命名中均予省略。

(1) 连接形式中："法兰"。

(2) 结构形式中：

① 闸阀的"明杆"、"弹性"、"刚性"和"单闸板"；

② 截止阀和节流阀的"直通式"；

③ 球阀的"浮动"和"直通式";
④ 蝶阀的"垂直板式";
⑤ 隔膜阀的"屋脊式";
⑥ 旋塞阀的"填料"和"直通式";
⑦ 止回阀的"直通式"和"单瓣式";
⑧ 安全阀的"不封闭"。
(3) 阀座密封面材料中的材料名称。

4.1.3 管道连接方式

常见的管道连接方式有以下几种。

1. 螺纹连接

螺纹连接又称丝扣连接,它是通过内外螺纹把管道与管道、管道与阀门连接起来的连接方式。对于输送低压流体的镀锌钢管,一般要求公称通径在 150 mm 以下,工作压力在 1.6 MPa 以下;对于给水管道,要求工作压力不超过 1.6 MPa,最大公称通径为 150 mm;对于热水管道,要求工作压力不超过 0.2 MPa,最大公称通径为 50 mm;对于薄壁不锈钢管,要求 DN65～DN100 mm。

一些带螺纹的设备、附件和经常拆卸不允许动火的场合多用螺纹连接,如图 4-13 所示。

图 4-13 带螺纹的管件

管螺纹连接时,应在管子的外螺纹与管口或阀门的内螺纹之间上适当的填料,填料的作用主要是密封、养护管口、便于拆卸。

螺纹连接特点:易于安装、拆卸,便于调整,施工简单,抗压能力低。

2. 法兰连接

法兰连接就是把两个管道、管件或器材,先各自固定在一个法兰盘上,然后在两个法兰盘之间加上法兰垫,最后用螺栓将两个法兰盘拉紧使其紧密结合起来的一种可拆卸的接头,如图 4-14 所示。

有的管件和器材已经自带法兰盘,也是属于法兰连接。法兰连接是管道施工的重要连接方式,其使用方便,能够承受较大的压力。在工业管道中,法兰连接的使用十分广泛。

法兰按材质可分为铸铁法兰、钢管法兰、塑料法兰、有色金属法兰、玻璃法兰、玻璃钢法兰。

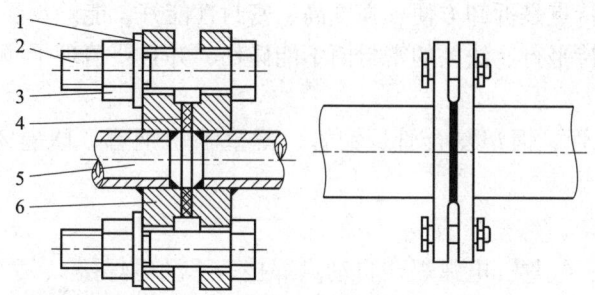

图 4-14 管道法兰连接示意图
1—垫圈；2—螺栓；3—螺母；4—法兰垫片；5—接管；6—平焊法兰

法兰按连接方式可分为螺纹连接法兰和焊接法兰。低压、小直径用螺纹连接法兰，高压和低压大直径都使用焊接法兰，如图 4-15 所示。

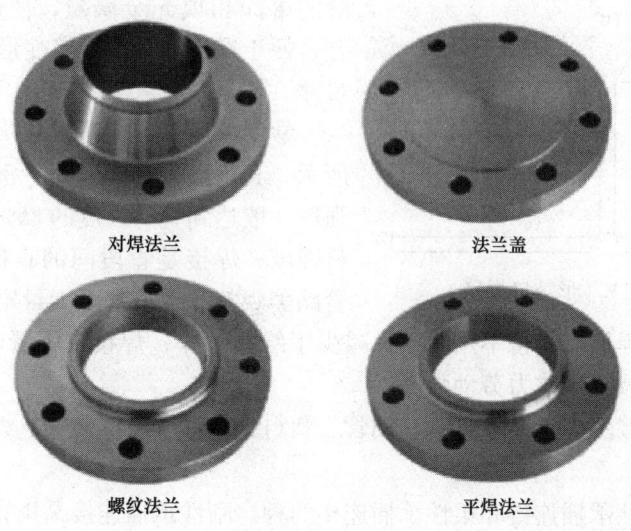

图 4-15 法兰盘

法兰按接触面可分为平焊法兰和对焊法兰。平焊和对焊是法兰和管道连接时的焊接方式，平焊法兰焊接时只需单面焊接，不需要焊接管道和法兰连接的内口，而对焊法兰需要法兰双面焊。所以平焊法兰一般用于低、中压管道，对焊法兰用于中、高压管道。对焊的法兰一般至少 PN2.5 MPa，采用对焊是为了减少应力集中，对焊法兰多为带颈法兰，也叫奶嘴法兰，如图 4-16 所示。

凡管段与管段采用法兰盘连接或管段与法兰阀门连接者，必须按照设计要求和工作压力选用标准法兰盘。设备的法兰一般为凹面或槽面，所选用的法兰应为凸面或榫面。薄壁不锈钢管适用于 DN100 mm 以上的管段。

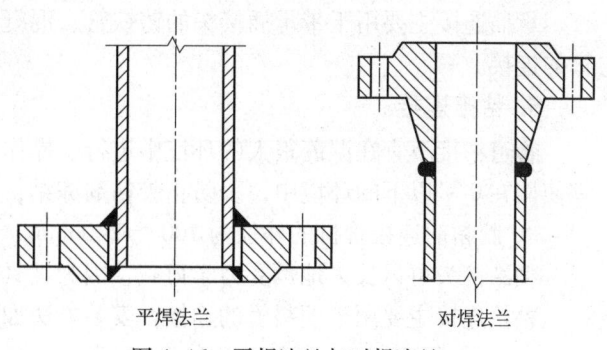

图 4-16 平焊法兰与对焊法兰

法兰连接的主要特点是拆卸方便、强度高、密封性能好、能够承受较大的压力。安装法兰时要求两个法兰保持平行、法兰的密封面不能碰伤，并且要清理干净。法兰所用的垫片要根据设计规定选用。

镀锌钢管、塑料管、钢塑复合管、铜管、薄壁不锈钢管、球墨铸铁管等都可用此法连接。

3. 焊接

焊接方法主要有：气焊、电弧焊（自动点焊接、手动电焊接）、手工电弧焊、手工氩弧焊、埋弧自动焊、接触焊。

钢管焊接常用电弧焊；薄壁管常用气焊（气焊一般只用于公称通径小于 50 mm，壁厚小于 3.5 mm 的管道）；铸铁管常用电弧焊，紫铜管采用氩弧焊焊接时，焊接厚度要大于 3 mm。

管道在进行焊接连接时，管材壁厚在 5 mm 以上者应对管端焊口部位铲坡口，以保障焊缝的熔深和填充金属量，使焊缝与母材良好结合，便于操作，减少焊接变形，保障焊缝的几何尺寸。

常用的坡口形式为"V"形坡口，如图 4-17 所示。其优点：接口牢固严密，不易渗漏，焊缝强度一般达到管材强度的 85% 以上，其至超过管材强度；焊接是管段间的直接连接，构造简单，管路美观整齐，节省了大量定型管件，也减少了

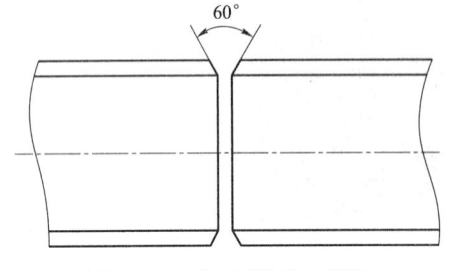

图 4-17 "V"形坡口焊接

材料的管理工作；焊接口严密不用填料，减少了维修工作；焊接口不受管径限制，速度快，比起螺纹连接大大减轻了体力劳动强度。

管道的焊接连接多用于镀锌钢管、铜管、塑料管、薄壁不锈钢管、铸铁管等的连接。

4. 承插连接

承插管分为刚性承插连接和柔性承插连接两种。刚性承插连接是用管道的插口插入管道的承口内，对位后先用嵌缝材料嵌缝，然后用密封材料密封，使之成为一个牢固的、封闭的管道。柔性承插连接接头在管道承插口的止封口上放入富有弹性的橡胶圈，然后施力将管子插端插入，形成一个能适应一定范围内的位移和振动的封闭管，如图 4-18 所示。

承插连接的优点：具有较高的强度和较好的抗震性、水密性及粘合力好、便于拆卸。

承插连接的缺点：劳动强度大、施工操作不便。

承插连接主要用于带承插接头的铸铁管、混凝土管、陶瓷管、塑料管、铸铁管、不锈钢管的连接。

5. 粘接连接

管道粘接不宜在湿度很大的环境中进行，操作场所应远离火源，防止撞击；粘接接头不宜使用在 0 ℃ 以下的环境中，以防止胶粘剂冻结；不得采用明火或电炉等设施加热胶粘剂。PVC-U 胶黏剂连接管材的外径为 100～200 mm。

粘结接头可以长久地承受力学荷载，因为其具有弹性和吸振性。

粘接连接主要用于塑料管的连接，安装方法如下。

（1）选用细齿锯、割刀或 PVC-U 断管具，将管材按要求长度垂直切开。

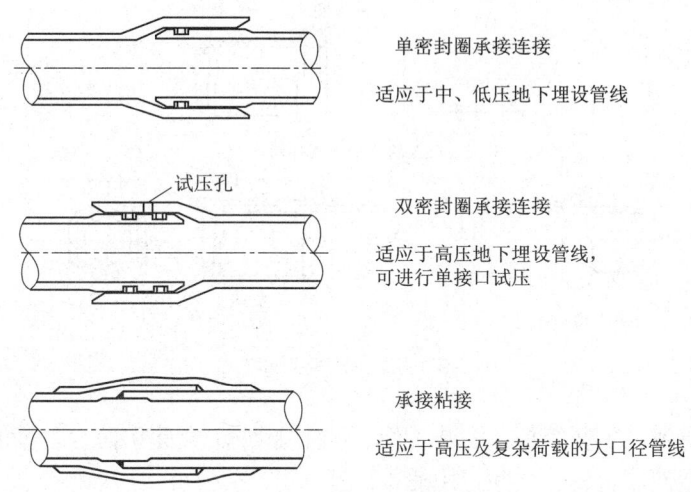

图 4-18　玻璃钢管道承插连接

（2）用板锉将断口毛刺和毛边去掉、并倒角。在涂抹胶粘剂之前，用干布将承插口处粘接表面残屑、灰尘、水、油污擦净。

（3）用毛刷将胶粘剂迅速均匀地涂抹在插口外表面和承口内表面。

（4）将两根管材和管件的中心找准，迅速将插口插入承口保持至少 2 min，以便胶粘剂均匀分布固化。用布擦去管材表面多余的胶粘剂，在连接好 48 h 之后方可通水试压。

塑料管粘接连接的步骤如图 4-19 所示。

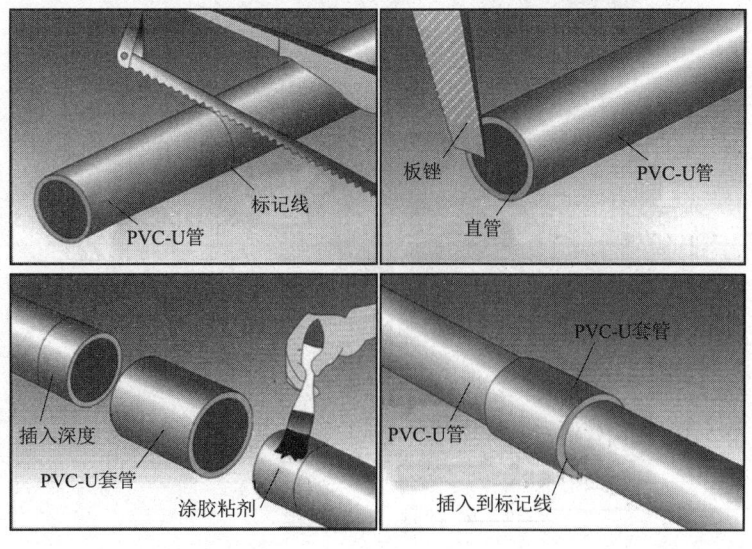

图 4-19　塑料管粘接连接的步骤

6. 卡压连接

卡压连接是一种简单、低成本的零件和组件的装配方法，如图 4-20 所示。

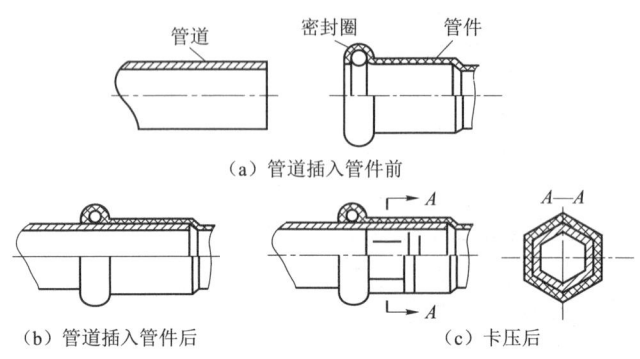

图 4-20 卡压式连接

卡压连接具有施工工艺简单、安装方便、施工工期短、无污染、安全可靠等优点，尤其在薄壁金属管、塑性非金属管之间运用非常广泛。

铝塑复合管、铜管、薄壁不锈钢管多用于此法连接。

7. 热熔连接

热熔连接的接头或连接件都是塑料材质，不存在腐蚀问题。热熔连接方式的选取主要取决于塑料管材质等级、密度等因素。大多数聚乙烯管都可以用两种热熔的方法连接在一起。

热熔连接适用于 DN63 mm 以上或壁厚 6 mm 以上的塑料管连接，如图 4-21 所示。

热熔连接多用于室内生活给水 PP-R，PE、PB 管的连接。

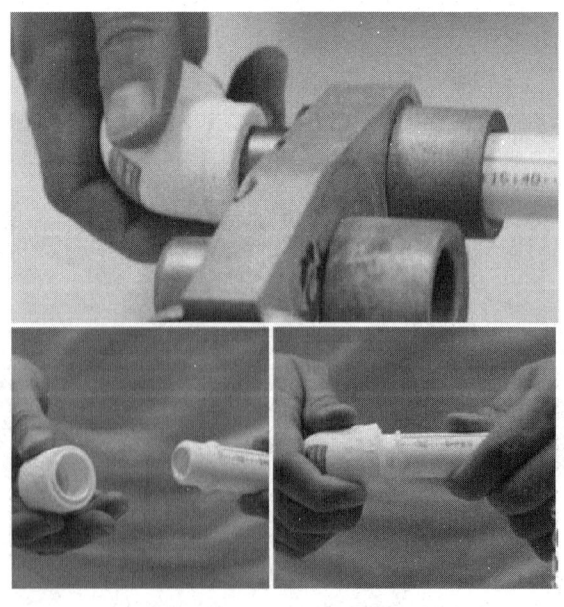

图 4-21 热熔连接

8. 沟槽（卡箍）连接

沟槽连接是一种先进的管道连接方式，连接管件包括两个大类产品：起连接密封作用的管件，如刚性接头、挠性接头、机械三通和沟槽式法兰；起连接过渡作用的管件，如弯头、三通、四通、异径管、盲板等。

沟槽连接方式简单、快捷、方便，有利于施工安全，系统稳定性好，管道原有的特性不受影响，维修方便，省时省工，具有良好的经济效益。其既可以明设，也可以埋设，既有刚性接头又有柔性接头，应用广泛，消防、空调、给水、石油化工、热点及军工、污水处理等管道系统均可使用。

镀锌钢管、钢塑复合管、薄壁不锈钢管、薄壁铜管、衬塑钢管、球墨铸铁管、厚壁塑料管均可用沟槽连接，如图 4-22 所示。

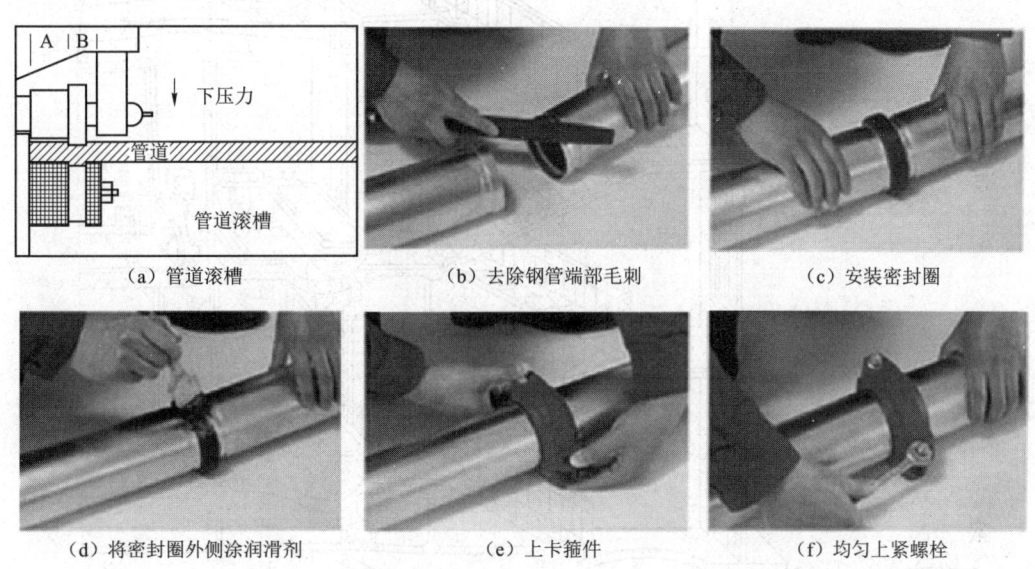

图 4-22　沟槽连接配件示意图

4.1.4　建筑生活给水系统

1. 室内给水系统的分类

室内给水系统按其用途可分为：生活给水系统、生产给水系统和消防给水系统三大类。

生活给水系统：生活给水系统主要供家庭、机关、学校、部队、旅馆等居住建筑、公共建筑以及工业、企业内部的饮用、烹饪、盥洗、洗涤等用水。

生产给水系统：生产给水系统主要供车间生产用水，如设备冷却用水、锅炉用水等。生产给水的水质按生产性质和要求而定。

消防给水系统：消防给水系统主要供扑救火灾的消防用水。

上述三种给水系统，实际并不一定需要单独设置，按水质、水压、水温及室外给水系统情况，考虑技术、经济和安全条件，可以相互组成不同的共用系统，如生活、生产、消防共用给水系统；生活、消防共用给水系统；生活、生产共用给水系统；生产、消防共用给水系统。

在工业、企业内，给水系统比较复杂。由于生产过程中所需水压、水质、水温等不同，又常常分设成数个单独的给水系统；为了节约用水，将生产用水又划分为循环使用及重复使用给水系统。

2. 室内给水系统的组成

一般情况下，室内给水系统由下列各部分组成，如图 4-23 所示。

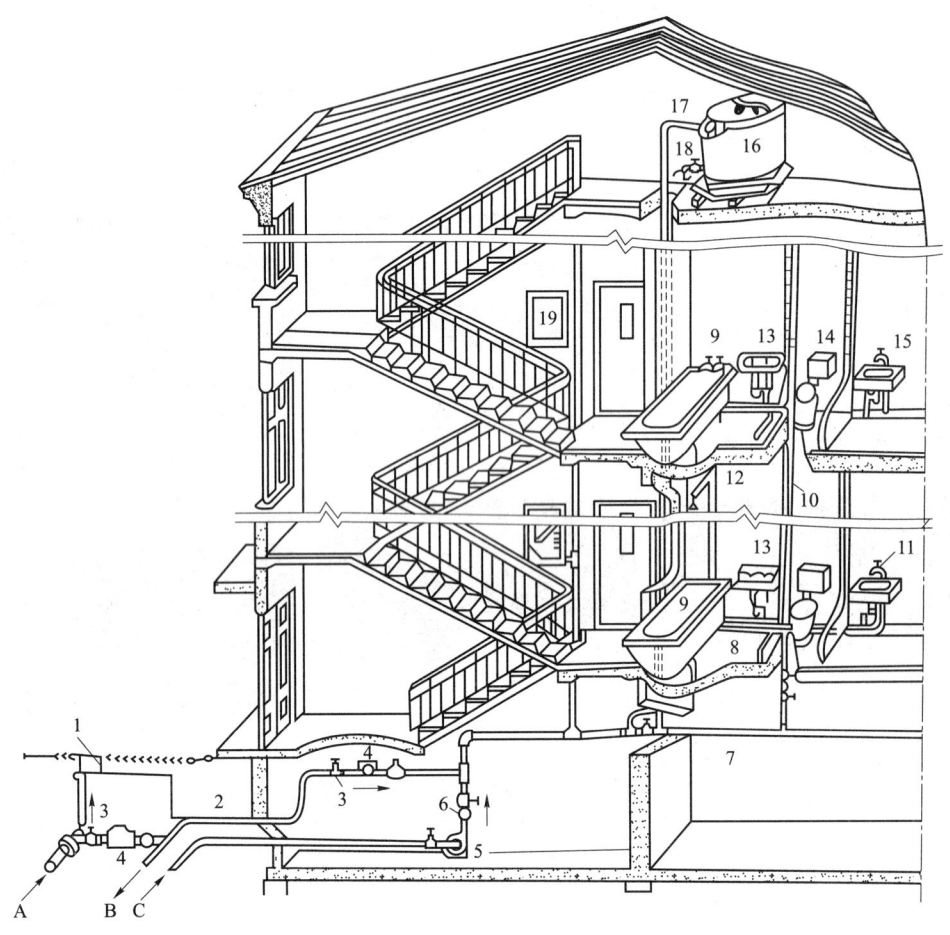

图 4-23 室内给水系统

1—阀门井；2—引入管；3—闸阀；4—水表；5—水泵；6—止回阀；7—干管；8—支管；9—浴缸；
10—立管；11—水龙头；12—淋浴器；13—洗脸盆；14—大便器；15—洗涤盆；16—水箱；
17—进水管；18—出水管；19—消火栓；A—从室外管网进水；B—入贮水池；C—来自贮水池

1) 引入管

对一幢单独建筑物而言，引入管是室外给水管网与室内管网之间的联络管段，也称进户管。对于一个工厂、一个建筑群体、一个学校区，引入管是指总进水管。用水点分布不均匀时，宜从建筑物用水量最大处和不允许断水处引入；用水点分布均匀时，从建筑中间引入。

2) 水表节点

水表节点是指引入管上装设的水表及其前后设置的阀门、泄水装置等总称（见图 4-24）。阀门用以关闭管网，以便修理和拆换水表，如图 4-24（a）所示，若采用图 4-24（b）所示的带旁通管结构，则无须关闭管网；泄水装置用来在检修时放空管网，以及检测水表精度和测定进户点压力值。为了保证水表的计量准确，在翼轮式水表与阀门间应有 8～10 倍水表直径的直线段，以使水表前水流平稳。

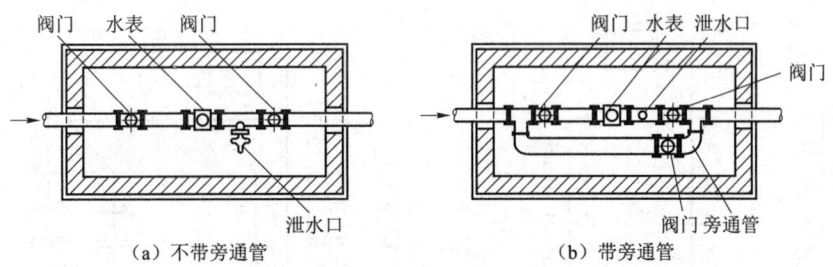

图 4-24 水表节点组成示意图

3) 管道系统

管道系统是指室内给水水平或垂直干管、立管、横支管等。

4) 给水附件

给水附件指管路上的闸阀、止回阀及各式配水龙头等。

5) 升压和贮水设备

在室外给水管网压力不足或室内对安全供水、水压稳定有要求时，需设置各种附属设备，如水箱、水泵、气压装置、水池等升压和贮水设备。

3. 室内给水系统给水方式

室内给水系统采用何种供水方式通常是取决于建筑物的性质、重要程度、高度、对用水量/水压/水质的要求和用水时间的需求而定的，再根据本地区具备的条件选择出较为合理而经济的给水方式。常用的给水方式有以下几种。

1) 直接给水方式

适用范围：室外管网压力、水量在一天的时间内均能满足室内用水需要，如图 4-25 所示。

特点：系统简单，安装维护方便，充分利用室外管网压力；建筑内部无贮水设备，供水的安全程度受室外供水管网制约。

2) 单设水箱供水方式

适用范围：室外管网水压周期性不足，一天内大部分时间能满足需要，仅在用水高峰时，由于水量的增加，而使市政管网压力降低，不能保证建筑上层的用水，如图 4-26 所示。

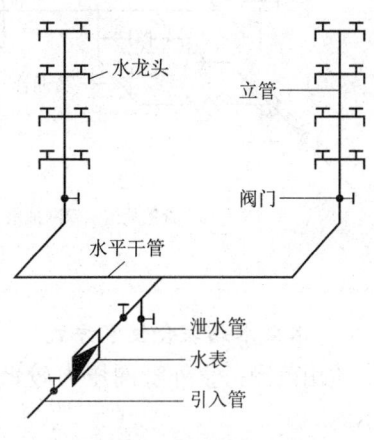

图 4-25 直接给水方式

特点：节能，无须设置管理人员，减轻市政管网高峰负荷（众多屋顶水箱，总容量很大，起到调节作用），但水箱水质易遭到污染。

3) 水泵给水方式

使用范围：当室外给水管网水压经常不足时采用，用水较均匀。当不允许直接从管网抽水时，采用水泵前加设贮水池的方式，如图 4-27 所示。

特点：系统简单，供水可靠，无高位水箱，但耗能较多。为了充分利用室外管网压力，节省电能，当水泵与室外管网直接连接时，应设旁通管。

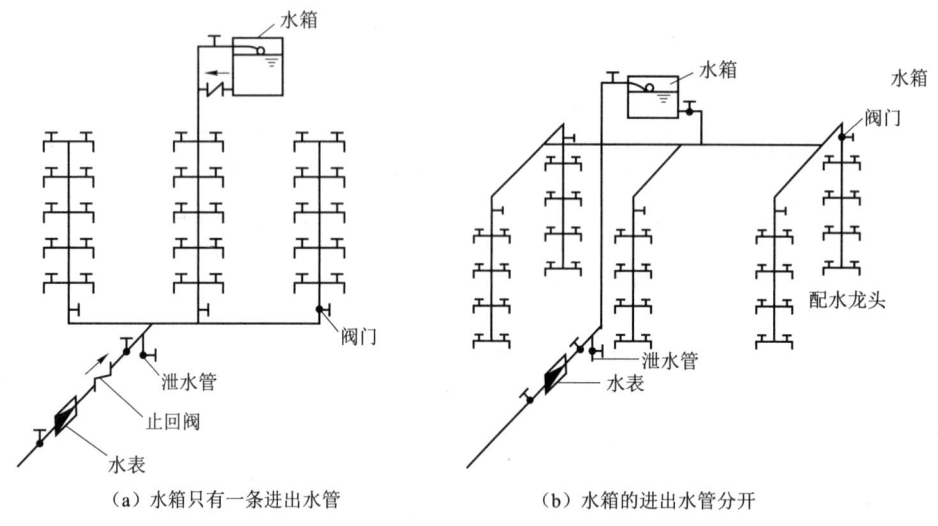

(a) 水箱只有一条进出水管　　　　(b) 水箱的进出水管分开

图 4-26　单设水箱的给水方式

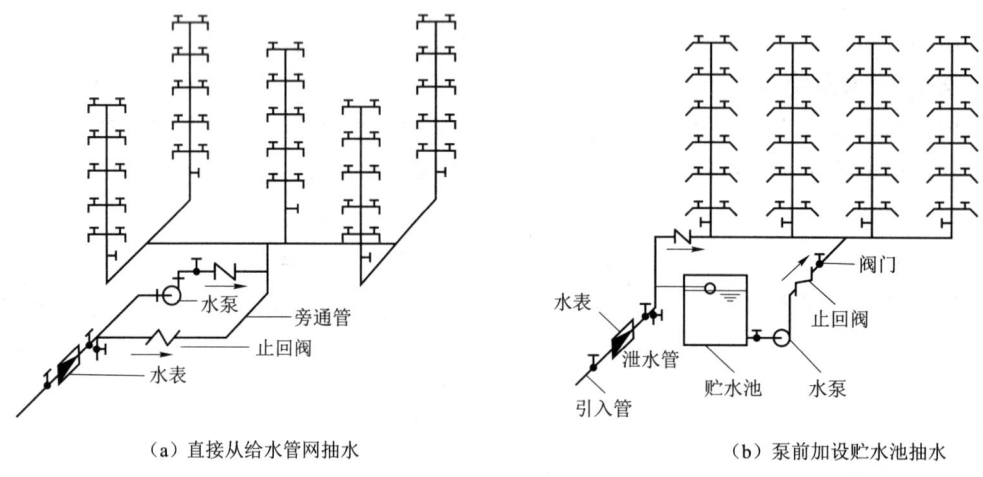

(a) 直接从给水管网抽水　　　　(b) 泵前加设贮水池抽水

图 4-27　水泵给水方式

4) 水泵水箱联合供水方式

适用范围：室外管网压力较低或经常不足且室内用水又不很均匀的建筑，如图 4-28 所示。

特点：水泵及时向水箱充水，使水箱容积减小，又由于水箱的调节作用，使水泵工作状态稳定，可以使其在高效率下工作；同时水箱的调节可以延时供水，使供水压力稳定，若在水箱上设置液体继电器，可使水泵启闭自动化。

5) 分区供水方式

适用条件：在多层建筑中，室外给水管网所提供的水压，仅满足建筑下几层用水要求，且下几层用水量较大时，如图 4-29 所示。

特点：可以充分利用外网压力，供水安全，但投资较大，维护复杂。

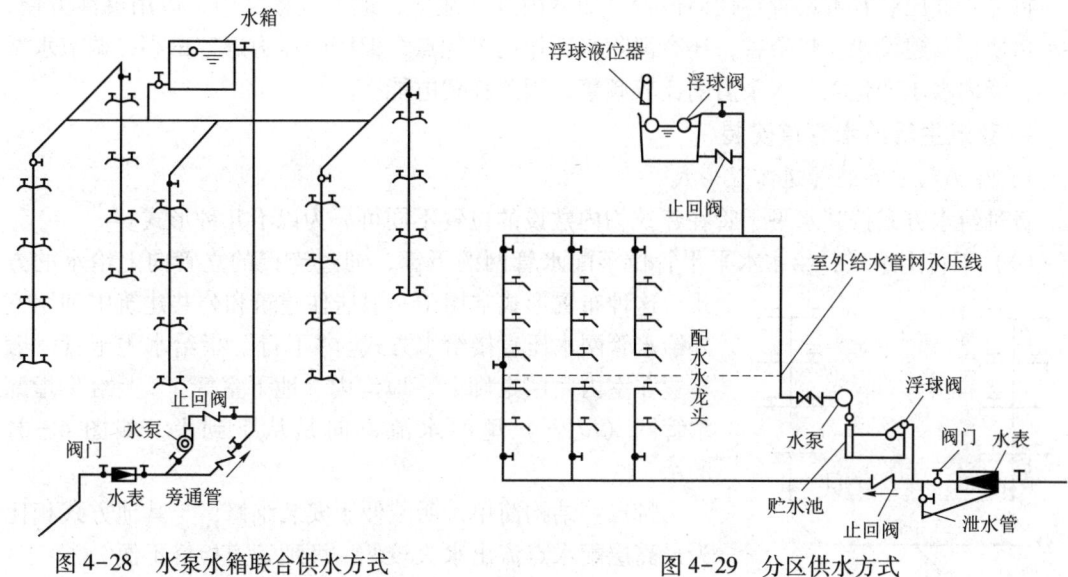

图 4-28 水泵水箱联合供水方式　　　　图 4-29 分区供水方式

6) 气压给水方式

适用范围：室外给水管网供水压力低或经常不能满足建筑内给水管网所需水压，且室内用水不均匀，又不宜设高位水箱的建筑。气压给水设备是一种利用密封储罐内空气的可压缩性进行储存、调节和加压送水量的装置。其将水源来水经水泵压入密封储罐至最高水位后，在压缩空气的作用下由密封储罐将水送至建筑内各用水点。气压给水设备的功能与水塔或高位水箱的功能基本相似，但密封储罐的送水压力来自压缩空气而不是位置的高度，如图 4-30 所示。

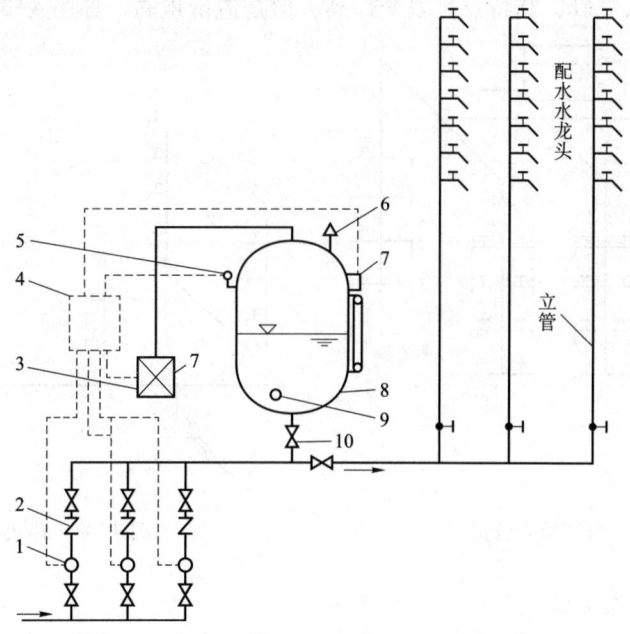

图 4-30 气压给水方式

1—水泵；2—单向阀；3—补气装置；4—控制器；5—压力信号器；
6—溢流阀；7—液位信号器；8—气压水罐；9—排气阀；10—阀门

特点：气压装置可设置在任何位置，如室内外、地面、地下或楼层中，应用灵活方便，供水水质好，建设快，投资省，还有消除水锤作用等优点，但密闭压力罐容量小，调节水量也小，罐内水压变化大，水泵启闭比较频繁，因此耗费电能多。

4. 建筑生活给水管道安装

1）室内给水系统管道布置形式

各种给水方式按其水平干管在建筑物内敷设的位置不同可分为以下几种形式。

（1）下行上给式：给水水平干管位于配水管网的下部，通过连接的立管向上给水的方式。这种布置形式常用于一般居住建筑和公共建筑中利用室外给水管网水压直接给水方式。"下行"指给水主干管一般布置在室内底层走廊上、地沟内、地下室等，"上给"指配水管网（立管）里的水流方向是从下到上，如图4-31所示。

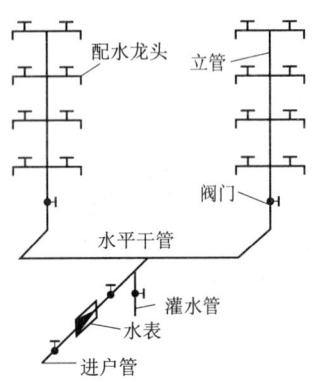

图 4-31　下行上给式管道

特点：结构简单，明装便于安装维修，与其他方式相比为最高层配水点流出水头较低，埋地管道检修不便。

（2）上行下给式：水平干管设于顶层天花板下、吊顶中，从上向下供水，适用于设有高位水箱的居住公共建筑、机械设备或地下管线较多的工业厂房或采用下行上给式存在困难的建筑，如图4-32所示。

特点：最高层配水点流出水头稍高，安装在吊顶内的水平干管可能因漏水或结露而损坏吊顶和墙面。

（3）环状式：对设置2根或2根以上引入管的建筑物，必须将管网布置成环状，组成环状水平干管或环状立管，其特点是安全性高，但是造价也高，如图4-33所示。

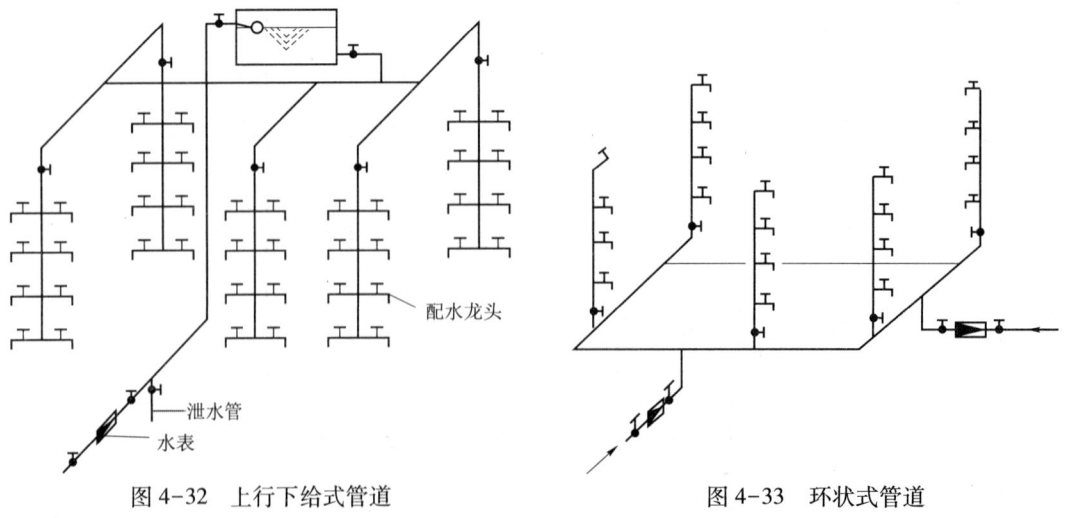

图 4-32　上行下给式管道　　　　　　图 4-33　环状式管道

2）管道敷设工艺流程

管道敷设工艺流程：安装准备→预留孔洞→预制加工→干管安装→立管安装→支管安装→管道试压→管道防腐和保温→管道消毒冲洗。

3）管道敷设方式

布置要求：满足最佳水力条件，保证建筑物使用功能及生产安全，保证给水管道的正常使用，便于管道的安装与维修。

敷设方式为：明装和暗装。明装即管道外露，其优点是安装维修方便，造价低，但外露的管道影响美观，表面易结露、积尘，一般用于对卫生、美观没有特殊要求的建筑。暗装即管道隐蔽，其优点是管道不影响室内的美观、整洁，但施工复杂，维修困难，造价高，适用于对卫生、美观要求较高的建筑和要求无尘、洁净的车间、实验室、无菌室等。

4.1.5　建筑生活排水系统

1. 室内排水系统的分类

室内排水系统按系统接纳的污水类型不同，可分为以下三类。

（1）生活排水系统：排出居住建筑、公共建筑及工厂生活间的污废水。有时，由于污废水处理、卫生条件或杂用水的需要，把生活排水系统又进一步分为排除冲洗便器的生活污水和排除盥洗、洗涤废水的生活废水排水系统。生活废水经过处理后可作为中水，用来冲洗厕所、浇洒绿地和道路等。

（2）工业废水排水系统：排除工艺生产过程中产生的污废水。为便于污废水的处理和综合利用，按污染程度可分为生产污水排水系统和生产废水排水系统。生产污水污染较重，需要经过处理，达到排放标准后才能排放。生产废水污染较轻，如机械设备冷却水、冲洗汽车后的水等。

（3）雨水排除系统：排除降落到多跨度工业厂房、大屋面建筑和高层建筑屋面上的雨水、雪水。

2. 室内排水系统的组成

建筑室内排水系统主要由卫生器具、排水管道系统、通气管系统和清通设备等部分组成，如图4-34所示。

（1）卫生器具：卫生器具又称卫生洁具、卫生设备，是供水并接受、排出污废水或污物的容器或装置。卫生器具是建筑内部排水系统的起点，是用来满足日常生活和生产过程中各种卫生要求，收集和排除污废水的设备。

（2）排水管道系统：由器具排水管、排水横支管、排水立管和排出管等组成。

① 器具排水管：是指连接卫生器具与排水横支管之间的短管。除了坐便器外，其他的器具排水管均应设水封装置。

② 排水横支管：是将器具排水管送来的污水转输到排水立管中去的管道。其应有一定的坡度，坡度向着排水立管。

③ 排水立管：用来收集其上所接的各排水横支管排来的污水，然后再排至排出管。

④ 排出管：用来收集一根或几根排水立管排出的污水，并将其排至室外排水管网中去。排出管是室内排水立管与室外排水检查井之间的连接管段，其管径不得小于其连接的最大排水立管管径。

（3）通气管系统：通气管的作用是把管道内产生的有害气体排至大气中，以免影响室内的环境卫生，减轻废水、废气对管道的腐蚀，并在排水时向管内补给空气，减轻排水立管内的气压变化幅度，防止卫生器具具的水封受到破坏，保证水流通畅。

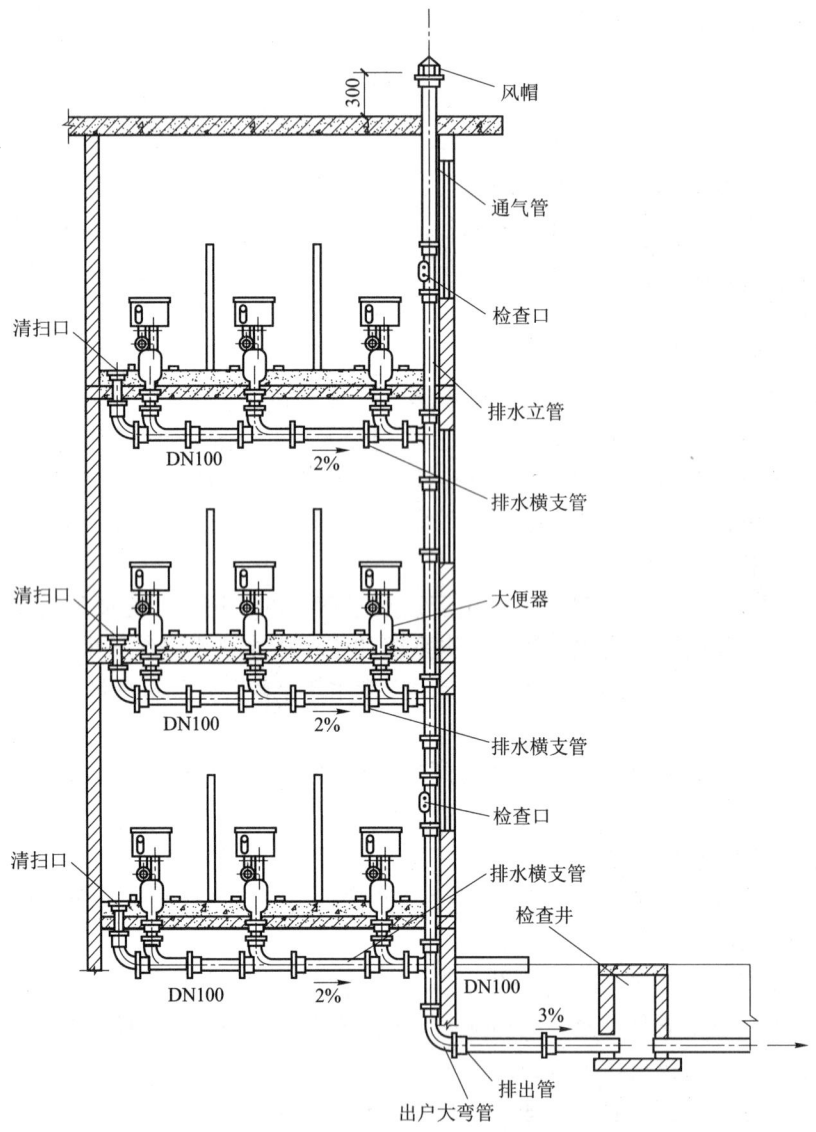

图 4-34 室内排水系统

（4）清通设备：为了疏通排水管道，在室内排水系统中，一般均需设置清扫口、检查口、检查井等清通设备。

（5）局部提升设备：在民用与公共建筑的地下室、人防工程等地下建筑物中，由于污废水不能自流到室外，所以常需设污水提升设备，如污水泵、空气扬水器等。

4.1.6 建筑雨水排水系统

降落在建筑物屋面的雨水和雪水，特别是暴雨，会在短时间内会形成大量积水，需要设置屋面雨水排水系统及时将积水派出到室外，否则会造成四处溢流或屋面漏水，影响人们的生活和生产活动。

1. 建筑雨水排水系统分类

建筑雨水排水系统的分类与管道的设置、管内的压力、水流状态和屋面排水条件等有关。

（1）建筑雨水排水系统按建筑物内部是否有雨水管道可分为内排水系统和外排水系统两类。建筑物内部设有雨水管道，屋面设雨水斗的雨水排出系统为内排水系统，否则为外排水系统。按照雨水排至室外的方法，内排水系统又分为架空管排水系统和埋地管排水系统。雨水通过室内架空管道直接排至室外的排水管（渠），室内不设埋地管的内排水系统称为架空管内排水系统；雨水通过室内埋地管道排至室外，室内不设架空管道的内排水系统称为埋地管内排水系统。

（2）建筑雨水排水系统按雨水在管道内的流态可分为重力无压流、重力半有压流和压力流三类。重力无压流是指雨水通过自由堰流入管道，在重力作用下附壁流动，管内压力正常，这种系统也称为堰流斗系统。重力半有压流是指管内气水混合，在重力和负压抽吸双重作用下流动，这种系统也称为 87 雨水斗系统。压力流是指管内充满雨水，主要在负压抽吸作用下流动，这种系统也称为虹吸式系统。

（3）建筑雨水排水系统按屋面的排水条件可分为檐沟排水、天沟排水和无沟排水。采用屋面檐沟汇集，然后流入隔一定间距沿外墙设置的水落管排至地下沟管或地面，程为檐沟排水，也称水落管排水或普通外排水；当建筑屋面面积较小时，在檐沟下设置汇集屋面雨水的沟槽，将雨水排至建筑物的两侧，称为天沟排水；若降落到屋面的雨水沿屋面径流，直接流入雨水管道，称为无沟排水。

（4）建筑雨水排水系统按出户埋地横干管是否有自由水面可分为敞开式排水系统和密闭式排水系统两类。敞开式排水系统是非满流的重力排水，管内有自由水面，连接埋地干管的检查井是普通检查井。该系统可接纳生产废水，省去生产废水埋地管，但是暴雨时会出现检查井冒水现象，雨水漫流室内地面，造成危害。密闭式排水系统是满流压力排水，连接埋地干管的检查井内用密闭的三通连接，室内不会发生冒水现象。但不能接纳生产废水，需另设生产废水排水系统。

2. 建筑雨水排水系统的组成

1）普通外排水

普通外排水由檐沟和敷设在建筑物外墙的立管组成。降落到屋面的雨水沿屋面集流到檐沟，然后流入隔一定距离设置的立管排至室外的地面或雨水口。根据降雨量和管道的通水能力确定 1 根立管服务的屋面面积，再根据屋面形状和面积确定立管的间距。普通外排水适用于普通住宅、一般的公共建筑和小型单跨厂房，如图 4-35 所示。

2）天沟外排水

天沟外排水由天沟、雨水斗和排水立管组成。天沟设置在两跨中间并坡向端墙，雨水斗设在伸出山墙的天沟末端，也可设在紧靠山墙的屋面。立管连接雨水斗并沿外墙布置。降落到屋面上的雨水沿坡向天沟的屋面汇集到天沟，再沿天沟流至建筑物两端（山墙、女儿墙），流入雨水斗，经立管排至地面和雨水井。天沟外排水系统适用于长度不超过 100 m 的多跨工业厂房，如图 4-36 所示。

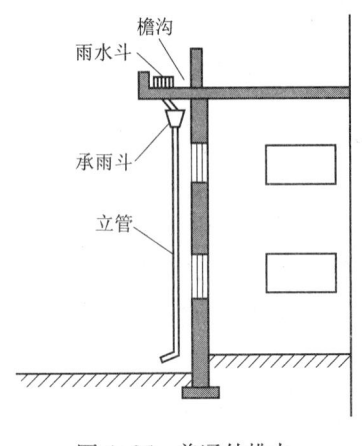
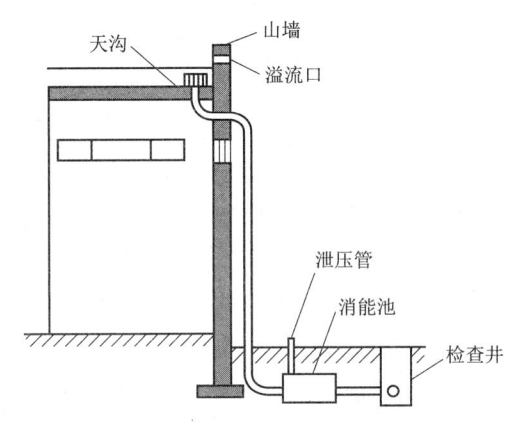

图 4-35 普通外排水　　　　图 4-36 天沟外排水

天沟的排水断面形式应根据屋面情况而定,一般多为矩形和梯形。天沟坡度应适中,若过大会导致天沟起端屋顶垫层过厚而增加结构的荷重,若过小会导致天沟抹面时局部出现倒坡,使雨水在天沟中积存,造成屋顶漏水,所以天沟坡度一般取 0.003～0.006 之间。

应以建筑物伸缩缝、沉降缝和变形缝为屋面分水线,在分水线两侧分别设置天沟。天沟的长度应根据本地区的暴雨强度、建筑物跨度、天沟断面形式等进行水力计算确定,天沟长度一般不要超过 50 m。为了排水安全,防止天沟末端积水太深,在天沟末端宜设置溢流口,溢流口比天沟上檐低 50～100 mm。

天沟外排水方式在屋面不设雨水斗,管道不穿过屋面,排水安全可靠,不会因施工不善造成屋面漏水或检查井冒水,且节省管材,施工简便,有利于厂房内空间利用,也可减小厂区雨水管道的埋深。但因天沟有一定的坡度,而且较长,排水立管在山墙外,也存在着屋面垫层后,结构负荷增大;晴天屋面堆积灰尘多,雨天天沟排水不畅;寒冷地区排水立管可能冻裂的缺点。

3) 内排水

内排水系统一般由雨水斗、连接管、悬吊管、立管、排出管、埋地管和附属构筑物几部分组成。降落到屋面上的雨水,沿屋面流入雨水斗,经连接管、悬吊管、流入立管,再经排出管流入雨水检查井或埋地干管排至室外雨水管道。对某些建筑物,由于受建筑结构形式、屋面面积、生产生活的特殊要求以及当地气候条件的影响,内排水系统可能只有其中的部分组成。

内排水系统适用于跨度大的多跨建筑、在屋面设天沟有困难的锯齿形/壳形屋面建筑、屋面有天窗的建筑、建筑立面要求高的建筑、大屋面建筑及寒冷地区的建筑,在墙外设置雨水排水立管有困难时,也可考虑采用内排水形式。

(1) 雨水斗。雨水斗是一种收集雨水进入排水管道的专用设置,设在天沟或屋面的最低处。实验表明有雨水斗时,天沟水位稳定、水面漩涡较小,水位波动幅度小,掺气量较小。雨水斗有重力式和虹吸式两类。

① 重力式雨水斗由顶盖、进水格栅(导流罩)、短管等构成,进水格栅既可拦截较大杂物又对进水具有整流、导流作用。重力式雨水斗有 65 式、79 式和 87 式 3 种,其中 87 式雨水斗的进出口面积比(雨水斗格栅的进水孔有效面积与雨水斗下连接管面积之比)最大,

掺气量少，水力性能稳定，能迅速排出屋面雨水。

② 虹吸式雨水斗由顶盖、进水格栅、扩容进水室、整流罩（二次进水罩）、短管等组成。为避免在设计降雨强度下雨水斗渗入空气，虹吸式雨水斗设计为下沉式。挟带少量空气的雨水进入雨水斗的扩容进水室后，因进水室内有整流罩，雨水经整流罩进入排出管，挟带的空气被整流罩阻挡，不易进入排水管。

在阳台、花台和供人们活动的屋面，可采用无格栅的平齐式雨水斗。平齐式雨水斗的进出口面积比较小，在设计符合范围内，其泄流状态为自由堰流。

（2）连接管。连接管是连接雨水斗和悬吊管的一段竖向短管。连接管一般与雨水斗同径，连接管应牢固固定在建筑物的承重结构上，下端用斜三通与悬吊管连接。

（3）悬吊管。悬吊管是悬吊在屋架、楼板和梁下或架空在柱上的雨水横管。悬吊管连接雨水斗和排水立管，其管径不小于连接管管径，也不应大于 300 mm。塑料管的坡度不小于 0.005；铸铁管的最小设计坡度不小于 0.01。在悬吊管的端头和长度大于 15 m 的悬吊管上须设检查口或带法兰盘的三通，位置宜靠近墙柱，以利检修。

连接管与悬吊管，悬吊管与立管间宜采用 45°三通或 90°斜三通连接。悬吊管一般采用塑料管或铸铁管，固定在建筑物的桁架或梁上，在管道可能受震动或生产工艺有特殊要求时，可采用钢管进行焊接连接。

（4）立管。雨水排水立管承接悬吊管或雨水斗流来的雨水，一根立管连接的悬吊管根数不应多于两根，立管管径不得小于悬吊管管径。立管宜沿墙、柱安装，在距离地面 1 m 处设检查口。立管的管材和接口与悬吊管相同。

（5）排出管。排出管是立管和检查井间的一段有较大坡度的横向管道，其管径不得小于立管管径。排出管与下游埋地管在检查井中宜采用管顶平接，水流转角不得小于 135°。

（6）埋地管。埋地管敷设于室内地下，承接立管的雨水，并将其排至室外的雨水管道中。埋地管最小管径为 200 mm，最大不超过 600 mm，一般采用混凝土管、钢筋混凝土管或陶土管，管道坡度按生产废水管道最小坡度设计。

（7）附属构筑物。附属构筑物用于埋地雨水管道的检修、清扫和排气，主要有检查井、检查口井和排气井。检查井适用于敞开式内排水系统，设置在排出管与埋地管连接处，以及埋地管转弯、变径和超过 30 m 的直线管路上。检查井井深不小于 0.7 m，井内采用管顶平接，井底设高流槽，流槽应高出管顶 200 m。

埋地管起端检查井与排出管间应设排气井。水流从排出管流入排气井，与溢流墙碰撞消能，流速减小，气水分离，水流经格栅稳压后平稳流入检查井，气体由放气管排出。

密闭内排水系统的埋地管上设检查口，将检查口放在检查井内，便于清通检修，称为检查口井。

4.1.7　建筑给水排水的表示方法

1. 图纸

图线的宽度应根据图纸的类别、比例和复杂程度，按《房屋建筑制图统一标准》的规定选用，一般为 0.7 或 1.0 mm。

给水排水专业制图，常用的各种线型应符合表 4-18 规定。

表 4-18 线 型

名称	线宽	用 途
粗实线	b	新设计的各种排水和其他重力流管线
粗虚线	b	新设计的各种排水和其他重力流管线的不可见轮廓线
中粗实线	$0.75b$	新设计的各种给水和其他压力流管线;原有的各种排水和其他重力流管线
中粗虚线	$0.75b$	新设计的各种给水和其他压力流管线及原有的各种排水和其他重力流管线的不可见轮廓线
中实线	$0.50b$	给水排水设备、零(附)件的可见轮廓线;总图中新建的建筑物和构筑物的可见轮廓线;原有的各种给水和其他压力流管线
中虚线	$0.50b$	给水排水设备、零(附)件的不可见轮廓线;总图中新建的建筑物和构筑物的不可见轮廓线;原有的各种给水和其他压力流管线
细实线	$0.25b$	建筑的可见轮廓线;总图中原有的建筑物和构筑物的可见轮廓线;制图中的各种标注线
细虚线	$0.25b$	建筑的不可见轮廓线;总图中原有的建筑物和构筑物的不可见轮廓线
单点长划线	$0.25b$	中心线、定位轴线
折断线	$0.25b$	断开界线
波浪线	$0.25b$	平面图中水面线;局部构造层次范围线;保温范围示意线等

2. 比例

给水排水专业制图常用的比例,应符合表 4-19 规定。

表 4-19 常用比例

名 称	比 例	备 注
区域规划图 区域位置图	1:50 000、1:25 000、1:10 000 1:5 000、1:2 000	宜与总图专业一致
总平面图	1:1 000、1:500、1:300	宜与总图专业一致
管道纵断面图	纵向:1:200、1:100、1:50 横向:1:1 000、1:500、1:300	
水处理厂(站)平面图	1:500、1:200、1:100	
水处理构筑物、设备间、 卫生间、泵房平/剖面图	1:100、1:50、1:40、1:30	
建筑给排水平面图	1:200、1:150、1:100	宜与建筑专业一致
建筑给排水轴测图	1:150、1:100、1:50	宜与相应图纸一致
详图	1:50、1:30、1:20、1:10、1:5、1:2、1:1、2:1	

(1) 在管道纵断面图中,可根据需要对纵向与横向采用不同的组合比例。
(2) 在建筑给水排水轴测图中,如局部表达有困难时,该处可不按比例绘制。
(3) 水处理流程图、水处理高程图和建筑给水排水系统原理图均不按比例绘制。

3. 标高

标高符号及一般标注方法应符合《房屋建筑制图统一标准》的规定。

（1）室内工程应标注相对标高；室外工程应标注绝对标高，当无绝对标高资料时，可标注相对标高，但应与总图专业一致。

（2）压力管道应标注管中心标高；沟渠和重力流管道应标注沟（管）内底标高。

（3）在下列部位应标注标高。

① 沟渠和重力流管道的起讫点、转角点、连接点、变坡点、变尺寸（管径）点及交叉点。

② 压力流管道中的标高控制点。

③ 管道穿外墙、剪力墙和构筑物的壁及底板等处。

④ 不同水位线处。

⑤ 构筑物和土建部分的相关标高。

（4）标高的标注方法应符合下列规定。

① 平面图中，管道标高应按图4-37所示的方式标注。

图4-37 管道标高

② 平面图中，沟渠标高应按图4-38所示的方式标注。

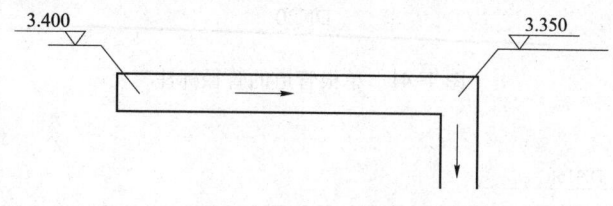

图4-38 沟渠标高

③ 剖面图中，管道及水位的标高应按图4-39所示的方式标注。

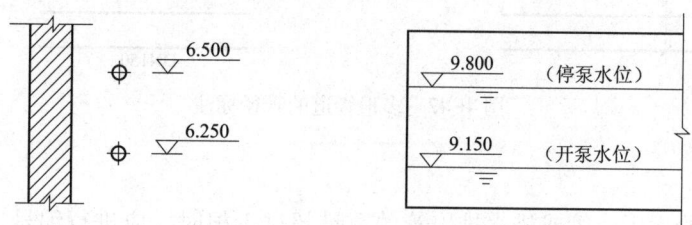

图4-39 管道及水位的标高

④ 轴测图中，管道标高应按图4-40所示的方式标注。

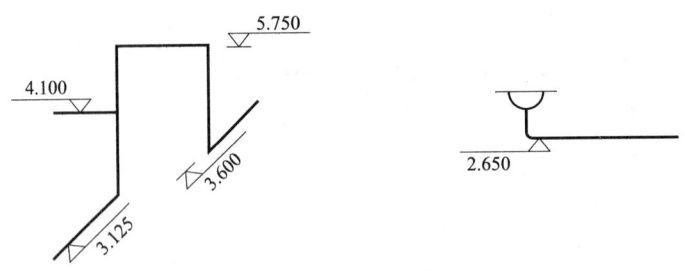

图 4-40 管道标高

(5) 在建筑工程中，管道也可标注相对本层建筑地面的标高，标注方法为"$h+x.\times\times\times$"，h 表示本层建筑地面标高（如 $h+0.250$）。

4. 管径

管径应以 mm 为单位，其表达方式应符合下列规定。

(1) 水煤气输送钢管（镀锌或非镀锌）、铸铁管等管材，管径宜以公称直径 DN 表示（如 DN15、DN50）。

(2) 无缝钢管、焊接钢管（直缝或螺旋缝）、铜管、不锈钢管等管材，管径宜以外径 D×壁厚表示（如 D108×4、D159×4.5 等）。

(3) 钢筋混凝土（或混凝土）管、陶土管、耐酸陶瓷管、缸瓦管等管材，管径宜以内径 d 表示（如 d230、d380 等）。

(4) 塑料管材，管径宜按产品标准的方法表示；

(5) 当设计均用公称直径 DN 表示管径时，应有公称直径 DN 与相应产品规格对照表。

管径在标注时，若为单根管道，则按图 4-41 所示的方式标注；若为多根管道，则按图 4-42 所示的方式标注。

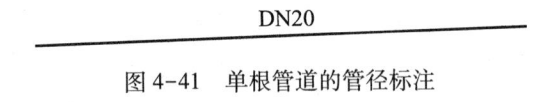

图 4-41 单根管道的管径标注

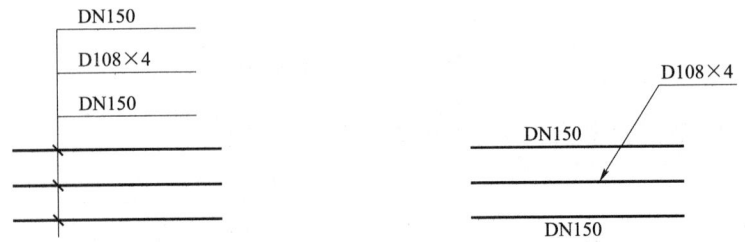

图 4-42 多根管道的管径标注

5. 编号

当建筑物的给水引入管或排水排出管的数量超过 1 根时，应进行编号，编号按图 4-43 所示的方法表示。

建筑物内穿越楼层的立管，其数量超过 1 根时应进行编号，编号按图 4-44 所示的方法表示。

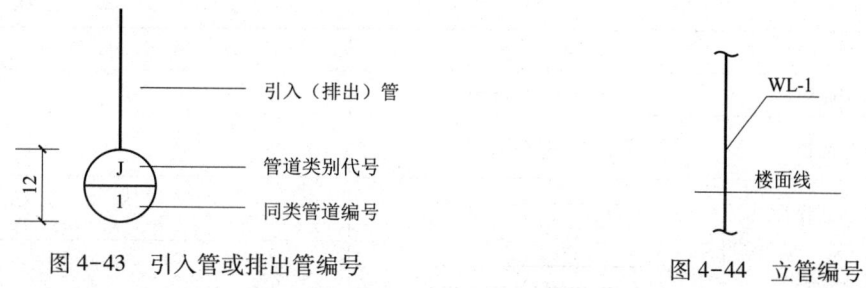

图 4-43 引入管或排出管编号　　　图 4-44 立管编号

在总平面图中,当给水排水附属构筑物的数量超过 1 个时,应进行编号。
(1) 编号方法为:构筑物代号-编号。
(2) 给水构筑物的编号顺序为:从水源到干管,再从干管到支管,最后到用户。
(3) 排水构筑物的编号顺序为:从上游到下游,先干管后支管。

当给水排水机电设备的数量超过 1 台时,宜进行编号,并应有设备编号与设备名称对照表。

6. 图例

建筑给水排水施工图中的管道、给排水附件、卫生器具、升压和贮水设备以及给水排水构造物等都是用图例符号表示的,在识读施工图时,必须明白这些图例符号。

(1) 管道图例:管道类别应以汉语拼音字母表示,并符合表 4-20 的要求。

表 4-20 管 道 图 例

序号	名　称	图　例	备　注
1	生活给水管	—— J ——	
2	热水给水管	—— RJ ——	
3	热水回水管	—— RH ——	
4	中水给水管	—— ZJ ——	
5	循环给水管	—— XJ ——	
6	循环回水管	—— XH ——	
7	热媒给水管	—— RM ——	
8	热媒回水管	—— RMH ——	
9	蒸汽管	—— Z ——	
10	凝结水管	—— N ——	
11	废水管	—— F ——	可与中水源水管合用
12	压力废水管	—— YF ——	
13	通气管	—— T ——	
14	污水管	—— W ——	
15	压力污水管	—— YW ——	
16	雨水管	—— Y ——	
17	压力雨水管	—— YY ——	

续表

序号	名称	图例	备注
18	膨胀管	 —— PZ ——	
19	保温管	 ～～～～	
20	多孔管		
21	地沟管	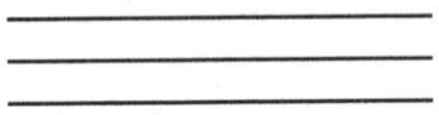	
22	防护套管	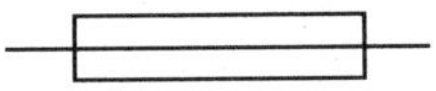	
23	管道立管	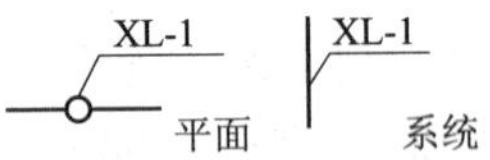 XL-1 平面 XL-1 系统	X：管道类别 L：立管 1：编号
24	伴热管		
25	空调凝结水管	 —— KN ——	
26	排水明沟	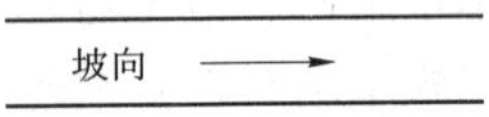 坡向 →	
27	排水暗沟	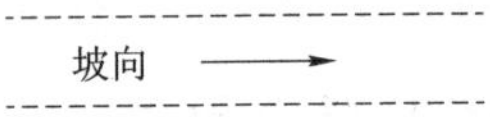 坡向 →	

注：分区管道用加注角标方式表示，如 J_1、J_2、RJ_1、RJ_2……。

（2）管道附件：管道附件的图例应符合表 4-21 的要求。

表 4-21 管道附件图例

序号	名称	图例	备注
1	套管伸缩器		
2	方形伸缩器		
3	刚性防水套管	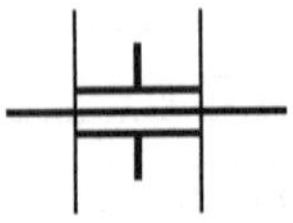	
4	柔性防水套管	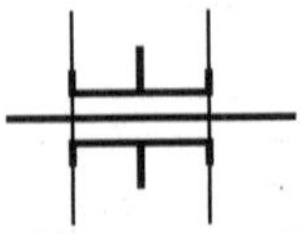	
5	波纹管		
6	可曲挠橡胶接头		
7	管道固定支架	※　　　※	

续表

序号	名称	图例	备注
8	管道滑动支架		
9	立管检查口		
10	清扫口	平面　系统	
11	通气帽	成品　铅丝球	
12	雨水斗	YD- 平面　YD- 系统	
13	排水漏斗	平面　系统	
14	圆形地漏		通用。如为无水封，地漏应加存水弯
15	方形地漏		
16	自动冲洗水箱		
17	挡墩		
18	减压孔板		
19	Y形除污器		
20	毛发聚集器	平面　系统	
21	防回流污染止回阀		
22	吸气阀		

(3) 管道连接：管道连接的图例应符合表 4-22 的要求。

表 4-22 管道连接图例

序号	名 称	图 例	备 注
1	法兰连接	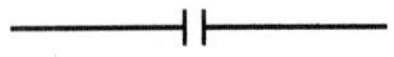	
2	承插连接		
3	活接头	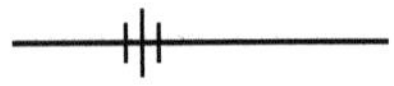	
4	管堵		
5	法兰堵盖		
6	弯折管		表示管道向后及向下弯转 90°
7	三通连接	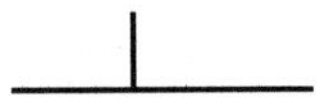	
8	四通连接	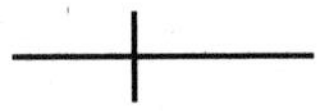	
9	盲板		
10	管道丁字上接	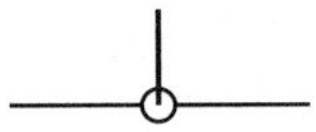	
11	管道丁字下接	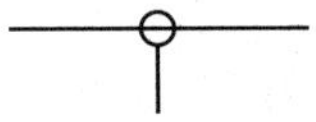	
12	管道交叉	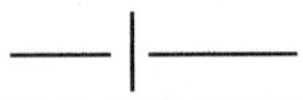	在下方和后面的管道应断开

(4) 管件：管件的图例应符合表 4-23 的要求。

表 4-23 管件图例

序号	名 称	图 例	备 注
1	偏心异径管		
2	异径管	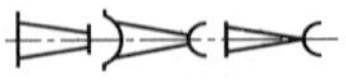	
3	乙字管		
4	喇叭口	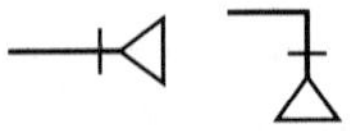	
5	转动接头	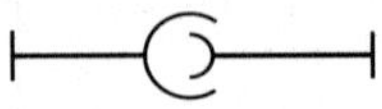	

续表

序号	名 称	图 例	备 注
6	短管	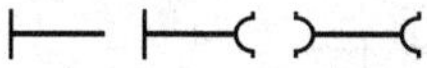	
7	存水弯	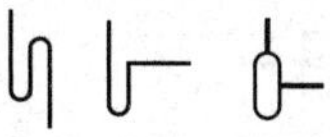	
8	弯头	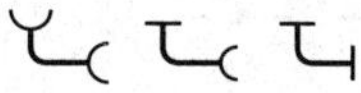	
9	正三通	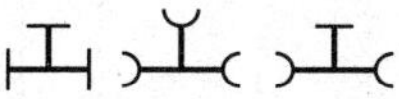	
10	斜三通		
11	正四通		
12	斜四通	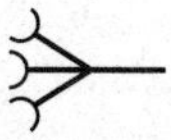	
13	浴盆排水件		

（5）阀门：阀门的图例应符合表 4-24 的要求。

表 4-24 阀 门 图 例

序号	名 称	图 例	备 注
1	闸阀		
2	角阀	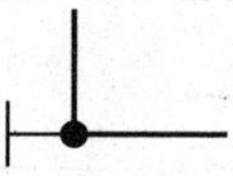	
3	三通阀		
4	四通阀	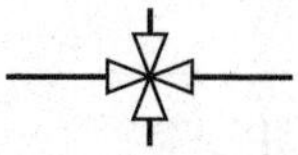	
5	截止阀	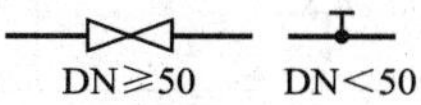 DN≥50　　DN<50	
6	电动阀		
7	液动阀	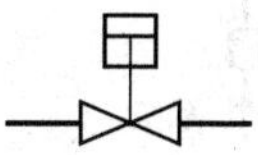	

续表

序号	名　称	图　例	备　注
8	气动阀		
9	减压阀		左侧为高压端
10	旋塞阀	平面　系统	
11	底阀		
12	球阀		
13	隔膜阀		
14	气开隔膜阀		
15	气闭隔膜阀		
16	温度调节阀		
17	压力调节阀		
18	电磁阀		
19	止回阀		
20	消声止回阀		
21	蝶阀		
22	弹簧安全阀		
23	平衡锤安全阀		
24	自动排气阀	平面　系统	

序号	名 称	图 例	备 注
25	浮球阀	平面　　系统	
26	延时自闭冲洗阀		
27	吸水喇叭口	平面　　系统	
28	疏水器		

（6）给水配件：给水配件的图例应符合表 4-25 的要求。

表 4-25　给水配件图例

序号	名 称	图 例	备 注
1	放水龙头		左侧为平面，右侧为系统
2	皮带龙头		左侧为平面，右侧为系统
3	洒水（栓）龙头		
4	化验龙头		
5	肘式龙头		
6	脚踏开关		
7	混合水龙头		
8	旋转水龙头		
9	浴盆带喷头混合水龙头		

（7）消防设施：消防设施的图例应符合表 4-26 的要求。

表 4-26 消防设施图例

序号	名　称	图　例	备　注
1	消火栓给水管	—— XH ——	
2	自动喷水灭火给水管	—— ZP ——	
3	室外消火栓		
4	室内消火栓（单口）	平面　系统	白色为开启面
5	室内消火栓（双口）	平面　系统	
6	水泵接合器		
7	自动喷洒头（开式）	平面　系统	
8	自动喷洒头（闭式）	平面　系统	下喷
9	自动喷洒头（闭式）	平面　系统	上喷
10	自动喷洒头（闭式）	平面　系统	上下喷
11	侧墙式自动喷洒头	平面　系统	
12	侧喷式喷洒头	平面　系统	
13	雨淋灭火给水管	—— YL ——	
14	水幕灭火给水管	—— SM ——	
15	水炮灭火给水管	—— SP ——	
16	干式报警阀	平面　系统	
17	水炮		
18	湿式报警阀	平面　系统	
19	预作用报警阀	平面　系统	

续表

序号	名称	图例	备注
20	遥控信号阀	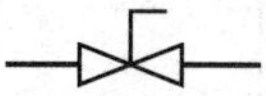	
21	水流指示器		
22	水力警铃		
23	雨淋阀	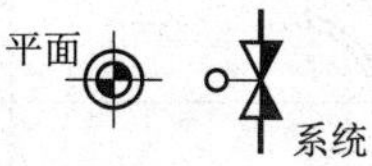 平面 系统	
24	末端测试阀	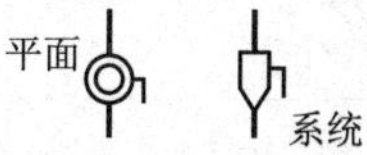 平面 系统	
25	末端测试阀		
26	推车式灭火器		

注：分区管道用加注角标方式表示，如 XH_1、XH_2、ZP_1、ZP_2……。

（8）卫生设备及水池：卫生设备及水池的图例应符合表4-27的要求。

表4-27 卫生设备及水池图例

序号	名称	图例	备注
1	立式洗脸盆		
2	台式洗脸盆	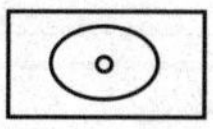	
3	挂式洗脸盆		
4	浴盆	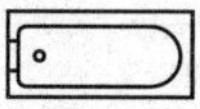	
5	化验盆、洗涤盆	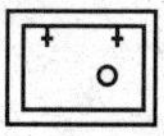	
6	带沥水板洗涤盆		不锈钢制品
7	盥洗槽	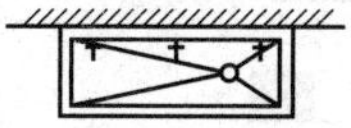	

续表

序号	名称	图例	备注
8	污水池		
9	妇女卫生盆		
10	立式小便器		
11	壁挂式小便器		
12	蹲式大便器	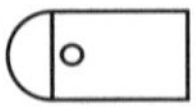	
13	坐式大便器	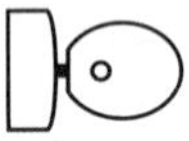	
14	小便槽		
15	淋浴喷头		

（9）小型给水排水构筑物：小型给水排水构筑物的图例应符合表4-28的要求。

表4-28 小型给水排水构筑物图例

序号	名称	图例	备注
1	矩型化粪池	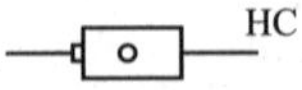 HC	
2	圆型化粪池	 HC	
3	隔油池	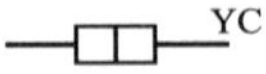 YC	
4	沉淀池	 CC	
5	降温池	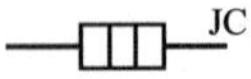 JC	
6	中和池	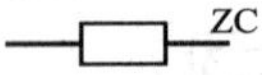 ZC	
7	雨水口		单口
			双口

续表

序号	名称	图例	备注
8	阀门井 检查井	 ─○─ ─□─	
9	水封井	⌀	
10	跌水井	 ⊘	
11	水表井	 ─▶─	

（10）给水排水设备：给水排水设备的图例应符合表 4-29 的要求。

表 4-29　给水排水设备图例

序号	名称	图例	备注
1	水泵	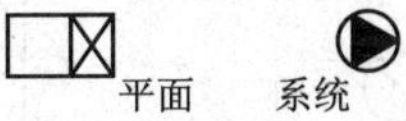 ⊠ 平面　● 系统	
2	潜水泵	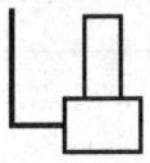	
3	定量泵	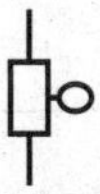	
4	管道泵	 ⋈	
5	卧式热交换器	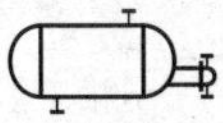	
6	立式热交换器	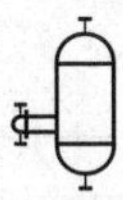	
7	快速管式热交换器	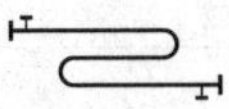	
8	开水器	◉　▣	
9	喷射器		小三角为进水端
10	除垢器	 ─▨─	
11	水锤消除器	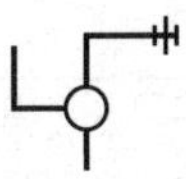	

序号	名 称	图 例	备 注
12	浮球液位器		
13	搅拌器		

（11）仪表：给水排水专业所用仪表的图例应符合表 4-30 的要求。

表 4-30 仪 表 图 例

序号	名 称	图 例	备 注
1	温度计		
2	压力表		
3	自动记录压力表		
4	压力控制器		
5	水表		
6	自动记录流量计		
7	转子流量计		
8	真空表		
9	温度传感器		
10	压力传感器		
11	pH 传感器		
12	酸传感器		

续表

序号	名称	图例	备注
13	碱传感器	-----[Na]-----	
14	余氯传感器	-----[Cl]-----	

4.1.8 建筑给水排水施工图

1. 建筑给水排水施工图的内容

建筑给水排水施工图是工程项目中单项工程的组成部分之一，它是确定工程造价和组织施工的主要依据，也是国家确定和控制基本建设投资的重要依据材料。

建筑给水排水施工图按设计任务要求，应包括以下几项。

1) 给水、排水平面图

给水、排水平面图应表达给水排水管线和设备的平面布置情况。

建筑内部给水排水，以选用的给水排水方式来确定平面布置图的数量。底层及地下室必绘；顶层若有水箱等设备，也须单独给出；建筑物中间各层，如卫生设备或用水设备的种类、数量和位置均相同，可绘一张标准层平面图，否则，应逐层绘制。一张平面图上可以绘制多种类型管道，若管线复杂，也可分别绘制，以图纸能清楚表达设计意图而图纸数量又较少为原则。平面图中应突出管线和设备，即用粗线表示管线，其余均为细线。平面图的比例一般与建筑图一致，常用的比例尺为1∶100。

给水排水平面图应表达如下内容：用水房间和用水设备的种类、数量、位置等；各种功能的管道、管道附件、卫生器具、用水设备，如消火栓箱、喷头等，均应用图例表示；各种横干管、立管、支管的管径、坡度等均应标出；各管道、立管均应编号标明。

2) 给水、排水系统图

给水、排水系统图，也称"给水、排水轴测图"，可表达出给水排水管道和设备在建筑中的空间布置关系。系统图一般应按给水、排水、热水供应、消防等各系统单独绘制，以便于安装施工和造价计算使用。其绘制比例应与平面图一致。

给水、排水系统图应表达如下内容：各种管道的管径、坡度；支管与立管的连接处、管道各种附件的安装标高；各立管的编号应与平面图一致。

系统图中对用水设备及卫生器具的种类、数量和位置完全相同的支管、立管可不重复完全绘出但应用文字标明。当系统图立管、支管在轴测方向重复交叉影响视图时，可标号断开移至空白处绘制。

建筑居住小区的给水排水管道，一般不绘系统图，但应绘管道纵断面图。

3) 详图

凡平面图、系统图中局部构造因受图面比例影响而表达不完善或无法表达时，必须补绘施工详图。详图中应尽量详细注明尺寸，不应以比例代替尺寸。

施工详图首先应采用标准图、通用施工详图，如卫生器具安装、排水检查井、阀门井、水表井、雨水检查井、局部污水处理构筑物等，均有各种施工标准图。

4）设计说明及主要材料设备表

凡是图纸中无法表达或表达不清的而又必须为施工技术人员所了解的内容，均应用文字说明。文字说明应力求简洁。设计说明应表达如下内容：设计概况、设计内容、引用规范、施工方法等，如给水排水管材以及防腐、防冻、防结露的做法；管道的连接、固定、竣工验收的要求；施工中特殊情况的技术处理措施；施工方法要求严格必须遵循的技术规程、规定等。

工程中选用的主要材料及设备，应列表注明。表中应列出材料的类别、规格、数量，设备的品种、规格和主要尺寸。

此外，施工图还应绘制出图中所用的图例；所有的图纸及说明应编排有序，写出图纸目录。

2. 建筑给水排水施工图的识读

阅读主要图纸之前，应当首先看设计说明和设备材料表，然后以系统图为线索深入阅读平面图和系统图及详图。阅读时，应将三种图相互对照来看。先对系统图有大致了解，看给水系统图时，可由建筑的给水引入管开始，沿水流方向经干管、立管、支管到用水设备；看排水系统图时，可由排水设备开始，沿排水方向经支管、横管、立管、干管到排出管。

1）平面图的识读

室内给水排水平面图是施工图纸中最基本和最重要的图纸，它主要表明建筑物内给水排水管道及设备的平面布置。

图纸上的线条都是示意性的，同时管材配件如活接头、管箍等也画不出来，因此在识读图纸时还必须熟悉给水排水管道的施工工艺。在识读平面图时，应掌握的主要内容和注意事项如下。

（1）查明卫生器具、用水设备和升压设备的类型、数量、安装位置及定位尺寸。

卫生器具和各种设备通常都是用图例画出来的，它只说明器具和设备的类型，而不能具体表示各部分的尺寸及构造，因此在识读时必须结合有关详图和技术资料，搞清楚这些器具和设备的构造、接管方式及尺寸。

（2）弄清给水引入管和污水排出管的平面位置、走向、定位尺寸、与室外给水排水管网的连接形式、管径及坡度。

给水引入管上一般都装有阀门，通常设于室外阀门井内。污水排出管与室外排水总管的连接是通过检查井来实现的。

（3）查明给水排水干管、立管、支管的平面位置与走向、管径尺寸及立管的编号。从平面图上可清楚地查明管道是明装还是暗装，以确定施工方法。

（4）消防给水管道要查明消火栓的布置、口径大小及消防箱的形式与位置。

（5）在给水管道上设置水表时，必须查明水表的型号、安装位置、表前后阀门的设置情况。

（6）对于室内排水管道，还要查明清通设备的布置情况，清扫口的型号和位置。搞清楚室内检查井的进出管连接方式。对于雨水管道，要查明雨水斗的型号及布置情况，并结合详图搞清雨水斗与天沟的连接方式。

2）系统图的识读

给水排水管道系统图主要表明管道系统的立体走向。在给水系统图上，卫生器具不画出来，只需画出水龙头、冲洗水箱等符号；用水设备如锅炉、热交换器、水箱等则画出示意性立体图，并以文字说明。在排水系统图上，也只画出相应的卫生器具的存水弯或器具排水管。在识读系统图时，应掌握的主要内容和注意事项如下。

（1）查明给水管道的走向、干管的布置方式、管径尺寸及变化情况、阀门的设置，以及引入管、干管及各支管的标高。

（2）查明排水管的走向、管路分支情况、管径尺寸与横管坡度、管道各部标高、存水弯的形式、清通设备的设置情况、弯头及三通的选用等。

识读管道系统图时，应结合平面图及说明，了解和确定管材及配件。

（3）系统图上对各楼层标高都有注明，看图时可据此分清各层管路。管道支架在图中一般不表示，由施工人员按有关规程和习惯作法自定。

3）详图的识读

室内给水排水详图包括节点图、大样图、标准图，主要是管道节点、水表、消火栓、水加热器、卫生器具、套管、开水炉、排水设备、管道支架的安装图及卫生间大样图等，图中注明了详细尺寸，可供安装时直接使用。

4.1.9 建筑给水排水施工图识读举例

图 4-45～图 4-49 所示为某养护站办公楼的给水排水工程施工图，其中：

图 4-45 为给水排水设计总说明；

图 4-46 为一层给水排水平面图及主要材料表图；

图 4-47 为二～四层给水排水平面图/一层卫生间排水大样图/二～五层卫生间给水排水大样图/一层卫生间排水系统图/一～五层卫生间给水系统图/二～五层卫生间排水系统图；

图 4-48 为五层给水排水平面图/天面层给水排水平面图；

图 4-49 为给水排水系统原理图。

在图 4-45 中可以读到：设计说明、设计依据、图例及工程说明等内容。

在图 4-46 中可以读出：一层平面图中房间的功能及标高、给水排水立管的位置、雨水立管的位置和编号、空调冷凝水立管的位置和编号、管道的终点和走向、灭火器的位置和型号等内容。

在图 4-47 中可读出：一～五层卫生间平面图、卫生间中卫生器具的布置情况和高度、给水排水支管的走向及给水排水点的具体位置。

在图 4-48 中可读出：五层平面图中房间的功能及标高、给水排水立管的位置、雨水立管的位置和编号、空调冷凝水立管的位置和编号、管道的终点和走向、灭火器的位置和型号、屋顶平面图房间的功能及标高、给水排水立管的位置、屋面的雨水排水等内容。

在图 4-49 中可以读出：给水排水的走向及相关原理内容。

给水排水设计总说明

一、设计依据
1. 已批准的初步设计文件。
2. 建设单位提供的与本工程有关的工程资料和设计任务书。
3. 建筑等其他专业提供的条件图和相关资料。
4. 国家现行有关给水排水、消防及卫生等专业设计规范、规程和规定。

二、设计概况
1. 本工程为五层的办公楼，建筑面积 508 m²，建筑高度 18.30 m。
2. 本专业设计内容仅包括生活给水系统、污水系统、雨水系统。
3. 灭火器配置：各层按中危险级配置，采用 MF/ABC4 型磷酸铵盐干粉灭火器，具体位置及数量详见各层平面图示，每两具灭火器装为一组配置，鸣地配置。

三、生活给水系统
1. 生活用水量：本工程办公用水量标准采用 50 L/（人·班），按 72 人计，小时变化系数 $K_h=1.2$；最高日用水量约 3.6 m³/d，最高时用水量约 0.54 m³/h。
2. 水源：从市政给水管网引入一根 DN40 供水干管，供水压力按 0.30～0.35 MPa 设计。

四、排水系统
1. 室内排水采用雨污分流排水体制：室内生活污废水经化粪池处理后排入市政排水管网。
2. 屋面雨水采用外排水管（按河池）。4.69 L/s，屋面重现期按 2 a 设计；屋面暴雨强度 100 mm/h。屋面女儿墙设 100×100 溢流口，口底距屋面 200 mm。
3. 屋面雨水及冷凝排水由立管引下后直接排至散水暗沟，散水暗沟做法详 98ZJ901。

五、室内外消火栓系统
1. 室外消防设计：本建筑在市政保护半径范围内，火栓延迟时用水量按 15 L/s，火灾延续时间按 2 h。
2. 系统设计：室内外消防给水管和市政给水管外消网规一规化。
3. 安装：设备和管道安装

六、阀门、管材及附件
1. 各类设备、管材和货到，应检查并确认合格后使用。
2. 阀门安装前应逐个做强度和严密性试验。
3. 管材：
   (1) 本工程生活给水采用 PP-R 管，热熔连接；
   (2) 室内排水管及排出管采用 PVC-U 塑料排水管，胶粘连接；其他水管为钢筋混凝土排水管，承插接口。
   (3) 室外排水管采用钢筋混凝土排水管，承插接口。
4. 排水管附件：
   (1) 本工程采用带水封的地漏的水封高度不小于 50 mm；地漏人口标高应相应低于地面，安装地面以上 0.5%的坡度坡向地漏，具体安装参照国标图集 04S301。
   (2) 清扫口：安装参照国标图集 04S301。
   (3) H 为楼面标高。
   (4) 排水立管每层均应设地检查口。
   (5) 本工程所有安装与原地面可见有水管均采用带检查口存水弯。

5. 卫生洁具：所选洁具自带或配套存安装深度 <50 mm；选型应满足节水节能的相关要求，安装参照国标图集 99S304。

6. 管道敷设：
   (1) 室内明敷给水管与横管均采用明装保护。
   (2) 排水横支管与立管相接处，均采用顺水三通或四通，排水立管与横支管垂直方向转弯时采用四弯 45°水平管接或采用两个 45°弯头。
   (3) 室内管道坡度：排水横支管按标准坡度 0.026 敷设；横干管 i=0.01，i=0.008；DN>200，i=0.006；DN≤100，i=0.01；DN=150；雨水斗采用两侧人型，安装参照国标图集 01S302。
   (4) 排水立管伸出屋面的通气管安装参照国标图集 04S516。

7. 吊、支架：
   (1) 室内所有立管均采用卡箍固定，卡箍间距不大于 3 m；水平管道当立管所有采用卡箍固定，水管不大于 3 m，立管不大于 2 m；立管转为水平管时应当设 90°弯形管，做法参照国标图集 03S402。
   (2) 管道立管吊挂或横管均应支架；支吊架应采用防腐钢制处理。

8. 管道穿墙：
   (1) 室内给水管穿墙或楼板时均应预留孔洞，立管穿板处均应设相应材料的止水圈。
   (2) 所有预埋套管和预留孔洞必须在混凝土建筑前做好仔细检查核对，防止漏出地坪。

9. 管道试压、清洗和消毒：
   (1) 给水管道试验压力为 0.70 MPa，1 h 压降不超过 0.05 MPa 为合格。
   (2) 排水管做闭水试验，试验高度以本层楼板标高上部雨水管不漏为合格；所有雨水管闭水试验注水至口部满流，30 min 内不修为合格。
   (3) 所有隐蔽管道均应做隐蔽施工；
   (4) 所有可做隐蔽施工；
   (5) 给水管道应在以设计要求进行冲洗和消毒后方可交付使用。

10. 防腐及保护：
    (1) 埋地钢管涂冷底子油一道，热沥青两遍。
    (2) 排水塑料管在安装时应做好成品保护，避免划伤管壁或管道变形。

七、其他
1. 除注明以米计外，其余均以毫米计。
2. 图中所注管道标高：给水管道指管中心标高，排水管道指管内底标高。
3. 比例：平面图采用 1：100。

八、图例
1. 本设计图纸按《给水排水制图标准》（GB/T 50106—2010）图例进行绘制。各给水排水系统管线表示符号如下：
   生活给水管 —— J —— 雨水管 —— Y ——
   生活排水管 —— P ——
2. 非金属管与产品标准外径规格对照如下：

给水管							
公称直径	DN15	DN20	DN25	DN32	DN40	DN50	DN65	DN80	DN100
公称外径	φ20	φ25	φ32	φ40	φ50	φ63	φ75	φ90	φ110

排水管					
公称直径	DN50	DN75	DN100	DN150	DN200	DN250	DN300
公称外径	φ50	φ75	φ110	φ160	φ200	φ250	φ315

九、给水塑料管施工参照《建筑给水硬聚氯乙烯管道施工与验收规程》（CECS41：92）进行；建筑排水硬聚氯乙烯管道工程技术规程》（CJJ/T29-98）进行。
十、本工程按《建筑给水排水及采暖工程施工质量验收规范》（GB 50242—2002）进行施工和验收。

某建筑设计院

设计证号					
工序	实名	签名	工序	实名	签名
审定			设计		
审核			制图		
校对			专业负责人		
方案			项目负责人		

工程名称	某养护站办公楼	设计号	2012-
项目	给水排水设计	图别	水施
图名	给水排水设计总说明	图号	01/5
		日期	2012.01.

图 4-45 给水排水设计总说明

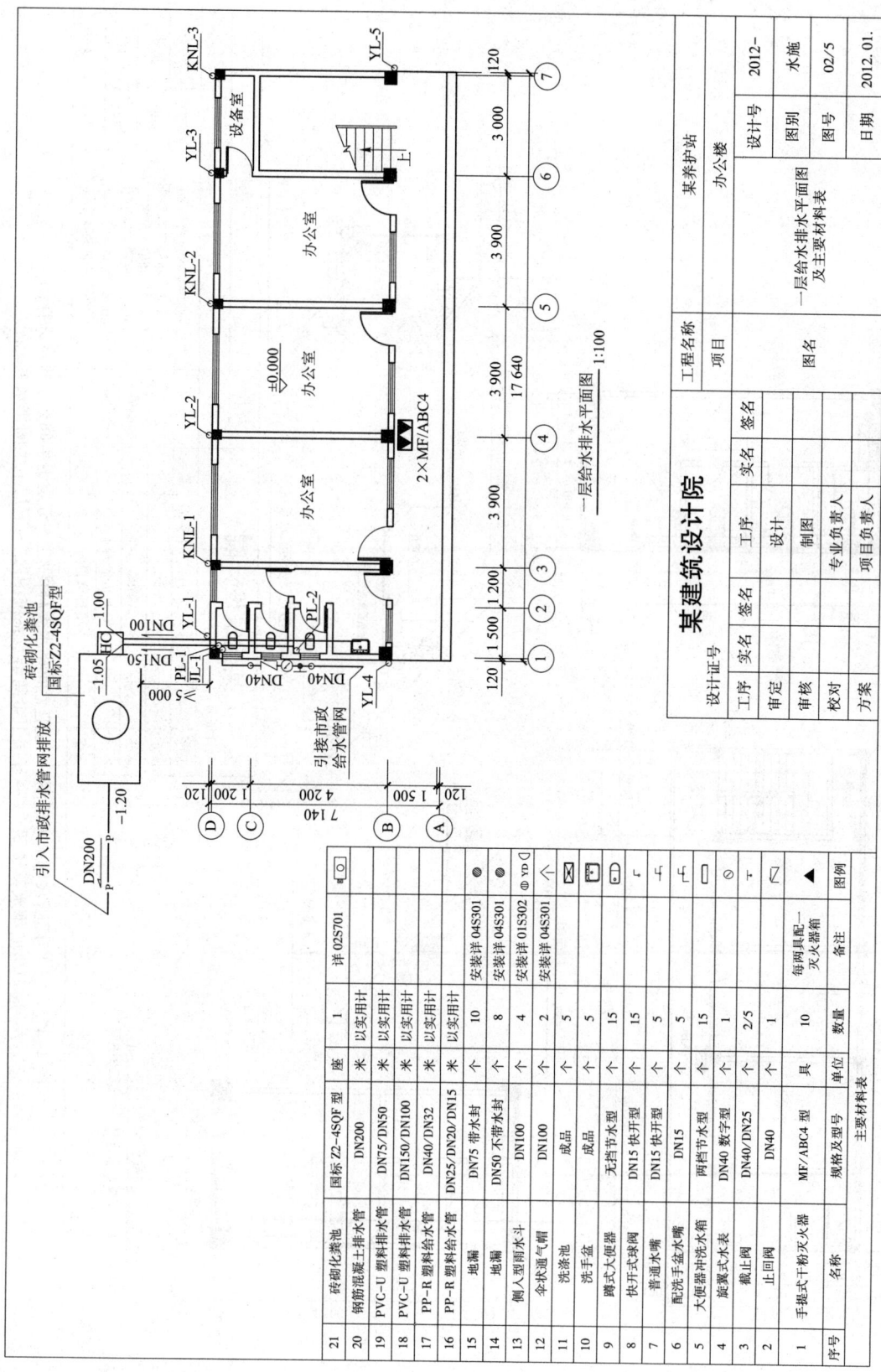

图 4-46 一层给水排水平面图及主要材料表

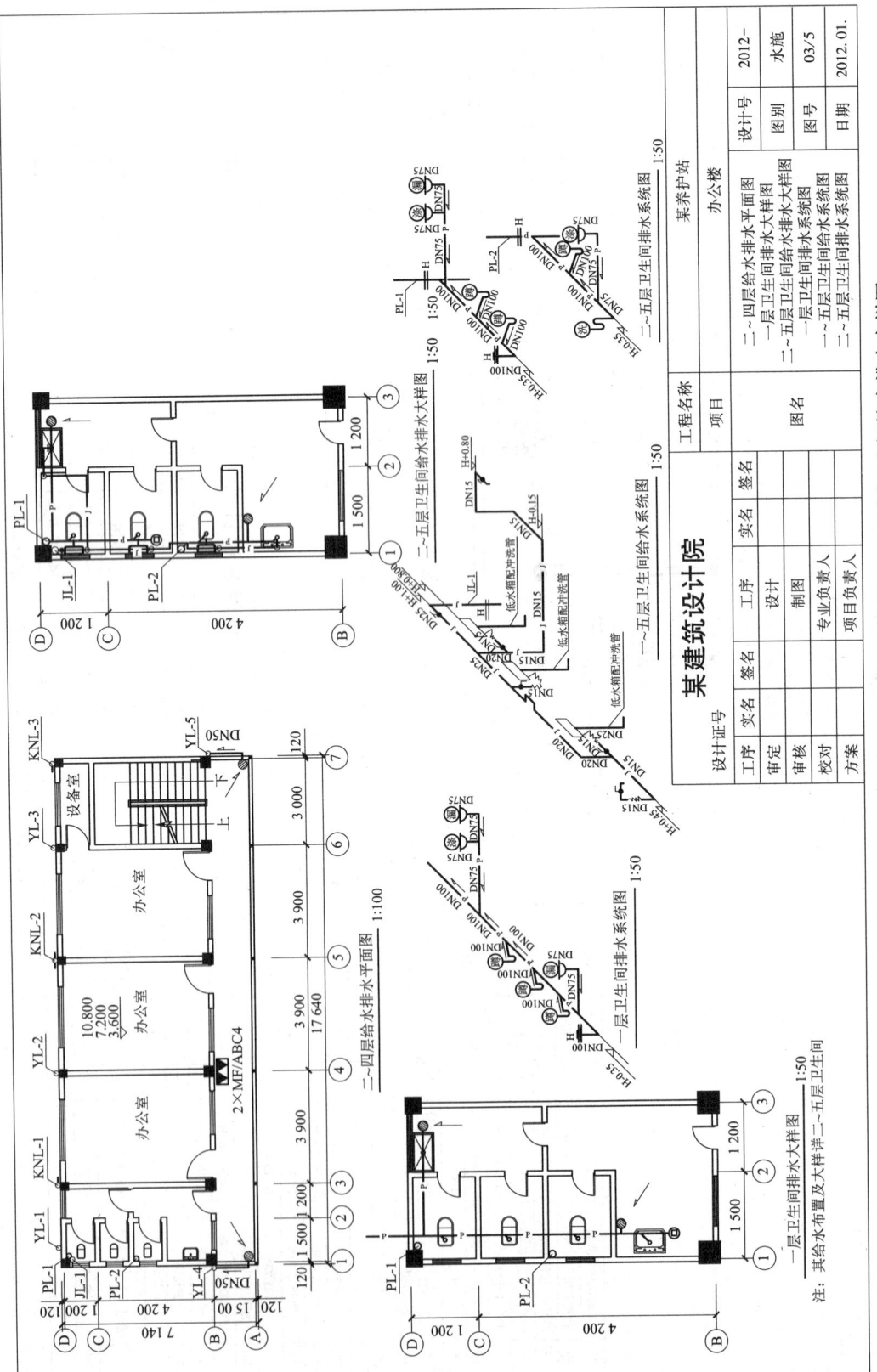

图 4-47 二～四层给水排水平面图/一层卫生间排水大样图/二～五层卫生间给水排水大样图/一层卫生间给水系统图/二～五层卫生间给水系统图/一层卫生间排水系统图/二～五层卫生间排水系统图

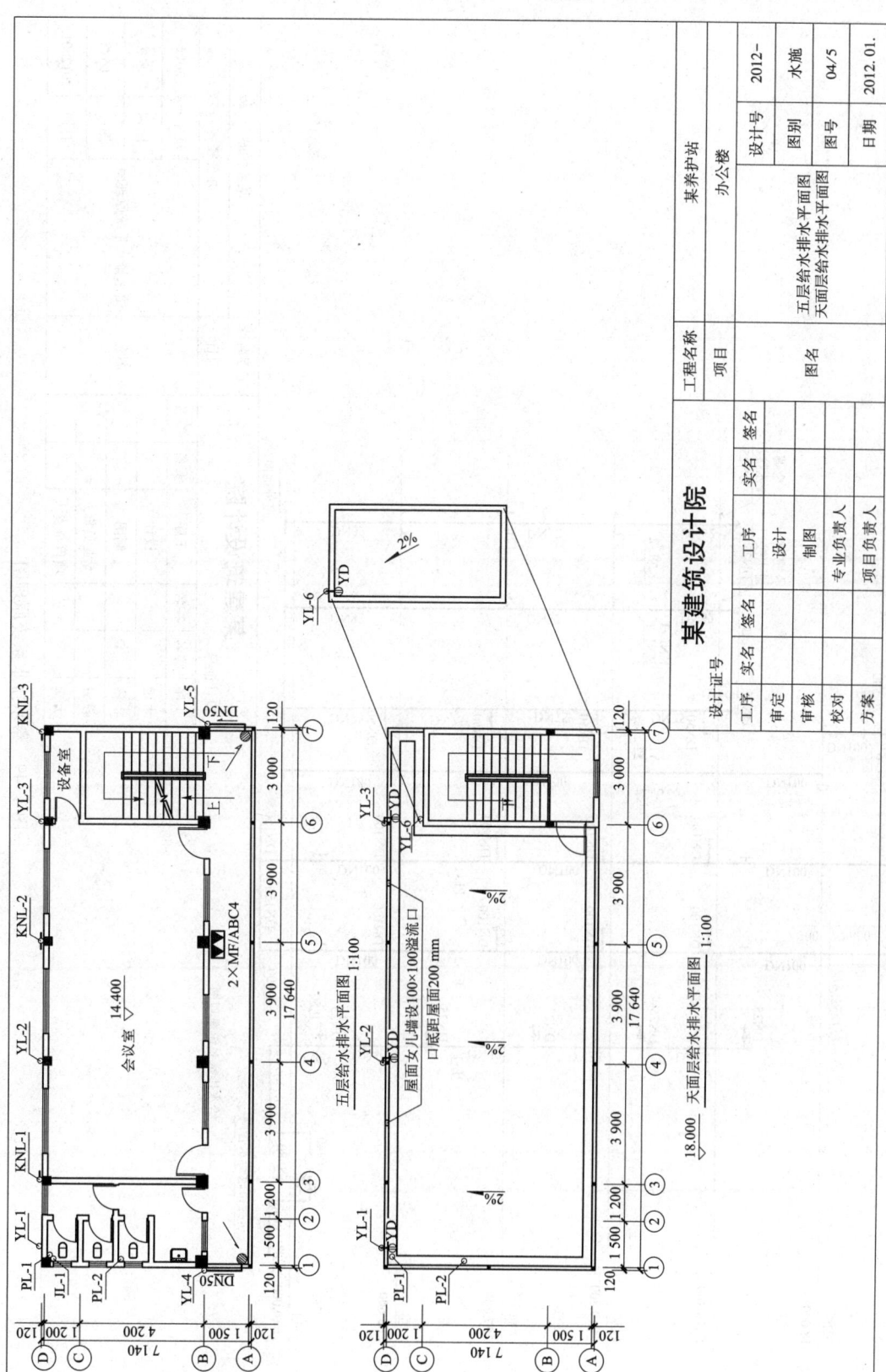

图 4-48 五层给水排水平面图/天面层给水排水平面图

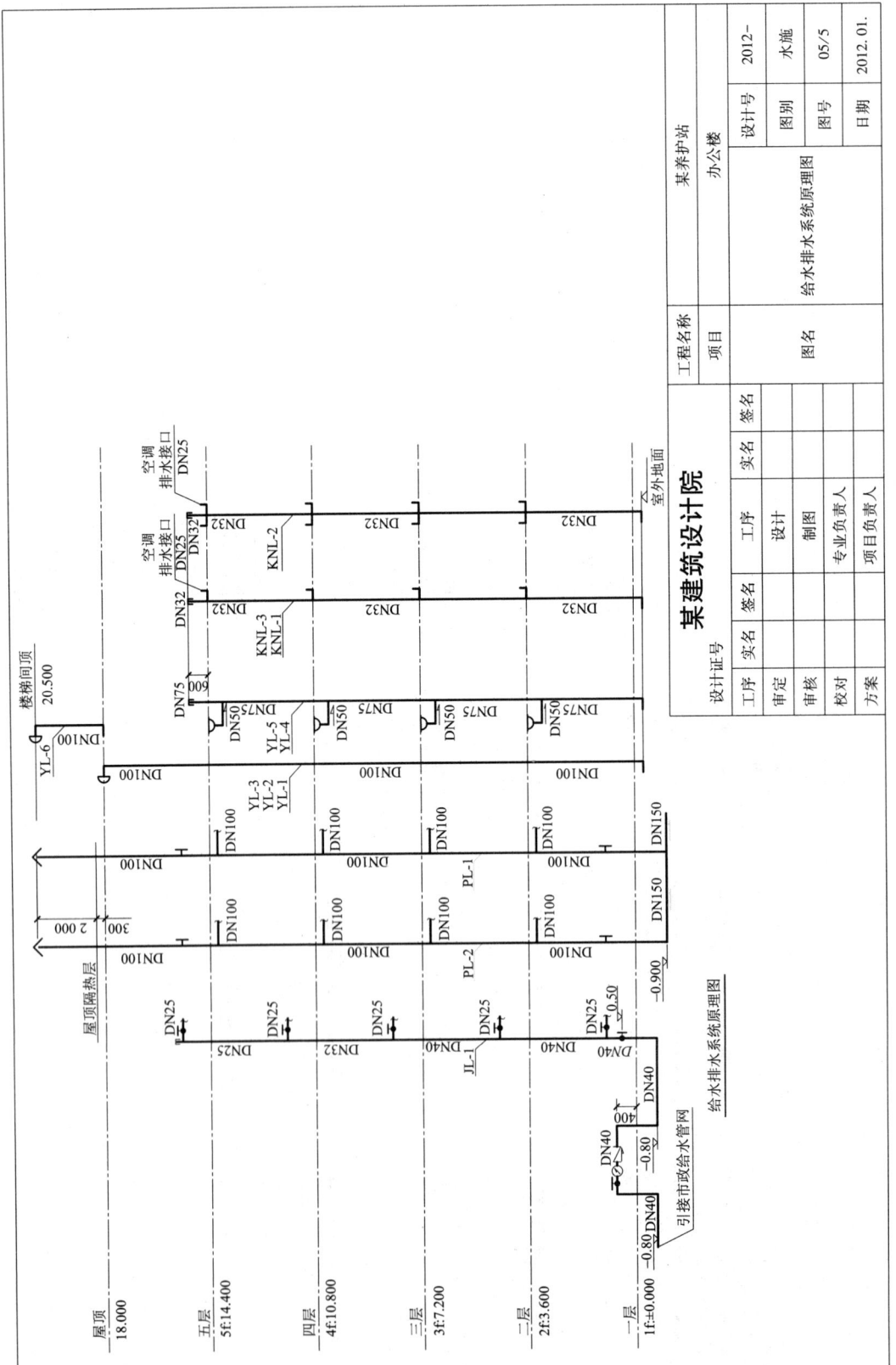

图 4-49 给水排水系统原理图

4.1.10 知识链接

1. 与识图有关的规范

GB 50015—2003《建筑给水排水设计规范》(2009 年版);

GB/T 50106—2010《建筑给水排水制图标准》;

GB 50242—2002《建筑给水排水及采暖工程施工质量验收规范》。

2. 名词解释

常用的名词如下。

(1) 生活饮用水：水质符合生活饮用水卫生标准的用于日常饮用、洗涤的水。

(2) 生活杂用水：用于冲洗便器、汽车，浇洒道路、浇灌绿化，补充空调循环用水的非饮用水。

(3) 小时变化系数。

① 最大时用水量：最高日最大用水时段内的小时用水量。

② 平均时用水量：最高日用水时段内的平均小时用水量。

(4) 回流污染。

① 由于给水管道内负压引起卫生器具或受水容器中的水或液体混合物倒流入生活给水系统的现象。

② 非饮用水或其他液体、混合物进入生活给水管道系统的现象。

(5) 空气间隙。

① 给水管道出口或水嘴出口的最低点与用水设备溢流水位间的垂直空间距离。

② 间接排水的设备或窗口的排出管口最低点与受水器溢流水位间的垂直距离。

(6) 倒流防止器：一种采用止回部件组成的可防止给水管道水流倒流的装置。

(7) 真空破坏器：一种可导入大气压消除给水管道内水流因虹吸而倒流的装置。

(8) 引入管：将室外给水管引入建筑物或市政管道引入至小区给水管网的管段。

(9) 接户管：布置在建筑物周围，直接与建筑物引入管和排出管相接的给水排水管道。

(10) 入户管（进户管）：住宅内生活给水管道进入住户至水表的管段。

(11) 竖向分区：建筑给水系统中，在垂直向分成的若干供水区。

(12) 并联供水：建筑物各竖向给水分区有独立增（减）压系统供水的方式。

(13) 串联供水：建筑物各竖向给水分区，逐区串级增（减）压供水的方式。

(14) 叠压供水：利用室外给水管网余压直接抽水再增压的二次供水方式。

(15) 明设：室内管道明露布置的方法。

(16) 暗设：室内管道布置在墙体管槽、管道井或管沟内，或者由建筑装饰隐蔽的敷设方法。

(17) 分水器：集中控制多支路供水的管道附件。

(18) 线胀系数：温度每增加 1℃时，管线单位长度的增量。

(19) 卫生器具：供水并接受、排出污废水或污物的容器或装置。

(20) 卫生器具当量：以某一卫生器具流量（给水流量或排水流量）值为基数，其他卫生器具的流量（给水流量或排水流量）值与其的比值。

(21) 额定流量：卫生器具配水出口在单位时间内流出的规定水量。

(22) 设计流量：给水或排水某种时段的平均流量作为建筑给排水管道系统设计依据。

(23) 水头损失：水通过管渠、设备、建筑物等引起的能耗。

(24) 气压给水：由水泵和压力罐以及一些附件组成，水泵将水压入压力罐，依靠罐内的压缩空气压力，自动调节供水流量和保持供水压力的供水方式。

(25) 配水点：给水系统中的用水点。

(26) 循环周期：循环水系统构筑物或输水管道内的有效水容积与单位时间内循环量的比值。

(27) 反冲洗：当滤料层截污到一定程度时，用较强的水流逆向对滤料进行冲洗。

(28) 历年平均不保证时：累计历年不保证总小时数的年平均值。

(29) 水质稳定处理：为保持循环冷却水中的碳酸钙和二氧化碳的浓度达到平衡状态（即不产生碳酸钙沉淀而结垢，也不因其溶解而腐蚀），并抑制微生物生长而采用的水处理工艺。

(30) 浓缩倍数：循环冷却水的含盐浓度与补充水的含盐浓度的比值。

(31) 自灌：水泵启动时水靠重力充入泵体的引水方式。

(32) 水景：人工建造的水体景观。

(33) 生活污水：居民日常生活中排泄的粪便污水。

(34) 生活废水：居民日常生活中排泄的洗涤水。

(35) 生活排水：居民在日常生活中排出的生活污水和生活废水的总称。

(36) 排出管：从建筑物内至室外检查井的排水横管段。

(37) 立管：呈垂直或与水平线夹角小于 45°的管道。

(38) 横管：呈水平或与水平线夹角小于 45°的管道。

① 横支管：连接器具排水管至排水立管的管段。

② 横干管：连接若干根排水立管至排出管的管段。

(39) 清扫口：装在排水横管上，用于清扫排水管的配件。

(40) 检查口：带有可开启检查盖的配件，装设在排水立管及较长横管段上，作检查和清通之用。

(41) 存水弯：在卫生器具内部或器具排水管段上设置的一种内有水封的配件。

(42) 水封：在装置中留有一定高度的水柱，防止排水管系统中气体窜入室内。

(43) H 管：连接排水立管与通气立管如 H 的专用配件。

(44) 通气管：为使排水系统内空气流通，压力稳定，防止水封破坏而设置的与大气相通的管道。

(45) 伸顶通气管：排水立管与最上层排水横支管连接处向上垂直延伸至室外通气用的管道。

(46) 专用通气立管：仅与排水立管连接，为排水立管内空气流通而调置的垂直通气管道。

(47) 汇合通气管：连接数根通气立管或排水立管顶端通气部分，并延伸至室外接通大气用的通气管段。

(48) 主通气立管：连接环形通气管和排水立管，为排水支管和排水立管内空气流通而设置的垂直管道。

(49) 副通气立管：仅与环形通气管连接，为使排水横支管内空气流通而设置的通气立管。

(50) 环形通气管：在多个卫生器具的排水横支管上，从最始端卫生器具的下游端接至主通气立管或副通气立管的通气管段。

(51) 器具通气管：卫生器具存水弯出口端接至主通气管的管段。

(52) 结合通气管：排水立管与通气立管的连接管段。

(53) 自循环通气：通气立管在顶端、层间和排水立管相连，在底端与排出管连接，排水时在管道内产生的正负压通过连接的通气管道迂回补气而达到平衡的通气方式。

(54) 真空排水：利用真空设备使排水管道内产生一定真空度，利用空气输送介质的排水方式。

(55) 同层排水：排水横支管布置在排水层或室外，器具排水管不穿楼层的排水方式。

(56) 埋设深度：埋地排水管道内底至地表面的垂直距离。

(57) 水流偏转角：水流原来的流向与其改变后的流向之间的夹角。

(58) 充满度：水流在管渠中的充满程度，管道以水深及管径之比值表示，渠道以水深与设计最大水深之比值表示。

(59) 隔油器：分隔、拦集生活废水中油脂的装置。

(60) 降温池：降低排水温度的小型处理构筑物。

(61) 化粪池：将生活污水分格沉淀，并对污泥进行厌氧消化的小型处理构筑物。

(62) 中水：各种排水经适当处理达到规定的水质标准后回用的水。

(63) 医院污水：医院、医疗卫生机构中被病原体污染了的水。

(64) 一级处理：又称机械处理。采用机械方法对污水进行初级处理。

(65) 二级处理：由机械处理和生物化学或化学处理组成的污水处理过程。

(66) 换气次数：通风系统单位时间内送风或排风体积与室内空间体积之比。

(67) 暴雨强度：单位时间内的降雨量。

(68) 重现期：经一定长的雨量观测资料统计分析，等于或大于某暴雨强度的降雨出现一次的平均间隔时间。其单位通常以年表示。

(69) 降雨历时：降雨过程中的任意连续时段。

(70) 地面集水时间：雨水从相应汇水面积的最远点地表径流到雨水管渠入口的时间，简称集水时间。

(71) 管内流行时间：雨水在管渠中流行的时间，简称流行时间。

(72) 汇水面积：雨水管渠汇集降雨的面积。

(73) 重力流雨水排水系统：按重力流设计的屋面雨水排水系统。

(74) 满管压力流雨水排水系统：按满管压力流原理设计管道内雨水流量、压力等可得到有效控制和平衡的屋面雨水排水系统。

(75) 雨水口：将地面雨水导入雨水管渠的带格栅的集水口。

(76) 雨落水管：敷设在建筑物外墙，用于排除屋面雨水的排水立管。

(77) 悬吊管：悬吊在屋架、楼板和梁下或架空在柱上的雨水横管。

(78) 雨水斗：将建筑物屋面的雨水导入雨水立管的装置。

(79) 径流系数：一定汇水面积的径流雨水量与降雨量的比值。

(80) 集中热水供应系统：供给一幢（不含单幢别墅）或数幢建筑物所需热水的系统。

(81) 局部热水供应系统：供给单个或数个配水点所需热水的供应系统。

(82) 全日热水供应系统：在全日、工作班或营业时间内不间断供应热水的系统。

(83) 定时热水供应系统：在全日、工作班或营业时间内某一时段供应热水的系统。

(84) 热泵热水供应系统：通过热泵机组运行吸收环境低温热能制备和供应热水的系统。

(85) 水源热泵：以水或添加防冻剂的水溶液为低温热源的热泵。

(86) 空气源热泵：以环境空气为低温热源的热泵。

(87) 热源：用以制取热水的能源。

(88) 热媒：热传递载体，常为热水、蒸汽、烟气。

(89) 太阳能保证率：系统中由太阳能部分提供的热量除以系统总负荷。

(90) 太阳幅照量：接收到太阳辐射能的面密度。

(91) 燃油（气）热水机组：由燃烧器、水加热炉体（炉体水套与大气相通，呈常压状态）和燃油（气）供应系统等组成的设备组合体。

(92) 设计小时耗热量：热水供应系统中用水设备、器具最大时段内的耗热量。

(93) 设计小时供热量：热水供应系统中加热设备最大时段内的产热量。

(94) 同程热水供应系统：对应每个配水点的供水与回水管路长度之和基本相等的热水供应系统。

(95) 第二循环系统：集中热水供应系统中，水加热器或热水贮水器与热水配水点之间组成的热水循环系统。

(96) 上行下给式：给水横干管位于配水管网的上部，通过立管向下给水的方式。

(97) 下行上给式：给水横干管位于配水管网的下部，通过立管向上给水的方式。

(98) 回水管：在热水循环管系中仅通过循环流量的管段。

(99) 管道直饮水系统：原水经深度净化处理，通过管道输送，供人们直接饮用的供水系统。

(100) 水质阻垢缓蚀处理：采用电、磁、化学稳定剂等物理、化学方法稳定水中钙、镁离子，使其在一定的条件下不形成水垢，延缓对加热设备或管道的腐蚀的水质处理。

4.1.11 技能训练项目

以图 4-1 为例进行训练。

1. 训练任务

识读图 4-1 所示的给水排水施工图。

2. 训练目标

(1) 解读给水排水平面图中的给水排水设备，给水排水的水平管长度及管径大小。

(2) 解读系统图中的给水排水设备，给水排水的立管长度及管径大小。

3. 训练成果

编写建筑给水排水施工图的识读报告。

4.2 建筑消防水工程

本节主要介绍层数少于 10 层的住宅及建筑高度（建筑物室外地面到其女儿墙顶部或檐口的高度）不超过 24 m 的低层民用建筑中，以水作为灭火剂的消火栓给水系统和自动喷水灭火系统。

4.2.1 消火栓给水系统及布置

凡担负室内消火栓灭火设备给水任务的一系列工程设施，统称室内消火栓给水系统。

1. 消火栓给水系统的设置原则

1）应设室内消火栓给水系统的建筑物

应设室内消火栓给水系统的建筑物有以下几类。

（1）高层工业建筑与低层建筑，主要包括以下几种。

① 厂房、库房、高度不超过 24 m 的科研楼（存有水接触能引起燃烧爆炸的物品除外）。

② 超过 800 个座位的剧院、电影院、俱乐部和超过 1 200 个座位的礼堂、体育馆。

③ 体积超过 5 000 m^3 的车站、码头、机场建筑物以及展览馆、商店、病房楼、门诊楼、教学楼、图书馆等。

④ 超过 7 层的单元式住宅、超过 6 层的塔式住宅、通廊式住宅、底层设有商业网点的单元式住宅。

⑤ 超过 5 层或体积超过 10 000 m^3 的其他民用建筑。

⑥ 国家级文物保护单位的重点砖木或木结构的古建筑。

（2）高层民用建筑。

（3）人防工程，主要包括以下几种。

① 使用面积超过 300 m^2 的商场、医院、旅馆、展览厅、旱冰场、体育场、舞厅、电子游艺场等。

② 使用面积超过 450 m^2 的餐厅、丙类和丁类生产车间、丙类和丁类物品库房。

③ 电影院、礼堂。

④ 消防电梯间前室。

（4）停车库、修车库。

2）可以不设室内消火栓给水系统的建筑物

可以不设室内消火栓给水系统的建筑物有以下几类。

（1）耐火等级为一、二级且可燃物较少的丁、戊类厂房和库房（高层工业建筑除外）；耐火等级为三、四级且建筑体积不超过 3 000 m^3 的丁类厂房和建筑体积不超过 5 000 m^3 的戊类厂房。

（2）室内没有生产、生活给水管道，室外消防用水取自储水池且建筑体积不超过 5 000 m^3 的建筑物。

3）视情况确定是否设置室内消火栓给水系统的建筑物

在一座一、二级耐火等级的厂房内，如有生产性质不同的部位时，可根据各部位的特点确定设置或不设置室内消防给水。

4) 宜增设消防水喉设备的建筑物

在设有空气调节系统的旅馆、办公楼和超过 1 500 个座位的剧院、会堂，其闷顶内安装有面灯部位的马道处，应增设消防水喉设备。

2. 消火栓给水系统的组成和供水方式

1) 消火栓给水系统的组成

建筑消火栓给水系统一般由水枪、水带、消火栓、消防管道、消防水池、高位水箱、水泵接合器及增压水泵组成。

（1）消火栓设备：由水枪、水带和消火栓组成，均安装于消火栓箱内。

水枪一般为直流式，喷嘴口径有 13、16、19 mm 三种。

水带直径有 50、65 mm 两种，水带长度一般有 15、20、25、30 m 四种。水带有麻织和化纤两种；有衬胶和不衬胶之分，衬胶水带阻力较小；水带长度应根据水力计算选定。13 mm 口径的水枪配直径 50 mm 水带，16 mm 配直径 50、65 mm 水带，19 mm 配直径 65 mm 水带。低层建筑的消火栓可选用 13 mm 或 16 mm 口径水枪。

消火栓均为内扣式接口的球形阀式龙头，有单出口和双出口之分。单出口消火栓直径有 50、65 mm 两种；双出口直径为 65 mm。当每支水枪最小流量小于 5 L/s 时选用直径 50 mm 消火栓；最小流量大于等于 5 L/s 时选用 65 mm 消火栓。

（2）水泵接合器：是连接消防车向室内消防给水系统加压供水的装置，一端由消防给水管网水平干管引出，另一端设于消防车易于接近的地方。水泵接合器有地上、地下和墙壁式三种。

（3）消防管道：建筑物内消防管道是否与其他给水系统合并或独立设置，应根据建筑物的性质和使用要求比较后确定。

（4）消防水池：消防水池用于贮存火灾延续时间内的室内消防用水量。根据各种用水系统的供水水质要求是否一致，可将消防水池与生活或生产贮水池合用，也可单独设置。

（5）消防水箱：消防水箱对扑救初期火灾起着重要作用，应在建筑物的最高部位设置重力自流的消防水箱；消防用水与其他用水合并的水箱，应有消防用水不作他用的技术措施；水箱的安装高度应满足室内最不利点消火栓所需的水压要求，其应储存 10 min 的室内消防用水量。当室内消防用水量不超过 25 L/s，经计算水箱消防贮水量超过 12 m³ 时，仍可采用 12 m³；当室内消防用水量超过 25 L/s，经计算水箱消防贮水量超过 18 m³ 时，仍可采用 18 m³。

2) 消火栓给水系统的给水方式

室内消火栓给水系统有下列几种给水方式。

（1）由室外给水管网直接供水的消防给水方式。

室外给水管网提供的水压、水量在任何时候均能满足室内消火栓给水系统所需的水量、水压时采用。该方式中消防管道有两种布置形式：① 消防管道与生活（或生产）管网共用，此时在水表处应设旁通管，水表选择应考虑能承受短历时通过的消防水量；② 消防管道单独设置，可以避免供水污染。

（2）设水箱的消火栓给水方式。室外管网 1 天之内有一定时间能保证消防水量、水压时（或是由生活水泵向水箱补水）采用。由水箱贮存 10 min 的消防水量，灭火初期由水箱供水。

（3）设水泵、水箱的消火栓给水方式。室外管网的水压不能满足室内消火栓给水系统的水压要求时采用。水箱由生活水泵补水，贮存 10 min 的消防用水量。火灾发生时先由水箱供水灭火，消防水泵启动后由消防水泵供水灭火。

4.2.2 自动喷水灭火系统及布置

自动喷水灭火系统由水源、加压贮水设备、喷头、管网、报警装置等组成，可分为以下几种。

（1）湿式自动喷水灭火系统：喷头常闭的灭火系统，管网中充满有压水，渗漏时会损坏建筑装饰和影响建筑使用。适用于环境温度 4 ℃～70 ℃的建筑物。

（2）干式自动喷水灭火系统：喷头常闭的灭火系统，管网中充满有压空气，系统工作时先排气，再充水。故灭火不如湿式及时。适用于采暖期长而建筑物内无采暖的场所。为减少排气时间，一般要求管网的容积不大于 2 000 L。

（3）预作用喷水灭火系统：喷头常闭的灭火系统，管网平时不充水（无压），发生火灾时，火灾探测器报警后，系统由干式变成湿式，当着火点温度达到开启闭式喷头时，才开始喷水灭火。其适用于建筑装饰要求高，灭火要求及时的建筑物。

（4）雨淋喷水灭火系统：喷头常开的灭火系统。该系统具有出水量大，灭火及时的优点，适用于火灾蔓延快、危险性大的建筑或部位。

（5）水幕系统。

（6）水喷雾灭火系统。

4.3 项 目 任 务

运用天正建筑或 CAD 软件抄绘附录 A.1 某养护站办公楼水施 01～05。

习　题

一、选择题

1. 读给水管道施工图时，一般按_____的顺序进行。
   A. 引入管、干管、立管、支管、用水设备
   B. 引入管、立管、干管、支管、用水设备
   C. 支管、干管、立管、引入管、用水设备
   D. 用水设备、干管、支管、立管、引入管

2. 给水管标高一般为_____标高。
   A. 管顶　　　　B. 管中心　　　　C. 管底　　　　D. 管内底

3. 排水管标高一般为_____标高。
   A. 管顶　　　　B. 管中心　　　　C. 管底　　　　D. 管内底

4. 管道标高一般以米为单位，标注到小数点后_____位。
   A. 1　　　　　B. 2　　　　　　C. 3　　　　　　D. 4

5. 反映管道系统和附件空间布置形式的图纸是_____。
   A. 平面图　　　B. 系统图　　　　C. 立面图　　　D. 节点图

二、简答题

1. 室内给水系统由哪几部分组成？各组成部分的作用是什么？
2. 室内排水系统由哪几部分组成？各组成部分的作用是什么？
3. 建筑给水排水施工图通常由哪几部分组成？各有什么作用？

第5章 建筑电气施工图识读

▲ 导读

1. 建筑电气的概念

广义概念：以建筑为平台，以电气技术为平台手段，在有限空间内，为创造人性化生活环境的一门应用学科。

狭义概念：在建筑中，利用现代先进的科学理论及电气技术（含电力技术、信息技术及智能化技术等），创造一个人性化生活环境的电气系统，统称范围建筑电气。

建筑电气的作用：服务于建筑内人们的工作、生活、学习、娱乐、安全等。

建筑电气包含内容：① 建筑强电系统，如供配电系统、照明系统、防雷接地系统；② 建筑弱电系统，如火灾自动报警系统、安全防范系统、设备自动化系统、有线电视系统、综合布线、有线广播及扩声系统、会议系统等。

2. 建筑电气工程施工图概念

建筑电气工程施工图，是用规定的图形符号和文字符号表示系统的组成及连接方式、装置和线路的具体的安装位置和走向的图纸。

电气工程图的特点如下。

（1）建筑电气图大多是采用统一的图形符号并加注文字符号绘制的。

（2）建筑电气工程所包括的设备、器具、元器件之间是通过导线连接起来，构成一个整体，导线可长可短能比较方便地表达较远的空间距离。

（3）电气设备和线路在平面图中并不是按比例画出它们的形状及外形尺寸，通常用图形符号来表示，线路中的长度是用规定的线路的图形符号按比例绘制。

电气工程施工图的组成主要包括：图纸目录、设计说明、图例材料表、系统图、平面图、详图等。

1）图纸目录

图纸目录的内容是：图纸的组成、名称、张数、图号顺序等，绘制图纸目录的目的是便于查找。

2）设计说明

设计说明主要阐明单项工程的概况、设计依据、设计标准及施工要求等，主要是补充说明图面上不能利用线条、符号表示的工程特点、施工方法、线路、材料及其他注意的事项。

3）图例材料表

图例材料表中收集施工图内主要设备及器具的图形符号，并标注其名称、规格、型号、数量、安装方式等。

4）平面图

平面图是表示建筑物内各种电气设备、器具的平面位置及线路走向的图纸。平面图包括总平面图、照明平面图、动力平面图、防雷平面图、接地平面图、智能建筑平面图（如电话、电视、火灾报警、综合布线平面图）等。

5) 系统图

系统图是表明供电分配回路的分布和相互联系的示意图，具体反映配电系统和容量分配情况、配电装置、导线型号、导线截面、敷设方式及穿管管径，控制及保护电器的规格型号等。系统图分为照明系统图、动力系统图、智能建筑系统图等。

6) 详图

详图是用来详细表示设备安装方法的图纸，详图多采用全国通用电气装置标准图集。

▲ **知识目标**

(1) 了解电气照明基本概念，了解电光源发光原理。
(2) 熟悉灯具分类及其安装工艺。
(3) 掌握照明线路敷设方式与要求。
(4) 熟练识读建筑电气照明施工图。

▲ **能力目标**

(1) 建筑电气照明施工图的识读。
(2) 运用数学规则计算建筑电气照明施工图的工程量。

5.1 建筑电气照明工程

任务描述：图 5-1 所示为某负一层建筑电气照明系统图。试识读该建筑电气照明系统图。

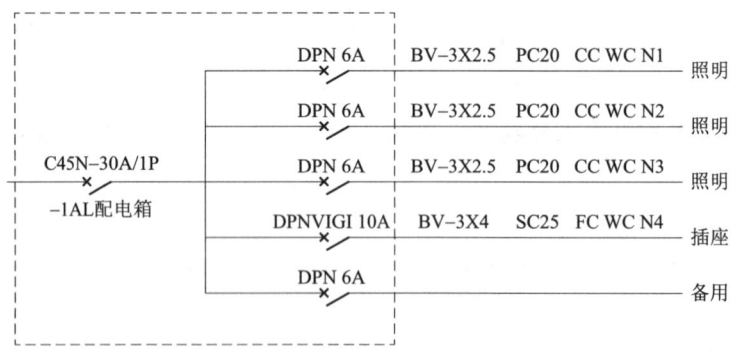

图 5-1 建筑电气照明系统图

1. 识图任务

(1) 配电箱引出有多少个回路？分别是做什么用途？
(2) 每个回路中的配管配线是什么情况？
(3) 每个回路在建筑中的敷设方式是如何的？

2. 识图提示

(1) 配电箱的哪边是进线？哪边是出线？

(2）配管配线是如何表达的？

(3）敷设方式是如何表达的？

5.1.1 常用导电材料及其应用

1. 电线

1) 电线分类

电线可分为裸电线和绝缘电线。

（1）裸电线。裸电线是没有绝缘层的电线，包括铜线、铝线、架空绞线以及各种型线。裸电线主要用于户外架空、绝缘电线线芯、室内汇流排和配电柜、箱内连接等用。裸电线材质主要为铜、铝、钢等制成。

（2）绝缘电线。具有绝缘包层（单层或多层）的电线称为绝缘电线。

按照导线芯线分，绝缘电线可分为铜芯和铝芯、单股和多股、单芯、双芯、多芯等。

根据绝缘材料分，绝缘电线可分为橡皮绝缘和塑料绝缘等。

绝缘电线分类、型号说明及主要用途，如表 5-1 所示。

表 5-1 绝缘电线分类、型号说明及主要用途

型号	名 称	用 途
BX（BLX）	铜（铝）芯橡皮绝缘线	适用交流 500 V 及以下或直流 1 000 V 及以下的电气设备及照明装置之用
BXF（BLXF）	铜（铝）芯氯丁橡皮绝缘线	
BXR	铜芯橡皮绝缘软线	
BV（BLV）	铜（铝）芯聚氯乙烯绝缘线	适用于各种交流、直流电器装置，以及电工仪表/仪器、电讯设备、动力及照明线路固定敷设之用
BVV（BLVV）	铜（铝）芯聚氯乙烯绝缘氯乙烯护套圆形电线	
BVVB（BLVVB）	铜（铝）芯聚氯乙烯绝缘氯乙烯护套平形电线	
BVR	铜（铝）芯聚氯乙烯绝缘软线	
BV-105	铜芯耐热 105 ℃聚氯乙烯绝缘软线	
RV	铜芯聚氯乙烯绝缘软线	适用于各种交流、直流电器、电工仪表、家用电器、小型电动工具、动力及照明装置的连接
RVB	铜芯聚氯乙烯绝缘平行软线	
RVS	铜芯聚氯乙烯绝缘绞型软线	
RV-105	铜芯耐热 105 ℃聚氯乙烯绝缘连接软电线	
RXS	铜芯橡皮绝缘棉纱编织绞型软电线	
RX 电线	铜芯橡皮绝缘棉纱编织圆型软电线	
BBX	铜芯橡皮绝缘玻璃丝编织电线	适用电压分别有 500 V 及 250 V 两种，用于室内外明装固定敷设或穿管敷设
BBLX	铝芯橡皮绝缘玻璃丝编织电线	

注：B（B）——第一个字母表示布线，第二个字母表示玻璃丝编制；

V（V）——第一个字母表示聚乙烯（塑料）绝缘，第二个字母表示聚乙烯护套；

L（L）——铝，无 L 则表示铜；

F（F）——复合型；

R——软线；

S——双绞线；

X——绝缘橡胶。

2)常见电线

常见电线有以下几种。

(1) BV 电线。

名称解释：铜芯聚氯乙烯绝缘电线，如图 5-2 所示。

主要用途：适用于动力照明固定布线，价格实惠电阻低。在很多连接电源的场合都可以考虑，如房间暗线、电源控制箱部分内部连接等有良好布线工艺环境的场合。

(2) BVR 电线。

名称解释：铜芯聚氯乙烯绝缘软电线，如图 5-3 所示。

主要用途：适用于设备电箱的控制线连接及动力照明固定布线，要求有良好布线工艺环境。

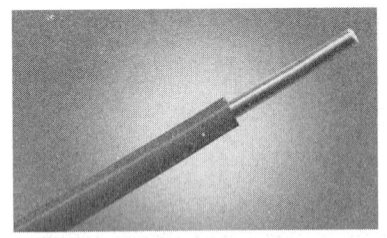

图 5-2　铜芯聚氯乙烯绝缘电线

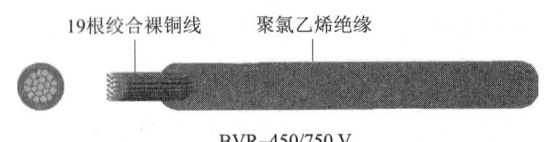

图 5-3　铜芯聚氯乙烯绝缘软电线

图 5-4　铜芯聚氯乙烯绝缘聚氯乙烯护套软电线

(3) BVVR 电线。

名称解释：铜芯聚氯乙烯绝缘聚氯乙烯护套软电线，如图 5-4 所示。

主要用途：绝缘等级和阻燃性均高于 BV 和 BVR 电线，可代替它们使用，但价格较贵。

(4) BVV 电线。

名称解释：铜芯聚氯乙烯绝缘氯乙烯护套圆形电线，如图 5-5 所示。

主要用途：防护等级较高，一般用于对电气绝缘要求防腐性要求高的电气连接，如潮湿的地下室和空气温度变化大、氧化成分多的环境。

(5) RVS 电线。

名称解释：铜芯聚氯乙烯绝缘绞型软线，如图 5-6 所示。

图 5-5　铜芯聚氯乙烯绝缘氯乙烯护套圆形电线

图 5-6　铜芯聚氯乙烯绝缘绞型软线

主要用途：和普通电线功能一样，用于环境要求不高的场合，特别在临时供电的场合很适用，价格较便宜。

2. 电缆

电缆是一种多芯导线，基本结构由缆芯、绝缘层、保护层三部分组成，如图5-7所示。

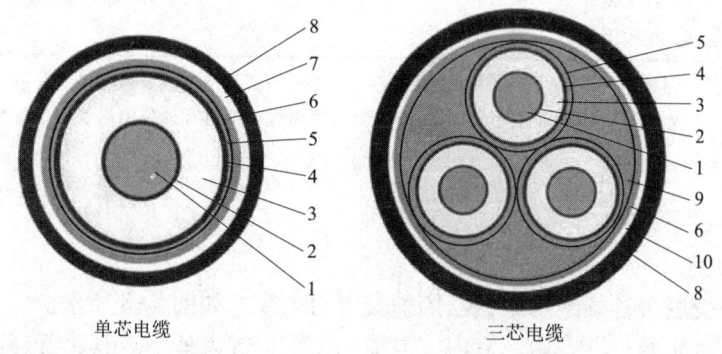

图5-7 电缆结构

1—导体缆芯；2—内半导电屏蔽；3—绝缘层；4—外半导电屏蔽；5—金属屏蔽；
6—内护层；7—钢丝铠装；8—外护层；9—填充料；10—金属铠装

电缆品种很多，可按不同方式进行分类。

根据材质有：铜芯、铝芯等。

根据用途有：电力电缆、控制电缆、通信电缆等。

根据绝缘分：油浸纸绝缘、塑料绝缘等。

根据线芯分：单芯、双芯、多芯。

电缆型号由七部分组成，第一项至第五项用拼音字母表示，高分子材料用英文名的第一位字母表示，如表5-2所示；第六、七项是用数字表示，如表5-3所示。

表5-2 电缆型号第一项至第五项的含义

第一项：类别 （字母）	第二项：导体 （字母）	第三项：绝缘 （字母）	第四项：内护套 （字母）	第五项：特征 （字母）
电力电缆（省略不表示） K：控制电缆 P：信号电缆 YT：电梯电缆 U：矿用电缆 Y：移动式软缆 H：市内电话缆 UZ：电钻电缆 DC：电气化车辆用电缆	T：铜线（可省） L：铝线	Z：油浸纸 X：天然橡胶 VV：聚氯乙烯 YJ：交联聚乙烯 E：乙丙胶	Q：铅套 L：铝套 H：橡套 HF：氯丁胶 V：聚氯乙烯护套 Y：聚乙烯护套 VF：复合物 HD：耐寒橡胶	D：不滴油 F：分相 CY：充油 P：屏蔽 C：滤尘用或重型 G：高压

表 5-3 电缆型号第六、七项的含义

第六项：铠装层类型（数字）	第七项：外护层类型（数字）
0：无	0：无
1：钢带	1：纤维线包
2：双钢带	2：聚氯乙烯护套
3：细圆钢丝	3：聚乙烯护套
4：粗圆钢丝	

注：电线电缆产品中铜是主要使用的导体材料，故铜芯代号 T 省写，但裸电线及裸导体制品除外。裸电线及裸导体制品类、电力电缆类、电磁线类产品不标明大类代号，电气装备用电线电缆类和通信电缆类也不标明大类代号，但需标明小类或系列代号等。

常见电缆有以下几种。

（1）YJV 电缆。

名称解释：交联聚乙烯绝缘聚氯乙烯护套电力电缆，如图 5-8 所示。

主要用途：固定敷设在空中、室内、电缆沟、隧道或者地下。其比普通电缆的绝缘等级要高，但价格也相对较高。

（2）RVV 电缆。

名称解释：聚氯乙稀绝缘聚氯乙稀护套软电缆，如图 5-9 所示。

主要用途：这种就是普通电缆，敷设在室内、隧道及管道中，电缆不能承受压力和机械外力作用，常用于一般移动电动工具的电源线。

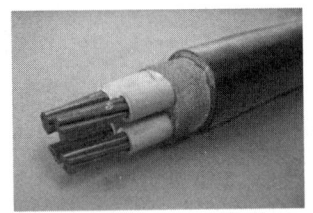

图 5-8 YJV 电缆

图 5-9 RVV 电缆

（3）JHS 电缆。

名称解释：潜水电机用防水型橡皮软电缆，如图 5-10 所示。

主要用途：主要用于水下水泵供电，价格昂贵，防腐能力强。

（4）YH 电缆。

名称解释：耐高温橡皮绝缘型软电缆，如图 5-11 所示。

主要用途：这种电缆就是常说的"焊把线"，耐高温性能高。

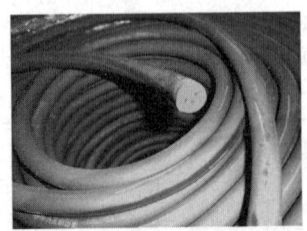

图 5-10 JHS 电缆

图 5-11 YH 电缆

(5) RVVP 电缆。

名称解释：铜芯聚氯乙烯绝缘聚氯乙烯护套屏蔽软电线，如图 5-12 所示。

主要用途：传递信号，防止信号流失或产生误差。

(6) BVVB 电缆。

名称解释：铜芯聚氯乙烯绝缘聚氯乙烯护套平行电缆，如图 5-13 所示。

主要用途：这种电缆俗称"有扁线"，优点是安装方便不用外加线框线槽，主要用于要求外观要求不高的室内电源连接线。

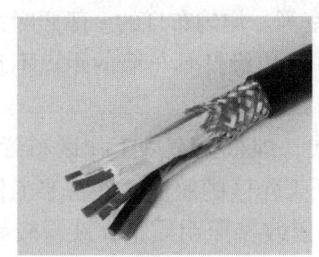

图 5-12　RVVP 电缆

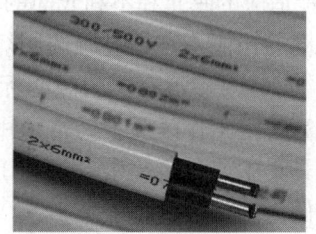

图 5-13　BVVB 电缆

3. 导电材料配线的区分

1) 电缆与电线的区别

其实，"电线"和"电缆"并没有严格的界限。通常将芯数少、产品直径小、结构简单的产品称为电线，没有绝缘的称为裸电线，其他的称为电缆；导体截面积较大的（大于 6 mm²）称为大电线，较小的（小于或等于 6 mm²）称为小电线，绝缘电线又称为布电线。

2) 电缆与光缆的区别

电缆内主要是铜芯线，芯线直径有 0.32、0.4、0.5 mm 之分，直径越大通信能力越强；还有按芯线数量分的，有 5、10、20、50、100、200 对等，这里说到的对数是指电缆容纳的最大用户数量。电缆体积、重量大，通信能力差，只能用作近距离通信。

光缆的芯线是玻璃纤维，芯线数量有：4、6、8、12 对等。光缆具有体积、重量小，成本低，通信容量大，通信能力强等优点，一般只用作长途和点与点（即两交换机房）之间的通信传输。

电缆和光缆的主要区别如下。

第一：材质上有区别。电缆以金属材质（大多为铜，铝）为传导体；光缆以玻璃质纤维为传导体。

第二：传输信号上有区别。电缆传输的是电信号，光缆传输的是光信号。

第三：应用范围上有区别。电缆现多用于能源传输及低端数据信息传输（如电话），光缆多用于数据传输。

5.1.2　照明灯具

1. 照明方式

照明方式是指照明设备按其安装部位或光的分布而构成的基本制式。选择合理的照明方式，对改善照明质量、提高经济效益和节约能源等有重要影响，并且还关系到建筑装修的整体艺术效果。

1) 按照安装部位和照明效果分类

按照安装部位和照明效果分类，照明方式可分为以下几种。

(1) 一般照明：不考虑局部的特殊需要，为照亮整个室内而采用的照明方式。一般照明由对称排列在顶棚上的若干照明灯具组成，室内可获得较好的亮度分布和照度均匀度，所采用的光源功率较大，而且有较高的照明效率。这种照明方式耗电大，布灯形式较呆板。一般照明方式适用于无固定工作区或工作区分布密度较大的房间，以及照度要求不高但又不会导致出现不能适应的眩光和不利光向的场所，如办公室、教室等。均匀布灯的一般照明，其灯具距离与高度的比值不宜超过所选用灯具的最大允许值，并且边缘灯具与墙的距离不宜大于灯间距离的1/2，可参考有关的照明标准设置。

为提高特定工作区照度，常采用分区一般照明的方式，即根据室内工作区布置的情况，将照明灯具集中或分区集中设置在工作区的上方，以保证工作区的照度，并将非工作区的照度适当降低为工作区的1/3至1/5。分区一般照明不仅可以改善照明质量，获得较好的光环境，而且节约能源。分区一般照明适用于某一部分或几部分需要有较高照度的室内工作区，并且工作区是相对稳定的，如旅馆大门厅中的总服务台、客房、图书馆中的书库等。

(2) 局部照明：为满足室内某些部位的特殊需要，在一定范围内设置照明灯具的照明方式。通常将照明灯具装设在靠近工作面的上方。局部照明方式在局部范围内以较小的光源功率获得较高的照度，同时也易于调整和改变光的方向。局部照明方式常用于局部需要有较高照度的场合、由于遮挡而使一般照明照射不到某些范围的场合、需要减小工作区内反射眩光的场合、为加强某方向光照以增强建筑物质感的场合等。但在长时间持续工作的工作面上仅有局部照明容易引起视觉疲劳。

(3) 混合照明：由一般照明和局部照明组成的照明方式。混合照明是在一定的工作区内由一般照明和局部照明的配合起作用，以保证应有的视觉工作条件。良好的混合照明方式可以做到：增加工作区的照度，减少工作面上的阴影和光斑，在垂直面和倾斜面上获得较高的照度，减少照明设施总功率，节约能源。混合照明方式的缺点是视野内亮度分布不匀。为了减少光环境中的不舒适程度，混合照明照度中的一般照明的照度应占该等级混合照明总照度的5%～10%，且不宜低于20 Lx。混合照明方式适用于有固定的工作区，照度要求较高并需要有一定可变光的方向照明的房间，如医院的妇科检查室、牙科治疗室、缝纫车间等。

2) 按照功能分类

按照功能分类，照明方式可分为以下几种。

(1) 正常照明：在正常情况下使用的室内外照明。

(2) 应急照明：因正常照明的电源失效而启用的照明。

(3) 疏散照明：作为应急照明的一部分，用于确保疏散通道被有效地辨认和使用的照明，照度值一般不得低于0.5 Lx，持续时长一般在20～60 min。

(4) 安全照明：作为应急照明的一部分，用于确保处于潜在危险之中的人员安全的照明。

(5) 备用照明：作为应急照明的一部分，用于确保正常活动继续进行的照明。配电室、消防控制室等场所在发生火灾等应急情况时，仍需正常工作的场所需设置备用照明。

(6) 值班照明：非工作时间，为值班所设置的照明。可利用正常照明的部分灯具作为值班照明。

（7）警卫照明：在夜间为改善对人员、财产、建筑物、材料和设备的保卫，用于警戒而安装的照明。

（8）障碍照明：为保障航空飞行安全，在高大建筑物和构筑物上安装的障碍标志灯。航空障碍灯供电电源应按主体建筑中最高负荷等级要求供电。

2. 灯具的种类

按安装方式分类灯具可分为嵌顶灯、吸顶灯、吊灯、壁灯、活动灯具、建筑照明等六种。

按光源分类灯具可分为白炽灯（紧凑型荧光灯归为这一类）、荧光灯、高压气体放电灯等三类。

按使用场所分类灯具可分为民用灯、建筑灯、工矿灯、车用灯、船用灯、舞台台灯等。

按配光分类灯具可分为直接照明型、半直接照明型、全漫射式照明型和间接照明型等。

3. 灯具代号表示方法

民用灯具的灯种代号：B—壁灯、L—落地灯、T—台灯、C—床头灯、M—门灯、X—吸顶灯、D—吊灯、Q—嵌入式顶灯、W—未列入类。

光源的种类及代号：G—汞灯、J—金属卤化物灯、Y—荧光灯、X—氙灯、H—混光光源、L—卤钨灯、N—钠灯、不注—白炽灯。

4. 电光源

照明光源种类很多，按发光形式可分为热辐射光源、气体放电光源和电致发光光源三类。

（1）热辐射光源。电流流经导电物体，使之在高温下辐射光能的光源，包括白炽灯和卤钨灯两种。

（2）气体放电光源。电流流经气体或金属蒸气，使之产生气体放电而发光的光源。气体放电有弧光放电和辉光放电两种，放电电压有低气压、高气压和超高气压三种。弧光放电光源包括：荧光灯、低压钠灯等低气压气体放电灯；高压汞灯、高压钠灯、金属卤化物灯等高气压气体放电灯；超高压汞灯等超高气压气体放电灯；碳弧灯、氙灯、某些光谱光源等放电气压跨度较大的气体放电灯。辉光放电光源包括利用负辉区辉光放电的辉光指示光源和利用正柱区辉光放电的霓虹灯，二者均为低气压放电灯；此外还包括某些光谱光源。

（3）电致发光光源。在电场作用下，使固体物质发光的光源。它将电能直接转变为光能。包括场致发光光源和发光二极管两种。

5. 常见照明灯具

按照灯具出现的历史先后顺序，常见照明灯具主要有以下几种。

1）白炽灯

爱迪生发明的第一盏灯泡，就是白炽灯，如图 5-14 所示。后来经过改良，形成了现在的以钨丝作为发光体，外面用玻璃包围并抽成真空做保护层的结构。其发光原理是，钨丝通电后，电能转化为热能，温度提升，直到钨丝达到白炽状态从而发出可见光。

图 5-14　白炽灯

白炽灯的特点是结构简单，成本低廉；缺点是光效较低，机械强度差。普通白炽灯的光效一般是 10～15 流明/瓦。

随着科技的发展，人们发现在白炽灯的玻璃球泡中充入惰性气体，可以有效减少钨丝的挥发，从而提高亮度，增加寿命，于是充气灯泡诞生了。

充气灯泡按照内部气体的不同，可分为氪气灯泡、氙气灯泡、卤素气体灯泡等。卤素气体灯泡也叫做卤钨灯、卤素灯，常见的是碘钨灯和溴钨灯。

充气灯泡的光效可以到达 15～25 流明/瓦。部分卤钨灯能达到 30 流明/瓦甚至更高，称作节能卤钨灯。

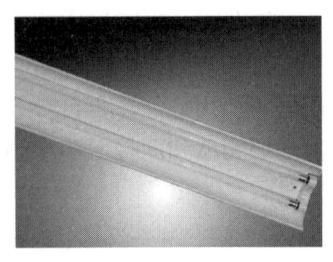

图 5-15　荧光灯

2）荧光灯

荧光灯在国内一般叫做日光灯（见图 5-15），其发光原理是在灯管中充入低压水银蒸气，通过外部电压激发出紫外线，然后紫外线激发管壁涂覆的荧光粉发出可见光。

最初的荧光粉只有黄、蓝两种颜色，这两种颜色按照一定的比例混合，就能得到各种色温的白色光。这类荧光灯的光效，一般可以达到 50～100 流明/瓦。红色荧光粉出现之后，有人使用红蓝两色混合，得到一种粉红色的荧光管，这就是最初的植物灯。这两种颜色的波长比较适合植物的生长。

现在，荧光粉的颜色已经非常丰富，出现了显色性最好的组合——红、绿、蓝三色。这种灯管称为三基色荧光灯，由于基本覆盖了植物所需的所有波长，而且又能得到完美的显色性，所以三基色荧光灯的使用非常广泛。

在外形上，荧光灯有单管、双管、U 形管、螺旋管以及由这些基本形状组合而成的外形等。

3）高压气体放电灯

高压气体放电灯，最初有两种形式，一种是高压汞灯（高压水银灯），一种是高压钠灯。高压汞灯是灯体内充入水银和氩气，通过外部电压激发水银蒸气发光，这种灯光效较高，但是因为光线中含有大量紫外线，所以一般作为杀菌灯等使用。高压钠灯内部主要是钠汞齐（一种将金属钠溶解在汞中形成的金属溶液），高压钠灯发出的光线光谱很宽，但是视觉上是黄色，而且具有比较强的穿透力，因此被广泛用于路灯等照明场合。高压钠灯的光效高于 100 流明/瓦，是一种性价比极高的灯具。

高压钠灯的最大缺陷在于显色性很差。人们研究发现在高压钠灯中添加金属卤化物可以改善其显色性，于是金属卤素灯（也叫卤素灯，与前面提到的卤钨灯不同）出现了。

金属卤素灯简称金卤灯，光效为 80～100 流明/瓦，是高压钠灯之后的理想灯具。目前广泛应用于楼房、工地、户外广告牌照明等场合。

之后，人们又成功地使用氙气作为填充气体制造出了高压氙灯（注意和之前提到的氙气灯泡区别）。高压氙灯的显色性极高，光谱特性接近阳光，被称为人造小太阳，目前广泛用于机场、体育馆等大范围照明。

4）LED 灯

LED 中文全名是发光二极管，是一种具有光电特性的半导体元件，由其制成的灯具，就是 LED 灯，如图 5-16 所示。目前用于照明的 LED 产品有两种，一种是使用红、绿、蓝三色的发光芯片,封装在同一个灯体内,形成白光;另外一种是使用蓝色发光二极管,在外围涂抹黄色荧光粉,利用蓝光激发黄色荧光粉发光,从而与蓝光混合成白光。绝大多数的白光二极管都是采用后面一种方式。

人们普遍看好 LED 灯的原因,除了 LED 是全固态,没有易碎的玻璃外壳之外,还有一个原因就是 LED 的理论光效极限超过 260 流明/

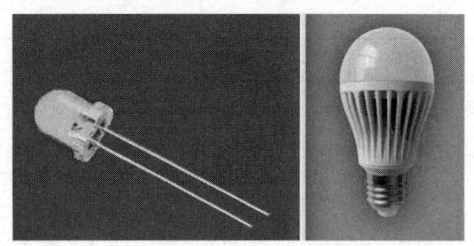

图 5-16　LED 灯

瓦,这是目前所有灯具中最高的。鉴于此,许多国家都在大力发展 LED 产业,推广 LED 产品的应用。

5.1.3　电气施工图的一般规定

电气施工图纸幅面尺寸共分五类:A0～A4,如表 5-4 所示。

表 5-4　电气施工图纸基本幅面尺寸　　　　　　　　　　　　　　　　　mm

幅面代号	A0	A1	A2	A3	A4
宽×长（$B×L$）	841×1 189	594×841	420×594	297×420	210×297
边宽（C）		10			5
装订侧边宽			25		

绘制电气施工图所用的各种线条统称为图线,如表 5-5 所示。

电气施工图上的各种电气元件及线路敷设均是用图例符号和文字符号来表示的,所以首先要明确和熟悉有关电气图例与符号所表达的内容和含义。常用电气图例符号如表 5-6 所示。

表 5-5　电气施工图图线形式及应用

图线名称	图线形式	图线应用	图线名称	图线形式	图线应用
粗实线	———	电气线路,一次线路	点划线	—·—·—	控制线
细实线	———	二次线路,一般线路	双点划线	—··—··—	辅助围框线
虚线	------	屏蔽线路,机械线路			

表 5-6　常用电气图例符号

图例	名　称	备注	图例	名　称	备注
	双绕组变压器	形式 1 形式 2		电源自动切换箱(屏)	
				隔离开关	
	三绕组变压器	形式 1 形式 2		接触器(在非动作位置触点断开)	

续表

图例	名称	备注	图例	名称	备注
	电流互感器 脉冲变压器	形式1 形式2		断路器	
	电压互感器	形式1 形式2		熔断器一般符号	
	屏、台、箱柜一般符号			熔断器式开关	
	动力或动力—照明配电箱			熔断器式隔离开关	
	照明配电箱（屏）			避雷器	
	事故照明配电箱（屏）		MDF	总配线架	
	室内分线盒		IDF	中间配线架	
	室外分线盒			壁龛交接箱	
	灯的一般符号			分线盒的一般符号	
	球型灯			单极开关（暗装）	
	顶棚灯			双极开关	
	花灯			双极开关（暗装）	
	弯灯			三极开关	
	荧光灯			三极开关（暗装）	
	三管荧光灯			单相插座	
	五管荧光灯			暗装	
	壁灯			密闭（防水）	

续表

图例	名称	备注	图例	名称	备注
⌒	广照型灯（配照型灯）		⌒	防爆	
⊗	防水防尘灯		⊥	带保护接点插座	
⌿	开关一般符号		⊥	带接地插孔的单相插座（暗装）	
⌿	单极开关		⊥	密闭（防水）	
Ⓥ	指示式电压表		⊥	防爆	
cosφ	功率因数表		⊥	带接地插孔的三相插座	
Wh	有功电能表（瓦时计）		⊥	带接地插孔的三相插座（暗装）	
⊥	电信插座的一般符号，可用以下的文字或符号区别不同插座： TP—电话 FX—传真 M—传声器 FM—调频 TV—电视		⊥	插座箱（板）	
⌿ᵗ	单极限时开关		Ⓐ	指示式电流表	
⌿	调光器		—	匹配终端	
钥	钥匙开关		⊂	传声器一般符号	
⌂	电铃		⊲	扬声器一般符号	
Y	天线一般符号		S	感烟探测器	
▷	放大器一般符号		⋀	感光火灾探测器	
▷	分配器，两路，一般符号		⋉	气体火灾探测器（点式）	

续表

图例	名称	备注	图例	名称	备注
⊸⊲	三路分配器		CT	缆式线型定温探测器	
⊸⊲	四路分配器		↓	感温探测器	
—	电线、电缆、母线、传输通路、一般符号				
⫽⫽⫽	三根导线		Y	手动火灾报警按钮	
/3	三根导线				
/n	n 根导线				
⊸/ /⊸	有接地极		/	水流指示器	
/ ·/	无接地极				
— F —	电话线路		★	火灾报警控制器	
— V —	视频线路		⌂	火灾报警电话机（对讲电话机）	
— B —	广播线路		EEL	应急疏散指示标志灯	
●	消火栓		EL	应急疏散照明灯	

线路敷设方式文字符号如表 5-7 所示。

表 5-7　线路敷设方式文字符号

敷设方式	新符号	旧符号	敷设方式	新符号	旧符号
穿焊接钢管敷设	SC	G	电缆桥架敷设	CT	
穿电线管敷设	MT	DG	金属线槽敷设	MR	GC
穿硬塑料管敷设	PC	VG	塑料线槽敷设	PR	XC
穿阻燃半硬聚氯乙烯管敷设	FPC	ZYG	直埋敷设	DB	
穿聚氯乙烯塑料波纹管敷设	KPC		电缆沟敷设	TC	
穿金属软管敷设	CP		混凝土排管敷设	CE	
穿扣压式薄壁钢管敷设	KBG		钢索敷设	M	

线路敷设部位文字符号如表 5-8 所示。

表 5-8　线路敷设部位文字符号

敷设方式	新符号	旧符号	敷设方式	新符号	旧符号
沿或跨梁（屋架）敷设	AB	LM	暗敷设在墙内	WC	QA
暗敷设在梁内	BC	LA	沿顶棚或顶板面敷设	CE	PM
沿或跨柱敷设	AC	ZM	暗敷设在屋面或顶板内	CC	PA
暗敷设在柱内	CLC	ZA	吊顶内敷设	SCE	
沿墙面敷设	WS	QM	地板或地面下敷设	F	DA

标注线路用途的文字符号如表 5-9 所示。

表 5-9　标注线路用途文字符号

名称	常用文字符号			名称	常用文字符号		
	单字母	双字母	三字母		单字母	双字母	三字母
控制线路		WC		电力线路		WP	
直流线路		WD		广播线路		WS	
应急照明线路	W	WE	WEL	电视线路	W	WV	
电话线路		WF		插座线路		WX	
照明线路		WL					

表 5-10　常用灯具类型的符号

灯具名称	符号	灯具名称	符号
普通吊灯	P	工厂一般灯具	G
壁灯	B	荧光灯灯具	Y
花灯	H	隔爆灯	G 或专用代号
吸顶灯	D	水晶底罩灯	J
柱灯	Z	防水防尘灯	F
卤钨探照灯	L	搪瓷伞罩灯	S
投光灯	T	无磨砂玻璃罩万能型灯	W

表 5-11　常用灯具安装方式的符号

安装方式	符号	安装方式	符号
自在器线吊	X	弯式	W
固定线吊式	X1	台上安装式	T
防水线吊式	X2	吸顶嵌入式	DR
人字线吊式	X3	墙壁嵌入式	BR
链吊式	L	支架安装式	J
管吊式	G	柱上安装式	Z
壁装式	B	座装式	ZH
吸顶式	D		

(1) 线路的文字标注基本格式为

$$ab-c(d\times e+f\times g)i-jh$$

其中，a——线缆编号；
   b——型号；
   c——线缆根数；
   d——线缆线芯数；
   e——线缆线芯截面（mm^2）；
   f——PE、N 线芯数；
   g——PE、N 线芯截面（mm^2）；
   i——线路敷设方式；
   j——线路敷设部位；
   h——线路敷设安装高度（m）。

上述字母无内容时则省略该部分。例如："BLX-3×4-SC20-WC"，表示有 3 根截面为 4 mm^2 的铝芯橡皮绝缘导线，穿直径为 20 mm 的水煤气钢管沿墙暗敷设。

(2) 用电设备的文字标注格式为

$$\frac{a}{b}$$

其中，a——设备编号；
   b——额定功率（kW）。

(3) 动力和照明配电箱的文字标注格式为

$$a\frac{b}{c}$$

其中，a——设备编号；
   b——设备型号；
   c——设备功率（kW）。

例如："$3\frac{XL-3-2}{35.165}$"，表示 3 号动力配电箱，其型号为 XL-3-2 型、功率为 35.165 kW。

(4) 照明灯具的文字标注格式为

$$a-b\frac{c\times d\times L}{e}f$$

其中，a——同一个平面内，同种型号灯具的数量；
   b——灯具的型号；
   c——每盏照明灯具中光源的数量；
   d——每个光源的容量（W）；
   e——安装高度，当吸顶或嵌入安装时用"—"表示；
   f——安装方式；
   L——光源种类（常省略不标）。

5.1.4 电气施工的基本知识

1. 电气施工中的理论要求

随着经济的发展，城市建设日新月异，现代建筑内部办公专业设施齐全，自动化程度高，为了保证现代建筑电气整体运行的可靠性、安全性及智能化设备的先进性，电气工程中的强、弱电系统安装方法和安装质量至关重要。

电气工程是一个复杂的系统工程，其强电系统主要设备有：干式变压器、柴油发电机、高压配电装置、低压配电盘、电线电缆及动力照明等。各系统本身设备精密，结构复杂，技术先进，安全可靠，自动化程度高，对安装方法和质量要求相当严格。

一般现代建筑工程建设中的投资、质量、工期等目标都很明确，指标要求高，总体要创优质工程。所以，在整个工程建设工程电气施工过程中要抓住以下几个关键环节的控制，使整个工程的电气系统安装达到优质工程标准。

1) 施工准备

施工准备包括以下几步。

（1）图纸会审。图纸会审在整个建筑电气施工工程中，对保证电气施工前质量控制，做好电气施工工作，保证电气工程质量至关重要。图纸会审的主要目的就是要把图纸中的问题尽可能地消灭在工程开工前。因此认真做好图纸会审，减少施工图中的差错，完善设计提高建筑电气工程质量和保证施工的顺利进行具有重要义意。

① 建筑电气施工图图纸会审的重点。对于建筑电气专业一般情况应从以下几个方面进行图纸会审。

- 电气专业图纸及说明是否齐全，电气施工图的平面图与土建图及其他专业的平面图是否相符。
- 设计图纸的设计内容是否符合设计规范和施工验收规范的规定，是否完善了安全用电的措施，在施工技术上有无困难。
- 电器设备位置尺寸正确与否，轴线位置与设备间的尺寸有无差错，设备与建筑结构是否一致，安装设备处是否进行了结构处理。
- 电气施工图与建筑结构及其他专业安装之间有无矛盾，应采取哪些安全措施，配合施工时存在哪些技术问题和解决措施。
- 管路布置方式及管线是否与地面、楼层及垫层厚度相符，配电系统图与平面图之间的导线根数、管径的标注是否正确。

② 图纸会审纪要的形成与执行。图纸会审上要仔细、认真地做好记录，会审时施工单位提出问题由设计单位解答，最后商定的处理意见，施工单位应详细记录，并整理出"图纸会审纪录"。

（2）施工方案编制与审批。施工方案以单位工程中的分部或分项工程或一个专业工程为编制对象，内容比施工组织设计更为具体而简明扼要。它主要是根据工程特点和具体要求对施工中的主要工序和保证工程质量及安全技术措施、施工方法、工序配合等方面进行合理的安排布置。

① 施工方案的编制。施工方案的内容比施工组织简明扼要，建筑电气安装是建筑安装工程的分项工程，通常情况下建筑电气工程均由施工单位的电气工程技术人员编制施工方案。施工方案的编制内容包括：工程概况及特点、质量管理体系（落实到人）、施工技术措施与电气专业技术交底、质量保证措施。

② 施工方案的审批。施工方案的审查，均先由施工单位进行审批，再由总监理工程师组织专业监理工程师进行审查，提出审查意见，并经总监理工程师审核，签认后报建设单位。需施工单位修改的，由总监理工程师签发书面意见，退回施工单位修改后再报审，并重新审定。

2) 施工方法

施工方法有以下几步。

(1) 配电设备安装。

① 配电箱安装。配电箱是接受电能和分配电能的中转站，也是电力负荷的现场直接控制器。电气设备的上下级容量配合是相当严格的，若不符合技术要求，势必造成系统运行不合理、供电可靠性及安全性达不到要求，埋下事故的隐患。

② 配电柜安装。配电装置是电气工程的核心，它如同人的心脏，一旦出了毛病，人员和设备就无法正常工作，造成供电可靠性下降，整个工程失去安全感。在控制过程中应仔细检查，核对图纸，消除事故隐患。

③ 弱电设备安装。建筑物内弱电设备多，专业性强，每个弱电子系统均有专门的技术人员安装调试，监理工程师一般对诸多智能系统不可能都精通，应抓好线管、线槽施工质量的同时，着重对系统设备的功能进行控制。管理人员若不按合同控制，就会使工程少测控点、缺功能。

(2) 配线工程。配线工程是建筑电气工程中的重要组成部分，其工程质量的好坏直接影响整个建筑物的安全和寿命。施工中要采用合理的施工方法，制定有效的技术措施，按设计及施工验收规范的要求，做好配线工程施工质量的事前、事中控制，严格把关，认真做好技术复核，对不符合规范或标准要求之处，提请设计人员提出处理方案，对不符合工艺要求之处及时纠正，保证按施工方案施工。

① 导线的安全要求。导线的安全要求包括导线的电压等级、导线的截面要求、导线的绝缘和分色要求，这些必须按国家现行的规程、规范严格执行。

② 电力电缆。电缆是输送电能的载体，若质量不高，就会造成火灾等事故的频繁发生。

3) 电气工程调试

电气工程调试是鉴定供配电系统设计质量、安装质量及设备材料质量的重要手段，是检验电气线路正确性及电气设备性能能否达到设计控制保护要求的重要工序，是设备能否正常运行和运行过程中可靠性、安全性的关键。所以，必须加强系统调试组织和计划工作，为工程顺利竣工提供保障。

(1) 单元件试验。单元件调试主要包括盘柜内各电器元件的试验、校核和二项回路的绝缘检查、配电装置主开关的绝缘测试和操作试验、电力电缆/密集封闭母线槽的回路复核及耐压、绝缘测试，以及电力监控系统的回路测试、接地系统测试等。

(2) 分部、分系统调试。本阶段主要是对已完成测试的分系统、分部进行模拟试验，以确保其动作达到设计及生产要求,包括项目有:各盘柜、电源箱的二次回路模拟动作试验;配合电力监控系统进行供配电系统的监测和控制调校。

(3) 电气系统通电及联合调试。本阶段调试主要工作如下。

① 根据设计要求对供配电系统按照先主回路后支回路的顺序依次送电。

② 高、低压室主开关及母联开关试验:先采用正常工作电压供电,各主开关、母联开关应能正确通断,动作正常;接着用调压器降压进行失压试验,各开关应能正确分断。

③ 高、低压主开关失压互投试验:先采用正常工作电压供电,接着用调压器进行降压,根据电力监控系统的设计要求,配合电力监控系统供货商进行供配电系统的状态监测和控制调试。

4) 质量控制方法

电气施工安装工程中,施工工程师只有努力提高自身的素质和专业能力,才能做好电气工程质量的控制。

(1) 熟悉规范,把好质量关。

电气施工质量规范条文较多,控制人员要结合工程实际边干边学,不断积累,牢记规范条例。只有严禁伪劣产品用于工程,才能保证电气施工工程的安全。

(2) 实现质量目标的预控。

作为施工方管理人员,必须分清工程中的重点环节,凡事有预则明,有明则清。所以,在控制中,一定要根据合同仔细推敲,严格管理。电气工程施工虽然技术性复杂、质量要求严格,但是只要施工单位在施工前做好充分的技术准备,施工中严格按照国家规范,严格执行质量控制程序,施工质量还是可以得到保证的,从而也将确保工程的施工质量、工期以及造价控制等能达到设计和业主的要求。

2. 电气施工中的实际操作知识

1) 线缆及安装标注

(1) 电气图中"YJV-3×2.5-SC20-FC"。

YJV,表示铜芯交联聚乙烯绝缘聚氯乙烯护套电力电缆;

3×2.5,表示 3 根截面 2.5mm^2 电线;

SC20,表示直径为 20 mm 焊接钢管保护;

FC,表示地板或地面下敷设。

(2) 电气施工图纸中"WL:YJV-0.66/1kV (5×16) RC40-FC"。

WL,表示回路编号;

YJV,表示铜芯交联聚乙烯绝缘聚氯乙烯护套电力电缆;

0.66/1 kV,表示耐压等级为 0.66/1 kV;

5×16,表示 5 芯截面 16 mm^2 铜芯电缆;

RC40,表示电缆保护管为直径为 40 mm 的热镀锌钢管;

FC,表示敷设方式为地埋暗敷设。

(3) 建筑电气安装图纸上"WP1-YJV-1kV-4×35+1×25"。

WP1,表示配电箱内第一个插回路;

YJV,表示铜芯交联聚乙烯绝缘聚氯乙烯护套电力电缆;

1 kV,表示线电压;

4×35+1×25，表示 5 芯电缆，其 4 芯截面为 35 mm²（瓦形），1 芯截面为 25 mm²（圆形）。

（4）建筑电气图中"C65N-16A 2P VE-30mA YJV 3×4mm SC25 HDPE50"。

C65N-16A 2P，表示使用 C65 小规格的断路器，最大分断电流为 6 000 A，额定电流为 16A，2P 指双极的；

VE-30mA，表示漏电保护电流为 30 mA；

YJV，表示铜芯交联聚乙烯绝缘聚氯乙烯护套电力电缆；

3×4 mm，表示 3 芯电缆，每芯截面为 4 mm²；

SC25，表示电缆穿 25 mm 的焊接钢管敷设；

HDPE50，表示 50 mm 的波纹管敷设。

（5）电气图纸上"C65N-C16A ZR-YJV-3×16-CT/KBG32-SCE"。

C65N，表示断路器型号，N 是指分断电流为 6 000 A；

C16A，表示保护照明线路用，容量为 16 A；

ZR，表示 B 级阻燃电缆；

YJV，表示铜芯交联聚乙烯绝缘聚氯乙烯护套电力电缆；

3×16，表示 3 芯电缆，每芯截面 16 mm²；

CT，表示沿桥架敷设；

KBG32，表示沿 KBG 管敷设，管规格 32（KBG 是一种薄壁钢管）；

SCE，表示吊顶内敷设。

2）常用低压配电形式

带电导体的低压配电形式主要有单相两线制、三相三线制和三相四线制。这里的带电导体是指正常通过工作电流的导体，包括相线和中性线，但不包括保护线，如图 5-17 所示。

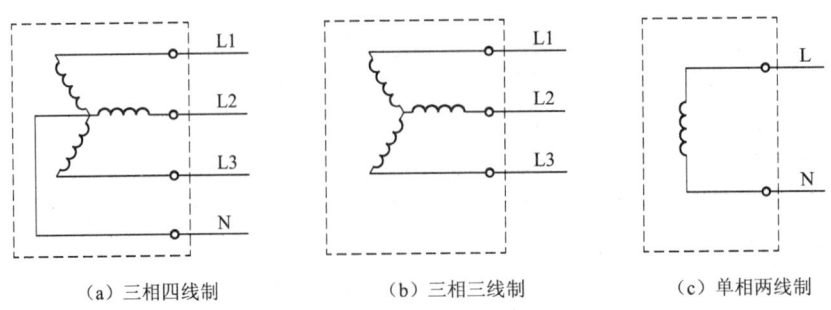

(a) 三相四线制　　　　(b) 三相三线制　　　　(c) 单相两线制

图 5-17　带电导体系统的型式

其中，三相是指有 3 根相线 [L1（黄）、L2（绿）、L3（红）或者 A、B、C]，另有 N 线（淡蓝）、PE 线（黄绿相间）。

常用低压电力配电系统主要有：放射式、树干式、单侧供电环式等，如表 5-12 所示。

表 5-12 常用低压电力配电系统

名称	接线图	简要说明
放射式	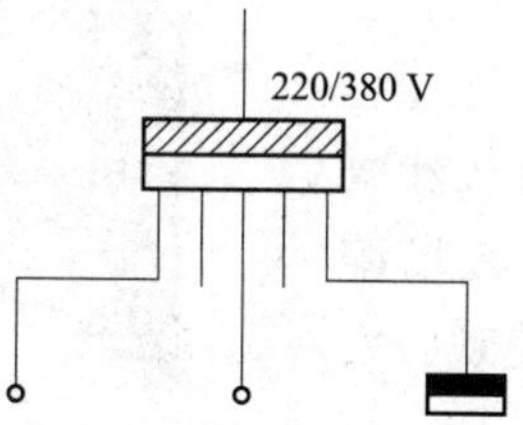 220/380 V	配电线故障互不影响，供电可靠性较高，配电设备集中，检修比较方便，但系统灵活性较差，有色金属消耗较多，一般在下列情况下采用： （1）容量大、负荷集中或重要的用电设备 （2）需要集中连锁起动、停车的设备 （3）有腐蚀性介质或爆炸危险等环境，不宜将用电及保护起动设备放在现场者
树干式	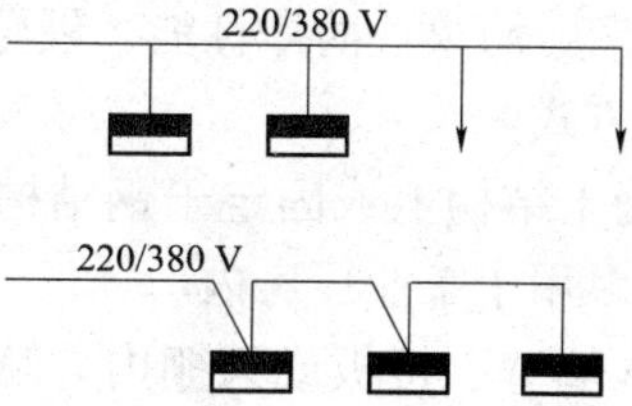 220/380 V 220/380 V	配电设备及有色金属消耗较少，系统灵活性好，但干线故障时影响范围大。一般用于用电设备的布置比较均匀、容量不大，又无特殊要求的场合
单侧供电环式	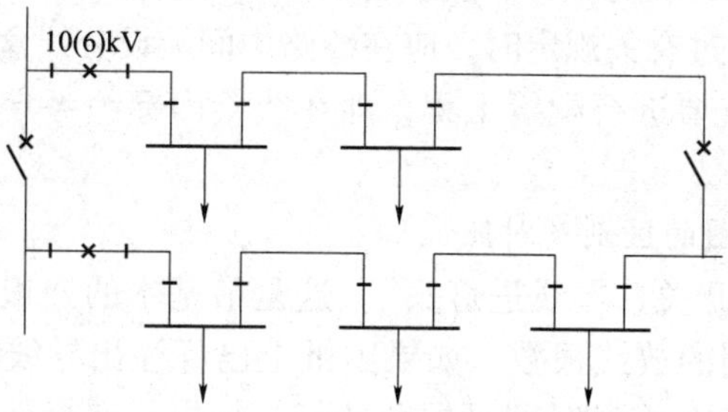 10(6)kV	用于二、三级负荷配电，一般两回路电源同时工作开环运行，也可一用一备闭环运行，供电可靠性较高。电力线路检修时可以对二级负荷配电，但保护装置和整定配合都比较复杂

3）进户装置

电源从室外低压配电线路接线入户的设施称为进户装置。电源进户方式有两种：低压架空进线和电缆埋地进线。

低压架空进线进户装置由进户线横担、绝缘子、引下线、进户线和进户管组成。进户线横担的安装方式有一端埋设和两端埋设两种。

电缆埋地进线，在照明工程中只考虑低压电缆终端头的制作与安装，其引接电线的安装计入外网工程。

4）照明配电装置

照明配电装置有配电箱、配电盘、配电板等，其中最常用的是配电箱。照明配电箱是用户用电设备的供电和配电点，是控制室内电源的设施，有工厂定型生产的标准配电箱和根据照明的不同要求而生产的非标准配电箱之分。标准照明配电箱均用铁制，非标准照明配电箱可为铁制或木制。

标准照明配电箱内设有保护、控制、计量配电装置（见图 5-18），如熔断器、自动空气开关、刀型开关、电度表等。

5）室内配线

室内配线分明敷和暗敷两种方式。

根据线路用途和供电安全要求，配线可分为线管配线、夹板配线、绝缘子配线、槽板配线、线槽配线、铝卡片配线等形式。其中暗管配线因其美观、安全而最为常用。

图 5-18　标准照明配电箱

线管配线包括配管、配线两项工程内容。

(1) 配管。配管工程是配管配线工程的重要组成部分，常用管材有钢管、防爆钢管、电线管、可挠金属管、金属软管、塑料管等。其中，塑料管又包括硬质聚氯乙烯管、刚性阻燃管、半硬质阻燃管等；钢管具有较好的防潮、防火、防爆性能，硬塑料管具有较好的防潮和抗酸性能。配管的方式有明配和暗配两种方式。

① 明配管通常用管卡子固定于砖、混凝土结构上或固定于钢结构支架及钢索上。管子明配施工方便，造价较低，但影响美观，故多用于工业厂房内。

② 暗配管是在土建施工时将管子预埋入墙壁、楼板或天棚内。暗配管施工复杂，造价较高，但使用年限长，不影响建筑美观，广泛应用于民用建筑中。

配管工程中，还应注意管子弯曲的规定。为了便于施工穿线，线管应尽量沿最短线路敷设，并减少弯曲。当线管敷设长度超过有关规定时，应在线路中间装设分线盒或接线盒。

(2) 配线。配管工程完成后，就要进行配线工程，即在线管内穿绝缘导线。线管内穿线总面积不能大于线管截面的 40%。

6) 电气照明平面图与实际接线图的区别及对照

在布置灯具及放线时，"相线进开关，零线进灯头"，这是最基本的知识。但仅知道这些还不够，还要知道灯具与灯具之间的放线根数。如果图纸上已标注出导线根数（即图中灯具之间以短斜线标注根数）的话，在算量时即可据此计算；如果没有标注根数，则需要根据计算来完成配线工作。

在表 5-13 中，对照电气平面图和实际接线图，可以看出，随着开关控制灯具数量的不同，放线根数也不一样。其中最简单的是一个开关控制一盏灯，开关为单极情况下，电源进线及开关至灯具间导线根数均为两根。在设计上，导线为两根时一般不标注，只有在三根及三根以上时才用短斜线表示根数（本例图为说明方便，在两根情况下也注出导线根数）。

在接插座的线路中，插座的相线如若由开关盒中引出，切记不能在开关后桩头接出，否则，插座也受开关控制了。

还有一点要注意，就是设计图与实际接线图是有很大区别的，即便是设计院送出的电气照明平面图上所注导线根数也未必准确，所以在导线穿管敷设时要再三核对。

表 5-13　电气照明平面图与实际接线图对比

要　求	电气照明平面图	实际接线图
一个开关控制一盏灯		
一个开关同时控制两盏灯		
在一个开关同时控制两盏灯中加插座		

续表

要　　求	电气照明平面图	实际接线图
两个开关分别控制两盏灯	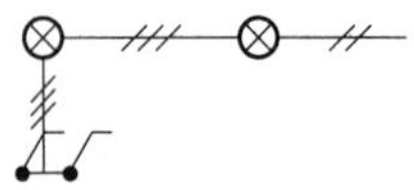	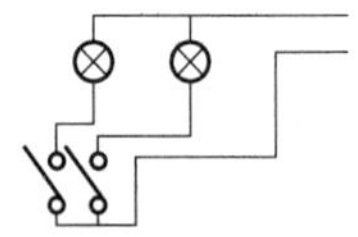
分别在两地控制开关控制一盏灯	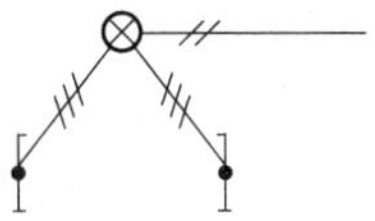	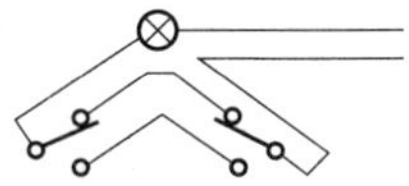
在两地分别由一开关控制两盏灯	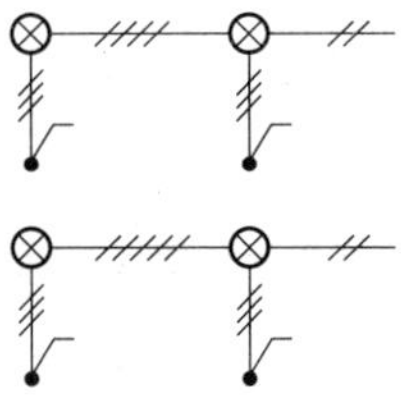	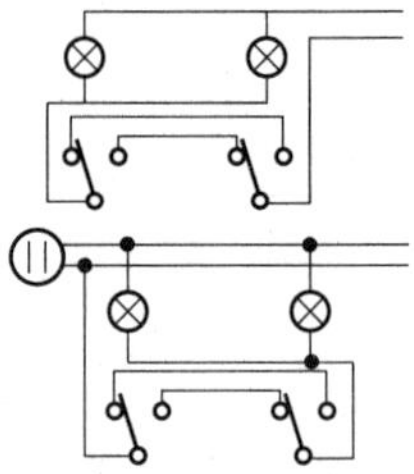
在三处控制同一盏灯	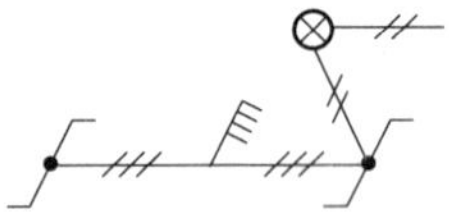	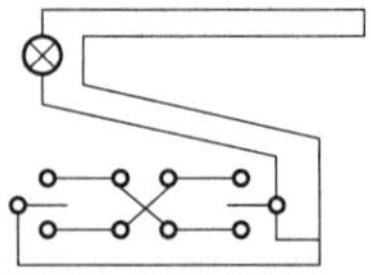

5.1.5　建筑电气施工图读图的方法和步骤

1. 读图的原则

就建筑电气施工图而言，一般遵循"六先六后"的原则，即：先强电后弱电、先系统后平面、先动力后照明、先下层后上层、先室内后室外、先简单后复杂。

2. 读图的顺序

建筑电气施工图读图的顺序如图 5-19 所示。

（1）看标题栏：了解工程项目名称内容、设计单位、设计日期、绘图比例。

（2）看目录：了解单位工程图纸的数量及各种图纸的编号。

（3）看设计说明：了解工程概况、供电方式以及安装技术要求。特别注意的是有些分项局部问题是在各分项工程图纸上说明的，看分项工程图纸时也要先看设计说明。

（4）看图例：充分了解各图例符号所表示的设备器具名称及标注说明。

（5）看系统图：各分项工程都有系统图，如变配电工程的供电系统图、电气工程的电力系统图、电气照明工程的照明系统图等，了解主要设备、元件连接关系及它们的规格、型号、参数等。

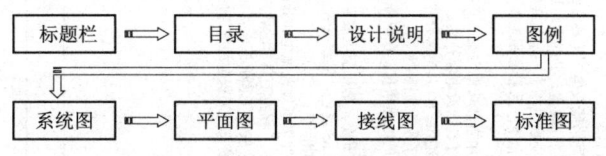

图 5-19　建筑电气施工图读图的顺序

（6）看平面图：了解建筑物的平面布置、轴线、尺寸、比例、各种变配电设备、用电设备的编号、名称和它们在平面上的位置、各种变配电设备起点、终点、敷设方式及在建筑物中的走向。

（7）看接线图：了解系统中用电设备控制原理，用来指导设备安装及调试工作，在进行控制系统调试及校线工作中，应依据功能关系从上至下或从左至右逐个阅读，并配合电路图与接线图端子图一起阅读。

（8）看标准图：标准图详细表达设备、装置、器材的安装方式方法。

3. 读图注意事项

就建筑电气工程而言，读图时应注意如下事项。

（1）注意阅读设计说明，尤其是施工注意事项及各分部分项工程的做法，特别是一些暗设线路、电气设备的基础及各种电气预埋件更与土建工程密切相关，读图时要结合其他专业图纸阅读。

（2）注意系统图与系统图对照看。例如，供配电系统图与电力系统图、照明系统图对照看，电力系统图与电力平面图对照看，照明系统图与照明平面图对照看等，核对有无不对应的错误，看系统的组成与平面对应的位置，看系统图与平面图线路的敷设方式、线路的型号、规格是否保持一致。

（3）注意看平面图的水平位置与其空间位置。

（4）注意线路的标注，注意电缆的型号规格、注意导线的根数及线路的敷设方式。

（5）注意核对图中标注的比例。

5.1.6　建筑电气施工图识读举例

图 5-20～图 5-25 所示为某养护站办公楼的电气照明施工图，其中：

图 5-20 电气设计及施工总说明；

图 5-21 配电箱系统图（一）；

图 5-22 配电箱系统图（二）/主要材料表；

图 5-23 配电箱系统图（三）；

图 5-24 首层照明平面图/二～四层照明平面图；

图 5-25 五层照明平面图/天面层照明平面图。

电气设计及施工总说明

一、工程概况
1. 工程概况：多层建筑，地上五层，建筑高度 18.30 m。
2. 设计范围：
   (1) 低压配电系统；
   (2) 照明及应急照明系统；
   (3) 防雷及接地系统；
   (4) 综合布线系统。
3. 设计依据：
   (1) 开发商要求及其他专业提供的工艺和土建条件；
   (2) 《供配电系统设计规范》GB 50052—2009；
   (3) 《通用用电设备配电设计规范》GB 50055—2011；
   (4) 《低压配电设计规范》GB 50054—2011；
   (5) 《建筑物防雷设计规范》GB 50057—2010；
   (6) 《民用建筑电气设计规范》JGJ 16—2008；
   (7) 《综合布线系统工程设计规范》GB 50311—2007；
   (8) 其他相关规范。

二、电源、负荷等级、供配电容量及供配电系统
1. 本工程电源由本单位总配电房低压配电网引来，YJV22-1KV 电缆直埋引入，电缆埋深≥0.7m。电缆线径由本工程配电房低压配电柜电源开关上一级配电所选型，具体要求由当地供电部门定。
2. 本工程应急照明及疏散指示标志均自带蓄电池，供应电源由有荷为 2。
3. 本工程设备容量 56.60 kW。

三、配电线路选型及线路敷设方式
1. 进入本建筑电缆采用 YJV22-1KV 电缆，电缆直埋时，埋深≥0.7m，电缆直埋设计要求。
2. 本工程总进线由总配电箱开关引出，可委托供电部门设计，方可进行定货安装。
3. 配电线路除注明外，未注明之单干线于墙内暗敷设，穿难塑料管暗敷保护引上各层开关箱。
4. 室内线路采用 BV-750V 电线，穿难燃塑料管暗敷引上各层开关箱。《建筑物电气装置》98D301-2。

四、电具安装
1. 总配电箱 (AL)、楼层开关箱 1.3 m 暗装。
2. 未注明之回路线管台空调线均用 BV-750V 4 mm 电线。
地 2.5 mm 嵌墙明敷。
   (1) 总控明敷；
   (2) 按建式开关距地 1.3 m 暗装；
   (3) 吊扇施工时在地 1.8 m 及以下的捆绑线，调速开关底距地 1.3 m 暗装；
   (4) 总插座（KGX0、KGX1-3）箱底均距地 L=250 mm 杆钩，户内安装普通 φ12 mm 预留固钢，安全型插座，单相壁式空调插座 2.0 m 暗装，柜式空调插座，装高 0.5 m 接地，安全保护及电气接地；
五、本工程电源进户外应做重复接地，防雷电波入侵及保护措施。总配电后供配电系统用 TN-S 系统。

1. 配电干线 PE 线详见有关系统图，未注明之单个插座及其他电具 PE 线均采用 BV-750V（1*2.5 mm²）。
2. 配电干线 PE 线详见有关系统图，PE 线及 PEN 线及 PE 线接地共用接地装置，接地电阻要求≤4Ω，金属线槽做法及要求详见接地说明，接地线采用 BVR-750V 6 mm² 作电气连接。
3. 防雷接地，配电系统 PEN 线及 PE 线及 PE 线接地装置装置，接地电阻要求≤4Ω，金属线槽做法及要求详见接地说明，接地线采用 BVR-750V 6 mm² 作电气连接。
4. 有淋浴要求的卫生同应做局部等电位联结，做法详见国标图集 02D501-2。
5. 有淋浴要求的卫生同等电位联结，做法及要求详见国标图集 02D501-2 及接地图及说明。

五、电气节能
1. 本工程电气设计遵循合理分配利用能源的原则。
2. 照明配电设计的合理配置节能。
3. 大开间照明采用分组集中控制，小房间同灯一控。
4. 本工程所选用电子镇流器。光源及灯具发光效率不能低于下表：

序号	光源	功率/W	光通量/lm	色温
1	T8 直管荧光灯	36	3250	2700K～6500K
2	T5 直管荧光灯	28	2700	2700K～6500K
3	环型节能荧光灯	22	1250	6500K

灯具出光口形式	荧光灯灯具效率		
	开敞式	保护罩（玻璃或塑料）	格栅
		透明	磨砂、棱镜	
灯具效率	75%	65%	55%	60%

5. 各场所的平均照度及照明功率密度值如附表所示：（二次装修时应按下表执行）

场所名称	照明功率密度/(W·m⁻²)	对应照度值/Lx
办公室	11	300
会议室	11	300

六、防雷
本工程按第三类防雷设计及施工，做法及说明详见总图 12.2.2 表的规定。
低压体电阻值应符合规范 GB 50411—2007 表 12.2.2 的规定，每芯导体电阻值不得低于设计值。

七、弱电
1. 电话电缆引自电信营商电话交接箱。
2. 电视电缆引自各层配电竖井有线电视光缆穿塑料管至楼梯间上明敷，分线至光缆距地 0.5 m 暗敷。
3. 宽带网和外引 Internet 的联系由光缆经由 ISP 服务商连接。

八、线路敷设及设备安装
1. 电话电缆、网络线及电视电缆引入楼外应接 PE 线，安装高度埋地≥0.7m。
2. 电话线、网络线及灯具必须接 PE 线。
3. 间墙内暗敷引入各层分线盒，分线盒距地 0.5 m 暗装。
4. 低穿≥2.4 m 的金属灯具外壳均应接 PE 线。
5. 楼板或墙上的导线必须穿金属管，在电缆槽孔内，干均用 SFD 防火绝缘料可靠封堵。

九、其他
1. 日光灯应采用自然功率因数 0.9 以上灯具，如不能满足该灯具自各灯具另设的 I 类灯具补偿。
2. 为发安装，彩色方案，单相配电线路应接电压线颜色如下：相线，L1 黄色、L2 绿色、L3 红色；零线 (N)，淡蓝色；PE 线及等电位联结线，黄绿色。
3. 电气装置参照以下规范施工验收：
   (1)《建筑电气工程施工质量验收规范》；
   (2)《电气装置安装工程低压电器施工及验收规范》；
   (3)《电气装置安装工程电缆线路施工及验收规范》。

工程名称		某养护站				
项目		办公楼				
图名		电气设计及施工总说明				

设计证号				设计号	2014-
工序	实名	签名	实名	图别	电施
审定					
审核			工序	图号	1/9
校对			设计		
方案			制图		
			专业负责人		
			项目负责人	日期	2014.04.

某建筑设计院

图 5-20 电气设计及施工总说明

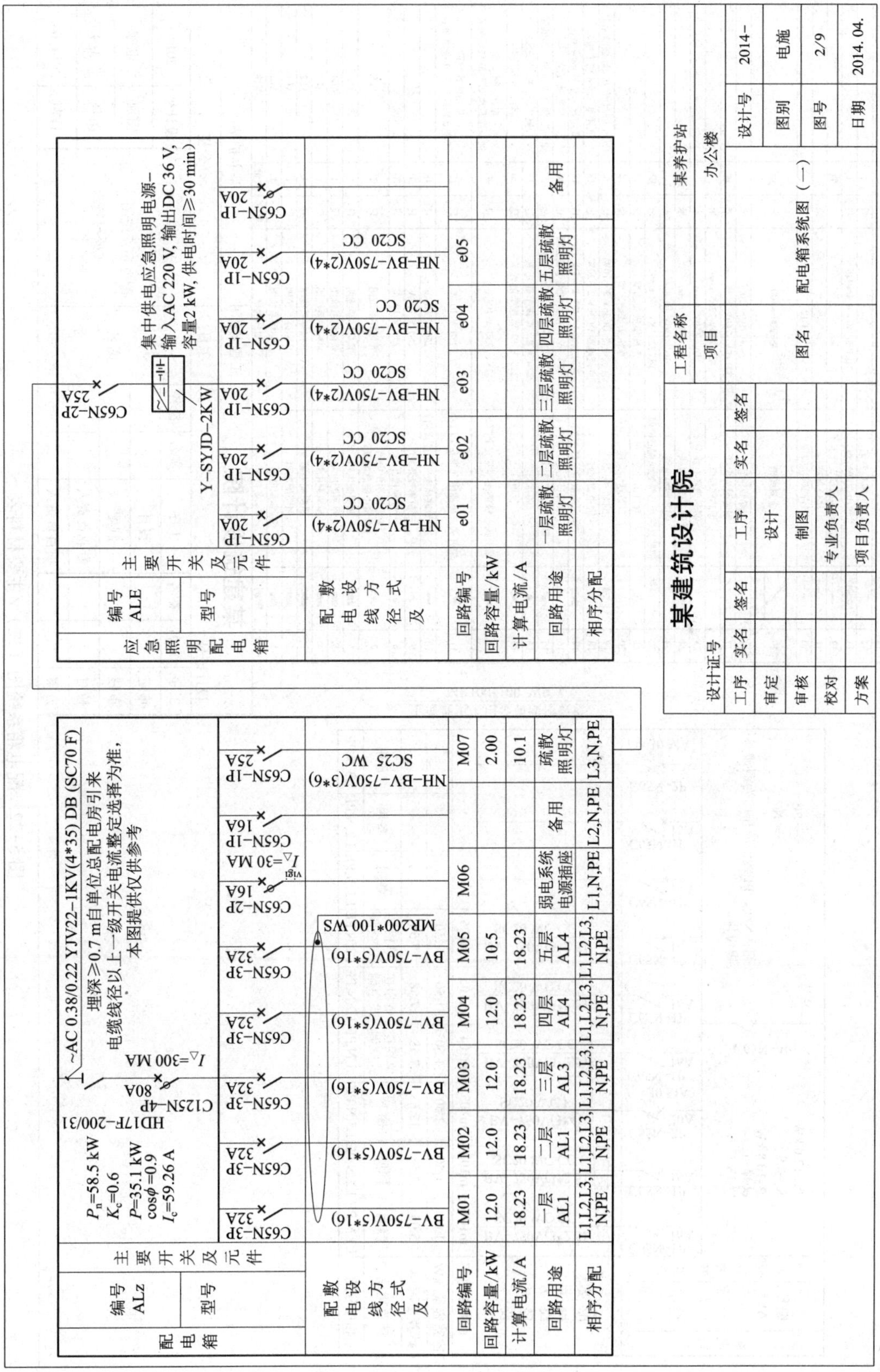

图 5-21 配电箱系统图（一）

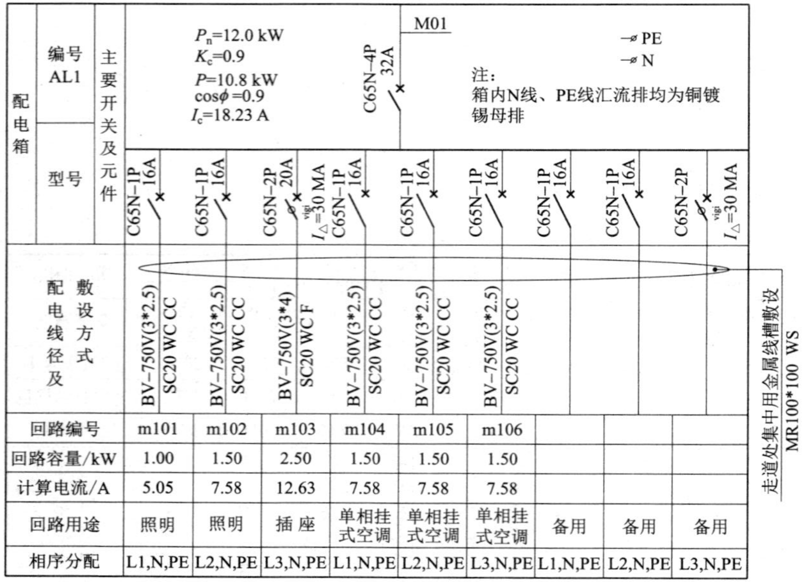

序号	图例	名称	型号规格	单位	数量	附注
35						
34		接地电阻检测箱		只	4	
33	MEB	总等电位联结箱	MEB 配 40＊4 紫铜板	只	1	
32		热浸锌接闪带支持卡子		只	数	
31		接地母线		米		
30		热浸锌圆钢接闪带	Ø12	米		
29		金属线槽	MR200＊100	米	量	
28		穿线钢管	SC70/SC20	米		
27		铜芯耐火电线	NH-BV-750V 22.5 mm^2	米	现	
26		铜芯塑料电线	BV-750V 22.5 mm^2	米		
25		铜芯塑料电线	BV-750V 4 mm^2	米		
24		铜芯塑料电线	BV-750V 6 mm^2	米	场	
23		铜芯塑料电线	BV-750V 16 mm^2	米		
22		铠装交联聚乙烯绝缘铜芯电缆	YJV22-1KV（4＊35）	米	定	
21		双口语音座	系统集成商选型	套	14	
20		双口数据信息座	系统集成商选型	套	14	
19		“出口”标志灯	直流电源 DC36V 2＊10W	套	5	底距门头上方 0.2M 嵌墙暗装
18		应急照明灯	直流电源 DC36V 2＊20W	套	18	底距地 2.5M 墙上明装
17		单向疏散指示灯	直流电源 DC36V 2＊5W	套	18	底距地 1.0 M 嵌墙暗装
16		双管日光灯	220 V 2＊36 W 配高频电子镇流器	套	30	吸顶安装
15		带蓄电池单管日光灯	220 V 1＊28 W 配高频电子镇流器	套	5	电气竖井（设备间）内壁装
14		防水灯	220 V 25 W 配节能光源	套	25	厕所用，吸顶安装
13		吸顶灯	220 V 19 W 配节能光源	套	20	路灯，吸顶安装
12		带开关三极插座（带安全门）	250 V 10 A	只	2	单相柜式空调 插座底距地 0.3 M 嵌墙暗装
11		带开关三极插座（带安全门）	250 V 10 A	只	12	单相挂式空调 插座底距地 0.3 M 嵌墙暗装
10		二，三极双联插座（带安全门）	250 V 10 A	只	48	
9		二位单控开关	250 V 10 A	只	20	
8		一位单控开关	250 V 10 A	只	70	
7		应急照明配电箱（含集中应急电源）	非标详系统图	只	1	ALE
6		照明配电箱	非标详系统图	只	1	AL5
5		照明配电箱	非标详系统图	只	1	AL4
4		照明配电箱	非标详系统图	只	1	AL3
3		照明配电箱	非标详系统图	只	1	AL2
2		照明配电箱	非标详系统图	只	1	AL1
1		总配电箱	非标详系统图	只	1	ALz

某建筑设计院						工程名称	某养护站		
设计证号						项目	办公楼		
工序	实名	签名	工序	实名	签名	图名	配电箱系统图（二） 主要材料表	设计号	2014-
审定			设计					图别	电施
审核			制图					图号	3/9
校对			专业负责人					日期	2014.04.
方案			项目负责人						

图 5-22 配电箱系统图（二）/主要材料表

第5章 建筑电气施工图识读

配电箱 AL5 (M05)

$P_n=10.5$ kW $K_c=0.9$ $P_c=10.8$ kW $\cos\phi=0.9$ $I_c=15.95$ A

主要开关及元件：C65N-4P 32A

注：箱内N线、PE线汇流排均为铜镀锡母排；共用中性/回路最高容载 MR100*100 WS

回路编号	m501	m502	m503	m504	m505	备用
主要开关	C65N-1P 16A	C65N-1P 16A	C65N-2P 20A I=30MA	C65N-1P 20A	C65N-1P 20A	C65Nvigi1P 16A
配电线径及敷设方式	BV-750V(3*2.5) SC20 WC CC	BV-750V(3*2.5) SC20 WC CC	BV-750V(3*4) SC20 WC F	BV-750V(3*4) SC20 WC F	BV-750V(3*4) SC20 WC F	
回路容量/kW	1.00	1.50	2.50	2.50	1.50	
计算电流/A	5.05	7.58	12.63	12.63	12.63	
回路用途	照明	照明	插座	单相柜式空调	单相柜式空调	备用
相序分配	L1,N,PE	L2,N,PE	L3,N,PE	L1,N,PE	L2,N,PE	L3,N,PE

配电箱 AL2(AL3)[AL4] (M02, M03, [M04])

$P_n=12.0$ kW $K_c=0.9$ $P_c=10.8$ kW $\cos\phi=0.9$ $I_c=18.23$ A

主要开关及元件：C65N-4P 32A

注：箱内N线、PE线汇流排均为铜镀锡母排；共用中性/回路最高容载 MR100*100 WS

回路编号	m201	m202	m203	m204	m205	m206	备用	备用
主要开关	C65N-1P 16A	C65N-1P 16A	C65N-2P 20A I=300MA	C65N-1P 16A	C65N-1P 16A	C65N-1P 16A	C65N-1P 16A	C65N-2P 20A I=30MA
配电线径及敷设方式	BV-750V(3*2.5) SC20 WC CC	BV-750V(3*2.5) SC20 WC CC	BV-750V(3*4) SC20 WC F	BV-750V(3*2.5) SC20 WC CC	BV-750V(3*2.5) SC20 WC CC	BV-750V(3*2.5) SC20 WC CC		
回路容量/kW	1.00	1.50	2.50	1.50	1.50	1.50		
计算电流/A	5.05	7.58	12.63	7.58	7.58	7.58		
回路用途	照明	照明	插座	单相挂式空调	单相挂式空调	单相挂式空调	备用	备用
相序分配	L1,N,PE	L2,N,PE	L3,N,PE	L1,N,PE	L2,N,PE	L3,N,PE	L1,N,PE	L3,N,PE

某建筑设计院

设计证号		签名		工程名称	某养护站
工序	实名	签名		项目	办公楼
审定					
审核			工序	实名	设计号	2014-
校对			设计		图别	电施
方案			制图		图号	4/9
			专业负责人			
			项目负责人		日期	2014.04.

图名：配电箱系统图（三）

图5-23 配电箱系统图（三）

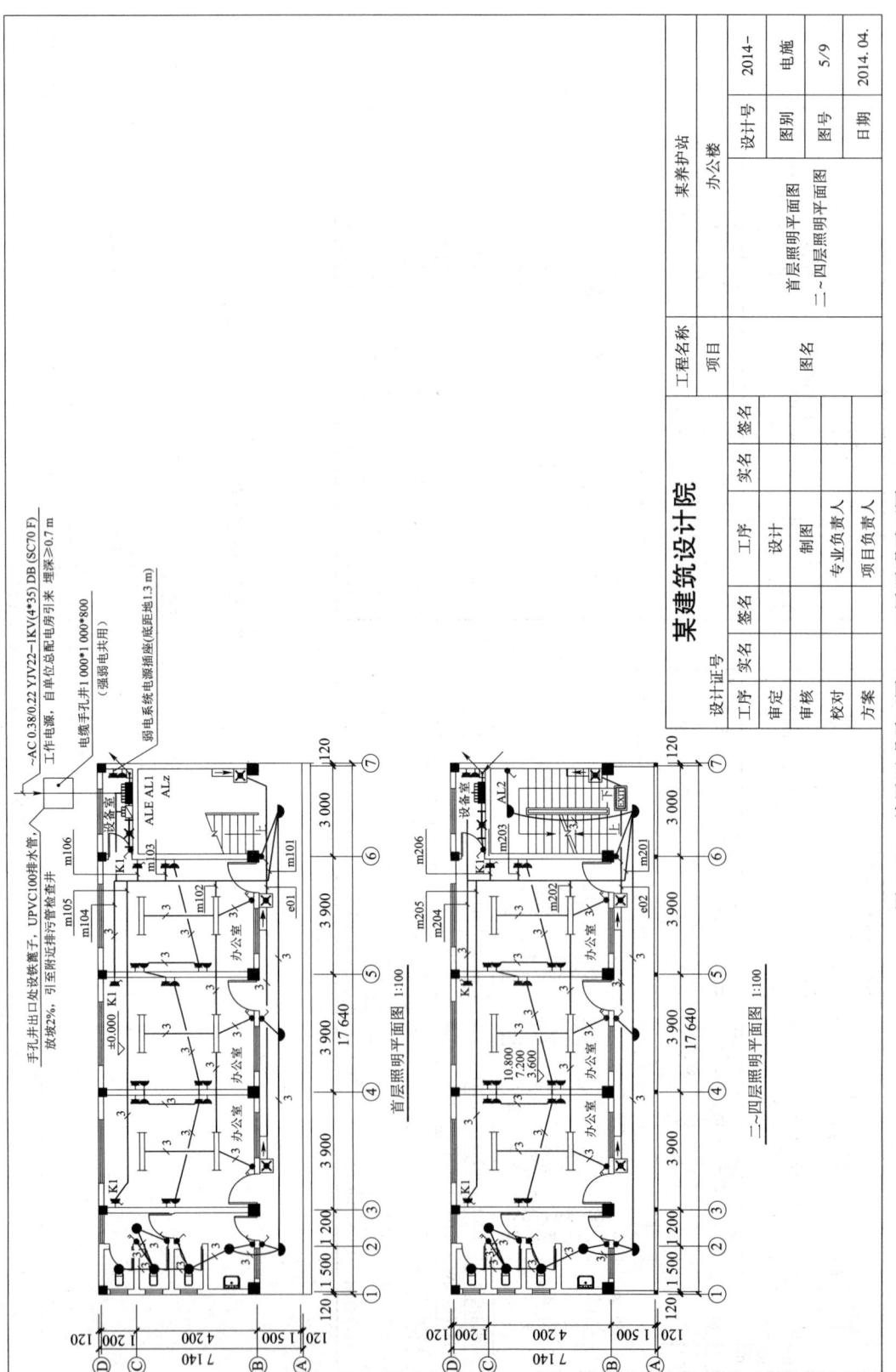

图 5-24 首层照明平面图/二~四层照明平面图

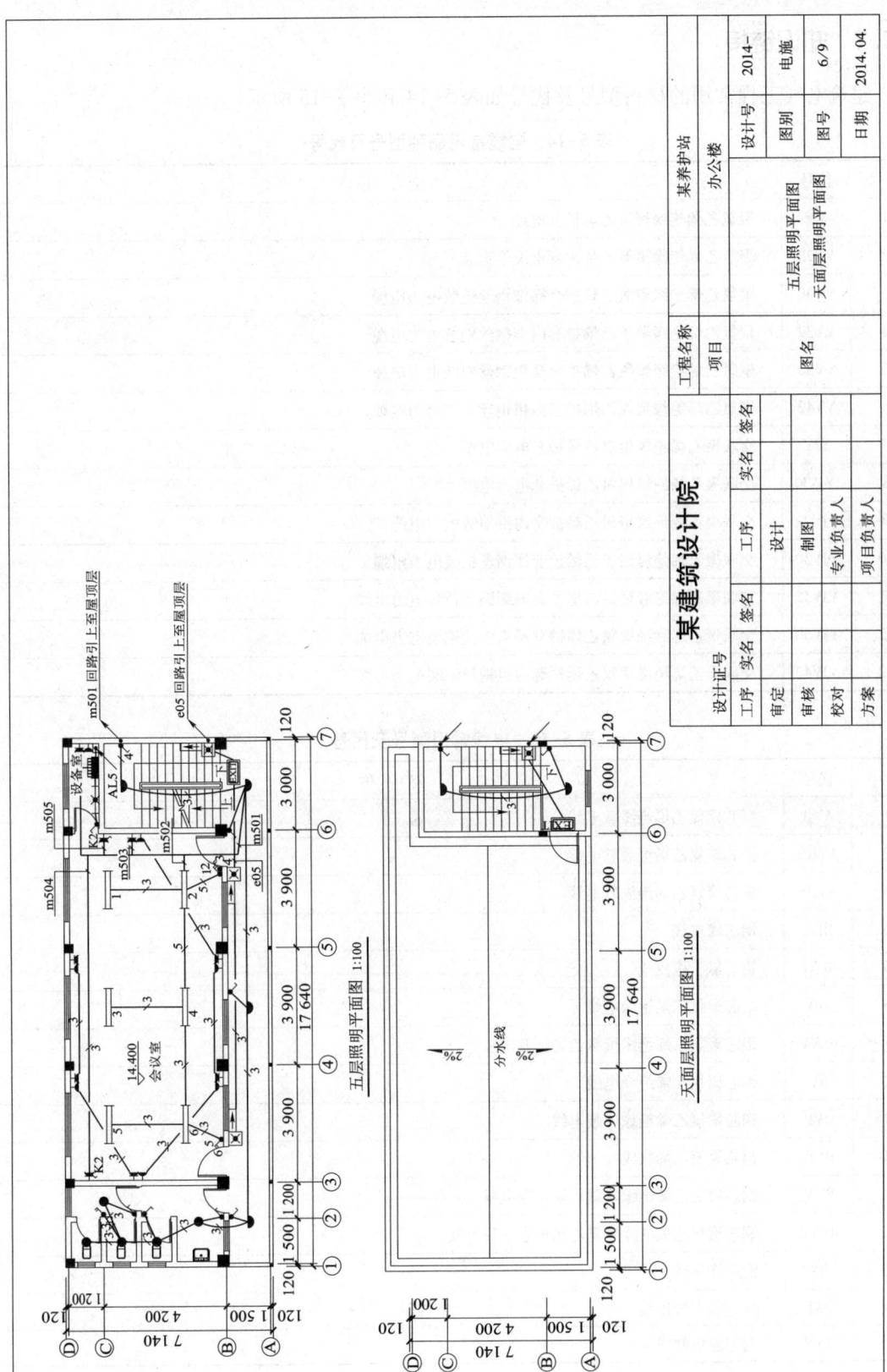

图 5-25 五层照明平面图/天面层照明平面图

5.1.7 知识链接

建筑电气工程常用的材料型号及代号如表5-14和表5-15所示。

表5-14 电缆常用品种型号及代号

序号	代号	全称
1	VV	聚氯乙烯绝缘聚氯乙烯护套电缆
2	VV22	聚氯乙烯绝缘聚氯乙烯护套电缆带铠装
3	VV30	聚氯乙烯绝缘聚氯乙烯护套裸细钢丝铠装电力电缆
4	VV32	聚氯乙烯绝缘聚氯乙烯护套内细钢丝铠装电力电缆
5	VV50	聚氯乙烯绝缘聚氯乙烯护套裸粗钢丝铠装电力电缆
6	VV42	聚氯乙烯绝缘聚氯乙烯护套内粗钢丝铠装电力电缆
7	YJV	交联聚乙烯绝缘聚氯乙烯护套电力电缆
8	YJVF	交联聚乙烯绝缘聚氯乙烯护套电力电缆
9	YJV22	交联聚乙烯绝缘聚氯乙烯护套内带铠装电力电缆
10	YJV30	交联聚乙烯绝缘聚氯乙烯护套裸钢丝铠装电力电缆
11	YJV32	交联聚乙烯绝缘聚氯乙烯护套内细钢丝铠装电力电缆
12	YJV50	交联聚乙烯绝缘聚氯乙烯护套裸粗钢丝铠装电力电缆
13	YJV42	交联聚乙烯绝缘聚氯乙烯护套内粗钢丝铠装电力电缆

表5-15 电线常用型号及代号

序号	代号	全称
1	AVR	铜芯聚氯乙烯绝缘软电线
2	AVRB	铜芯聚氯乙烯绝缘软电线
3	AVRS	铜芯聚氯乙烯绝缘软电线
4	BLX	铝芯橡皮线
5	BLXF	铝芯氯丁橡皮线
6	BLV	铝芯聚氯乙烯绝缘电线
7	BLVV	铝芯聚氯乙烯绝缘聚氯乙烯护套电线
8	BV	铜芯聚氯乙烯绝缘电线
9	BVP	铜芯聚氯乙烯绝缘屏蔽电线
10	BVR	铜芯聚氯乙烯软线
11	BVV	铜芯聚氯乙烯绝缘聚氯乙烯护套电线
12	BVVB	铜芯聚氯乙烯绝缘聚氯乙烯护套平行电线
13	BX	铜芯橡皮线
14	BXF	铜芯氯丁橡皮线
15	BXR	铜芯橡皮软线

续表

序号	代号	全 称
16	DCBX	运输车用铜芯橡皮电线
17	DCH	运输车用铜芯橡皮软线
18	EVL	聚氯乙烯绝缘棉沙编织低压腊克线
19	FVLP	聚氯乙烯绝缘棉沙编织屏蔽低压腊克线
20	JBF	铜芯丁腈聚乙烯复合物绝缘引出线
21	JBQ	铜芯橡皮绝缘丁腈护套引接线
22	JGR	铜芯高压电机引出线
23	NLV	农用地下直埋铝芯聚氯乙烯绝缘电线
24	NLVV	农用地下直埋铝芯聚氯乙烯绝缘护套线
25	QFR	聚氯乙烯丁腈复合物绝缘低压电线
26	QVR	聚氯乙烯绝缘低压电线
27	RFB	铜芯丁腈聚氯乙烯平行软线
28	RFS	铜芯丁腈聚氯乙烯绞型软线
29	RX	橡皮绝缘棉沙编织双绞软电线
30	RXS	橡皮绝缘棉沙编织双绞软电线
31	RV	铜芯聚氯乙烯绝缘软电线
32	RVB	铜芯聚氯乙烯平行电线
33	RVP	铜芯聚氯乙烯绝缘屏蔽软电线
34	RVS	铜芯聚氯乙烯绞型软线
35	RVV	铜芯聚氯乙烯绝缘聚氯乙烯护套软电线
36	RVVP	铜芯聚氯乙烯绝缘聚氯乙烯护套屏蔽软电线

5.1.8 技能训练项目

以图 5-1 为例进行训练。

1. 训练任务

识读图 5-1 所示的建筑电气照明系统图。

2. 训练目标

（1）解读配电箱的回路个数及其用途。

（2）解读每个回路中的配管配线的情况。

（3）解读每个回路在建筑中的敷设方式。

3. 训练成果

编写建筑电气照明系统图的识读报告。

5.2 建筑防雷接地工程

任务描述：试识读图 5-26 和图 5-27 所示的建筑防雷接地施工图。

图 5-26　建筑防雷接地施工图（一）

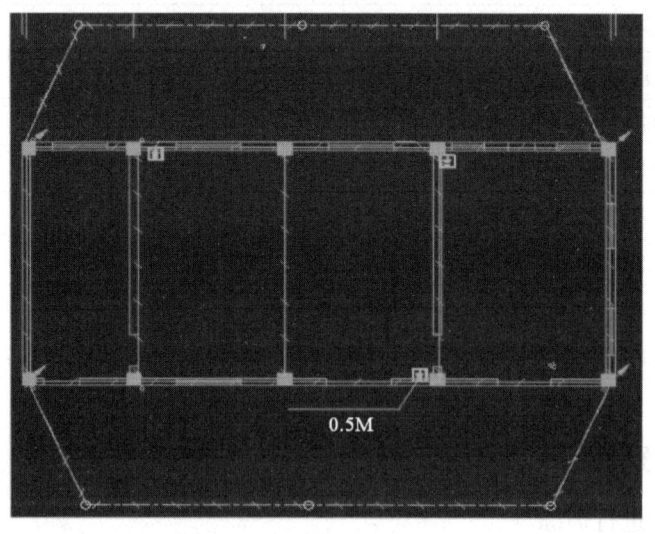

图 5-27　建筑防雷接地施工图（二）

识图任务：
(1) 屋面防雷平面图中，接闪器是什么？
(2) 屋面防雷平面图中，引下线引下有几处？
(3) 接地平面图中，接地装置是如何表示的？

5.2.1 雷电的形式及危害

1. 雷电的形式

在带有不同电荷雷云之间，或在雷云及由其感应而生的存在于建筑物等上面不同电荷之间发生击穿放电，即为雷电。造成危害的雷电主要有以下三种。

（1）直击雷：接近地面的雷云，当其附近没有带电荷的雷云时，就会在地面凸出物上感应异性电荷。当雷云同地面凸出物之间的电场强度达到空气击穿强度时，就会发生击穿放电。这种雷云对地面凸出物直接击穿放电称为直击雷。

（2）雷电感应：雷电感应分静电感应和电磁感应两种。静电感应是由于雷云接近地面时，在地面凸出物顶部感应出大量异性电荷，当雷云与其他雷云或物体放电后，地面凸出物顶部积聚的电荷顿时失去约束，呈现出高电压，并在周围空间产生迅速变化的强磁场，在附近的金属上感应出高电压。

（3）雷电侵入波：由于雷击，在架空线路或金属管道上产生高压冲击波，沿线路或管道的两个方向迅速传播，侵入室内，称为雷电侵入波或高电位侵入。

2. 雷电的危害

雷电会产生以下几种效应，并且是同时在瞬间发生，所以往往造成突然性危害。

（1）机械效应：雷电流流过建筑物时，使被击建筑物缝隙中的气体剧烈膨胀，水分充分汽化，导致被击建筑物破坏或炸裂甚至击毁。

（2）热效应：雷电流通过导体时，在极短的时间内产生大量的热能，可烧断导线、烧坏设备，引起金属融化、飞溅而造成火灾及停电事故。

（3）电气效应：雷电引起大气过电压，使得电气设备和线路的绝缘破坏，产生闪络放电，以致开关掉闸，线路停电，甚至高压窜入低压，造成人身伤亡。高压冲击波还可能与附近金属导体或建筑物间发生反击放电，产生火花，造成火灾及爆炸事故。同时雷电电流流入地下或雷电侵入波行进室内时，在相邻的金属构架或地面上产生很高的对地电压，可能直接造成接触电压和跨步电压升高，导致电击危险。

5.2.2　建筑防雷措施

1. 建筑防雷的方法

（1）防直击雷的方法。

① 安装独立避雷针。

② 建筑物上安装避雷针。

③ 建筑物上安装避雷带。

避雷针、避雷带通称接闪器，安装在建筑物的顶端，以引导雷云与大地之间放电，使强大的雷电流通过引下线进入大地，从而保护建筑物免遭雷击。

（2）防感应雷的方法。

① 将金属屋面或钢筋混凝土屋面的钢筋用引下线与接地装置连接。

② 将建筑物内的金属管道、钢窗等与接地装置连接。这样做可以使残留在建筑物上的电荷顺利引入大地，消除建筑物内部出现的高电位。

（3）防雷电波侵入的方法。

① 在进户架空电力线路上或进户电缆首端安装避雷器。

② 在进户线上安装避雷器。

避雷器的作用是将雷电流引入大地，保护建筑物。

建筑物的防雷装置一般由接闪器、引下线、接地装置三个基本部分组成,如图5-28所示。

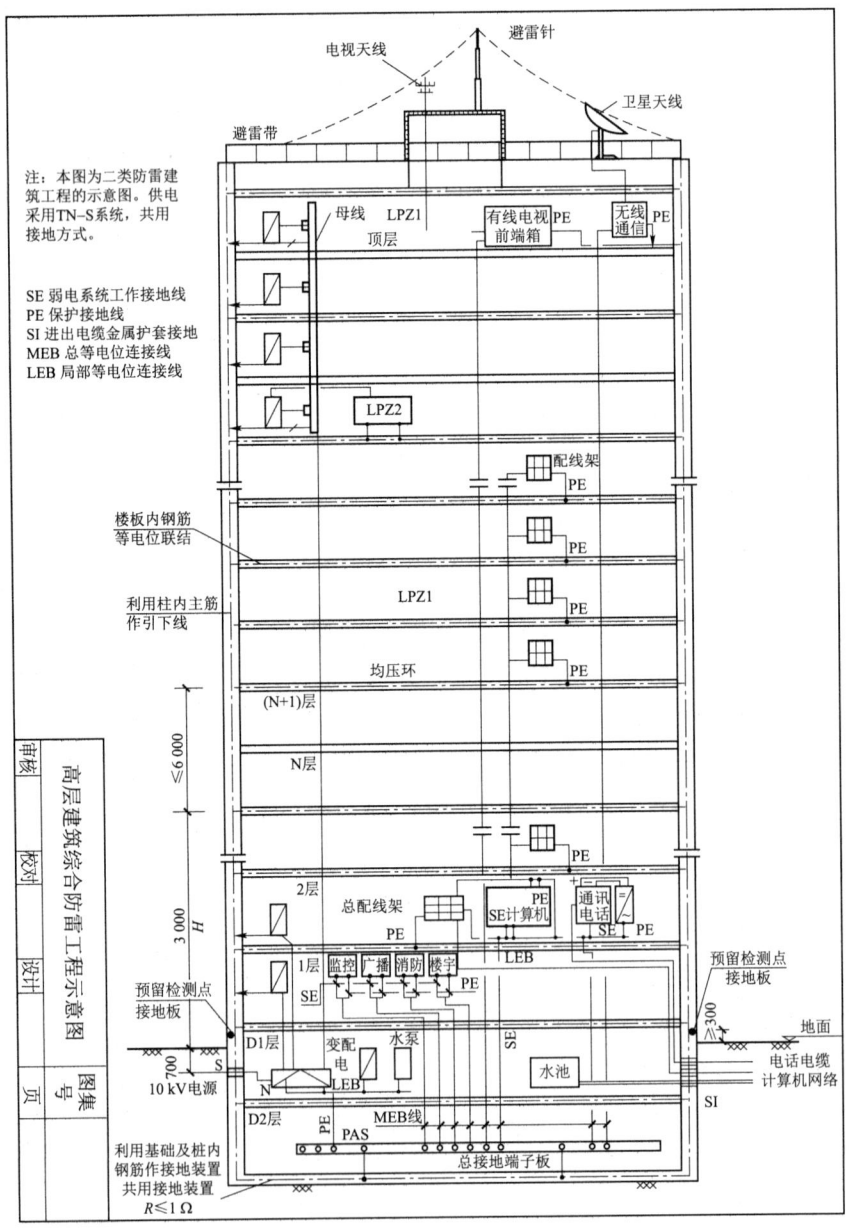

图5-28 高层建筑综合防雷工程示意图

2. 接闪器

接闪器又称受雷装置,是接受雷电流的金属导体,其形式主要有避雷针、避雷带、避雷网三类。

1) 避雷针

避雷针通常设在被保护的建筑物顶端的突出部位,一般用 $\phi(25\sim40)$ mm 的镀锌钢管或 $\phi(16\sim20)$ mm 的圆钢制成,长约 2 m,顶端削尖。有时也采用钢筋混凝土或钢架构成独立式避雷针。避雷针在屋面上的安装如图 5-29 所示。

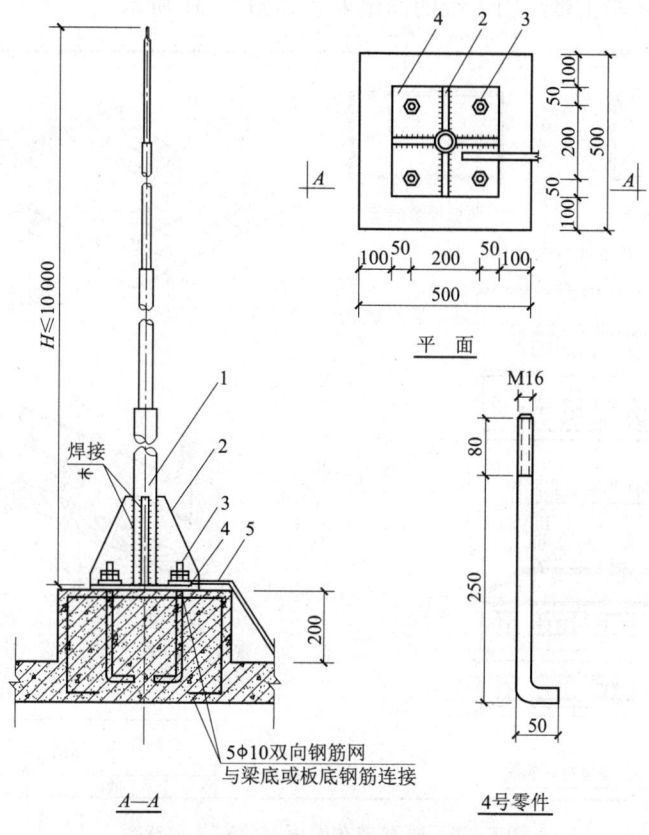

图 5-29 避雷针在屋面上安装示意图
1—避雷针；2—肋板；3—地脚螺栓；4—底板；5—引下线

2）避雷带

避雷带水平敷设在建筑物顶部突出部位，如屋脊、屋檐、女儿墙、山墙等位置，对建筑物易受雷击部位进行保护。避雷带一般采用镀锌圆钢或扁钢制成，圆钢直径不小于 8 mm，扁钢截面积不小于 50 mm^2，扁钢厚度不小于 4 mm。避雷带在进行安装时，每隔 1 m 用支架固定在墙上或现浇在混凝土的支座上。避雷带在屋顶上的安装如图 5-30 所示。

3）避雷网

这是金属导体做成网式的一种接闪器。网格大小应按照规范确定，使用的材料与避雷带相似，避雷网又可以看成是可靠性更高的多行交错的避雷带，即是接闪器，又是防感应雷害的装置。

3. 引下线与断接卡

引下线是连接接闪器和接地装置的金属导体，它可以把接闪器上的雷电流引到接地装置上去。引下线可以用圆钢和扁钢制做，铜导线也可以作为引下线。其可以明装，也可以暗设。明装时，必须由接闪器绕过屋顶，沿建筑物的外边敷设。引下线在地面上 2 m 至低于地面 0.2 m 之间应加以保护，免受机械损伤。对于建筑艺术要求较高者，引下线可以暗敷，但其截面应加大一级。现在通常采用利用建筑物本身的钢筋混凝土柱子中的主筋直接引下的方法,非常方便又可节约投资,但必须要求将两根以上的主筋焊接直至基础钢筋网,以构成可靠的电气通路。屋顶避雷带、引下线的固定安装如图 5-31 所示。

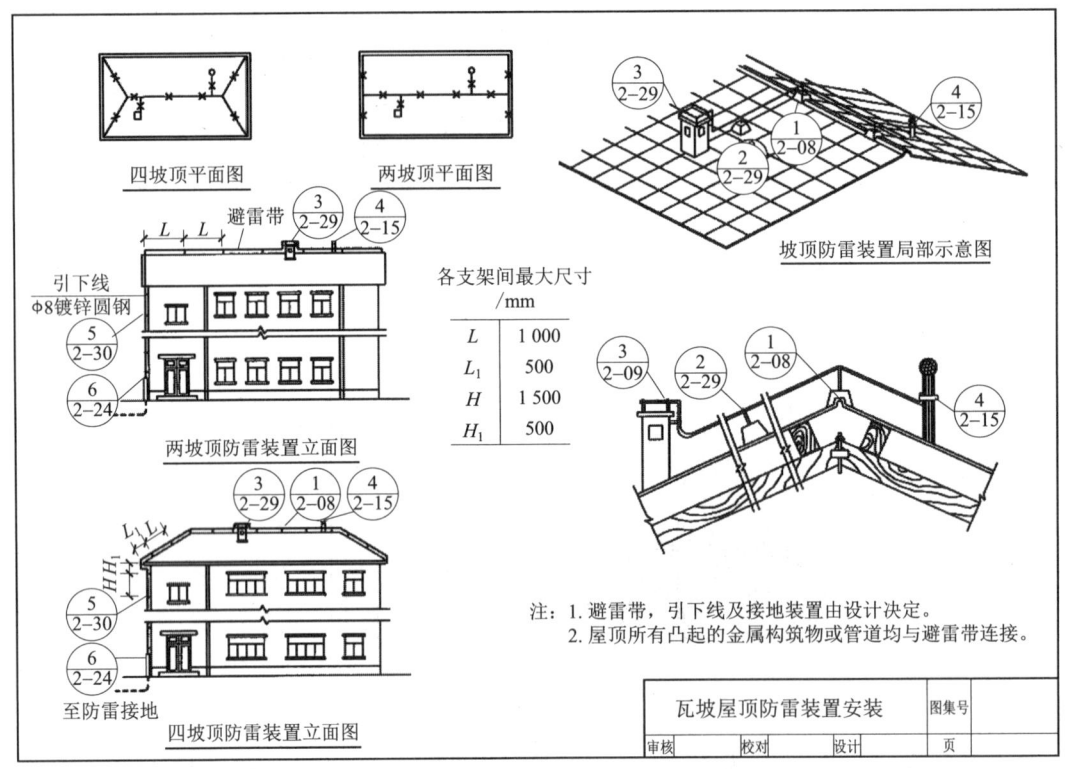

图 5-30 避雷带在屋顶上的安装示意图

断接卡是避雷引下线与接地极之间的一个小装置,一般用镀锌扁钢和螺栓制作。现在多、高层住宅外墙四角都有一个铁质或 PVC 小盒子,这就是断接卡箱,里面就是断接卡,断接卡安装部位宜在引下线距离地面 0.3～1.8m 之间的位置。断接卡的做法如图 5-32 所示。

断接卡的作用是将引上线与接地体断开,以便测量接地体的接地电阻值。若想在不断开的情况下测量接地体的接地电阻值,需在引上线顶端进行测量(楼顶),然后把测得数值减去引上线的直流电阻值,这对于建筑物或构筑物在 1～2m 时还勉强可行,而对于一般楼房或高层建筑是无法办到的。

4. 接地装置

接地线与接地极组成接地装置,接地装置是引导雷电流安全入地的导体。接地极是指与大地作良好接触的导体,有自然接地极与人工接地极之分。自然接地极主要是指利用建筑物既有的埋于地下的金属导体,包括建筑物的基础钢筋网、桩内钢筋及其他一些金属管等,如图 5-33 所示。人工接地极又可分为垂直接地极和水平接地极两种。垂直接地极常用长度为 2.5m 的角钢、圆钢或钢管制成,底部割成锥形,深埋 0.8～1m;水平接地极多采用扁钢埋地水平敷设(见图 5-34)。对于民用建筑而言,自然接地极被更多采用,人工接地极只有在接地电阻无法满足要求时才会作为补充使用。

（a）支持卡子（一）　（b）支持卡子（二）

（c）现浇槽口支座做法　（d）预制槽口支座做法　（e）预制混凝土支座

（f）避雷带贴装（一）　（g）避雷带贴装（二）　（h）避雷带贴装（三）

图 5-31　屋顶避雷带、引下线的固定安装

（a）暗装断接卡做法（一）　（b）暗装断接卡做法（二）

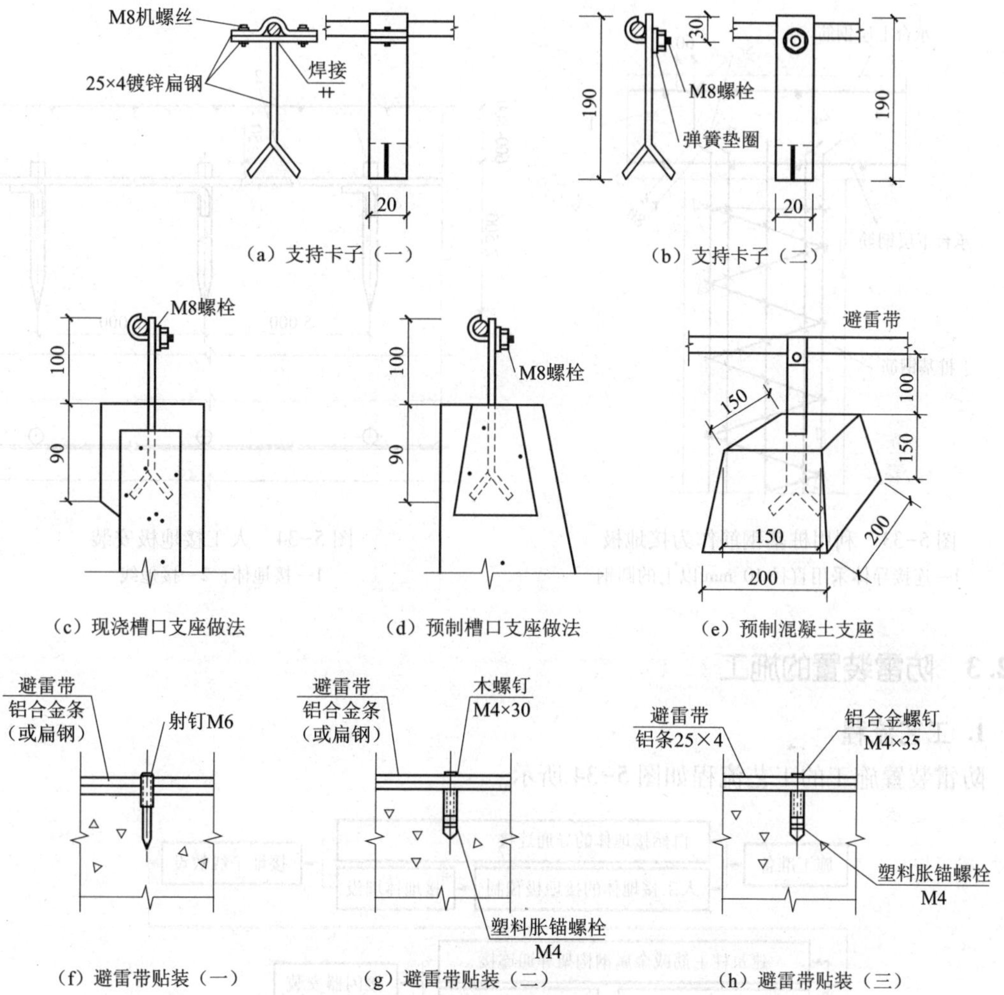

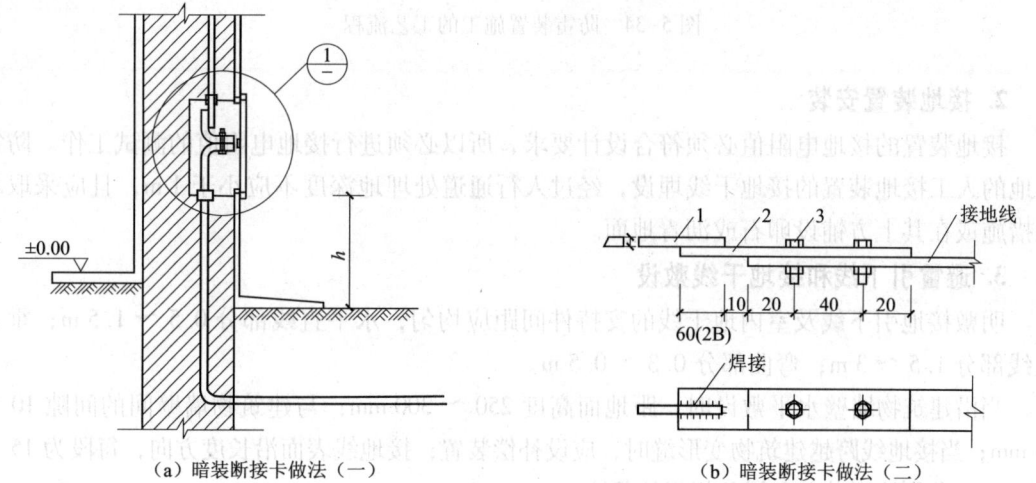

图 5-32　断接卡的做法

1—引下线；2—连接板；3—螺栓

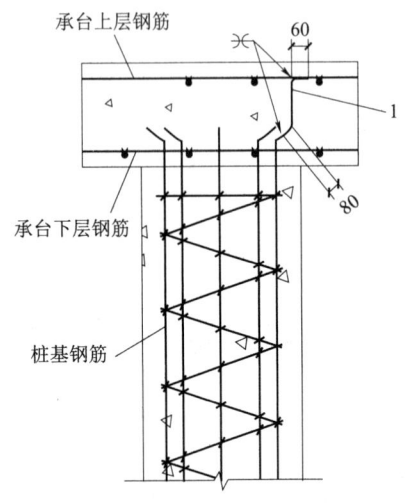
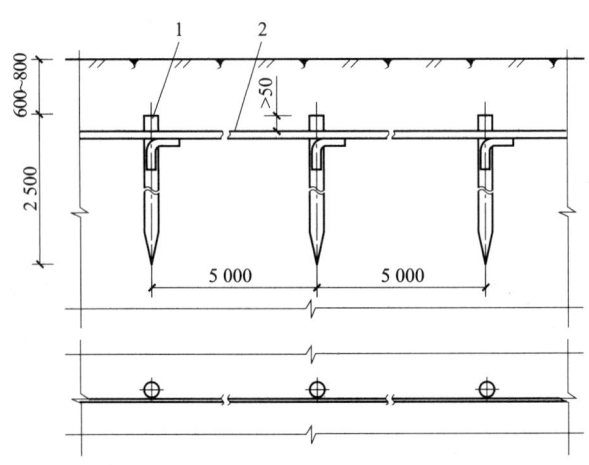

图 5-33 利用桩基钢筋作为接地极
1—连接导体采用直径 10 mm 以上的圆钢

图 5-34 人工接地极安装
1—接地体；2—接地线

5.2.3 防雷装置的施工

1. 工艺流程

防雷装置施工的工艺流程如图 5-34 所示。

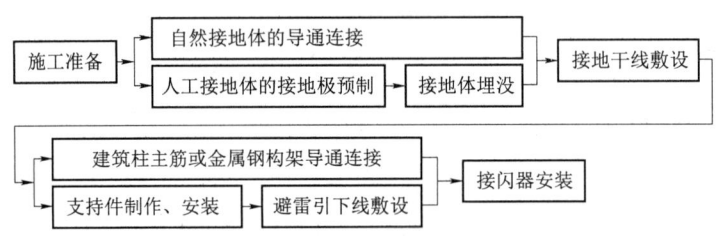

图 5-34 防雷装置施工的工艺流程

2. 接地装置安装

接地装置的接地电阻值必须符合设计要求，所以必须进行接地电阻值的测试工作。防雷接地的人工接地装置的接地干线埋设，经过人行通道处埋地深度不应小于 1 m，且应采取均压措施或在其上方铺设卵石或沥青地面。

3. 避雷引下线和接地干线敷设

明敷接地引下线及室内地干线的支持件间距应均匀，水平直线部分 0.5～1.5 m；垂直直线部分 1.5～3 m；弯曲部分 0.3～0.5 m。

当沿建筑物墙壁水平敷设时，距地面高度 250～300 mm；与建筑物墙壁间的间隙 10～15 mm；当接地线跨越建筑物变形缝时，应设补偿装置；接地线表面沿长度方向，每段为 15～100 mm，分别涂以黄色和绿色相间的条纹。

4. 接闪器安装

建筑物顶部的避雷针、避雷带等必须与顶部外露的其他金属物体连成一个整体的电气通路，且与避雷引下线连接可靠。支持点间距要求与引下线支持点要求一致。

5.2.4 施工图识读举例

建筑物防雷接地工程图一般包括防雷工程图和接地工程图两部分。

图 5-35 和图 5-36 所示为某养护站办公楼的防雷接地工程施工图，其中：

图 5-35 为电气设计及施工总说明；

图 5-36 为防雷及接地说明/天面防雷平面图/接地网平面布置图。

5.2.5 知识链接

1. 与识图有关的规范

GB 50057—2010《建筑物防雷设计规范》。

2. 专业术语

（1）地：① 导电性的土坡，具有等电位，且任意点的电位可以看成零电位；② 导电体，如土壤或钢船的外壳，作为电路的返回通道或作为零电位参考点；③ 电路中相对于地具有零电位的位置或部分。

（2）远方大地：若接地极与大地表面远处点的距离的增加将测不到接地极与新的远处点间阻抗的变化，则该地表远处点即为远方大地。

（3）接地（名词）：一种有意或非有意的导电连接，由于这种连接，可使电路或电气设备接到大地或接到代替大地的某种较大的导电体。接地的目的是：① 使连接到地的导体具有等于或近似于大地（或代替大地的导电体）的电位；② 引导入地电流流入和流出大地（或代替大地的导电体）。

（4）接地（动词）：指将有关系统、电路或设备与地连接。

（5）接地（参考）平面：一块导电平面，其电位用作公共参考电位。

（6）接地连接：用来构成地的连接，由接地导体、接地极和围绕接地极的大地（土壤）或代替大地的导电体组成。

（7）保护接地：为了电气安全的目的，将系统、装置或设备的一点或多点接地。

（8）防雷接地：避雷针的接闪器、避雷线及避雷器等雷电防护设备与接地装置的连接。

（9）单点接地：单点接地指网络中只有一点被定义为接地点，其他需要接地的点都直接接在该点上。

（10）多点接地：每个子系统的"地"都直接接到距它最近的基准面上，通常基准面是指贯通整个系统的粗铜线或铜带，它们和机柜与地网相连，基准面也可以是设备的底板、构架等，这种接地方式的接地引线长度最短。

（11）浮点接地：将整个网络完全与大地隔离，使电位悬浮，要求整个网络与地之间的绝缘电阻在 50Ω 以上，绝缘下降后会出现干扰。通常采用机壳接地，其余的电路浮地。

（12）接地极：为达到与地连接的目的，一根或一组与土壤（大地）密切接触并提供与土壤（大地）之间的电气连接的导体。

电气设计及施工总说明

一、工程概况
多层建筑，地上五层，建筑高度18.30 m。

二、设计范围
1. 低压配电系统；
2. 照明及应急照明系统；
3. 防雷接地系统；
4. 综合布线系统。

三、设计依据
1. 开发商要求及其他专业提供的工艺和土建条件；
2. 《供配电系统设计规范》GB 50052—2009；
3. 《通用用电设备配电设计规范》GB 50055—2011；
4. 《低压配电设计规范》GB 50054—2011；
5. 《建筑物防雷设计规范》GB 50057—2010；
6. 《民用建筑电气设计规范》JGJ 16—2008；
7. 《综合布线工程设计规范》GB 50311—2007；
8. 其他相关规范。

四、电源、负荷等级、供配电容量及配电系统
本工程总设备容量约56.60 kW。

电源：本工程电源由本单位总配电房低压电网引来，YJV22－1KV电缆直埋电缆埋深≥0.7 m，线径由上一级配电选定及供电商当地供电部门定。

负荷等级：三级。

本工程应急照明及疏散指示标志均自带蓄电池，其余负荷均为三级负荷。

电源引入、《进入建筑物电信引入》有关章节规定及要求。可采托供电部门设计时间均应靠性要求。

1. 本工程总配电箱容量容量为56.60 kW。
2. 配电线路类型及线路敷设方式。电缆、穿线均按设计要求。
3. 配电总进线电缆采用YJV22－1KV电缆引来，线路敷设见系统图。未注明之单台空调线均用BV－750V 4 mm²电线。

引入、《建筑电气安装工程图集》98D301－2。

配电间直配电干线于墙内穿难燃塑料管暗敷引上各层开关箱。

五、电器设备安装
1. 进户线采用BV－750V电线，穿焊接钢管于墙、楼板内暗敷，硬塑料管埋深≥0.7 m，电缆直埋深≥0.7 m，电器设备安装。
2. 建筑电气线路均为暗装，除注明外，安全型插座距地0.3 m暗装。

六、灯具安装
(1) 吊顶灯嵌墙明装；
(2) 按层次开关盒，楼层开关距地1.3 m暗装。
(3) 吊扇施工时在吊扇安装位置预留圆钢φ12mm，$L=250$ mm作吊构，调速开关在1.8 m及以下的插座均为安全型插座，单相壁式空调插座，装高2.0 m埋地，安全保护及地电波入及感应保护措施。

1. 总配电箱进户处应做重复接地，防雷接地系统采用TN－S系统。
2. 配电干线PE线均采用BV－750V（1*2.5 mm）。
3. 防雷接地、配电系统PEN线及PE线及接地共用接地装置，接地电阻要求≤4Ω，接地做法及要求见接地装置，接地线采用BVR－750V 6 mm²电线作电气连接。
5. 有淋浴室的卫生间均应作局部等电位联结，做法及要求详见国标图集02D501－2及样详见国标图集02D501－2。
6. 本工程作总等电位联结。

五、电气节能
1. 本工程所选用灯具均为节能型产品，日光灯均选用T8管电子镇流器。
2. 照明配电设计时合理分配相序，尽量做到三相负荷平衡。
3. 大开间照明采用分组集中控制，小房间尽量一灯一控，楼梯间采用声光控延时开关。
4. 本工程所选用电子镇流器光通量及光效率不能低于下表:

序号	光源	功率/W	光通量/lm	色温
1	T8 直管荧光灯	36	3250	2700K～6500K
2	T5 直管荧光灯	28	2700	2700K～6500K
3	环管节能荧光灯	22	1250	6500K

配置高品质电子镇流器。光通量及光效率不能低于下表：

灯具出光口型式	开敞式	保护罩（玻璃或塑料）		格栅
		透明	磨砂、棱镜	
灯具效率	75%	65%	55%	60%

5. 各场所的平均照度及照明功率密度值如附表所示：（二次装修时应按下表执行）

场所名称	照明功率密度（W·m⁻²）	对应照度值/Lx
办公室	11	300
会议室	11	300

六、防雷
本工程按三类防雷设计及施工，做法及说明详见电话交接箱接地图反说明。

七、弱电
1. 电话电缆引自电信运营商电话交接箱。
2. 宽带网对外界 Internet 的联系经由光缆与 ISP 服务商连接。
3. 数据设备安装
(1) 有线电视，住户宽带网光及有线电视光纤分别穿钢管沿电缆桥架敷设至户内弱电箱。
(2) 电话线、网络线引上层各层穿钢塑料管埋深0.5 m 暗敷。
(3) 网络系统交换机柜于一层配电箱底边距1.5 m 墙上明装。
(4) 电视系统交换箱于一层配电箱底边距1.8 m 墙上明装。

八、其他：

1. 日光灯应采用自然功率因数0.9 以上灯具，如不能满足该要求，则应对各灯具增设电容补偿。
2. 仅采用2.4 m 的金属外壳灯具必须接 PE 线。
3. 电话线、网络线及灯具上各层金属灯槽必须接 PE 线。
4. 为方便维修方便，单相配电电路按分颜色如下：相线L1 黄色，L2 绿色，L3 红色；零线（N），淡蓝色；PE 线采等电位联结结线路，黄绿相间色。
5. 电气安装照以下规范施工验收：
(1)《建筑电气工程施工质量验收规范》；
(2)《电气装置安装工程低压电器施工及验收规范》；
(3)《电气装置安装工程电缆线路施工及验收规范》。

6. 低压配电系统的电缆、电线截面不得低于设计值，电线载面不得低于设计值，每芯导体电阻值应符合规范GB 50411—2007 表 12.2.2 的规定。

某建筑设计院

设计证号		
工序	实名	签名
审定		
审核		
校对		
方案		

项目		工程名称	某养护站	设计号	2014-
工序	签名	实名	办公楼	图别	电施
设计			电气设计	图号	1/9
制图			及施工总说明		
专业负责人				日期	2014.04.
项目负责人					

图 5-35 电气设计及施工总说明

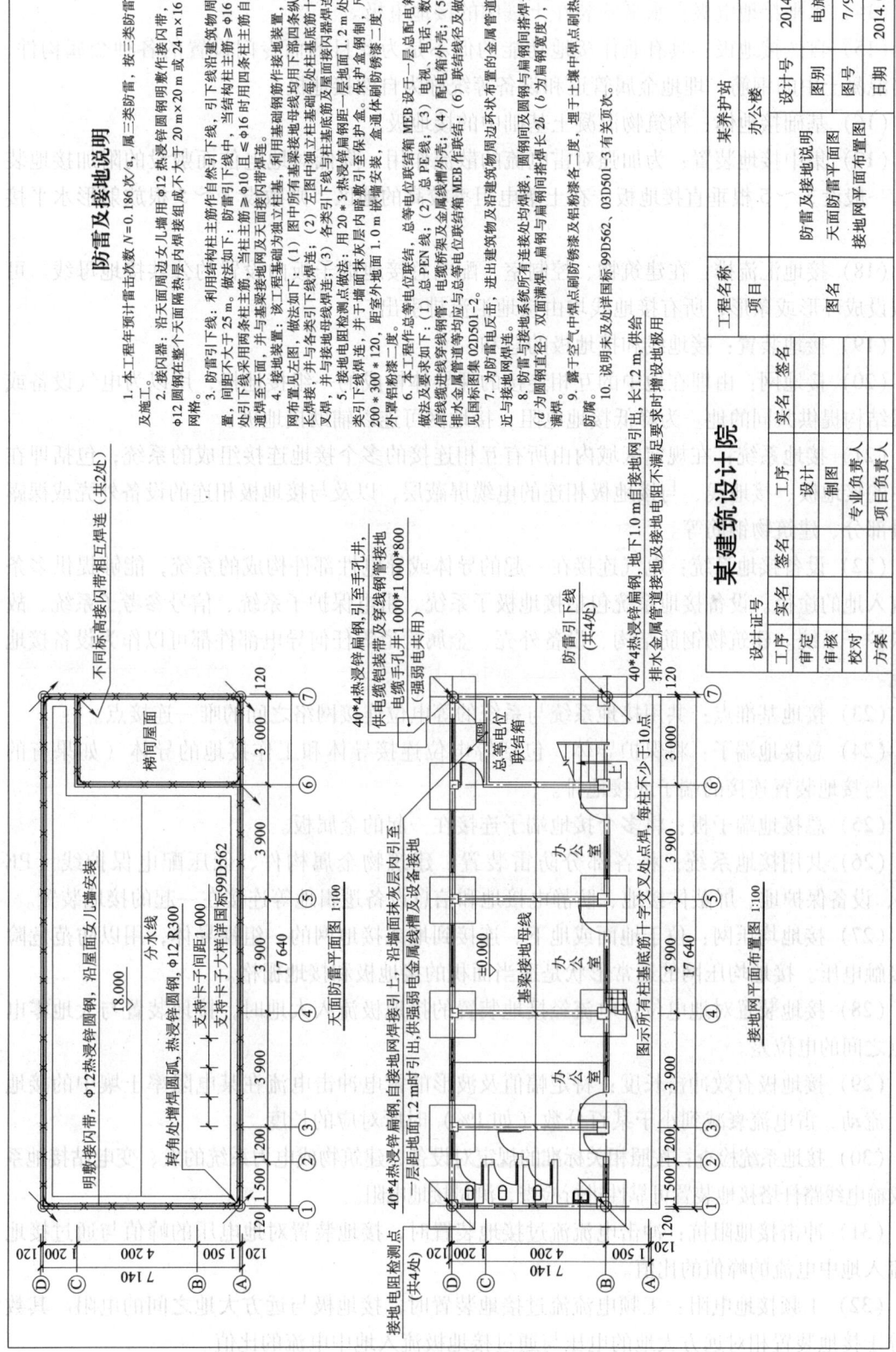

图 5-36 防雷及接地说明/天面防雷平面图/接地网平面布置图

（13）垂直接地电极：垂直安装在土壤中的接地电极。

（14）水平接地电极：水平安装在土壤中的接地电极。

（15）自然接地极：具有兼作接地功能的但不是为此目的而专门设置的各种金属构件、钢筋混凝土中的钢筋、埋地金属管道和设备等统称为自然接地极。

（16）基础接地体：构筑物混凝土基础中的接地极。

（17）集中接地装置：为加强对雷电流的散流作用、降低对地电位而敷设的附加接地装置，一般设 3～5 根垂直接地板，在土壤电阻率较高的地区，则敷设 3～5 根放射形水平接地极。

（18）接地汇流排：在建筑物、控制室、配电总接地端子板内设置的公共接地母线。可以敷设成环形或条形，所有接地线均由接地汇流排引出。

（19）接地装置：接地线和接地极的总和。

（20）接地网：由埋在地中的互相连接的裸导体构成的一组接地极，用以为电气设备或金属结构提供共同的地。为降低接地电阻，接地网可连以辅助接地极。

（21）接地系统：在规定区域内由所有互相连接的多个接地连接组成的系统，包括埋在地中的接地极、接地线、与接地极相连的电缆屏蔽层，以及与接地极相连的设备外壳或裸露金属部分、建筑物钢筋等。

（22）设备接地系统：电气连接在一起的导体或导电性部件构成的系统，能够提供多条电流入地的途径。设备接地系统包括接地极子系统、雷电保护子系统、信号参考子系统、故障保护子系统。建筑物钢筋结构、设备外壳、金属管道等任何导电部件都可以作为设备接地系统。

（23）接地基准点：共用接地系统与系统的等电位连接网络之间的唯一连接点。

（24）总接地端子：将保护导体，包括等电位连接导体和工作接地的导体（如果有的话）与接地装置连接的端子或接地排。

（25）总接地端子板：将多个接地端子连接在一起的金属板。

（26）共用接地系统：将各部分防雷装置、建筑物金属构件、低压配电保护线（PE 线）、设备保护地、屏蔽体接地、防静电接地和信息设备逻辑地等连接在一起的接地装置。

（27）接地均压网：位于地面或地下、连接到地或接地网的一组裸导体，用以防范危险的接触电压。接地均压网的通常形状是适当面积的接地极和接地栅格。

（28）接地装置对地电位：电流经接地装置的接地极流入大地时，接地装置与大地零电位点之间的电位差。

（29）接地极有效冲击长度：特定幅值及波形的雷电冲击电流在某电阻率土壤中的接地极上流动，雷电流衰减到小于某百分数（如 1%）时所对应的长度。

（30）接地系统检查：按照相关标准的规定对设备、建筑物或电力系统的发、变电站接地系统或输电线路杆塔接地装置可靠性进行检查，测量接地电阻。

（31）冲击接地阻抗：冲击电流流过接地装置时，接地装置对地电压的峰值与通过接地极流入地中电流的峰值的比值。

（32）工频接地电阻：工频电流流过接地装置时，接地极与远方大地之间的电阻。其数值等于接地装置相对远方大地的电压与通过接地极流入地中电流的比值。

(33) 保护线（PE线）：为防电击用来与外露可导电部分、装置外可导电部分、总接地线或总等电位连接端子、接地极、电源接地点或人工中性点等作下列任一部分作电气连接的导线。

(34) 保护中性线：具有中性线和保护线双重功能的导体。

(35) 地电流：在大地或接地极中流过的电流。

(36) 地回电路：利用大地形成回路的电路。

(37) 接触电压：接地的金属结构和地面上相隔一定距离处一点间的电位差。此距离通常等于最大的水平伸有距离，约为 1 m。

(38) 搭接：将设备、装置或系统的外露可导电部分或外部可导电部分连接在一起以减小雷电流流过时它们之间的电位差，也称连接、联结。

(39) 等电位连接：将分开的装置、诸导电物体用等电位连接导体或浪涌保护器连接起来，以减小雷电流在它们之间产生的电位差。

(40) 等电位连接带：其电位用来作为共同参考点的一个导电带。需要接地的金属装置、导电物体、电力和通信线路以及其他物体可与之连接。

(41) 等电位连接导体：将分开的装置的各部分互相连接以减小雷电流流过时的它们之间的电位差的导体。

(42) 等电位连接网络：将一个系统的诸外露可导电部分做等电位连接的导体所组成的网络。

(43) 跨步电压：地面一步距离的两点间的电位差，此距离取最大电位梯度方向上 1 m 的长度。当工作人员站立在大地或某物之上，而有电流流过该大地或该物时，此电位差可能是危险的，在故障状态时尤其如此。

(44) 土壤电阻率：表征土壤导电性能的参数，它的值等于单位立方体土壤相对两面间测得的电阻。

(45) 信号地：电路中各信号的公共参考点，即电气及电子设备、装置及系统工作时信号的参考点。

5.2.6 技能训练项目

以图 5-26 和图 5-27 为例进行训练。

1. 训练任务

识读图 5-26 和图 5-27 所示的建筑防雷接地施工图。

2. 训练目标

（1）解读屋面防雷平面图中接闪器的位置及图例。

（2）解读屋面防雷平面图中引下线引下的位置及实际情况。

（3）解读接地平面图中接地装置的位置及图例。

3. 训练成果

编写建筑防雷接地施工图的识读报告。

5.3 建筑智能化系统工程

任务描述：图 5-37 和图 5-38 所示为建筑弱电工程施工图，试识读该施工图。

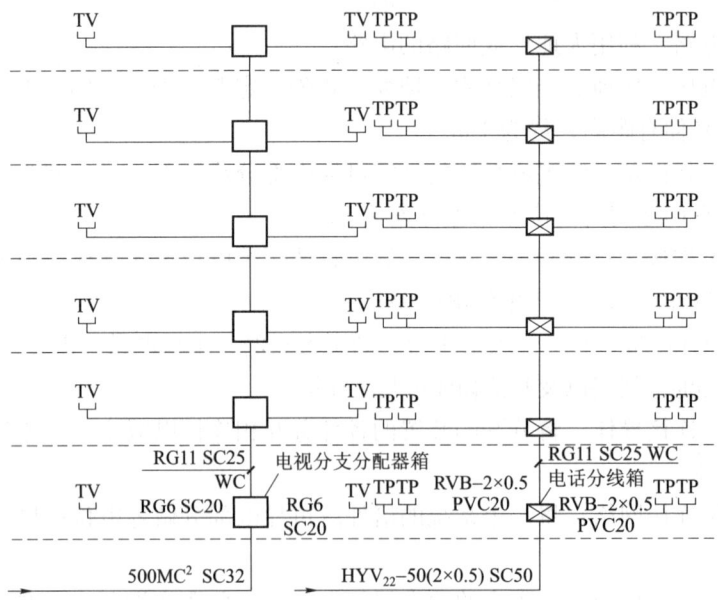

图 5-37 建筑弱电工程施工图（一）

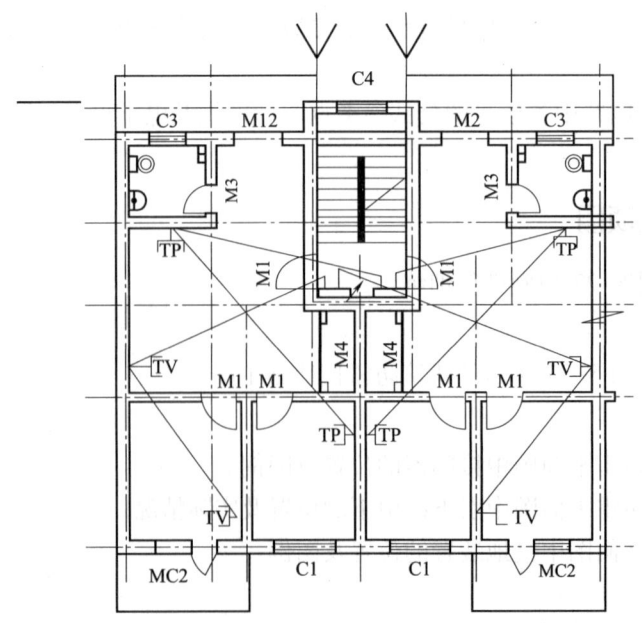

图 5-38 建筑弱电工程施工图（二）

识图任务：
(1) 系统图中，有几个系统，分别如何进线？
(2) 系统图中，每个回路中的配管配线是什么情况？
(3) 平面图中，回路的起点和终点在哪里？

5.3.1 建筑智能化概述

建筑智能化，简称为 IB，最早起源于美国。

1984 年美国联合科技的 UTBS 公司在康涅狄格州哈伏特市将一座金融大厦进行改造并取名 City Place（都市大厦），主要是增添了计算机设备、数据通信线路、程控交换机等，使住户可以得到通信、文字处理、电子函件、情报资料检索、行情查询等服务。同时，对大楼的所有空调、给排水、供配电设备、防火、保安设备由计算机进行控制，实现综合自动化、信息化，使大楼的用户获得了经济舒适、高效安全的环境，使大厦功能发生质的飞跃，从而诞生了世界上第一座智能化楼宇。自此以后，世界上楼宇智能化建设走上了高速发展轨道。

近年来，电子技术（尤其是计算机技术）和网络通信技术的发展，使社会高度信息化，在建筑物内部，应用信息技术、建筑技术和现代的高科技相结合，于是相继出现了智能住宅小区、智能医院等新型行业。

随着科学技术的发展，人们对智能建筑的理解逐渐在 CA-通信自动化、OA-办公自动化、BA-楼宇管理自动化的基础上新增了 SA-安保自动化和 FA-消防自动化，如图 5-39 所示。其中，FA-消防自动化主要核心是火灾自动报警系统。

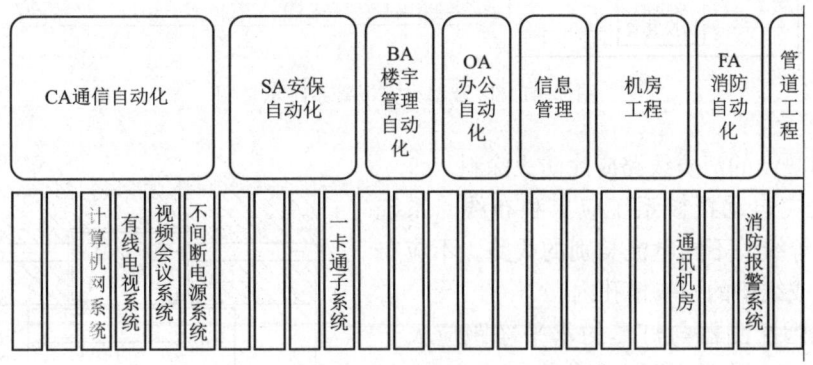

图 5-39　建筑智能化

火灾自动报警系统的保护对象应根据其使用性质、火灾危险性、疏散和扑救难度等分为特级、一级和二级。火灾自动报警系统的形式有区域型火灾报警系统（见图 5-41）、集中型火灾报警系统和控制中心报警系统。

图 5-40 所示为火灾自动报警系统示意图。一个火灾自动报警系统可以划分为探测报警单元、传输单元以及控制单元。识读火灾自动报警系统施工图除了要对火灾自动报警系统的原理、控制方式了解外，还应熟悉各种相关的图形符号。

火灾自动报警系统的施工与配管配线、灯具插座的安装较为相似，但其设备安装也有其特殊性，如下。

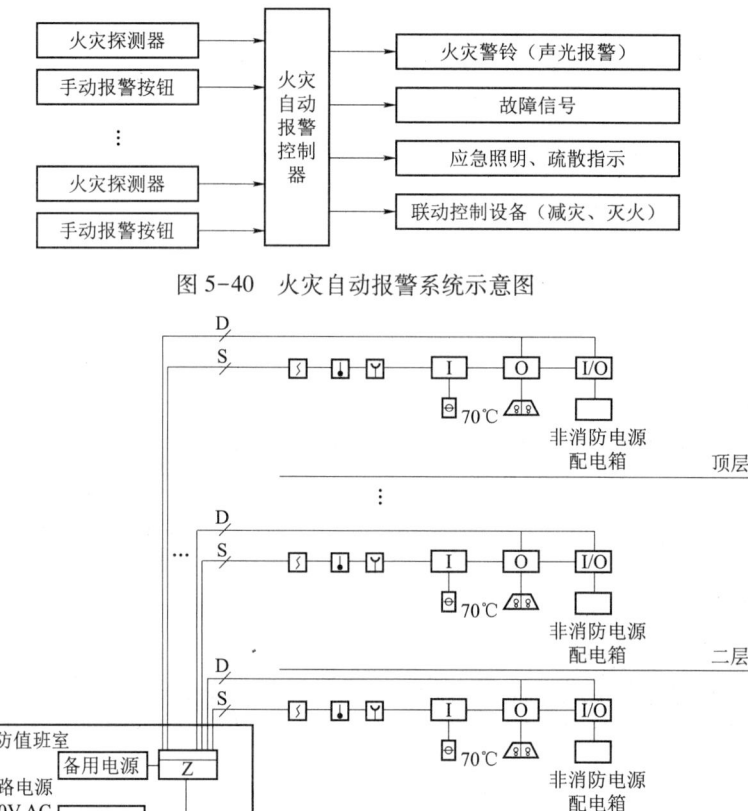

图 5-40 火灾自动报警系统示意图

图 5-41 区域型火灾报警系统示意图

(1) 明敷设的消防线路应涂防火涂料。

(2) 火灾自动报警系统应单独布线,系统内不同电压等级、不同电流类别的线路,不应布在同一管内或线槽的同一槽孔内。

(3) 感烟探测器与灯具的水平净距应大于 0.2 m;与送风口边的水平净距应大于 1.5 m;与嵌入式扬声器的净距应大于 0.1 m;与自动喷淋头的净距应大于 0.3 m;与墙或其他遮挡物的距离应大于 0.5 m。感烟探测器在楼板上暗装时如图 5-42 所示。

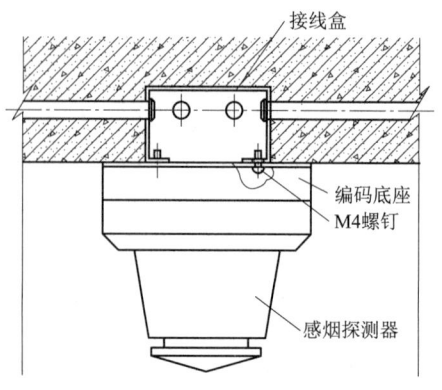

图 5-42 感烟探测器在楼板上暗装图

5.3.2 施工图识读举例

图 5-43～图 5-45 所示为弱电平面图,其中:

图 5-43 为电气设计及施工总说明;

图 5-44 为首层弱电平面图/二~四层弱电平面图;

图 5-45 为综合布线系统图/五层弱电平面图。

电气设计及施工总说明

一、工程概况、设计范围及设计依据
1. 工程概况：多层建筑，地上五层，建筑高度18.30m。
2. 设计范围：
   (1) 低压配电系统；
   (2) 照明及应急照明系统；
   (3) 防雷及接地系统；
   (4) 综合布线系统。
3. 设计依据：
   (1) 开发商要求及其他相关专业提供的工艺和土建条件；
   (2) 《供配电系统设计规范》，GB 50052—2009；
   (3) 《通用用电设备配电设计规范》，GB 50055—2011；
   (4) 《低压配电设计规范》，GB 50054—2011；
   (5) 《建筑物防雷设计规范》，GB 50057—2010；
   (6) 《民用建筑电气设计规范》，JGJ 16—2008；
   (7) 《综合布线系统工程设计规范》，GB 50311—2007；
   (8) 其他相关规范。

二、电源、负荷等级、供配电容量及配电系统
1. 本工程电源由本单位总配电房低压电网引来，YJV22-1KV电缆直接埋地引入，电缆埋深≥0.7m，线径在上一级配电设备处选型，具体要求由当地供电部门定。
2. 本工程应急照明灯及疏散指示标志均自带蓄电池，其余负荷均为三级负荷。
3. 本工程设备总容量56.60kW。

三、配电线路类型及线路敷设方式
1. 进入建筑物时应穿管引入。《建筑电气安装工程图集》有关章节规定及要求。
2. 配电干线采用YJV22-1KV电缆、电线，穿难燃塑料管沿手墙内明敷、板内暗敷。
3. 室内线路采用BV-750V电线，未注明之单个回路线均用BV-750V 4mm电线，2.5mm电线。
4. 各分支回路线采用BV-750V 4mm电线，未注明之单个回路线均用BV-750V 4mm电线，2.5mm电线。

四、配电箱（AL）、楼层开关箱（KX0、KGX1~3）、安全型插座（KGX0、KGX1~3）、安全型插座
总配电箱暗装底距地1.3m，楼层开关箱（除注明）、安全型插座（除注明 业主定）预留圆钢ф12mm，L=250mm作防雷，调速开关及厨房安全型插座距地1.3m底距地1.3m安装。

五、灯具安装：
（1）总配明暗嵌墙式安装。
地0.3m暗装。
（2）吊扇施工时在吊扇安装位置预留圆钢ф12mm，L=250mm作吊钩，装距地2.0m暗装，柜式空调插座，装距地0.5m暗装。
调插座，安全保护开户应做复接地，防雷感应侵入及感应保护措施。
（3）总配电箱后供配电系统采用TN-S系统。

2. 配电干线PE线详见有关系统图，未注明采用BV-750V（1*2.5mm）。
3. 防雷接地、配电系统PEN线及PE线接地共用接地装置，接地电阻要求≤4Ω，金属线槽做法详见图集，接地线采用BVR-750V 6mm电线作电气连接。
4. 有淋浴要求的卫生间作局部等电位联结，做法及要求详见国标图集02D501-2。
5. 图标见国标图集02D501-2。
6. 本工程作总等电位联结，做法及要求详见国标图集02D501-2及接地相关电气说明。

五、电气节能
1. 本工程所选灯具节能型为节能型产品，日光灯选用T8管配电子镇流器。
2. 照明配电设计时考虑到合理分配相序，尽量做到三相负荷平衡。
3. 大开间照明采用分组集中控制，小房间尽量一灯一控，住宅楼梯间采用声光延时开关。
4. 本工程所选用的荧光灯均为T5、T8系列三基色荧光灯，均配置高品质电子镇流器。光源光通量及荧光灯效率不能低于下表：

序号	光源	功率/W	光通量/lm	色温
1	T8直管荧光灯	36	3250	2700K~6500K
2	T5直管荧光灯	28	2700	2700K~6500K
3	环管节能荧光灯	22	1250	6500K

荧光灯灯具形式			
灯具出光口形式	开敞式	保护罩（玻璃或塑料）	格栅
		透明	磨砂、棱镜	
灯具效率	75%	65%	55%	60%

5. 各场所的平均照度及照明功率密度值（见附表所示）（二次装修时应按下表执行）。

场所名称	照明功率密度（W·m⁻²）	对应照度值/Lx
办公室	11	300
会议室	11	300

6. 低压配电系统的电缆、电线截面不得低于设计值，电线电缆按三类防雷设计及施工，做法及说明详见本工程的单体工程的接地图及说明。

六、防雷
本工程按三类防雷设计及施工，做法及说明详见单体工程的接地图及说明。

七、弱电
1. 电话电缆引自电信营运商电话交接箱。
2. 宽带网引自外界Internet的联系经由光纤与ISP服务商连接。
3. 线路敷设及设备安装
   (1) 电话线、网线及有线电视电缆分别穿塑料管暗敷，分线盒距地0.5m 暗装。
   (2) 电话线、网络线及有线电视电缆干线穿塑料管暗敷，在任何线路分层底距地1.5m端上明装。
   (3) 电话分线箱交换机柜于一层箱底距地1.8m端上明装。
   (4) 其他。

八、其他
1. 日光灯应按灯具自然功率因数0.9以上灯具，如不能满足该要求，则应于各个灯具处增加电容补偿。
2. 仅具有I类绝缘的灯具的金属外壳必须接PE线。
   (1) 距地高度低于2.4m的金属灯具必须接PE线。
3. 穿板或墙上的管孔、电缆槽孔，在施工完毕后均用SFD2防火堵料封堵。
4. 为方便维护方便，单相配电电路按以下规范分颜色：L1黄色、L2绿色、L3红色，零线（N）淡蓝色；PE线绿黄相间色。
5. 电气安装参照以下规范施工并验收：
   (1) 《建筑电气工程施工质量验收规范》；
   (2) 《电气装置安装工程低压电器施工及验收规范》；
   (3) 《电气装置安装工程电缆线路施工及验收规范》。

某建筑设计院				
设计证号				
工序	签名	实名	工序	签名	实名
审定			设计		
审核			制图		
校对			专业负责人		
方案			项目负责人		

工程名称	某养护站办公楼	设计号	2014-
项目		图别	电施
图名	电气设计及施工总说明	图号	1/9
		日期	2014.04.

图5-43 电气设计及施工总说明

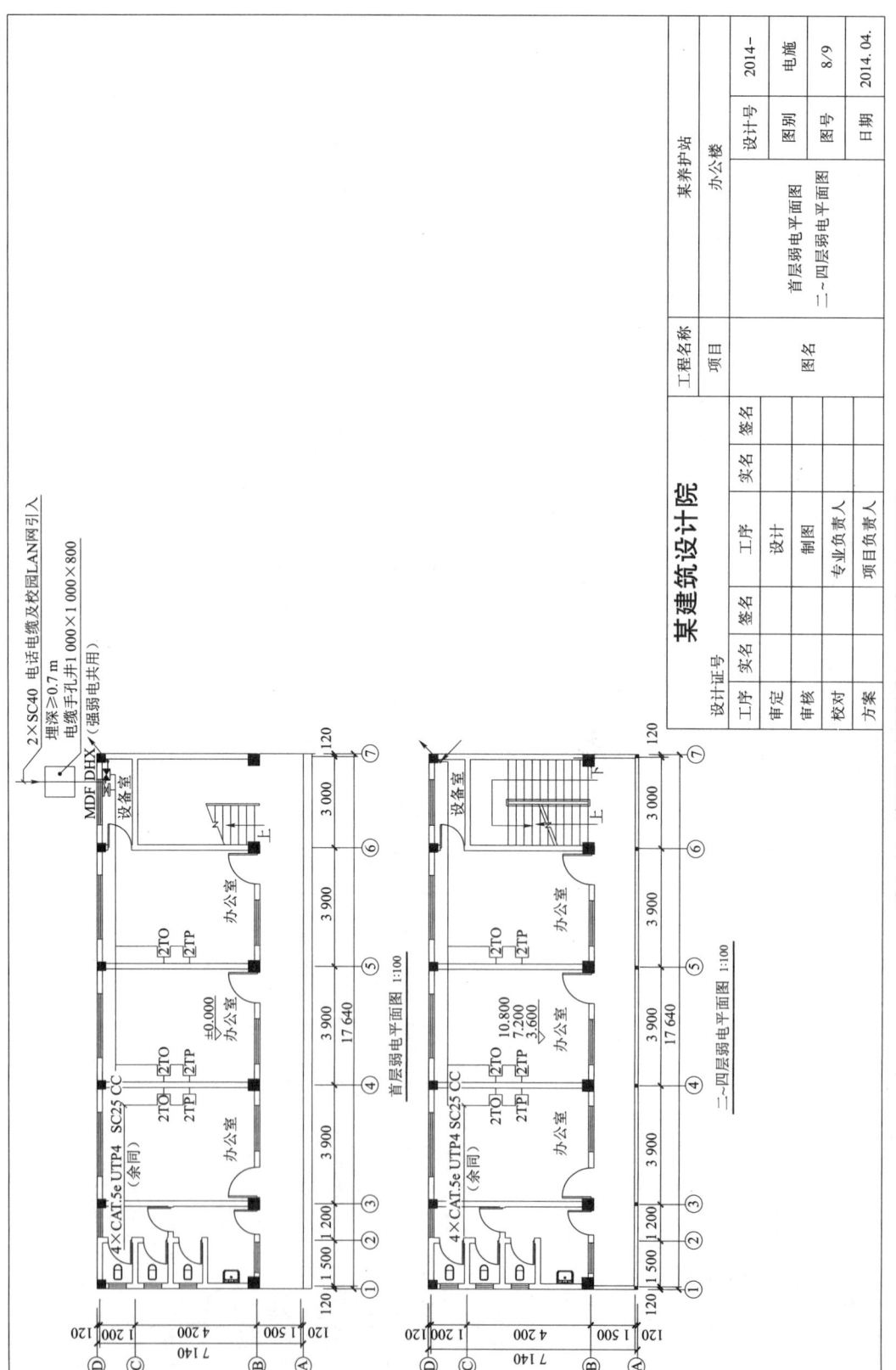

图 5-44 首层弱电平面图/二~四层弱电平面图

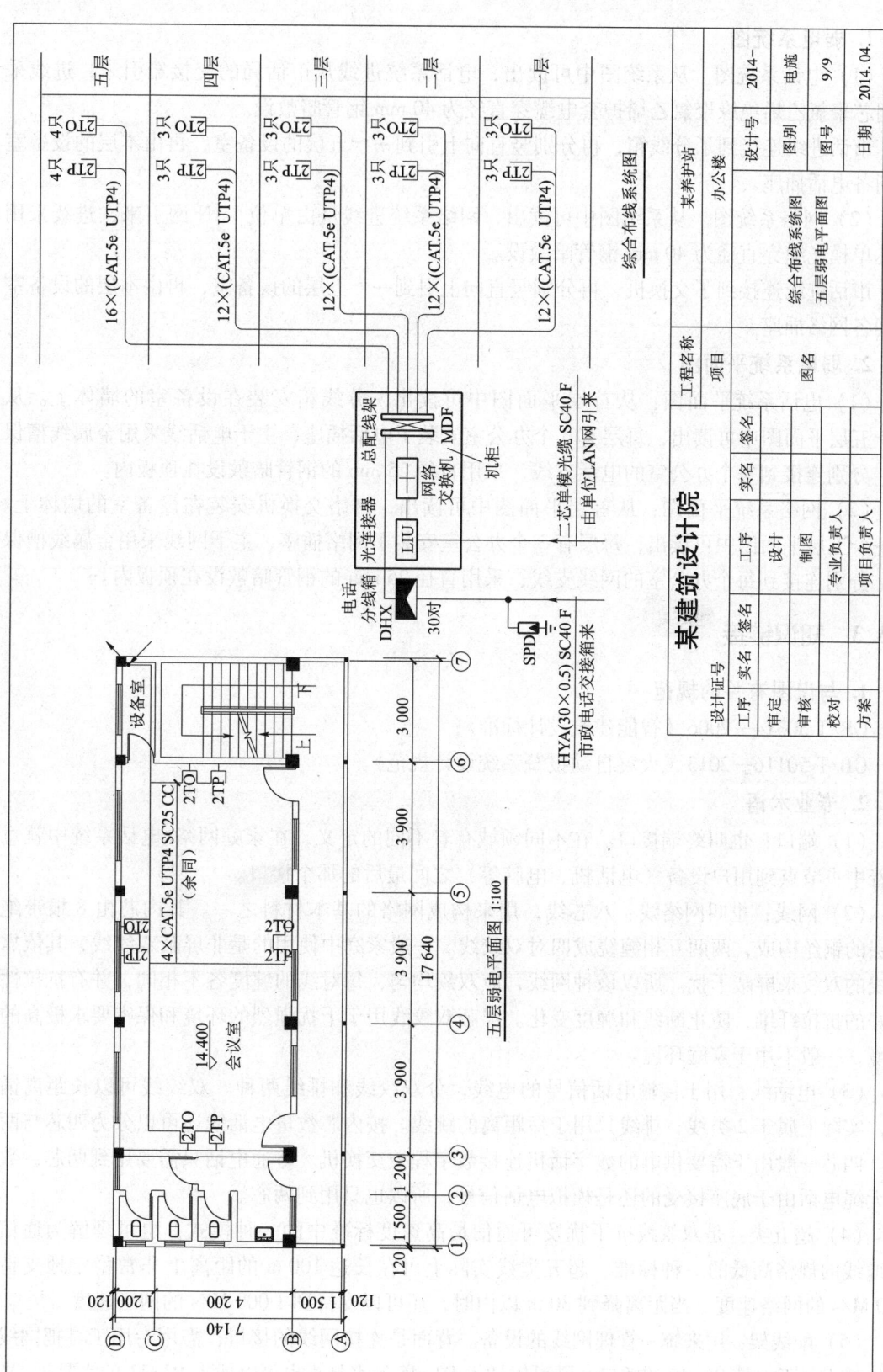

图 5-45 综合布线系统图/五层弱电平面图

1. 弱电系统图

(1) 电话系统图。从系统图中可读出,电话系统进线从市话局的交接箱引来,进线采用铜芯聚氯乙烯绝缘聚氯乙烯护套电缆穿直径为 40 mm 钢管暗敷设。

市话进线连接到了分线箱,再分别竖直向上引到一~五层的设备室,再由本层的设备室引到各电话插座。

(2) 网络系统图。从系统图中可读出,网络系统进线从由单位 LAN 网引来,进线采用二芯单模光缆穿直径为 40 mm 钢管暗敷设。

市话进线连接到了交换机,再分别竖直向上引到一~五层的设备室,再由本层的设备室引到各网络插座。

2. 弱电系统平面图

(1) 电话系统平面图:从首层平面图中可读出,分线箱安装在设备室的墙体上。从一~五层平面图中可读出,每层有 3 个办公室安装了电话插座,主干电话线采用金属线槽保护,分别连接到每个办公室的电话支线,采用直径 25 mm 的钢管暗敷设在顶板内。

(2) 网络系统平面图:从首层平面图中可读出,网络交换机安装在设备室的墙体上。从一~五层平面图中可读出,每层有 3 个办公室安装了网络插座,主干网线采用金属线槽保护,分别连接到每个办公室的网线支线,采用直径 25 mm 的钢管暗敷设在顶板内。

5.3.3 知识链接

1. 与识图有关的规范

GB/T 50314—2006《智能建筑设计标准》;

GB/T 50116—2013《火灾自动报警系统设计规范》。

2. 专业术语

(1) 端口:也叫终端接口。在不同领域有着不同的定义,在家庭网络/电话系统中就意味着中央节点到用户设备(电话机、电脑等)之间最后的那个接口。

(2) 网线:也叫网络线、八芯线,用来构成网络的基本材料之一。其内芯由 8 根带绝缘层的铜丝构成,两两互相缠绕成四对双绞线。一般家庭中使用的是非屏蔽双绞线,其依靠电线的双绞来屏蔽干扰。所以该种网线,应双绞均匀,每对线的缠度各不相同,并有抗拉性极好的抗拉纤维,防止断线和缠度变化。屏蔽双绞线用于干扰强烈的环境和保密要求极高的环境,一般不用于家庭环境。

(3) 电话线:用于传输电话信号的电线,分双绞线和排线两种。双绞线可以长距离铺设,实际上属于 2 类线,排线只用于短距离的跳线。按内芯数量电话线还可以分为四芯与两芯。四芯一般用于需要供电的数字话机连接数字程控交换机。普通电话只需要用到两芯,数字无绳电话由于底座接受的还是模拟电话信号,所以也只用到两芯。

(4) 超五类:是双绞线抗干扰及可通信最高速度标准中的一种模式,也可理解为通信电缆线的规格高低的一种标准。超五类线实际上可在长达 100 m 的距离上非常稳定地支持 100 M/s 的网络速度。当距离降到 30 m 以内时,还可以支持到 1 000 M/s 的网络速度。

(5) 配线架:用来统一管理网线的设备。背面是连接网线的接口,需用专用工具把网线逐一打入。正面是 RJ-45 的插口,既可以插入 RJ-45 的水晶头也可以插入 RJ-11 的水晶头。

（6）水晶头：一种用于网线或者电话线的标准连接头，大部分由透明塑料构成，故名水晶头，也俗称网络头子/电话头子。网络水晶头的标准是 RJ-45，有八个金属触点。电话水晶头的标准是 RJ-11，比网络水晶头稍小，有四个或两个金属触点。

（7）网络模块：这是用于端口连接的关键设备。实际上，不管是什么品牌的网络接口面板，网线插入的都是其背后的网络模块。在使用工具把网线打到网络模块背后的接线柱后，正面的插口就可以使用标准的水晶头来连接各种网络设备或者电话设备。

（8）568A 与 568B：这是 EIA/TIA 的布线标准中规定的两种网络线的线序。

标准 568A：绿白、绿、橙白、蓝、蓝白、橙、棕白、棕；

标准 568B：橙白、橙、绿白、蓝、蓝白、绿、棕白、棕。

在整个网络中要统一使用一种标准，包括配线架、网络模块、水晶头。但两端都有 RJ45 水晶头的网络连线无论是采用 568A，还是 568B，都是能使用的。实际应用中，大多数都使用 T568B 的标准。

（9）猫：学名调制解调器，是用来将广域网链接压缩传输的信号转换成局域网信号的设备，也就是除了 FTTB 之外的宽带接入都需要用到的一种必要接入设备，如 ADSL、有线通、无线宽带等。

（10）宽带路由器：用来连接广域网和局域网的一种非必要设备。可以提供多台计算机共享上网、免拨号上网等更方便使用的功能，还可以提供 NAT 转换等最基本的网络安全防护。

（11）网络交换机：网络交换机通过分时交换的原理，每端口都可以独享 100 M 的网络带宽，可以比采用共享式的 HUB 提供高达数十倍的基本网络性能，并且是构建家庭局域网的基本设备。绝大多数宽带路由器内置了四口的网络交换机。如果需求的网络端口数超过了四个，还可以另外购置网络交换机。

（12）信号分离器：一般专指用于分离普通电话信号和加载于电话线上的 ADSL 信号的设备。设备上都会清晰标示进线、电话出线和 ADSL 出线。信号分离器一定要装在进户线处。

（13）家用程控电话交换机：用于将电话进线通过分机的形式分配到每个房间。最大的好处是避免通话质量由于分机数量的增多而急剧下降，而且具有通话时分机间保密的安全作用。

5.3.4 技能训练项目

以图 5-37 和图 5-38 为例进行训练。

1. 训练任务

识读图 5-37 和图 5-38 所示的建筑弱电工程施工图。

2. 训练目标

（1）解读系统图中的系统进线情况。

（2）解读系统图中每个回路中的配管配线情况。

（3）解读平面图中回路的起点和终点设置的位置。

3. 训练成果

编写建筑弱电工程施工图的识读报告。

5.4 项 目 任 务

运用天正建筑或 CAD 软件抄绘附录 A.1 某养护站办公楼电施 1/9～9/9。

习 题

一、选择题

1. 标注为"BV-5×16-SC50-FC"的导线含义为（ ）。
   A. 16 mm² 导线地面暗敷设
   B. 4 根 16 mm² BV 铝导线穿钢管地面暗敷设
   C. 16 mm² 导线沿墙明敷设
   D. 5 根 16 mm² BV 铜导线穿钢管地面暗敷设
2. 标注为"BVV-4×6-WE"的导线含义为（ ）。
   A. 4 根 6 mm² BVV 导线沿墙暗敷设
   B. 4 根 6 mm² 护套型 BVV 导线沿墙明敷设
   C. 2 根 6 mm² BVV 导线沿墙明敷设
   D. 2 根 6 mm² BVV 导线塑料卡固定沿墙明敷设
3. 标注为"RVVP-4×1.5PC25-WE"的导线含义为（ ）。
   A. 一根 4 芯 1.5 mm² 多芯线沿墙暗敷设
   B. 一根 4 芯 1.5 mm² 护套型多芯线沿墙明敷设
   C. 一根 4 芯 1.5 mm² 护套型多芯软线穿规格 25 mm 塑料管沿墙明敷设
4. 标注为"RVS-4×1.0PC16-WE"的导线含义为（ ）。
   A. 一根 4 芯 1.0 mm² 多芯线沿墙暗敷设
   B. 一根 4 芯 1.0 mm² 绞型多芯线沿墙明敷设
   C. 一根 4 芯 1.0 mm² 绞型线穿规格 16 mm 塑料管沿墙明敷设
5. 标注为"HYV-3〔50（2×0.5）〕PL-WE"的导线含义为（ ）。
   A. 50 对 0.5 mm² 导线沿墙暗敷设
   B. 50 对 0.5 mm² 导线沿墙明敷设
   C. 3 根 50 对每对线芯直径 0.5 mm 的 HYV 型通信电缆塑料卡固定沿墙明敷设
6. 标注为"ZR-YJV-4（4×50）-WE"的导线含义为（ ）。
   A. 2 根 4 芯 25 mm² 低压电缆沿墙暗敷设
   B. 2 根 4 芯 25 mm² 低压电缆沿墙明敷设
   C. 4 根阻燃 YJV 型 4 芯 50 mm² 低压电缆金属卡固定沿墙明敷设

二、识图例

写出图 5-46 所示的图形符号名称。

三、简答题

1. 电气工程施工图由哪几部分组成？
2. 常见的电线有哪些？

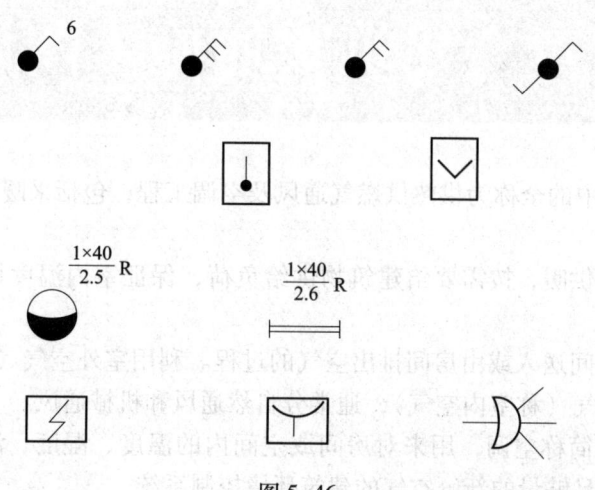

图 5-46

3. 简述电缆与电线的区别。
4. 简述电缆与光缆的区别。
5. 建筑智能化中的 5A 是指什么？

第6章 建筑暖通施工图识读

暖通在学科分类中的全称为供热供燃气通风及空调工程,包括采暖、通风、空气调节这三个方面。

(1) 采暖:又称供暖,按需要给建筑物供给负荷,保证室内温度按人们要求持续高于外界环境。

(2) 通风:向房间送入或由房间排出空气的过程。利用室外空气(称新鲜空气或新风)来置换建筑物内的空气(称室内空气),通常分自然通风和机械通风。

(3) 空气调节:简称空调,用来对房间或空间内的温度、湿度、洁净度和空气流动速度进行调节,并提供足够量的新鲜空气的建筑环境控制系统。

暖通常用图形符号,如表6-1~表6-4所示。

表6-1 线 型

图形符号	说 明	图形符号	说 明
	粗实线		细虚线
	中实线		细点划线
	细实线		细双点划线
	粗虚线		折断线
	中虚线		波浪线

表6-2 风管及部件

图形符号	说 明	图形符号	说 明
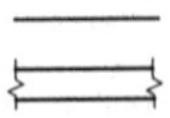	风管	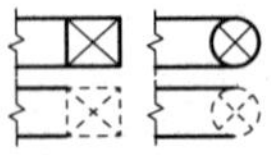	送风管 上排为可见剖面 下排为不可见剖面
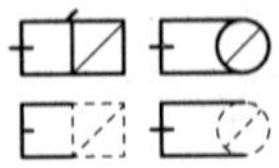	排风管 上排为可见剖面 下排为不可见剖面	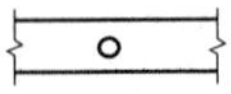	风管测定孔
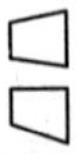	异径管	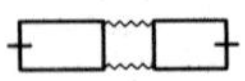	柔性接头 中间部分也适用于软风管
	异形管(天圆地方)	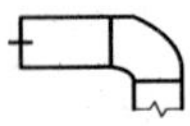	弯头
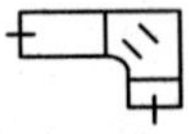	带导流片弯头	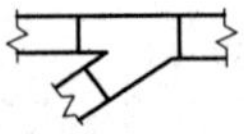	圆形三通

续表

图形符号	说 明	图形符号	说 明
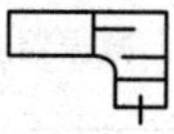	消声弯头	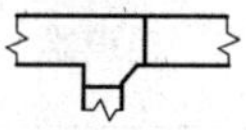	矩形三通
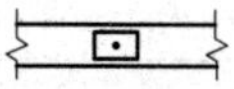	风管检查孔		伞形风帽
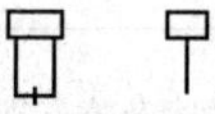	筒形风帽	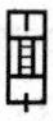	百叶窗
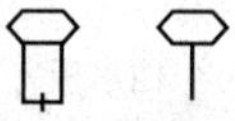	锥形风帽		插板阀 （也适用于斜插板）
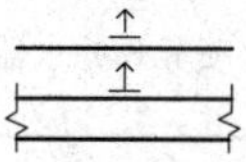	送风口	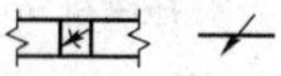	蝶阀
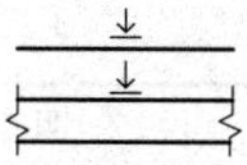	回风口		对开式多叶调节阀
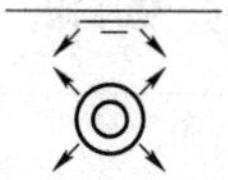	圆形散流器 上排为剖面 下排为平面		光圈式启动调节阀
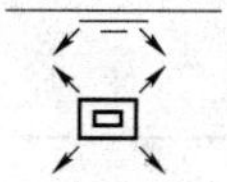	方形散流器 上排为剖面 下排为平面	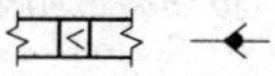	风管止回阀
	防火阀	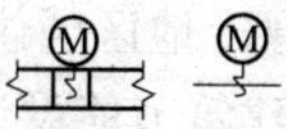	电动对开多叶调节阀
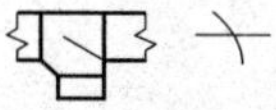	三通调节阀		

表 6-3 通风空调设备

图形符号	说 明	图形符号	说 明
	通风空调设备 左图适用于带传动 部分的设备，右图适用于 不带传动部分的设备		加湿器
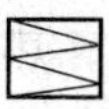	空气过滤器		电加热器

续表

图形符号	说 明	图形符号	说 明
	消声器		减振器
	空气加热器	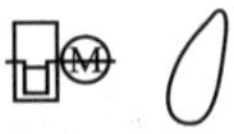	离心式通风机
	空气冷却器		轴流式通风机
	风机盘管	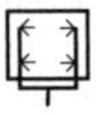	喷嘴及喷雾排管
	风机 流向：自三角形的底边至顶点	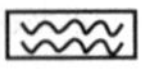	挡水板
	压缩机		喷雾式滤水器

表 6-4 阀 门

图形符号	说 明	图形符号	说 明
	安全阀		膨胀阀
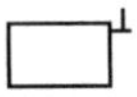	散热放风门		手动排气阀
	散热器三通阀		

常用规范及标准：

GB 50019—2003《采暖通风与空气调节设计规范》；

JGJ 26—2010《严寒和寒冷地区居住建筑节能设计标准（含光盘）》；

GB 50189—2005《公共建筑节能设计标准》；

GB 50242—2002《建筑给水排水及采暖工程施工质量验收规范》；

GB 50243—2002《通风与空调工程施工质量验收规范》。

6.1 采暖工程

采暖系统由热源、热媒输送管道和散热设备组成。

热源：制取具有压力、温度等参数的蒸汽或热水的设备。

热媒输送管道：把热量从热源输送到热用户的管道系统。

散热设备：把热量传送给室内空气的设备。

常见的采暖系统是壁挂炉采暖系统。壁挂炉采暖系统以燃气壁挂炉为热源，热水作为热媒，通过不同管道布置形式连接散热器、地板辐射加热管或风机盘管等散热设备。壁挂炉内水泵作为机械循环的强制动力。

1. 散热器采暖系统

散热器采暖系统的连接方式可按以下方式进行分类。

按供回水干管位置分类：上供下回式、下供上回式、下供下回式；

按各环路路程分类：异程式（各环路路程不同）、同程式（各环路路程相同）；

按连接散热器立管的数量分类：双管系统、单管系统；

按散热器在立管中连接方式分类：顺流式、跨越式。

实际工程应用中，上述各种连接方式可有不同组合，如图6-1所示。

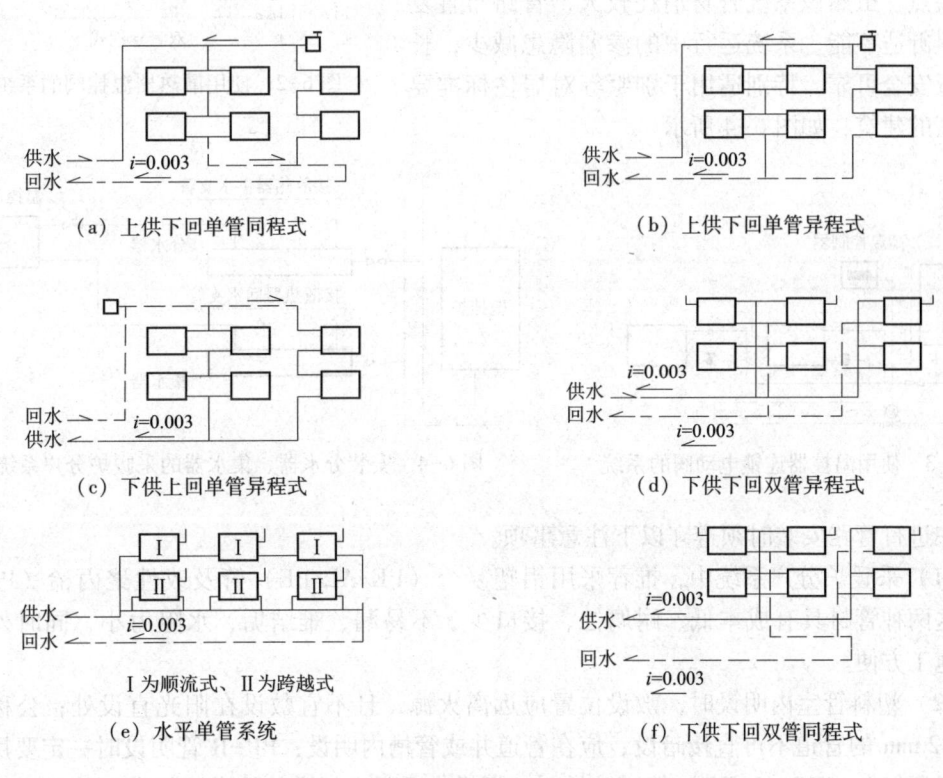

图6-1 散热器采暖系统的连接方式

由于同程式系统中每环路路程一致，系统易平衡；同时双管系统可保证每组散热器进、出口水温相同，因此布置采暖系统时，尽量采用双管同程式。此系统不足之处在于比较浪费管材，需要多一段同程管道。

采暖炉分户系统中，每户单独为一系统，目前工程中散热器连接多采用下供下回双管同程式、水平单管系统、下供下回双管异程式。这些方式同样适用复式住宅采暖系统布置，两层或三层共用一组立管，各层分环路布置。立管可设置在设备管道井中，并加以保温，减少立管热损失。这种布局的优点是房间内无立管通过，水平管道可暗装敷设在墙内和地板内，使居室更加美观。此系统每组散热器均需设排气装置。为达到分室温控，节约能源，推荐使用散热器温控阀或温控器连锁电动阀，如图6-2和图6-3所示。

根据欧洲多年的成功经验，在采暖炉分户系统中每一环路供回水总管处安装分水器、集水器可以保证系统的阻力平衡。这种系统中，每组供回水支管接一组或两组散热器，有利于每组散热器单独调节且系统平衡好，即使是异程系统也能保证较好的平衡。系统同样需使用温控器连锁电动阀或散热器温控阀。每组分水器的分支路不宜多于8个，总供回水管和每一供回水分支路应设置调节阀门。此系统可根据不同温度要求分室温控，同时保证埋地管段无接点。虽然该系统管材消耗较大，管路布置复杂，但舒适节能，系统运行中的渗漏隐患减少，长期运行安全可靠，特别适用于别墅等对居住标准要求较高的建筑，如图6-4所示。

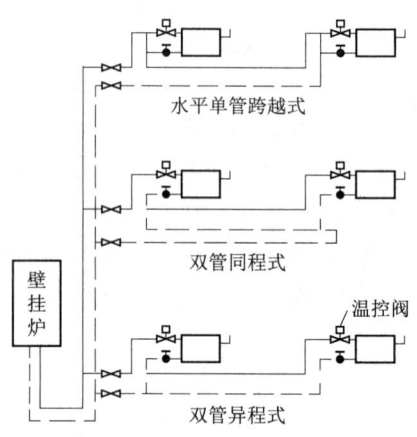

图6-2 使用散热器温控阀的系统

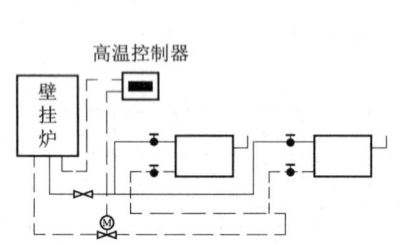

图6-3 使用温控器连锁电动阀的系统

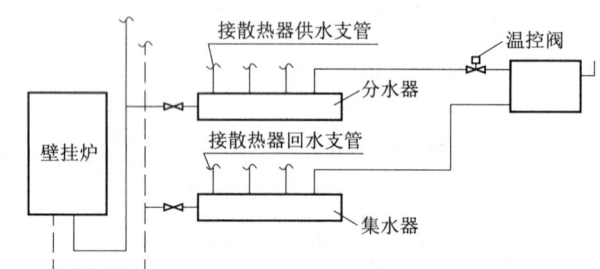

图6-4 安装分水器、集水器的采暖炉分户系统

在进行管路安装时须遵守以下注意事项。

（1）采暖炉分户系统中，推荐采用铝塑复合（PE/AL/PE）管及改性聚丙稀（PP-R）管。这两种管材具有成本低、耐腐蚀、接口少、不易漏、难结垢、水阻力小，同时外形美观，施工方便。

（2）塑料管室内明设时，敷设位置应远离火源，且不宜敷设在阳光直设处；公称外径大于32 mm的管道不可直接暗设，应在管道井或管槽内明设；PP-R管明设时一定要用固定卡；铝塑复合（PE/AL/PE）管道暗设时，埋设在混凝土板内的管道不能使用管件，埋地管道接头是系统渗漏的隐患。

（3）水系统的运行中，要特别重视空气的排放。当管道中有空气积存时，会影响热水的正常循环，造成散热器不热的情况。因此管道系统安装时，要注意高处放气，低处泄水。

2. 地板辐射采暖系统

地板辐射采暖系统一般由采暖炉、供回水干管、分水器、集水器、供回水路组成，如图6-5所示。

带有热媒集配装置和温控装置的低温地板辐射系统具有诸多优势，目前推广不够是出于建筑层高的限制及造价方面的约束。这种系统同样可达到分室温控。与散

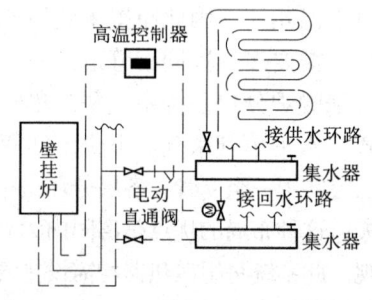

图6-5 地板辐射采暖系统

热器系统比，还具有供热均匀，热舒适度好，温度梯度由下至上，符合人体需要，明显改善居住卫生环境；系统阻力易控制，高效节能；安全可靠，埋地管道部分无接头以免渗漏，使用寿命长，维护运行费用低；节省散热器占地面积，便于室内布置与装修，节省暖气罩及管道装修费用等诸多优越性。但其不足之处在于室内有效采暖面积不易确定，厨卫管道难布置；对设计施工技术水平要求高，地面装修有可能损害管路，一旦破损极难维修；造价相对较高。综合技术经济各方面的因素，低温地板辐射系统与壁挂炉的结合，两者相得益彰，最大体现出采暖方式的先进性，是户式壁挂炉系统最佳选择。

地板辐射采暖系统的管路布置中，每组集配装置的分支路不宜多于8个，总供回水管和每一供回水分支路应设置调节阀门；集配装置的直径，应大于总供回水管的直径；集配装置应高于地板加热管，并设放气阀；系统分水器前应设过滤器。加热管以整根管用特殊方式双向循环，按一定间距（100～300 mm不等）用夹子固定在保温层上，整根管在结构层内无接口，杜绝了隐蔽管道漏水的可能性。应根据房间热工特性及室内设施、地面覆盖物等的不同情况，以保证温度均匀为原则，分别采用旋转形、往复形或直列形等布管方式（见图6-6）。热损失明显不均匀的房间，宜采用将高温管段优先布置于房间热损失较大的外窗或外墙侧的方式。考虑到室内设备及地面覆盖物对有效散热量的影响，加热管道应尽量布置在通道及有门的墙面等处，地面上的固定设备和卫生器具下，不应布置加热管道。

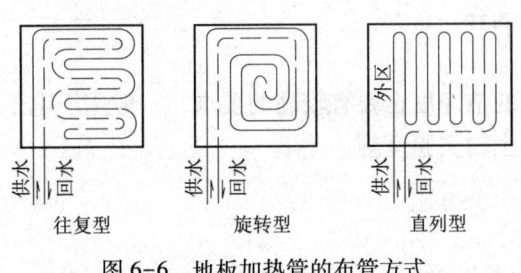

图6-6 地板加热管的布管方式

为保证分室温控，每个房间宜设置室温控制器，同时在每一分支环路回水管上设置电动两通阀连锁，实现温度的灵活调节，节约能耗。

3. 风机盘管采暖系统

此系统方式多用于分户空调水系统中，一般用作末端设备，夏季用冷水制冷，冬季以采暖炉为热源，提供采暖热水。

风机盘管具有较大的局部阻力系数，因此进行系统设计时，要尽量采用阻力小且易平衡的布管方式，并设置可靠的控制装置。

风机盘管系统中，夏季供冷水温一般取7～12℃，温差为5℃；冬季供暖供回水温度为65～55℃或60～50℃，温差宜取10℃。系统管路水力计算以夏季参数为依据，冬季采暖水温差不宜与夏季相差太大。在可能的条件下，应尽量提高冷水入口温度和降低热水入口温度。

6.2 通风空调工程

通风是借助换气稀释或通风排除等手段，控制空气污染物的传播与危害，实现室内外空气环境质量保障的一种建筑环境控制技术。通风系统包括进风口、排风口、送风管道、风机、降温及采暖、过滤器、控制系统以及其他附属设备。

通风系统可按以下方式进行分类。

按通风动力分类：自然通风、机械通风；
按通风服务范围：全面通风、局部通风；
按气流方向分类：送（进）、排风（烟）；
按通风目的分类：一般换气通风、热风供暖、排毒与除尘、事故通风、防护式通风、建筑防排烟等；
按动力所处的位置分类：动力集中式和动力分布式。

6.2.1 空调的分类

1. 按照使用目的分类

1）舒适空调

要求温度适宜，环境舒适，对温湿度的调节精度无严格要求，一般用于住房、办公室、影剧院、商场、体育馆、汽车、船舶、飞机等场合。

2）工艺空调

对温度有一定的调节精度要求，另外空气的洁净度也要有较高的要求，一般用于电子器件生产车间、精密仪器生产车间、计算机房、生物实验室等。

2. 按照空气处理方式分类

1）集中式（中央）空调

空气处理设备集中在中央空调室里，处理过的空气通过风管送至各房间的空调系统。适用于面积大、房间集中、各房间热湿负荷比较接近的场所选用，如宾馆、办公楼、船舶、工厂等。该空调系统维修管理方便，设备的消声隔振比较容易解决。

2）半集中式空调

半集中式空调是指既有中央空调又有处理空气的末端装置的空调系统。这种系统比较复杂，可以达到较高的调节精度，适用于对空气精度有较高要求的车间和实验室等。

3）局部式空调

局部式空调是指每个房间都有各自的设备处理空气的空调系统，空调器可直接装在房间里或装在邻近房间里，就地处理空气，适用于面积小、房间分散、热湿负荷相差大的场合，如办公室、机房、家庭等。其设备可以是单台独立式空调机组，也可以是由管道集中给冷热水的风机盘管式空调器组成的系统。

3. 按照制冷量分类

1）大型空调机组

大型空调机组如卧式组装淋水式、表冷式空调机组，一般应用于大车间、电影院等。

2）中型空调机组

中型空调机组如冷水机组和柜式空调机等，一般应用于小车间、机房、会场、餐厅等。

3）小型空调机组

小型空调机组如窗式、分体式空调器，一般用于办公室、家庭、招待所等。

4. 按新风量的多少分类

1）直流式系统

空调器处理的空气为全新风，送到各房间进热湿交换后全部排放到室外，没有回风管。

这种系统卫生条件好，能耗大，经济性差，用于有有害气体产生的车间、实验室等。

2. 闭式系统

空调系统处理的空气全部再循环，不补充新风的系统。系统能耗小，卫生条件差，需要对空气中氧气进行再生并备有二氧化碳吸收装置，如用于地下建筑及潜艇的空调系统。

3. 混合式系统

空调器处理的空气由回风和新风混合而成，它兼有直流式和闭式的优点，应用比较普遍，如宾馆、剧场等场所的空调系统。

6.2.2 中央空调系统

中央空调系统由冷热源系统和空气调节系统组成。制冷系统是中央空调系统至关重要的部分，其采用种类、运行方式、结构形式等直接影响了中央空调系统在运行中的经济性、高效性、合理性。

1. 中央空调系统的主要组成及分类

中央空调系统主要组成设备有空调主机（冷热源）、风柜、风机盘管等。

（1）按负担室内热湿负荷所用的介质不同，中央空调可分为全空气系统、全水系统、空气-水系统和制冷剂系统。

（2）按空气处理设备的集中程度不同，中央空调可分为集中式和半集中式。

（3）按被处理空气的来源不同，中央空调可分为封闭式、直流式和混合式。

2. 中央空调系统示意图

中央空调系统一般主要由制冷压缩机系统、冷媒（冷冻和冷热）循环水系统、冷却循环水系统、盘管风机系统、冷却塔风机系统等组成，其结构流程如图6-7所示。

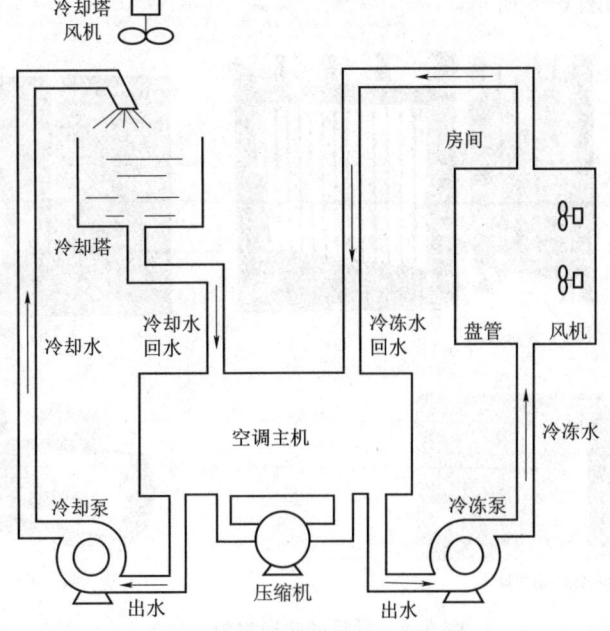

图6-7 中央空调系统结构流程图

1) 水系统

水冷中央空调包含四大部件：压缩机、冷凝器、节流装置、蒸发器。制冷剂依次在上述四大部件中循环，压缩机出来的冷媒（制冷剂）高温高压的气体，流经冷凝器，降温降压，冷凝器通过冷却水系统将热量带到冷却塔排出，冷媒继续流动经过节流装置，变成低温低压液体，流经蒸发器，吸热，再经压缩。在蒸发器的两端接有冷冻水循环系统，制冷剂在此处吸收热量将冷冻水温度降低，使低温的水流到用户端，再经过风机盘管进行热交换，将冷风吹出。

2) 风系统

新风的传输方式采用置换式，户外的新空气经过负压方式自动吸入室内，经过安装在卧室、室厅或起居室窗户上的新风口进入室内时，会自动除尘和过滤。同时，再由对应的室内管路与数个功用房间内的排风口相连，构成的循环系统将带走室内废气，集中在排风口"呼出"，而排出的废气不再做循环运用。

3) 风机盘管系统

风机盘管系统的工作原理，就是借助风机盘管机组不断地循环室内空气，使之通过盘管而被冷却或加热，以保持房间要求的温度和一定的相对湿度。盘管使用的冷水或热水，由集中冷源和热源供应。与此同时，由新风空调机房集中处理后的新风，通过专门的新风管道分别送入各空调房间，以满足空调房间的卫生要求。

风机盘管空调系统与集中式系统相比，没有大风道，只有水管和较小的新风管，具有布置和安装方便、占用建筑空间小、单独调节好等优点，广泛用于温、湿度精度要求不高、房间数多、房间较小、需要单独控制的场合。

6.3 知 识 链 接

常见暖通材料如图 6-8 所示。

（a）散热器

（b）复合式空调机组

（c）低温低辐射采暖

（d）热（暖）风机采暖与热气器

图 6-8 常见的暖通材料（一）

第6章 建筑暖通施工图识读 / 305

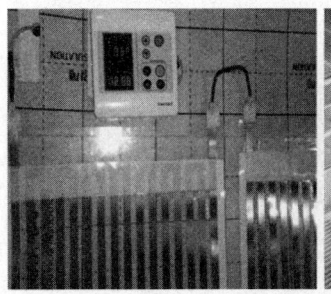

(e) 低温辐射电热膜采暖

(f) 自然通风器

(g) 屋顶风机

(h) 轴流风机

(i) 多联机空调

图6-8 常见的暖通材料（二）

(j）排风系统

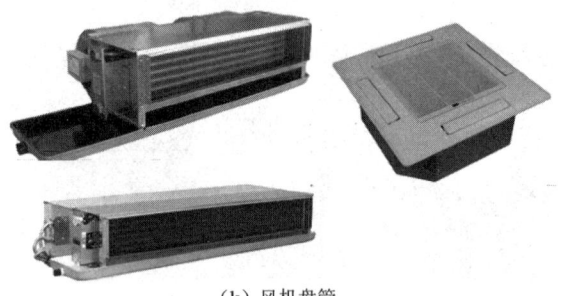

(k）风机盘管

图 6-8　常见的暖通材料（三）

6.4　项目任务

运用天正建筑或 CAD 软件抄绘建筑暖通工程施工图（图纸可以自行选择）。

习　题

简答题
1. 简述采暖系统的组成。
2. 采暖系统中的散热器系统的连接方式主要有哪几种？
3. 简述通风系统的组成。
4. 简述中央空调的主要组成及分类。

第 7 章　认识实习

7.1　已建房屋认识实习

实习项目

项目：已建学生公寓楼参观认识。

实习任务

任务：编写实习报告。

实习目标

1. 知识目标

（1）了解学生公寓楼的组成。
（2）掌握学生公寓楼的组成名称。
（3）掌握学生公寓楼各组成部分的构造专业名称。
（4）掌握学生公寓楼各组成部分的构造特点。

2. 能力目标

（1）能指出图纸中图元对应的该栋建筑物的实物，以及实物对应的图纸图元。
（2）能描述学生公寓楼各组成部分的构造特点及专业名称。
（3）能绘制出学生公寓楼各组成部分的图例。

实习大纲及步骤

（1）实习地点：校园内。
（2）实习时间：第 1 章上完第 2 章开始上之前；时长为课堂 2 课时，课后 4 课时。
（3）实习主体：一个班。
（4）实习对象：本校的学生公寓楼。
（5）实习步骤：
① 出发参观前在教室组织学生翻阅学生公寓楼建筑施工图。
② 进入学生公寓楼前进行安全教育。
③ 教师带领学生参观认识。
参观认识路线：房屋四周——地下室——一层～屋面。
④ 参观认识过程中学生提问，教师解答，师生互动。
⑤ 回到教室讨论和收集编写实习报告的材料。
⑥ 课后编写实习报告。

考核内容

1. 填写表格
填写表 7-1 所示的表格。

表 7-1　学生公寓楼的组成

序号	学生公寓楼的组成
1	
2	
3	
4	
5	
6	

2. 文字描述
根据以上表格所填写的学生公寓楼的组成，描述其所包含的至少一个细部构造的专业名称、所处的位置及功能特点。

3. 手工绘制图例
（1）墙体；
（2）门；
（3）窗；
（4）台阶；
（5）栏杆；
（6）孔洞。

4. 手工绘制符号
（1）引出线；
（2）索引符号；
（3）标高符号；
（4）剖切符号；
（5）对称符号；
（6）连接符号。

实习成果

编写包括以上四项考核内容的实习报告。

考核评价

考核评价表如表 7-2 所示。

表 7-2 考核评价

考核评定方式	评定内容	分值/%	得分
教师评定	实习纪律	30	
	实习报告	70	

7.2 钢筋工程参观实习

实习项目

项目：钢筋工程（钢筋混凝土结构半成品实体建筑物）参观认识。

若学校没有可供参观的模型展示，可以参观正在施工的建筑物的钢筋绑扎工序。

实习任务

任务：编写实习报告。

实习目标

1. 知识目标

（1）掌握结构的组成。
（2）掌握受力构件名称及受力的先后顺序。
（3）掌握受力构件的连接关系。
（4）掌握钢筋的类型、规格。

2. 能力目标

（1）能指出图纸中该受力构件各类型钢筋在建筑物中的实际位置。
（2）能指出实际建筑物不同位置钢筋在图纸中的位置。
（3）能描述该受力构件各类型钢筋的名称及位置。
（4）能绘制出各受力构件中不同类型钢筋的简图。

实习大纲及步骤

（1）实习地点：校园内（或工地）。
（2）实习时间：3.3 节"识读柱结构施工图"前；时长为课堂 2 课时，课后 4 课时。
（3）实习主体：一个班。
（4）实习对象：本校的建筑工程技术实训基地"钢筋混凝土结构半成品实体建筑物"或施工工地。
（5）实习步骤。

① 参观前拿着钢筋混凝土结构半成品实体建筑物的结构施工图纸（或施工工地项目的结构施工图），并带入参观地点。

若参观正在施工的建筑物的钢筋绑扎工序，应带着正在施工楼层的梁、板、柱、楼梯结构施工图纸进入参观地点。

② 进入工地前进行安全教育。
③ 教师带领学生参观认识。
④ 参观认识过程中教师讲解，学生提问，教师解答，师生互动。
⑤ 回到教室讨论和收集编写实习报告的材料。
⑥ 课后编写实习报告。

考核内容

1. 填写表格

填写表 7-3 和表 7-4 所示的表格。

表 7-3 结构组成表

序号	结构的组成
1	
2	
3	
4	

表 7-4 钢筋类型表

序号	受力构件名称	受力构件包括的钢筋类型及名称	钢筋的位置	其他名称
1				
2				
3				
4				

2. 手工绘制钢筋简图

分别在表 7-5 ~ 7-8 中绘制钢筋简图。

表 7-5 柱 钢 筋 表

钢筋名称	钢筋简图

表 7-6 梁 钢 筋 表

钢筋名称	钢筋简图

表 7-7 板 钢 筋 表

钢筋名称	钢筋简图

表 7-8 楼梯钢筋表

钢筋名称	钢筋简图

实习成果

编写包括以上两项考核内容的实习报告。

考核评价

考核评价表如表 7-9 所示。

表 7-9 考 核 评 价

考核评定方式	评定内容	分值/%	得分
教师评定	实习纪律	30	
	实习报告	70	

第8章 识图实训

8.1 梁板柱钢筋模型制作

实训项目

项目:梁、板、柱钢筋模型制作。

实训任务

(1) 手工制作柱结构构件钢筋模型。
(2) 手工制作梁结构构件钢筋模型。
(3) 手工制作板结构构件钢筋模型。

实训目标

1. 知识目标

(1) 掌握梁、板、柱内部钢筋类型、名称。
(2) 掌握梁板柱内部钢筋放置的位置。
(3) 掌握梁板柱内部钢筋的构造要求:截断、搭接、锚固、弯钩角度、箍筋肢数等。
(4) 掌握梁和板的跨数计算。
(5) 掌握钢筋实际布置情况与图纸中的平法原位标注,集中标注一一对应关系。
(6) 掌握梁、板、柱平法施工图的识读。

2. 能力目标

(1) 能制作不同构件内不同位置钢筋的正确形状。
(2) 能摆放钢筋的正确位置。
(3) 能制作梁、板、柱构件的外壳模型。
(4) 能制作梁、板、柱的钢筋模型。
(5) 会使用国家建筑标准设计图集《混凝土结构施工图平面整体表示方法制图规则和构造详图》(11G101-1、11G101-2、11G101-3)。

实训大纲及步骤

(1) 实训地点:综合识图实训室。
(2) 实训时间:3.7节"识读楼梯结构施工图"前;时长为课堂4课时,课后8课时。
(3) 实训主体:一个班。
(4) 组织形式:按宿舍进行分组,每组4人。
(5) 设备、工具与材料。

① 模型配筋图图纸（见附录 A.3）。
② 国家建筑标准设计图集。
③ 红、黄、蓝、绿四种颜色的粗铜电线、铁线、铁丝、钳子、硬纸板、塑料、木板等。
（6）实训步骤及大纲。
① 课前制作模型外壳。
② 课堂制作钢筋模型：
- 熟悉模型配筋图图纸；
- 按构件内不同位置钢筋选定不同颜色粗铜电线制作；
- 根据对比模型的尺寸，用钳子裁剪钢筋的长度，注意预留有锚固长度和搭接长度；
- 绑扎和放置钢筋；
- 检查；
- 手机拍照。

（7）实训要求。
① 模型不需要封盖。
② 模型外壳需扎实，最好透明。
③ 钢筋的截断、搭接、锚固等地方裁剪长度只要能表示构造形状即可。
④ 每组做完后用手机拍摄构件模型的各个角度和钢筋的节点大样照片。
⑤ 满足模型配筋图图纸中模型制作说明的要求。

考核内容

制作梁、板、柱三个构件模型。

实训成果

（1）梁、板、柱三个构件模型。
（2）模型照片。
（3）制作过程的心得体会。

考核评价

考核评价表如表 8-1 所示。

表 8-1 考 核 评 价

考核评定方式	评定内容	分值/%	得分
教师评定	实习纪律	10	
	梁构件模型	25	
	板构件模型	25	
	柱构件模型	25	
	心得体会	15	

8.2 梁钢筋翻样实训

实训项目

项目：梁钢筋翻样实训。

实训任务

（1）能绘制梁纵剖面钢筋图。
（2）能绘制梁截面图。
（3）能绘制梁钢筋抽筋图。

实训目标

1. 知识目标

（1）掌握梁内部钢筋类型、名称。
（2）掌握梁内部钢筋放置的位置。
（3）掌握梁内部钢筋的构造要求：截断、搭接、锚固、箍筋肢数等。
（5）掌握钢筋实际布置情况与图纸中的平法原位标注，集中标注一一对应关系。
（6）掌握梁详图法和梁平法施工图的识读。

2. 能力目标

（1）能绘制梁纵剖面钢筋图。
（2）能绘制梁截面图。
（3）能绘制梁钢筋抽筋图。
（4）会使用国家建筑标准设计图集《混凝土结构施工图平面整体表示方法制图规则和构造详图》（11G101-1）。

实训大纲及步骤

（1）实训地点：综合识图实训室。
（2）实训时间：上完第 3 章后；时长为课堂 4 课时，课后 8 课时。
（3）实训主体：一个班。
（4）组织形式：按宿舍进行分组，每组 2 人。
（5）设备、工具与材料：
① 梁平法施工图图纸（见附录 A.4）；
② 国家建筑标准设计图集；
③ 绘图工具（如尺子，铅笔）、A2 图纸、计算器等。
（6）实训步骤及大纲：
① 熟悉梁平法施工图图纸。
② 讨论。
③ 查阅国家建筑标准设计图集 11G101-1。

④ 绘制梁纵剖面钢筋图，按照国家建筑标准设计图集 11G101-1，79 页的"抗震楼层框架梁纵向钢筋构造"的梁纵剖面钢筋图形式标注尺寸。

⑤ 绘制梁截面图，按照国家建筑标准设计图集 11G101-1，25 页的图 4.2.1"平面注写方式示例"的梁截面图形式绘制。

⑥ 绘制梁钢筋抽筋图，按照国家建筑标准设计图集 11G101-1，79 页的"抗震楼层框架梁纵向钢筋构造"的梁纵剖面钢筋图上的抽筋图形式绘制出梁上部钢筋、下部钢筋、箍筋等类型钢筋。

(7) 实训要求。

① 手工绘制。
② 图纸干净整洁。
③ 按时完成。
④ 满足梁平法施工图图纸中实训说明的要求。

考核内容

会进行梁平法施工图钢筋翻样。

实训成果

(1) 梁纵剖面钢筋图。
(2) 梁截面图。
(3) 梁钢筋抽筋图。

考核评价

考核评价表如表 8-2 所示。

表 8-2 考核评价

考核评定方式	评定内容	分值/%	得分
教师出答案，学生按组交叉批改，最后教师评定	实训纪律	20	
	梁纵剖面钢筋图	30	
	绘制梁截面图	20	
	梁钢筋抽筋图	30	

第 9 章　识图综合实训

9.1　某养护站办公楼结构施工图（平法施工图）钢筋配料综合实训

实训项目

项目：钢筋配料综合实训。

实训任务

（1）翻画办公楼梁、板、柱、楼梯、基础的钢筋详图（钢筋翻样图）。
（2）计算办公楼梁、板、柱、楼梯、基础的钢筋长度。
（3）制作钢筋配料表。
（4）填写钢筋配料表。

实训目标

1. 知识目标

（1）熟悉平法制图规则。
（2）掌握构件的标准构造详图。
（3）熟悉混凝土结构设计规范。
（4）熟悉混凝土结构施工质量验收规范。

2. 能力目标

（1）能应用平法制图规则读懂结构施工图的钢筋平法施工图。
（2）能应用国家建筑标准设计图集 11G101-1 ～ 11G101-3 中的标准构造详图规范，翻画平法施工图成详图施工图。
（3）能根据标准构造详图规范，计算钢筋下料长度和进行钢筋配料并填写下料单。

3. 素质目标

培养施工员岗位的钢筋下料操作技能。

实训大纲及步骤

（1）实训地点：综合识图实训室。
（2）实训时间：上完第 5 章后；时长为课堂 12 课时，课后 20 课时。
（3）实训主体：一个班。
（4）组织形式：按宿舍进行分组，每组 8 人。
（5）设备、工具与材料。

① 某养护站办公楼结构施工图（平法施工图）图纸（见附录 A.1）。
② 国家建筑标准设计图集 11G101-1 ～ 11G101-3。
③ 绘图工具（如尺子、铅笔）、A2 图纸、计算器、计算机、CAD 或天正建筑软件等。
（6）实训步骤及大纲。
① 熟悉某养护站办公楼结构施工图图纸。
② 熟悉国家建筑标准设计图集 11G101-1 ～ 11G101-3。
③ 柱钢筋配料：
- 绘制柱纵剖面钢筋图（钢筋翻样图），按照国家建筑标准设计图集 11G101-1 的标准构造详图规范计算标注尺寸；
- 根据柱纵剖面钢筋图（钢筋翻样图）中钢筋的品种、规格列成柱钢筋配料表；
- 计算钢筋的加工尺寸和下料长度；
- 填写柱钢筋配料表。

④ 梁钢筋配料：
- 绘制梁纵剖面钢筋图（钢筋翻样图），按照国家建筑标准设计图集 11G101-1 的标准构造详图规范计算标注尺寸；
- 根据梁纵剖面钢筋图（钢筋翻样图）中钢筋的品种、规格列成梁钢筋配料表；
- 计算钢筋的加工尺寸和下料长度；
- 填写梁钢筋配料表。

⑤ 板钢筋配料：
- 绘制板水平剖面钢筋图（钢筋翻样图），按照国家建筑标准设计图集 11G101-1 的标准构造详图规范计算标注尺寸；
- 根据板水平剖面钢筋图（钢筋翻样图）中钢筋的品种、规格列成板钢筋配料表；
- 计算钢筋的加工尺寸和下料长度；
- 填写板钢筋配料表。

⑥ 楼梯钢筋配料：
- 绘制楼梯剖面钢筋图（钢筋翻样图），按照国家建筑标准设计图集 11G101-2 的标准构造详图规范计算标注尺寸；
- 根据楼梯剖面钢筋图（钢筋翻样图）中钢筋的品种、规格列成板钢筋配料表；
- 计算钢筋的加工尺寸和下料长度；
- 填写楼梯钢筋配料表。

⑦ 独立基础钢筋配料：
- 绘制独立基础水平剖面图和截面钢筋图（钢筋翻样图），按照国家建筑标准设计图集 11G101-3 的标准构造详图规范计算标注尺寸；
- 根据独立基础水平剖面图和截面钢筋图（钢筋翻样图）中钢筋的品种、规格列成板钢筋配料表；
- 计算钢筋的加工尺寸和下料长度；
- 填写楼独立基础钢筋配料表。

（7）实训要求。
① 手工或计算机绘制。

② 图纸干净整洁。
③ 按时完成。
④ 满足国家建筑标准设计图集 11G101-1～11G101-3 的构造要求。

考核内容

根据某养护站办公楼结构施工图（平法施工图），手工或计算机翻绘一套完整的结构施工图（钢筋翻样图）；完成整套施工图的手工计算的钢筋计算书；编制该套施工图的钢筋配料表。

实训成果

（1）某养护站办公楼结构施工图（钢筋翻样图）。
（2）某养护站办公楼（包括梁、板、柱、楼梯、基础）钢筋计算书。
（3）某养护站办公楼（包括梁、板、柱、楼梯、基础）钢筋配料表。

考核评价

考核评价表如表 9-1 所示。

表 9-1 考 核 评 价

考核评定方式	评定内容	分值/%	得分
教师出答案，学生按组交叉批改，最后教师评定	实训纪律	10	
	钢筋翻样图	30	
	钢筋计算书	30	
	钢筋配料表	30	

9.2 某养护站办公楼建筑施工图工程量计算综合实训

实训项目

项目：某养护站办公楼建筑施工图工程量计算综合实训。

实训任务

（1）计算办公楼墙体工程量。
（2）计算办公楼门窗工程量。
（3）计算办公楼楼地面装修工程量。
（4）计算办公楼墙、柱面装修工程量。
（5）计算办公楼天面装修工程量。

实训目标

1. 知识目标

(1) 熟悉建筑施工图。

(2) 掌握建筑施工图的图例、符号。

(3) 熟悉建筑制图标准、建筑设计规范等。

2. 能力目标

(1) 能计算建筑工程工程量。

(2) 能计算装饰装修工程工程量。

3. 素质目标

培养预算员岗位的工程量计算操作技能。

实训大纲及步骤

(1) 实训地点：综合识图实训室。

(2) 实训时间：上完第 5 章后；时长为课堂 12 课时，课后 20 课时。

(3) 实训主体：一个班。

(4) 组织形式：按宿舍进行分组，每组 8 人。

(5) 设备、工具与材料：

① 某养护站办公楼建筑施工图图纸（见附件 A.1）。

② 国家标准、图集，主要包括以下内容：

GB/T 50103—2010《总图制图标准》；

GB/T 50104—2010《建筑制图标准》；

GB/T 50001—2010《房屋建筑制图统一标准》；

中南地区建筑标准设计建筑图集；

中南地区工程建设标准设计建筑图集。

③ 计算工具（如尺子、铅笔）、A4 计算纸、计算器、计算机、CAD 或天正建筑软件等。

(6) 实训步骤及大纲。

① 熟悉某养护站办公楼建筑施工图图纸。

② 熟悉国家标准、图集。

③ 工程量计算：

计算办公楼墙体工程量；

计算办公楼门窗工程量；

计算办公楼楼地面装修工程量；

计算办公楼墙、柱面装修工程量；

计算办公楼天面装修工程量。

④ 编制汇总工程量的计算书。

(7) 实训要求。

① 手工或计算机计算。

② 计算书列项清楚明白。

③ 按时完成。
④ 计算规则可以只遵循数学几何计算规则，无须遵循建筑装饰装修工程消耗量定额规则。

考核内容

（1）办公楼墙体工程量计算书。
（2）办公楼门窗工程量计算书。
（3）办公楼楼地面装修工程量计算书。
（4）办公楼墙、柱面装修工程量计算书。
（5）办公楼天面装修工程量计算书。

实训成果

（1）办公楼墙体工程量计算书。
（2）办公楼门窗工程量计算书。
（3）办公楼楼地面装修工程量计算书。
（4）办公楼墙、柱面装修工程量计算书。
（5）办公楼天面装修工程量计算书。
（6）汇总工程量的计算书。

考核评价

考核评价表如表 9-2 所示。

表 9-2 考 核 评 价

考核评定方式	评定内容	分值/%	得分
教师出答案，学生按组交叉批改，最后教师评定	实训纪律	10	
	墙体工程量计算书	20	
	门窗工程量计算书	10	
	楼地面装修工程量计算书	20	
	墙、柱面装修工程量计算书	20	
	天面装修工程量计算书	10	
	汇总工程量的计算书	10	

9.3 某养护站办公楼水电施工图工程量计算综合实训

实训项目

项目：某养护站办公楼水电施工图工程量计算综合实训。

实训任务

（1）计算办公楼给排水管道工程量。

（2）计算办公楼给排水设备工程量。
（3）计算办公楼电气管线工程量。
（4）计算办公楼电气设备工程量。

实训目标

1. 知识目标

（1）熟悉水电施工图。
（2）掌握水电施工图的图例、符号。
（3）熟悉水电制图标准、水电设计规范等。

2. 能力目标

（1）能计算给排水工程工程量。
（2）能计算电气工程工程量。

3. 素质目标

培养预算员岗位的工程量计算操作技能。

实训大纲及步骤

（1）实训地点：综合识图实训室。
（2）实训时间：上完第5章后；时长为课堂8课时，课后12课时。
（3）实训主体：一个班。
（4）组织形式：按宿舍进行分组，每组8人。
（5）设备、工具与材料。
① 某养护站办公楼水电施工图图纸（见附件A.1）。
② 国家标准、图集，主要包括以下内容：
GB/T 50106—2010《建筑给水排水制图标准》；
GB/T 50786—2012《建筑电气制图标准》；
建筑电气制图标准。
③ 计算工具（如尺子、铅笔）、A4计算纸、计算器、计算机、CAD或天正建筑软件等。
（6）实训步骤及大纲。
① 熟悉某养护站办公楼水电施工图图纸。
② 熟悉国家标准、图集。
③ 工程量计算：
计算办公楼给排水管道工程量；
计算办公楼给排水设备工程量；
计算办公楼电气管线工程量；
计算办公楼电气设备工程量。
④ 编制汇总工程量的计算书。
（7）实训要求。
① 手工或计算机计算。
② 计算书列项清楚明白。

③ 按时完成。
④ 计算规则可以只遵循数学几何计算规则，无须遵循安装工程消耗量定额规则。

考核内容

（1）办公楼给排水管道工程量计算书。
（2）办公楼给排水设备工程量计算书。
（3）办公楼电气管线工程量计算书。
（4）办公楼电气设备工程量计算书。

实训成果

（1）办公楼给排水管道工程量计算书。
（2）办公楼给排水设备工程量计算书。
（3）办公楼电气管线工程量计算书。
（4）办公楼电气设备工程量计算书。
（5）汇总工程量的计算书。

考核评价

考核评价表如表 9-3 所示。

表 9-3 考 核 评 价

考核评定方式	评定内容	分值/%	得分
教师出答案，学生按组交叉批改，最后教师评定	实训纪律	10	
	给排水管道工程量计算书	20	
	排水设备工程量计算书	20	
	电气管线工程量计算书	20	
	电气设备工程量计算书	20	
	汇总工程量的计算书	10	

附录 A 识图实例

A.1 某养护站办公楼施工图

图纸目录

序号	图号	图纸名称	规格	备注
1	结施-1	结构设计总说明1	A3	
2	结施-2	结构设计总说明2	A3	
3	结施-3	基础平面布置图 基础施工说明 J-1 J-2	A3	
4	结施-4	二~五层板平法施工图	A3	
5	结施-5	天面层板平法施工图 XGZ1	A3	
6	结施-6	二~五层梁平法施工图	A3	
7	结施-7	天面层梁平法施工图	A3	
8	结施-8	-1.200~7.970柱平法施工图 盖板层梁柱平面布置图	A3	
9	结施-9	楼梯结构全图	A3	

广西XXX建筑设计院

设计资质等级：X级
证书编号：XXXXXX

建设单位	XXXXX公司	设计号	2012-
工程名称	某幼儿院	专业	结构
项目名称	办公楼	日期	2012年1月

设计	
校对	
审核	

图纸目录

序号	图号	图纸名称	规格	备注
1	建施-1	建筑设计总说明	A3	
2	建施-2	首层平面图 门窗表 女儿墙大样	A3	
3	建施-3	二、三、四层平面图 栏杆大样 栏水线大样	A3	
4	建施-4	五层平面图	A3	
5	建施-5	天面层平面图 1-1楼梯剖面图	A3	
6	建施-6	左侧立面 正立面 楼梯底板平面图	A3	
7	建施-7	背立面	A3	

广西XXX建筑设计院

设计资质等级：X级
证书编号：XXXXXX

建设单位	XXXXX公司	设计号	2012-
工程名称	某幼儿院	专业	建筑
项目名称	办公楼	日期	2012年1月

设计	
校对	
审核	

建筑设计总说明

1. 本工程系根据建设单位合同之方案进行设计。
2. 本工程共五层 建筑面积 569.62 平方米.（坡顶建筑面积计 1/2）
3. 本工程 ±0.000 标高为相对标高.
4. 墙体：（除图中注明外均如下注）
   (1) 所有层均为 M7.5 混浆砌 MU10 机制红砖，墙厚 240
   (2) 外墙平外侧砌筑，内墙对中砌筑。
   (3) 墙体防潮层位于 -0.060m 处，防潮层采用 20 厚 1:1 水泥防水砂浆（防水剂掺量 15%）
   (4) 基础及砖墙上穿墙管线的预留洞在管线安装完毕之后，用 C15 细石混凝土填实，砖墙上小于 100*100mm 孔洞不留洞。
   (5) 砖墙的门窗洞口及较大的预留洞，洞顶标高与圈梁底标高相同时以图案代替过梁。
5. 室外台阶做法参见 05ZJ001 第 19 页台—
   (1) 20mm 厚：2水泥砂浆抹面压光。
   (2) 素水泥浆结合层一道。
   (3) 60mm 厚 C15 混凝土台阶（不包括三角形部分）。
   (4) 300mm 厚三七灰土。
   (5) 素土夯实。
6. 楼地面
   (1) 地面做法参见 05ZJ001 地 20。
   (2) 楼面做法参见 05ZJ001 楼 10。
7. 内墙装修
   (1) 房间内墙详 05ZJ001 内墙 4，面刮双飞粉腻子。
   (2) 女儿墙内墙详 05ZJ001 内墙 4。
8. 顶棚装修：做法详 05ZJ001 顶 3，面刮双飞粉腻子。
9. 屋面：屋面做法详 05ZJ001 屋 43。
10. 楼梯栏杆选用中南标 05ZJ401 ㈠、扶手选用 ⑭/㉘。
11. 油漆工程：
    木门油漆朝外者油板栗色调合漆一底二面，朝内者油孔黄色调合漆一底二面。
12. 图中所注各装饰做法未作详细说明的均参见中南标 05ZJ001 中相应做法。
13. 电气工程管线采用主线暗敷，各户分线明敷，预留孔洞管道走向 土建及安装应密切配合施工。
14. 其它凡事宜应按照现行国家施工规范进行施工。

图集附图

图集编号	符号	名称	用材做法
05ZJ001 地20	地20 100mm 厚混凝土	陶瓷地砖地面	8~10mm 厚面砖（600x600）稀水泥浆擦缝，水泥浆洒缝 20mm 厚：4千硬水泥砂浆 100mm 厚C15混凝土 素土夯实
05ZJ001 楼10	楼10	陶瓷地砖楼面	8~10mm 厚面砖（600x600）稀水泥浆擦缝，水泥浆洒缝 20mm 厚：4千硬水泥砂浆 钢筋混凝土楼板
05ZJ001 内墙4	内墙4	混合砂浆墙面	15mm厚：1:1:6水泥石灰砂浆 5mm厚：0.5:3水泥石灰砂浆
05ZJ001 外墙23	外墙23	涂料外墙面	12mm厚：3水泥砂浆 8mm厚：2.5水泥石灰水建筑干性涂液刷底样一道 钢筋混凝土墙体
05ZJ001 顶3	顶3	混合砂浆顶棚	钢筋混凝土表面清扫干净 7mm厚：1:4水泥石灰砂浆打底 5mm厚：0.5:3水泥石灰砂浆 表面彩腻料找平
05ZJ001 屋43	屋43	合成分子涂膜防水屋面	40mm厚370x370水磨块，建筑5~8,1:1水泥砂浆铺砌 20mm厚：2:9水泥石灰砂浆找平 点焊一层350等石油青油毡 2厚乳胶防水涂料 刷底层处理剂一道 20mm厚：2.5水泥石灰砂浆找平层 钢筋混凝土屋面板找坡

工程名称	某养护站		
项目	办公楼		
图名	建筑设计总说明		
		设计号	2012- 建总
		图别	
		图号	1
		日期	2012.01.

某建筑设计院

设计证号	姓名	签名
工序 审定		
审核		
校对		
方案		
设计		
制图		
专业负责人		
项目负责人		

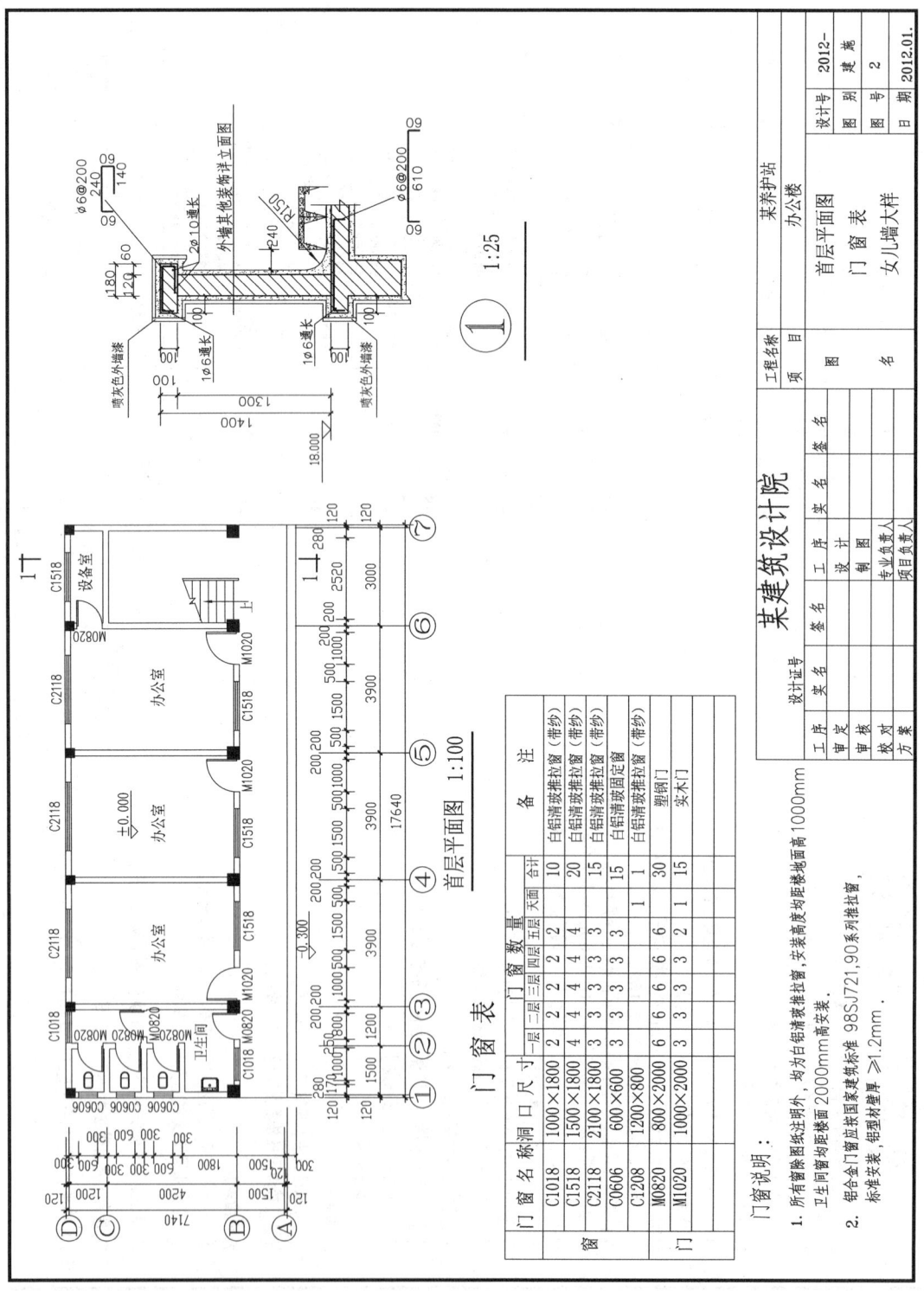

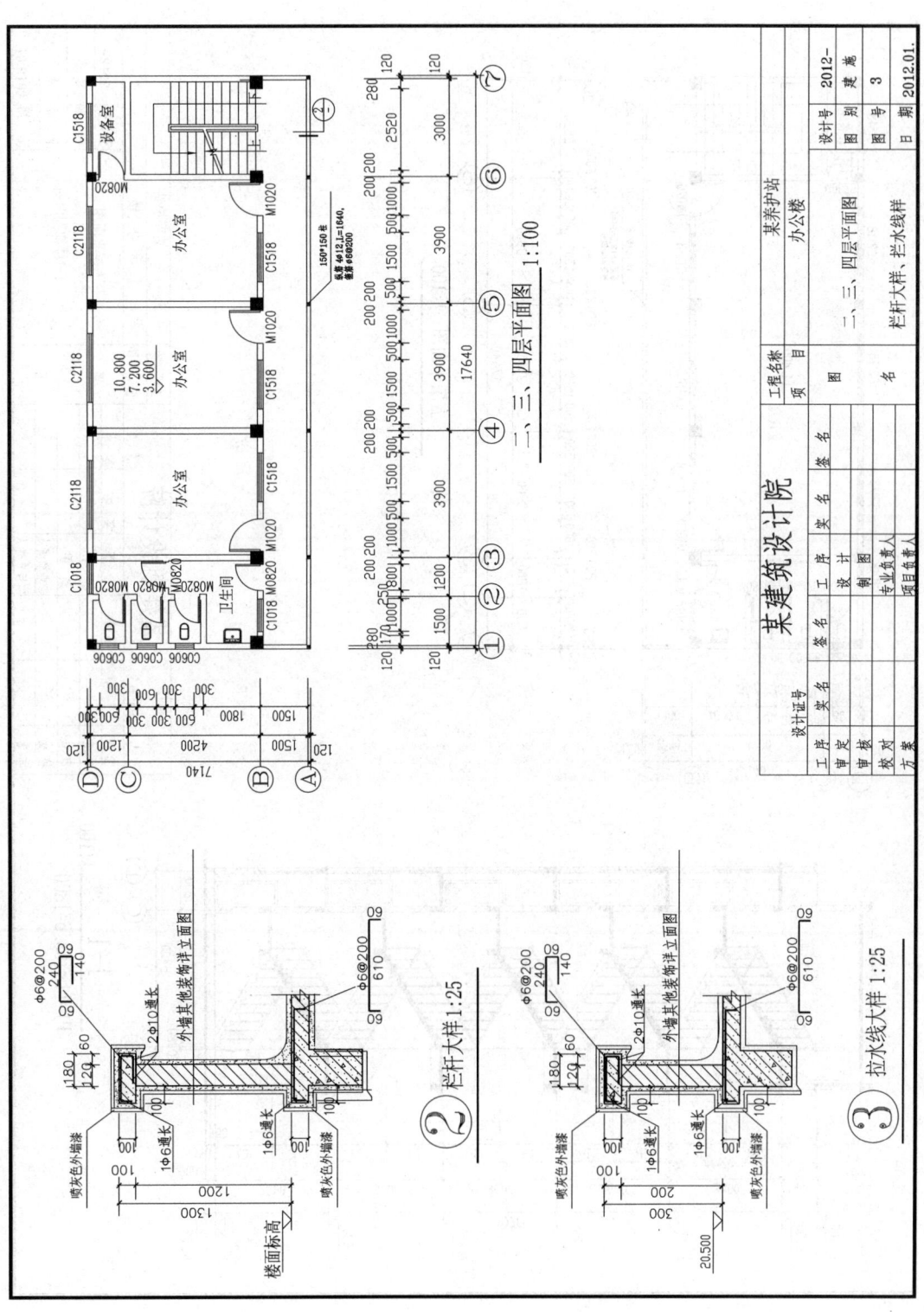

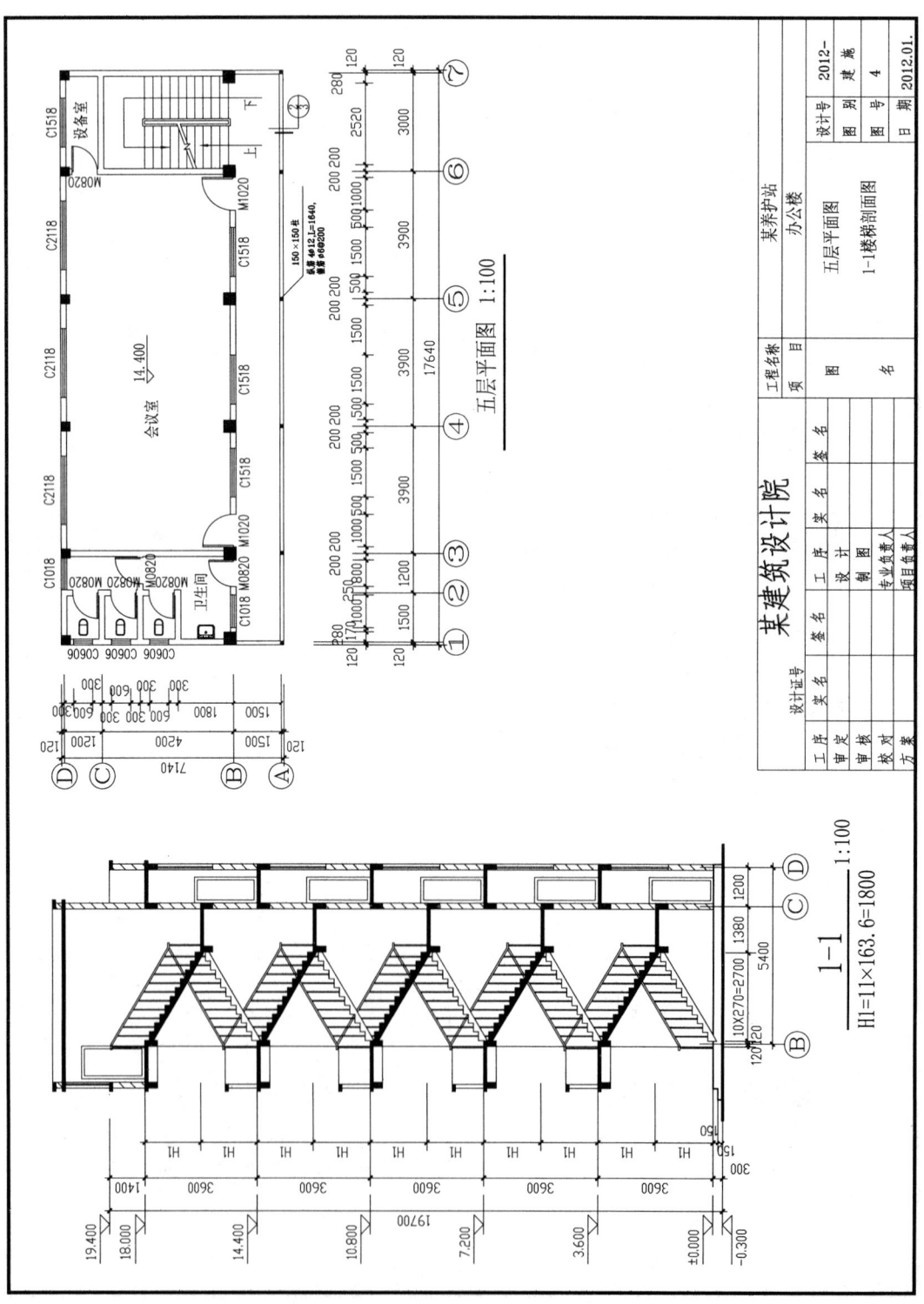

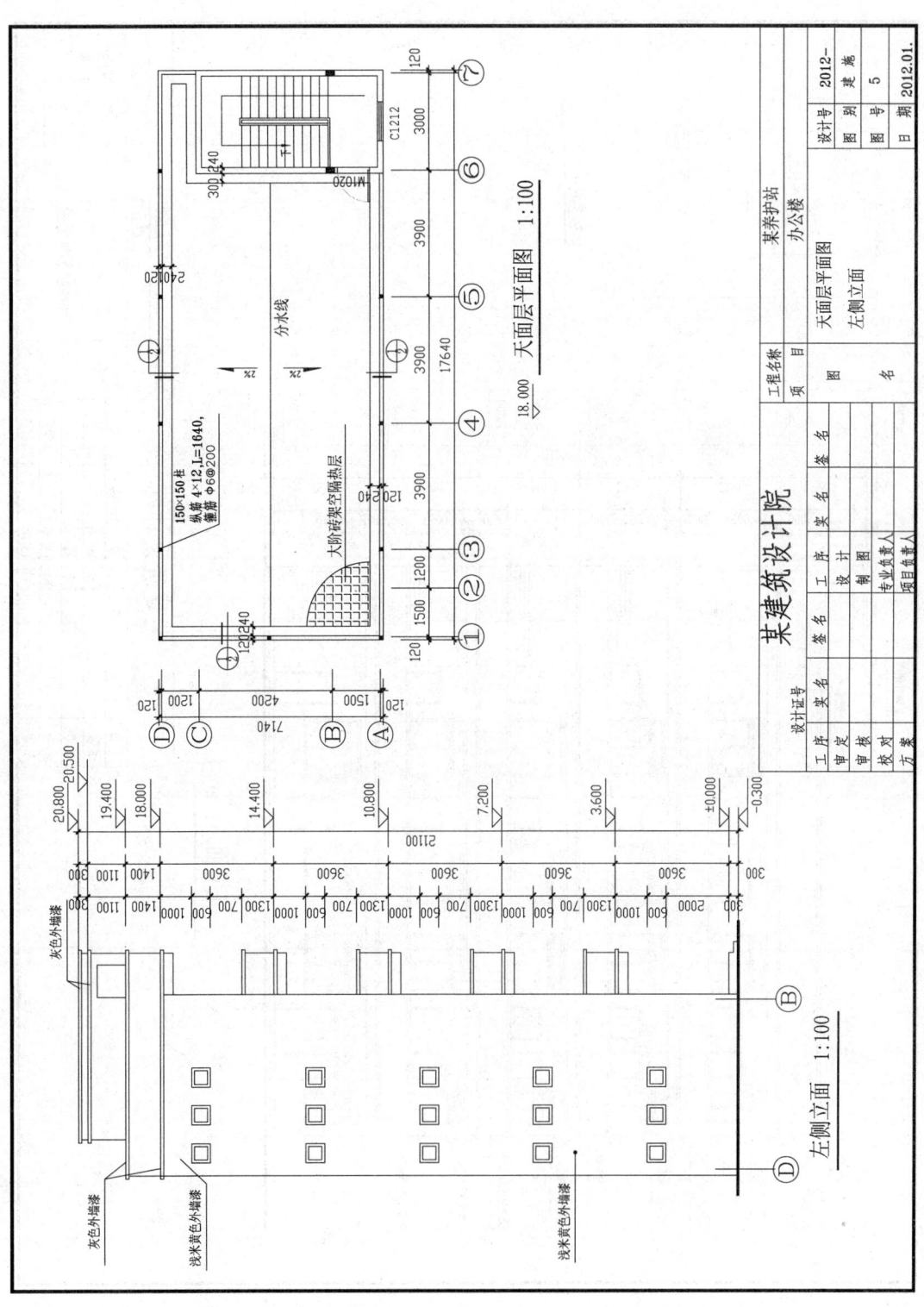

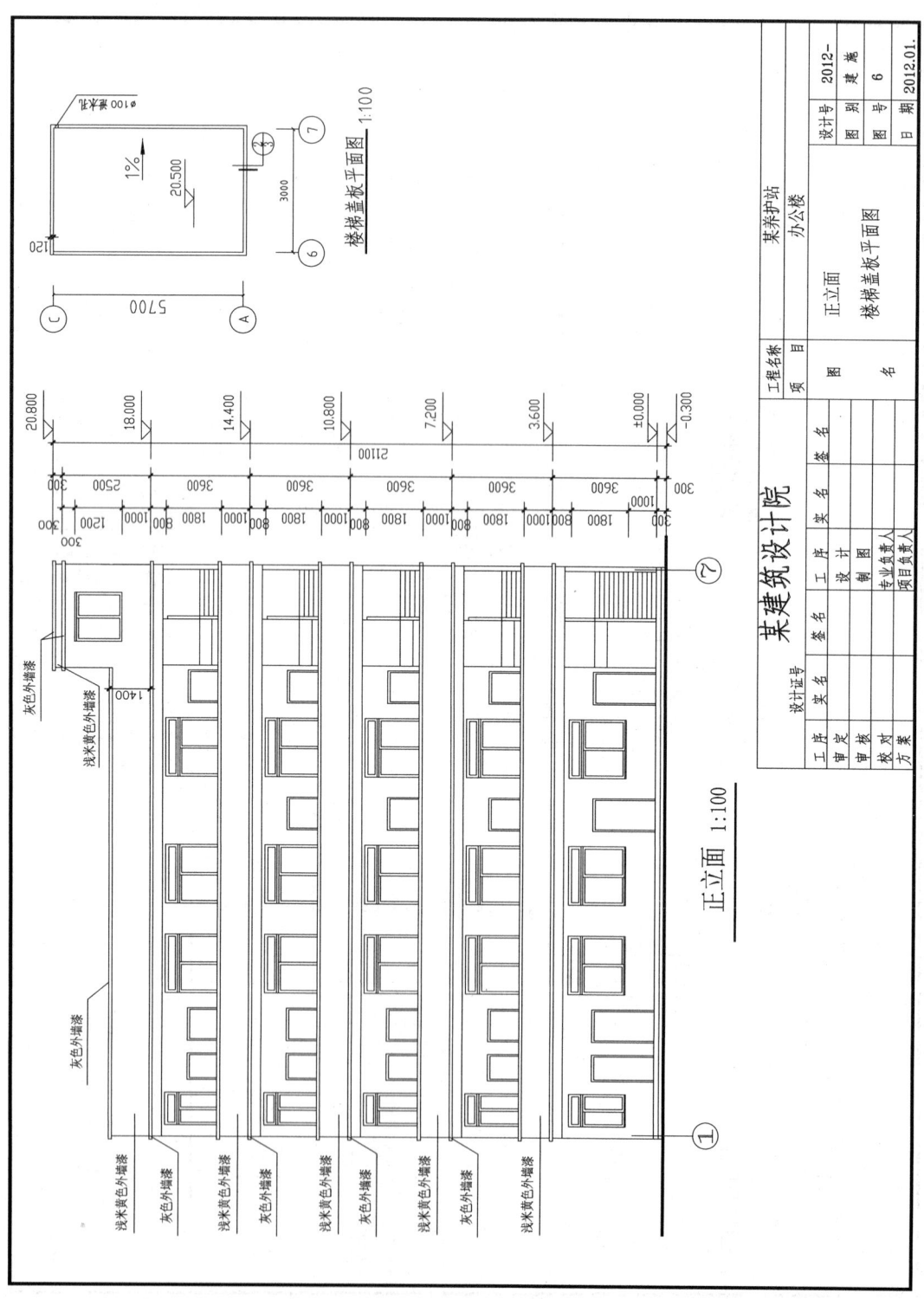

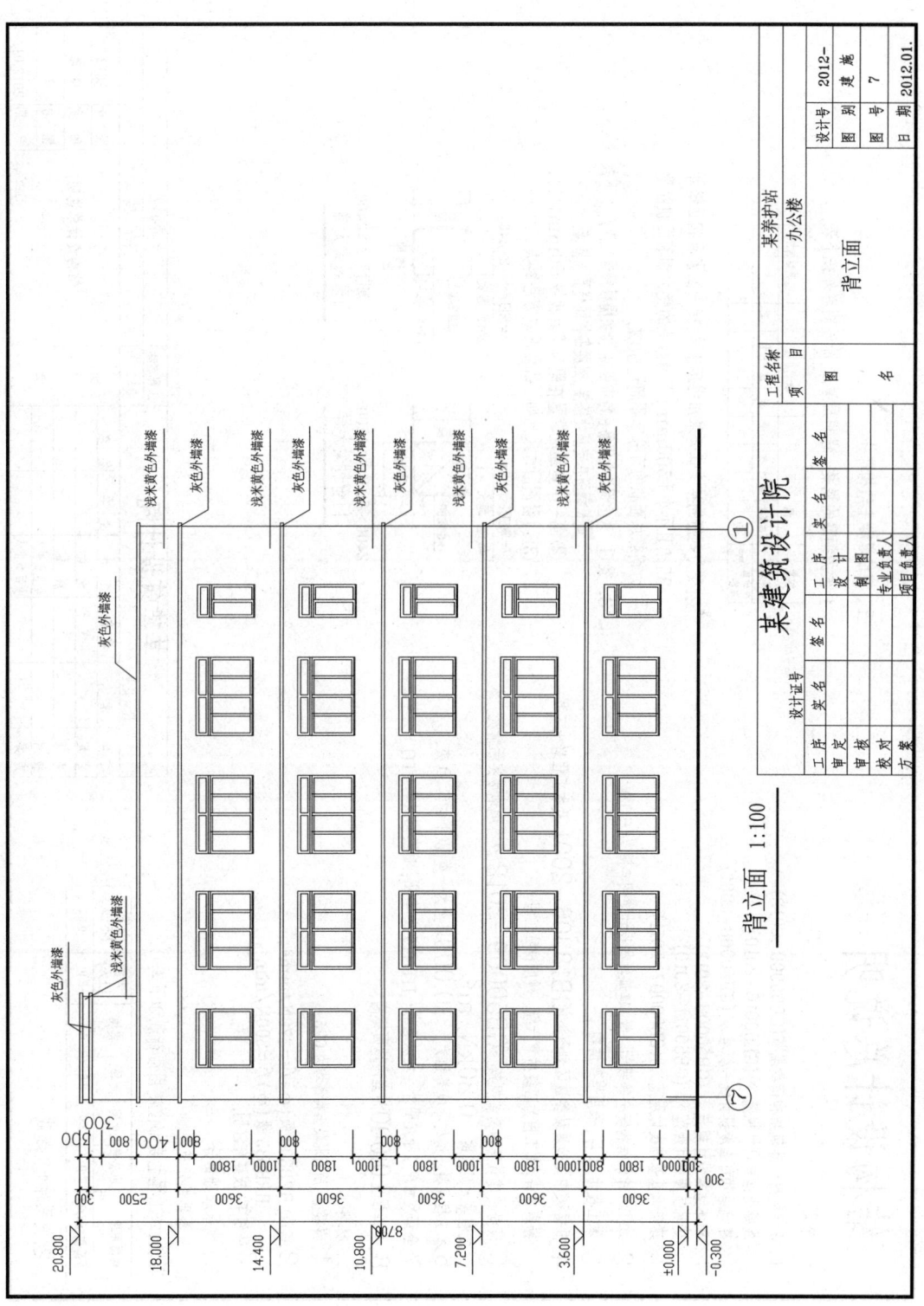

结构设计总说明

一、总则

1. 设计依据：建筑结构荷载规范(GB50009-2012)
   《混凝土结构设计规范》(GB50010-2010)
   《建筑结构可靠度设计统一标准》(GB50068-2001)
   《砌体结构设计规范》(GB50003-2011)
   《建筑抗震设计规范》(GB50011-2010)
   《建筑地基基础设计规范》(GB50007-2011)

2. 本工程建筑结构安全等级为二级，建筑结构设计使用年限为50年。

3. 本工程共五层，采用框架结构。

4. 根据《中国地震动参数区划图》GB18306-2001及本工程岩土工程勘察报告，本工程为四级抗震六级，烈度设防二类。

5. 根据《建筑结构荷载规范》GB50009-2012及当地地形实际情况，本工程基本风压取 0.30kN/m²。

6. 本工程混凝土结构环境类别为：±0.000以上为一类，以下为二a类。

7. 全部工程尺寸单位除注明外，均以毫米(mm)为单位，标高则以米(m)为单位。

8. 本工程±0.000为室内地面标高。

二、材料

1. 混凝土：所有混凝土构件均为C25。
2. 钢筋：HPB300级(φ) f_y=270N/mm²；
   HRB335级(Φ) f_y=300N/mm²。
3. 砖砌体：按建施注明。

三、地基基础部分

基础部分另详。

四、
1. 本工程主要部位使用活荷载如下表：

楼面用途	办公室 卫生间	走廊	楼梯	天面(上人)	天面(不上人)
活荷载/kN/m²	2.0	2.5	3.5	2.0	0.5

2. 使用时不得超载。

五、钢筋混凝土结构部分

1. 受力钢筋的混凝土保护层厚度，除注明者外按下表：

位置	地 下			地 上			其他构件
构件名称	基础梁	梁	柱	墙	梁	柱	
厚度/mm	40	25	30	20	25	25	

2. 受力钢筋的接头优先采用焊接接头，接头位置应相互错开35d，且不小于500mm；且有接头的受力钢筋截面积所占受力钢筋总面积的百分率不超过50%。

3. 梁①梁上部通长钢筋在跨中搭接，接头距梁根错开1.3l_{abE}，下部通长钢筋在支座处搭接，梁腰筋按同样要求搭接。
   ②第一个箍筋应设在距节点边缘50mm以内。
   ③门窗洞口过梁见如下断面图示方法解决。

$l=$洞口尺寸 $+2×240$
通长 4Φ12
φ6@200
2400>洞口尺寸>1200
墙厚 300
门窗过梁大样

$l=$洞口尺寸 $+2×240$
通长 2Φ12
2Φ16
φ6@200
洞口尺寸>2400
墙厚 300
门窗过梁大样

工程名称	某养护站办公楼		
项目			
图名	结构设计总说明1		
设计号	2012-	图别	结施
		图号	1
		日期	2012.01.

某建筑设计院

设计证号		工序	姓名	签名
		设计		
		制图		
		专业负责人		
		项目负责人		

工序	审定	审核	校对	方案

结构设计总说明

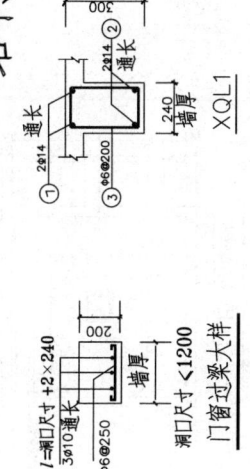

④ 梁上若有次梁相交时按④图所示方法设置附加箍筋和吊筋.

⑤ 所有梁箍筋均做成135°弯钩,弯钩直段长度均应等于10d且大于75。
⑥ 所有梁未标高者,梁面标高同该梁所在的楼板面结构标高。
⑦ 每层沿有墙处设置圈梁,圈梁顶标高与同层楼板面标高相同,圈梁(XQL)大样另详。

4. 板 ① 板底配筋、短向筋设置在底层,长向筋放置在短向筋之上。
   ② 板支座负筋的分布筋按结构平面图中注明时外,除图中注明时外,楼面用Φ6@200;楼面用Φ6@250。
   ③ 板负筋直钩长为板厚减20mm。
   ④ 其余详各层板配筋图。

5. 柱 ① 柱箍筋均做成135°弯钩,弯钩直段长度等于10d且大于75。
   ② 梁柱节点处柱肉箍筋均加密至@100。
   ③ 柱与墙交接处,沿墙高度每600高在柱内预埋2Φ6,拉结筋,柱内锚固250,伸入墙内600。

六、砌体结构部分

1. 本工程砌体分部工程施工质量控制等级为B级。
2. 梁支承处如未设圈梁或混凝土柱,其支承面下高度为600mm,长度为600mm处的孔洞用Cb20灌孔混凝土灌实。

七、其他

1. 各楼层的端跨端跨的端角处(包括砌固于承重墙或墙支承于框架梁上),在L/3短向板跨范围内,用不少于 Φ8@100 双向面筋。
2. 本工程屋面找坡为结构找坡,梁与板之间有凹楼处,用C25素混凝土填实。

八、施工要求

1. 施工单位在施工中应严格按设计图纸及施工及验收规范,规定及验收规定进行施工,保障梁、板、柱、墙钢筋就位准确无误,保证混凝土的强度,保证施工质量。
2. 施工单位在施工前务必熟悉图纸,应组织图纸会审,并提交施工组织设计。
3. 施工单位在施工中,遇到问题应及时通知设计人员,以便尽快给予解决。
4. 施工单位在施工中,应和建设单位、监理单位、质量监督站、设计单位密切配合,保证施工质量和进度。
5. 说明未详尽处应按照有关规范施工。

某建筑设计院			工程名称	某养护站	
设计号	姓名	签名	项目	办公楼	设计号	2012-
设计					图别	结施
制图			图		图号	2
审核			名	结构设计说明2	日期	2012.01.
审定						
校对	专业负责人					
方案	项目负责人					

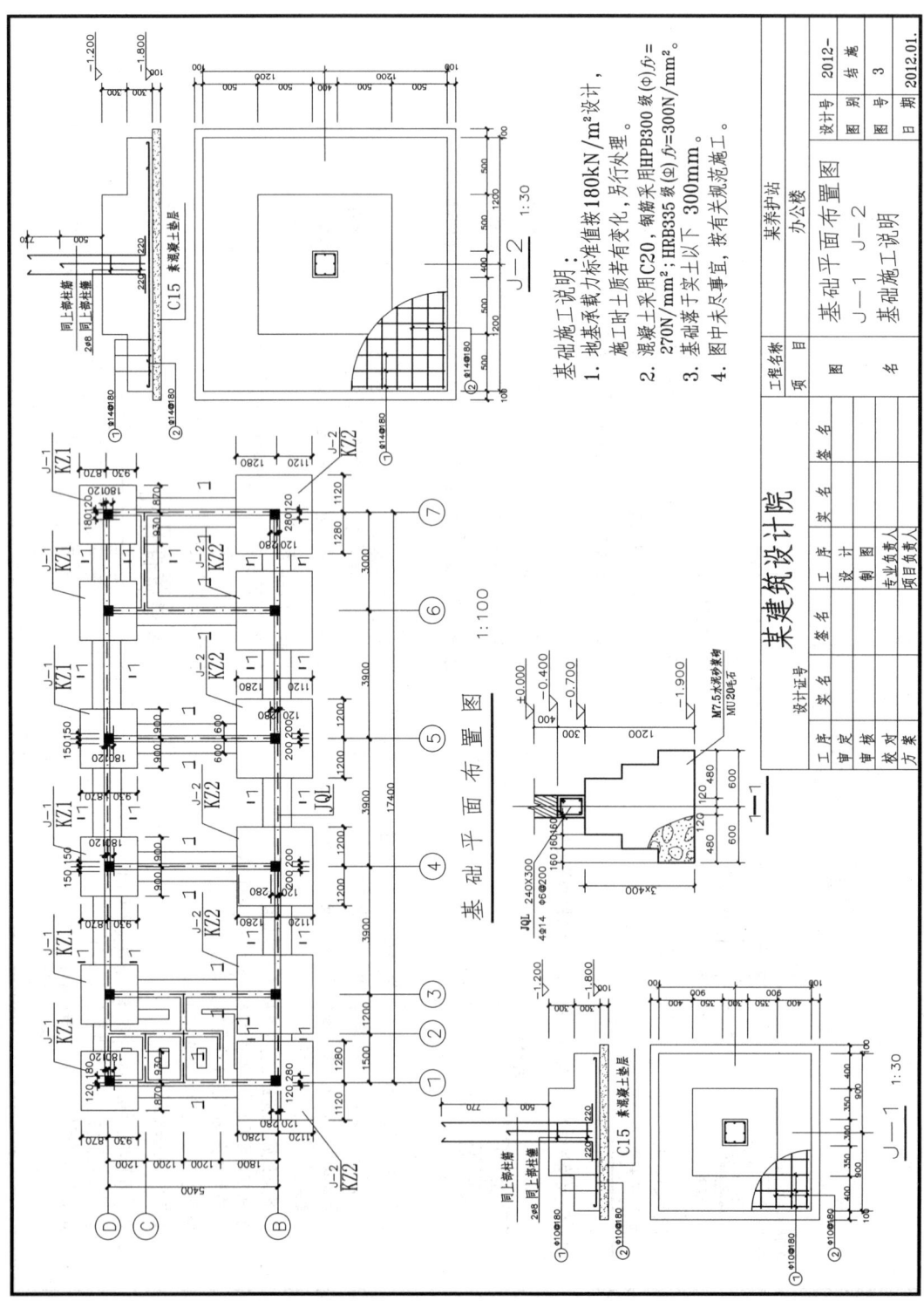

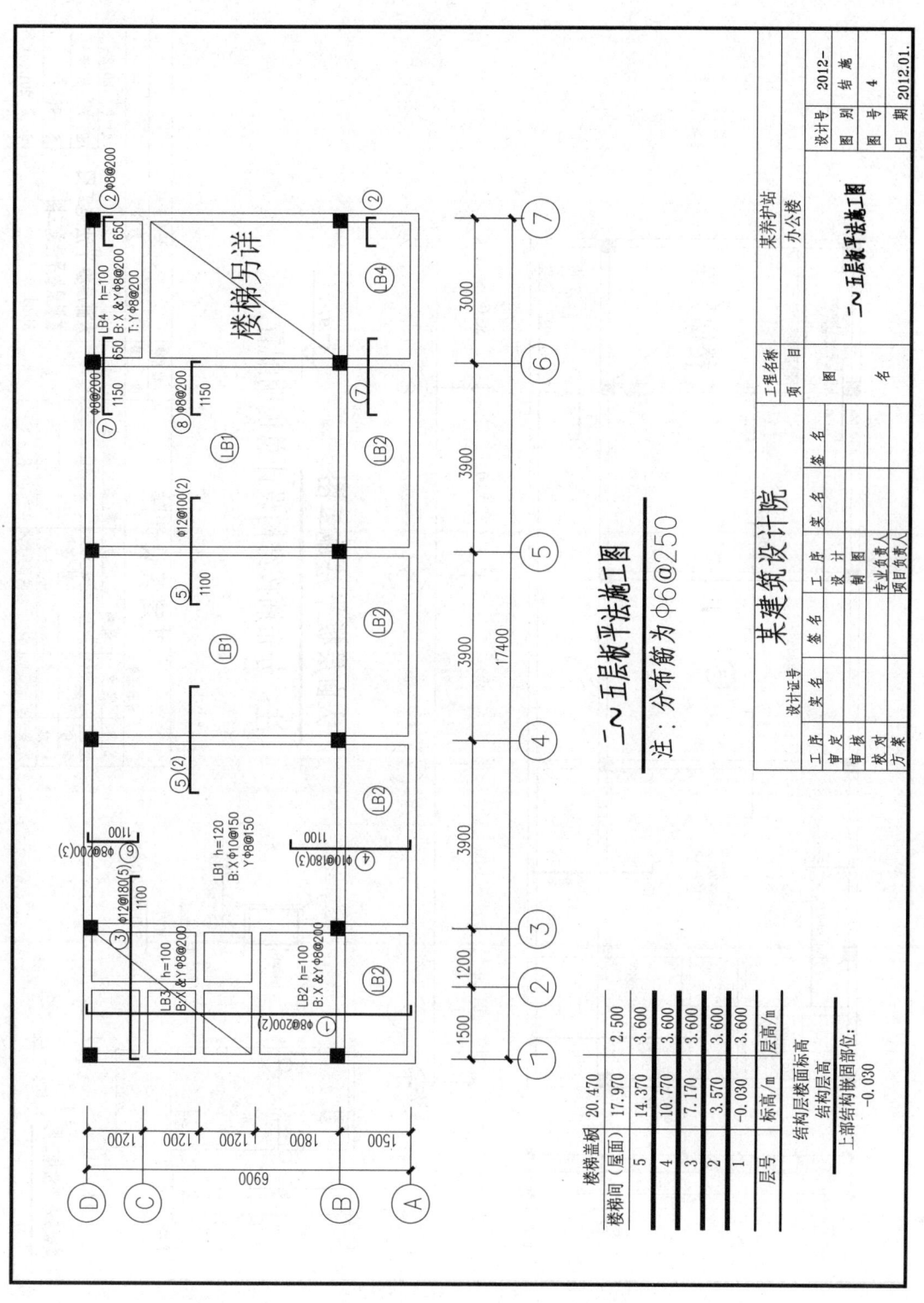

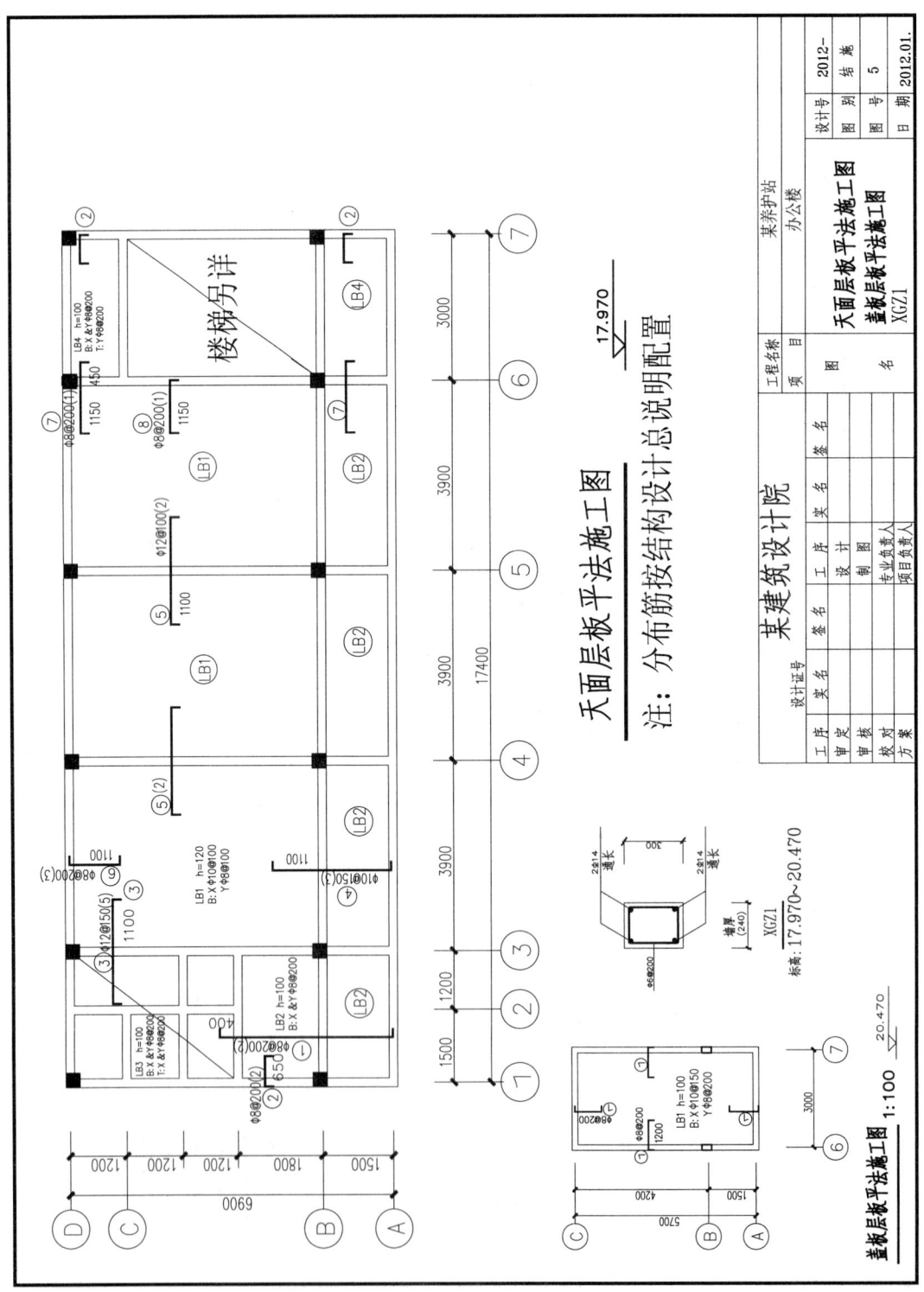

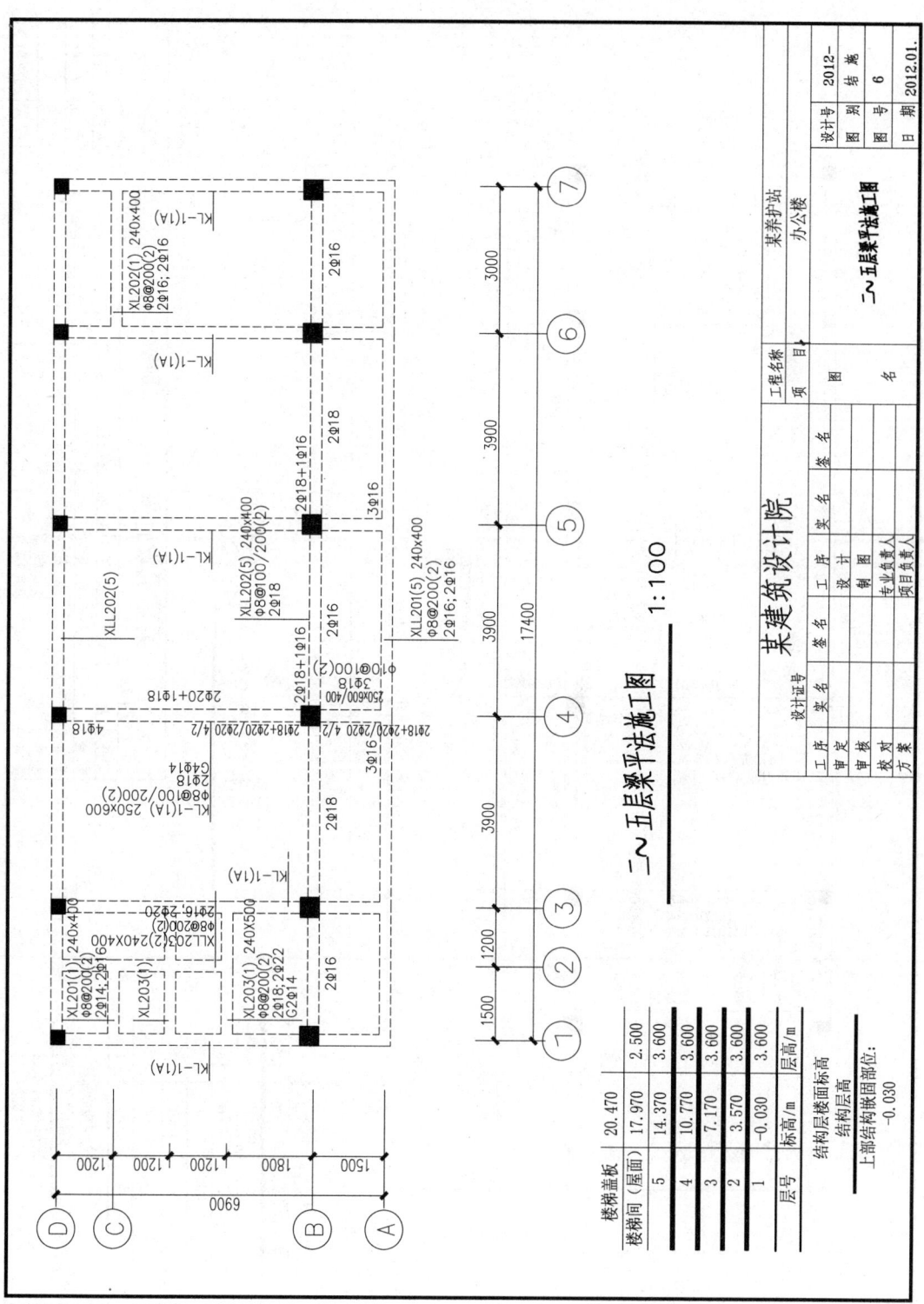

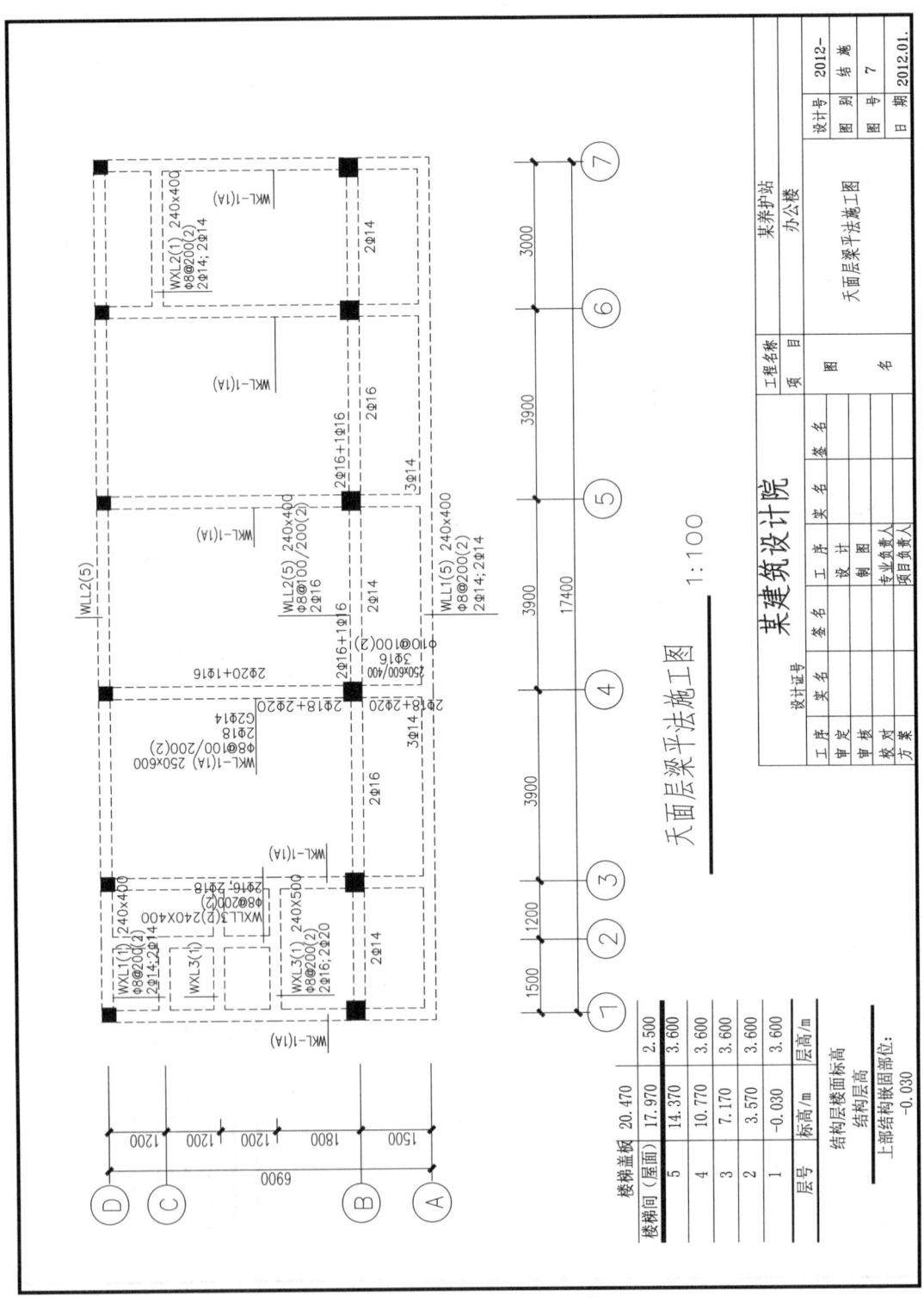

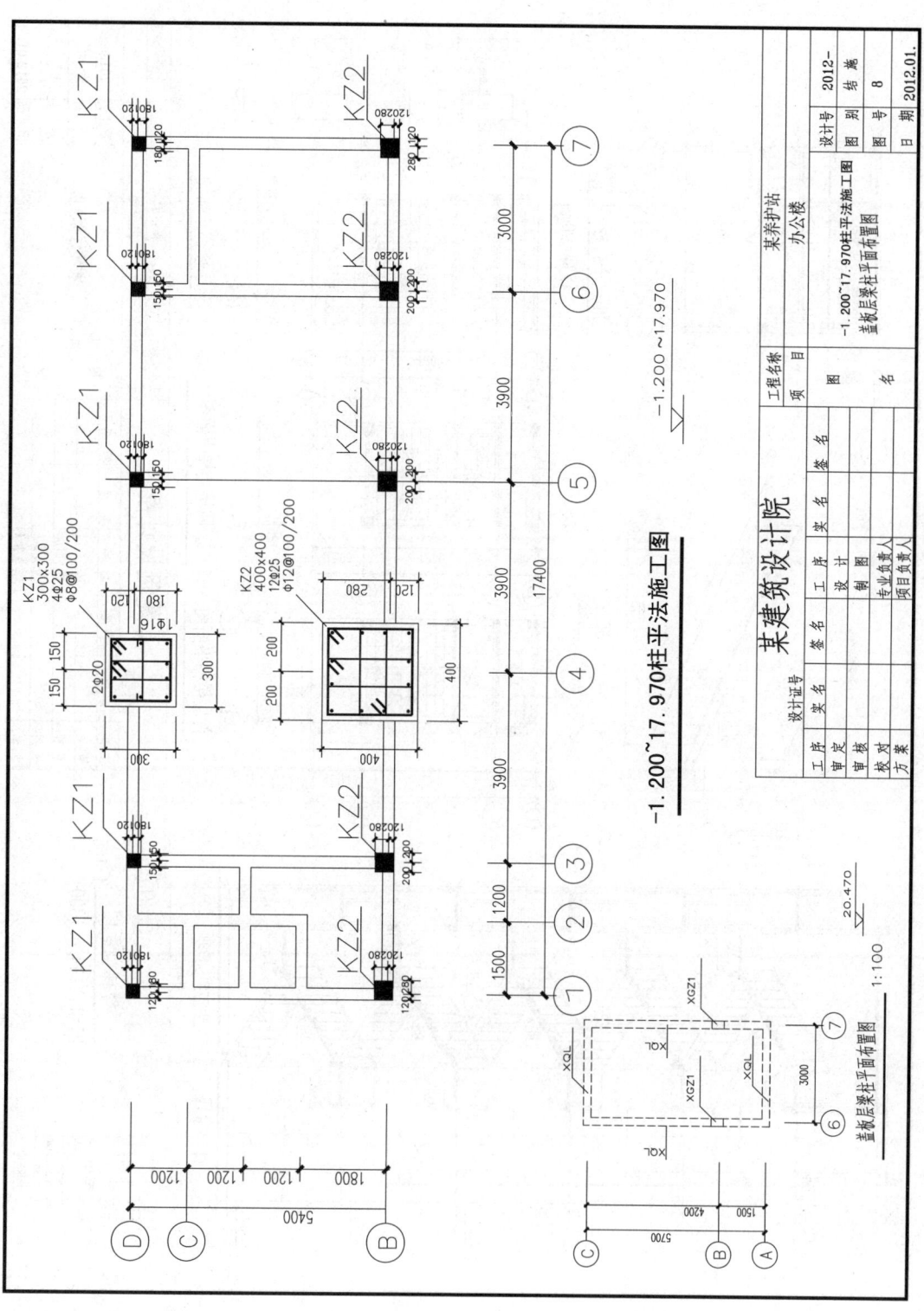

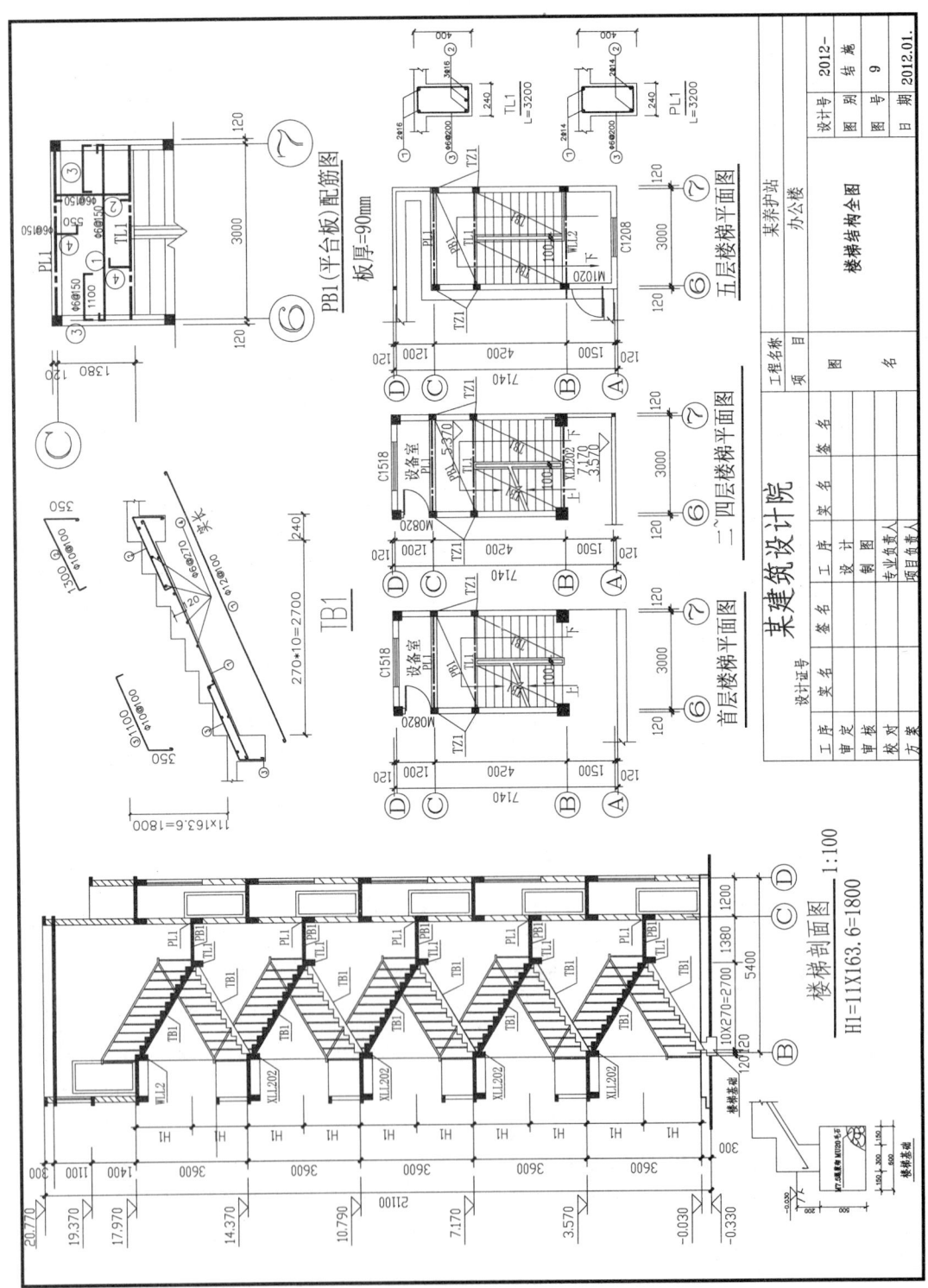

给水排水设计总说明

一、设计依据
1. 已批准的初步设计文件。
2. 建设单位提供的有关工程资料和设计任务书。
3. 建设单位相关专业提供的条件图的相关资料。
4. 国家现行有关规范规定、规程和规范。

二、设计概况
1. 本工程为五层的办公楼，建筑面积5098m²，建筑高度18.30m。
2. 本专业设计内容仅包括生活给水系统、排水系统。
3. 天大事业重点项目投产中按照配置末用户ABC级墙或若干数支末具具体配置数量及位置详见各层平面图示，每具末具末量一天末量基本地值。

三、生活给水系统
1. 用水量：本工程办公用水量标准采用50L/人·班，按72人计，小时变化系数Kh=1.2,最高日用水量约3.6m³/d,最高时用水量0.54m³/h。
2. 水源：从本城市给水管网引入一根DN40给水干管，供水压力按0.30～0.35MPa设计。

四、排水系统
1. 室内生活污水排水管采用：生活污水出室外后经化粪池处理达标后排入城市污水管网。
2. 屋面雨水采用外排水系统，按重现期2a设计，屋面雨雨重度按1.69L/s.100m²计算。
3. 屋面雨水及外墙体外排立管引入下后连接至室外雨水管井排水采用同际标准图集09S902J901。屋面女儿墙建200mm，口采用压顶。

五、室内消火栓系统
1. 用水量：室内消火栓用水量按15L/s计,火灾延续时间2h。
2. 系统设计：本系统在本建筑开设室内消火栓系统,由市政消火栓供给,市政水压不能满足,在其本层顶设可供模拟灭火。
3. 设备和管道支架：各类设备、管件阀门,管件货应在结合件在制造厂按相关的技术规定和设计进行制作、安装后方可进行安装使用。

六、管材:
1. 本工程生活给水管采用PP-R管,热熔连接;室内排水用PVC-U塑料排水管,粘接连接口；
2. 室内给水管及热水管支管立管引入DN15陶瓷管底座;
3. 雨落后室外采用PVC-U塑料管,粘接连接;
4. 阀门安装应采用法兰和连接或螺纹连接。

3.阀门：
(1) 止回阀选用本工程所有给水管网均为止回阀以本回阀网均均加DN15陶瓷阀和井阀栓送楼。

4.卫生器具：
(1) 地漏采用带封水闭地漏水封高度≥50mm,距漏入口距离比相连墙面标高5~10mm,支承面距以不大于0.5%坡度坡度引起具支承多图国标集04S301。
(2) 清扫口：支承多参图国标集04S301;
(3) 立管操作口支承高H+1.10m, H为楼面标高;
(4) 排立管支管接立管引支承多参图国标集04S301。
5. 卫生器具、所选注若自带或配套给水排水用具接管供给口水管。
    若非其立地面附以上可以以给水用具接管与卫生器具和室内老各管主、支承多参图国标集09S304.

6. 管道数量：
(1) 所有立管顶部水管皆变换采用排水管道并与外墙管道连接,并长其发器设立水平支管两接二通直接并水支立管在重直方向转弯时采用乙字管,排水立管设立之水平管相接时用两个45°弯头。

管道数量：
DN<100, i=0.01;DN=150, i=0.008;DN≥200, i=0.006
(2) 排水管支承坡度设立0.026数值。i=0.01,DN=150, 立管采用管底标集01SS202;
(3) 排水管出屋面通气管支承参参图国标集01SS301。

7. 吊、支架：
(1) 室内水管支架采用卡箍型吊、卡箍吊接，卡箍吊水平设置不大于3m,水管竖吊设置不大于同距。排水立管支承距不大于2m;立管每小于3m采用卡箍固定,做设参多图国标集04S402；
(2) 所有支管支承均按90度多考国标图集04S516。

8. 管道连接：
(1) 室外管道穿越基础孔洞预留孔洞,均按穿管穿设固定钢套管以进行安装。
(2) 所有预留孔洞、预留洞外均须采多浸沥青洗麻墙板密实后进行止漏塞缝。

9. 管道试压、消毒和净：
(1) 给水管道试压工作压力1.10倍以0.70MPa,压力不满足0.05MPa为合格。
(2) 消水管道试压且管道试验应按试验压力为主,在管件与各合规格,在管件无后行反后可做隐蔽。
(3) 所有民用给水管道安装后均应按规程进行冲洗消毒,其合格后方可使用。

10. 防腐及保护：
(1) 建筑物内管道防腐按本章节一处理,热源为普通。
(2) 塑料管材在运输过程中应保护好成品免受外力被击或压破。

七、注明尺寸及比例
1. 图样中所标尺寸,其余均按毫米计；
2. 图纸中所标高标水管管中心水标高,排水管指管内标高。
3. 比例平面图采用1:100。

八、图例
1. 本设计图纸依《建筑水给水制图标准》(GB/T50106-2010)规程执行标准,

水标线表示方式为下:
生活给水管 ————————
生活排水管 ————————
雨水管 — · — · —
2. 非金属类给水管直径与部标准外径名称对照如下：

给水管
公称径	DN15	DN20	DN25	DN40	DN50	DN70	DN80	DN100
管径	φ20	φ25	φ32	φ40	φ50	φ63	φ75	φ90	φ110

排水管
公称径	DN50	DN75	DN100	DN125	DN150	DN200	DN250	DN300
管径	φ50	φ75	φ110	φ160	φ200	φ250	φ315

九、给水塑料管第二单里,热水塑料管第三单里乙管道设计与施工最基础《CECS:4192》
执行；排水塑料管第二单里《建筑水塑料管施工及验收规程》（CJ/T29-2010）进行；

十、本工程按《建筑水及末塑料管工程质量验收规范》(GB50242-2002)进行施工和验收。

工程名称	某养护站
项目	办公楼
图 名	给水排水设计总说明
设计号	2012-
图别	水施
图号	01/5
日期	2012.01.

某建筑设计院

设计证号		实名	签名
工序审定			
审核			
校对			
方案			
工序设计			
制图			
专业负责人			
项目负责人			

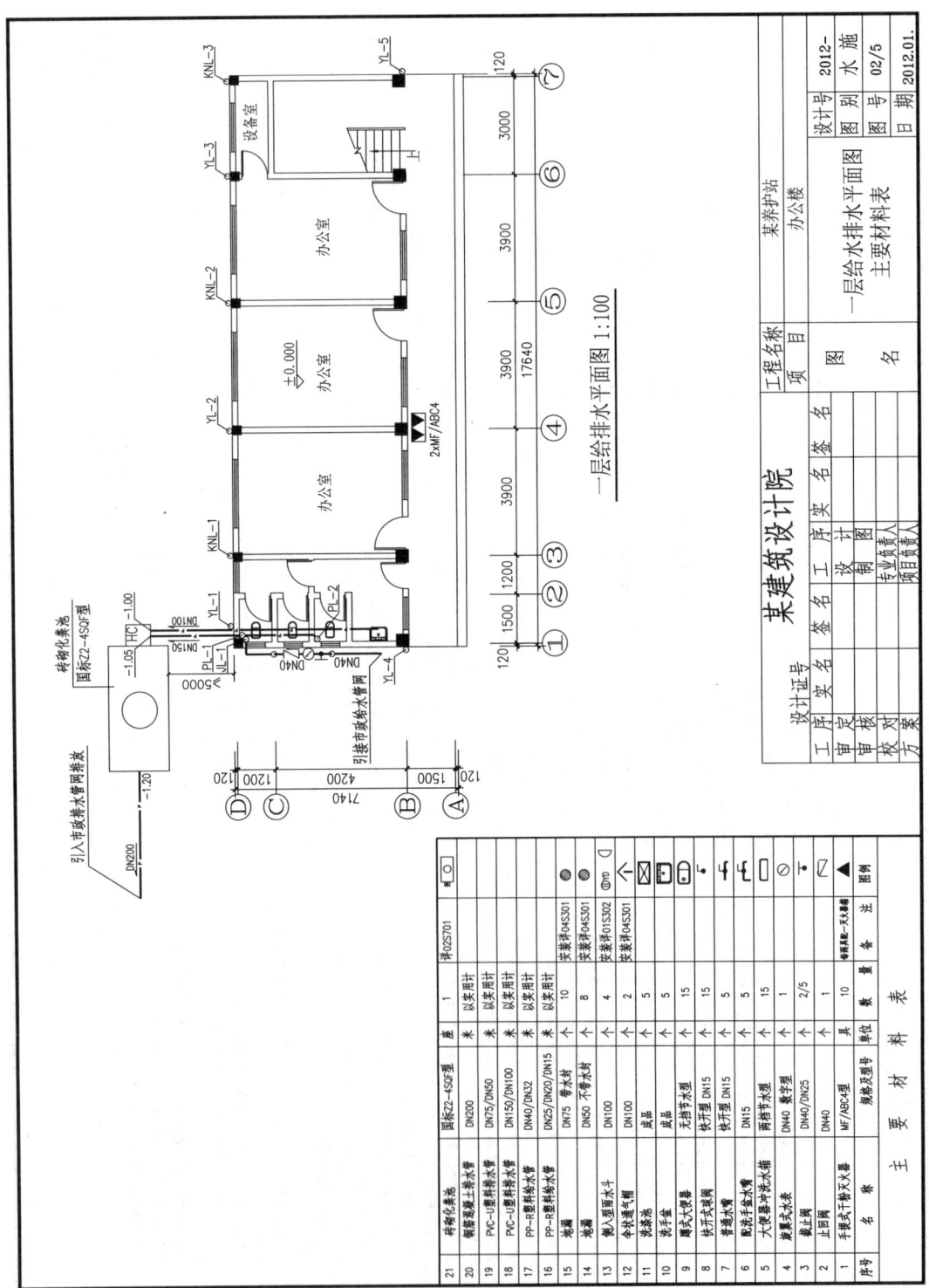

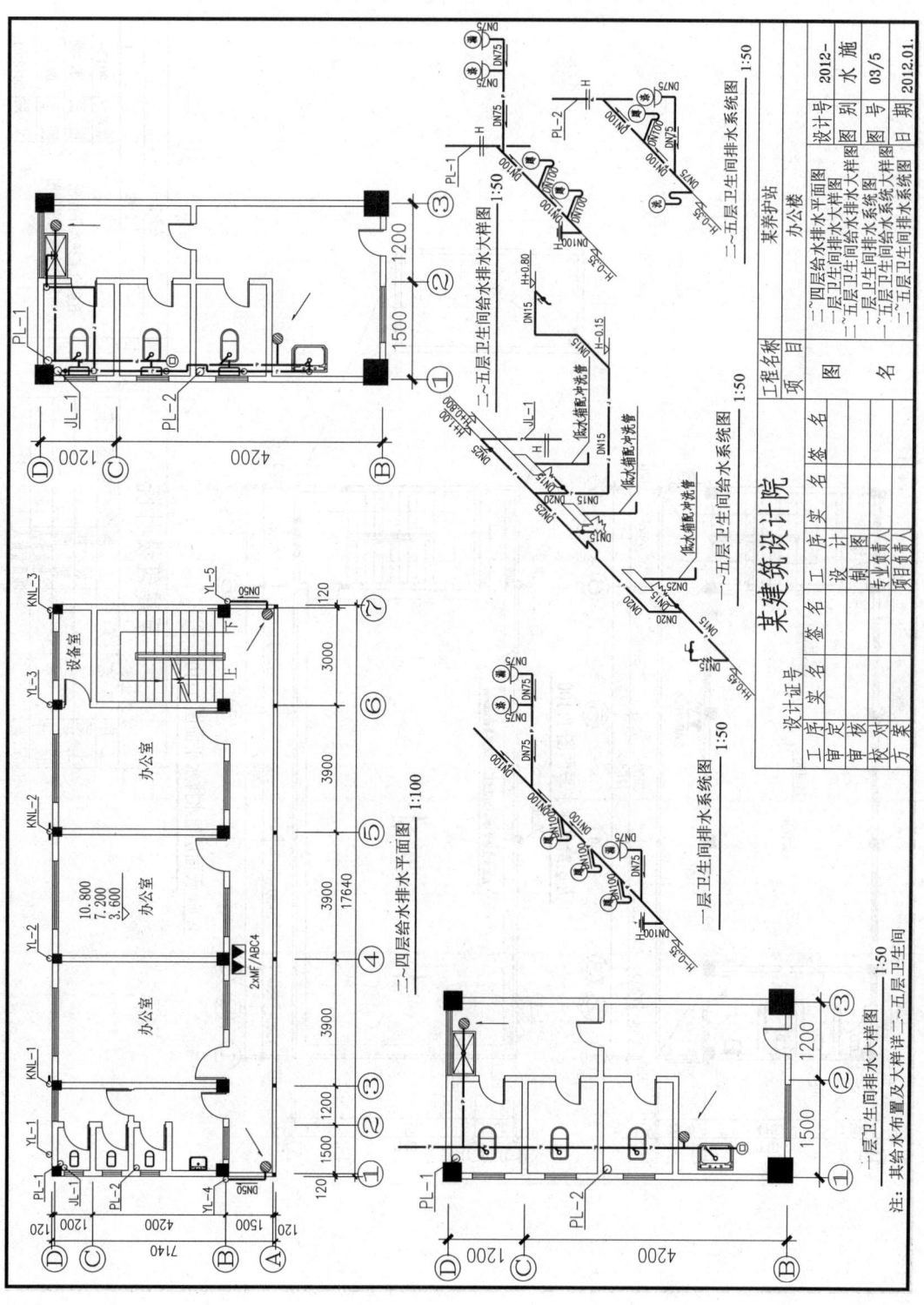

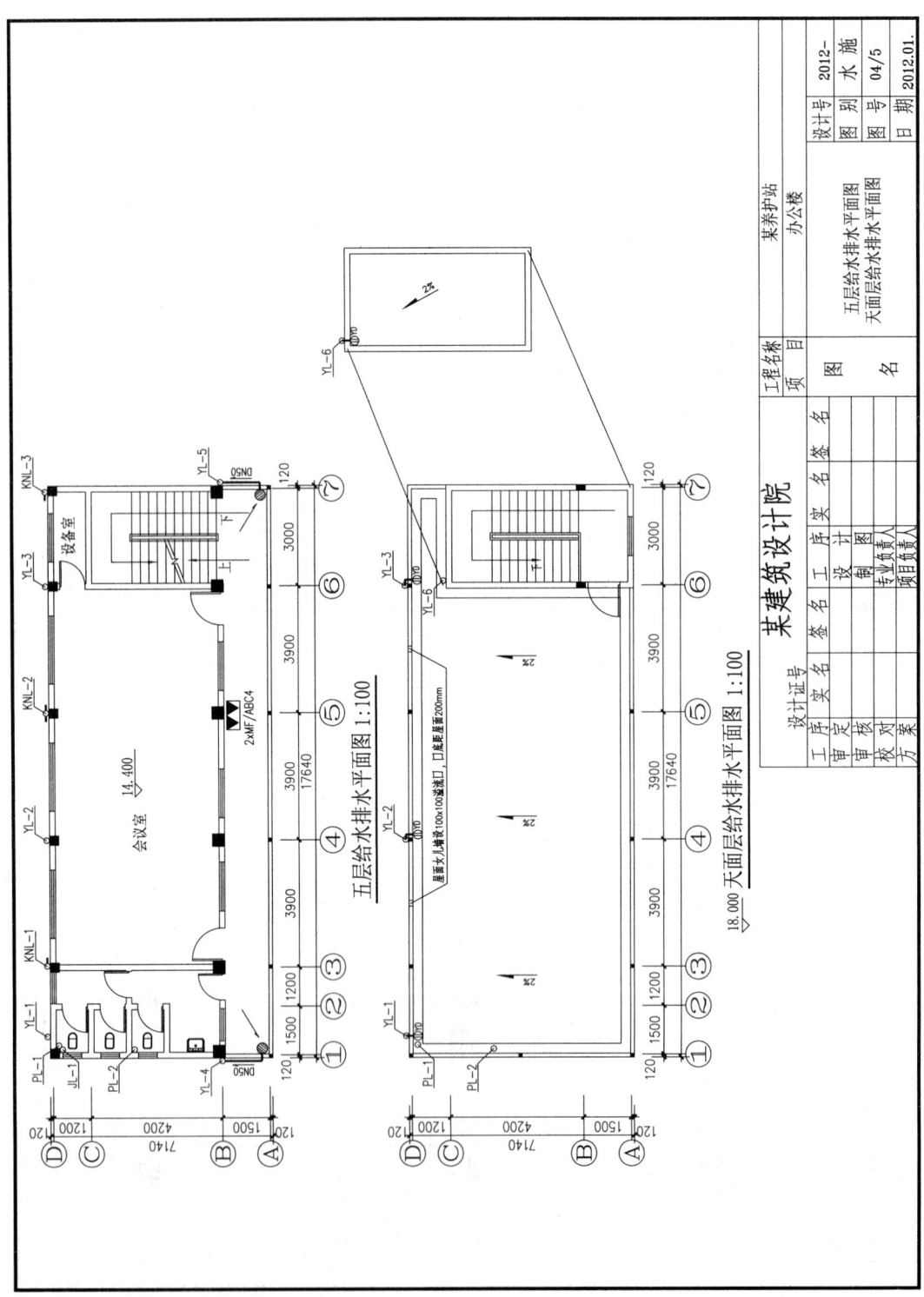

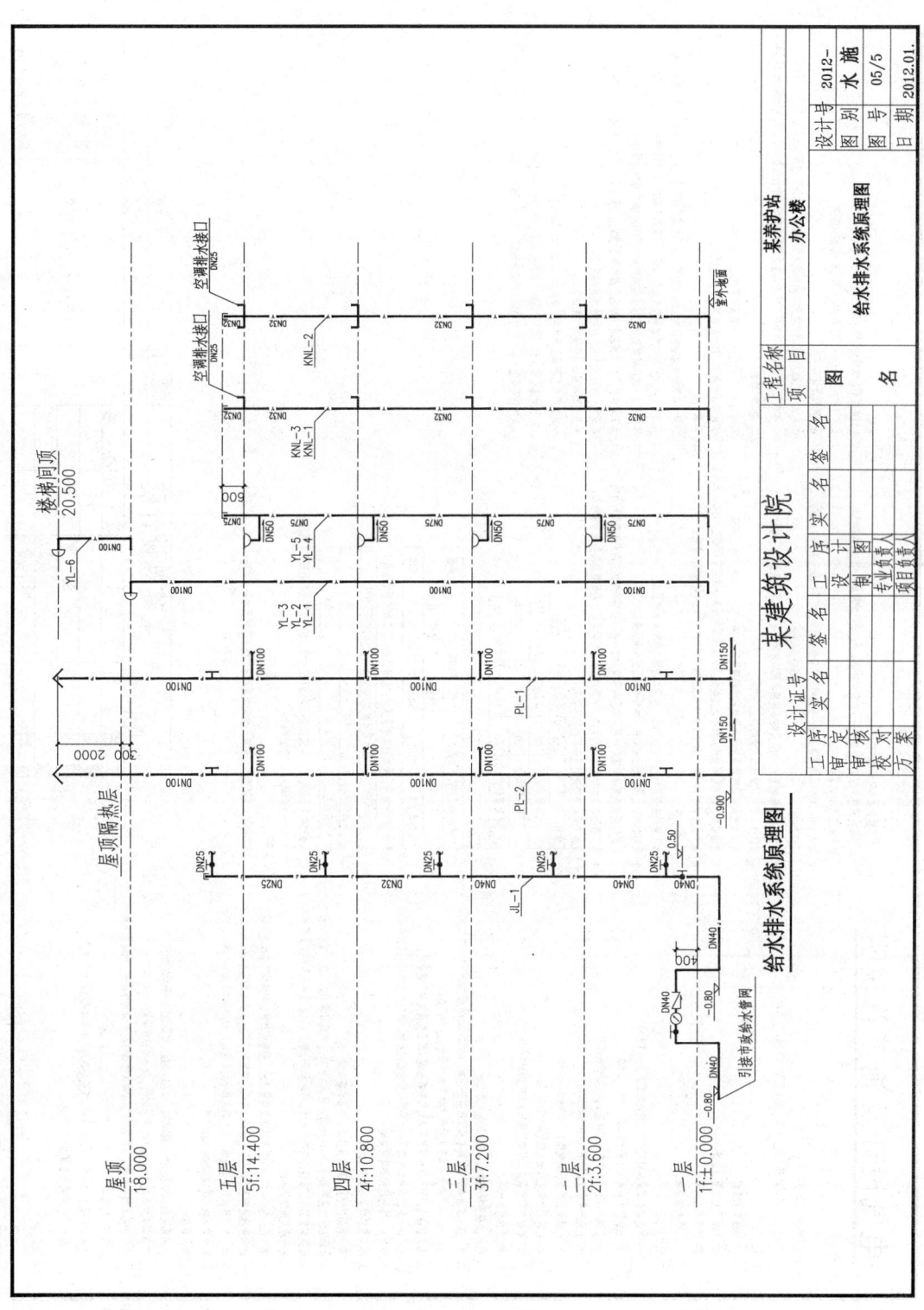

电气设计及施工总说明

一、工程概况及设计依据与设计标准

1. 工程概况：多层建筑，地上五层，建筑高度18.30m。
2. 设计范围：
   (1) 照明配电系统；
   (2) 照明及应急照明；
   (3) 防雷及接地系统；
   (4) 综合布线系统。
3. 设计依据：
   (1) 开发商及其地勘单夫专业提供的工艺和土建条件；
   (2) 《供配电系统设计规范》GB 50052-2009；
   (3) 《低压配电设计规范》GB 50054-2011；
   (4) 《通用用电设备配电设计规范》GB 50055-2011；
   (5) 《建筑物防雷设计规范》GB 50057-2010；
   (6) 《民用建筑电气设计规范》JGJ 16-2008；
   (7) 《综合布线工程设计规范》GB 50311-2007；
   (8) 其他现行规范。

二、电源及容量、供配电系统及配电系统

1. 本工程电源由本单位总配电室低压出线引入，电压等级YJV22-1KV电缆直埋入，电缆埋深≥0.7m。线缆由上一级配电室选定类型并在工程中选出当地接地部门。
2. 本工程应照明及配电系统标志明显均按现有色表示，其余备有色为三级负荷。本工程分开点由总配电表引至各照明、配电开关设计，可不经由本单位电力部门设计，审核后，方可进行安装安装。本工程总容量为56.60kW。

三、配电线路的敷设及配电系统方式

1. 电源线路电缆采用YJV22-1KV电缆，电缆直埋入，《电力电缆线敷设规范》、《建筑电气工程施工质量验收规范》、人入建筑物时应做屋套管引入，套管采用钢管。墙内配线均采用穿管敷设，采用阻燃材料导管，硬质阻燃管硬质导线敷设于楼板内，穿管处配管配线敷设来表见80301-2，未注明BV-750V 2.5mm²的导线，未注明配管规格见系统图，暗敷距顶不小于0.3m暗装。
2. 室外线路用BV-750V电缆暗敷至各开关箱，套管电源导管不小于2.5m暗装。用电设备为电气安装之间八芯电线均用BV-750V 4mm²的线路。

4. 电气安装
   (1)总配电箱AL，楼层开关箱GX0，KGX1~3楼底板均距地1.5m暗装；
   (2)墙面入开关型号1.3m暗装，除注明外，安全型插座距地0.3m暗装；
   (3)层面工程任用防灾装置应设置防雨设置接，不注明的均距地按0.5m暗装；
   (4)户内安装18m以下不装筒顶均为空壁装，单相空调插座底配空调底表高1.2m暗装；柜高壁式空调插座底表离0.5m暗装。

四、安全接地防雷设计

1. 本工程采用TN-S系统。
2. 配电干线PE线及有系统图，未注明之单个墙壁及接地进地电线采用BVR-750V 1.5m上暗装(1×2.5mm²)。
3. 防雷接地：配电系统PE线及均为PE线与地电接地相连。
4. 金属槽配线连接的两端均应作可靠的接地连接，接地线采用BVR-750V 6mm²作导连接。
5. 有浴盆的卫生间内应作局部等电位联结，具体要求及做法见国家标集02D501-2、装楼板图。
6. 本工程作等电位联结，楼层及要求详本集02D501-2及接地图及说明。

五、电气节能

1. 本工程选用T8直管荧光灯灯，日光灯选用T8电子镇流器。
2. 照明配电线路合理选相分配平衡，小房间采用一灯一控，大房间电灯采用三相平衡。
3. 大开间所选用的集中管理，均要注意大功率不起时关灯。
4. 光源及通频及光效不得低于下表：

序号	光源	功率/W	光通量/lm	色温
1	T8直管荧光灯	36	3250	2700K~6500K
2	T8直管荧光灯	28	2700	2700K~6500K
3	环管荧光灯	22	1250	2700K

灯具出光口形式	开敞式	透明	磨砂、棱格	格栅
灯具效率	75%	65%	55%	60%

5. 全部所指的平均照度及照明功率密度值见本表：(二次装修请提出以下要求)。

场所名称	照明功率密度/W·m⁻²	对应照度/Lx
办公室	11	300
会议室	11	300

6. 低压电系统电线、电缆截面不得小于设计值，电缆及导体截面积应符合现行国家标准GB50411-2007表12.2.2的规定。

本工程三类防雷设计及施工满足设计及标准技术规范单位《建筑物防雷设计规范》规定。

七、电话及有线电视

1. 电话电缆引自电信营电话交接箱。
2. 电视两路从Internet数据光纤总经由光纤与ISP服务商连接。
3. 线缆敷设及设备安装
   (1) 电话线住户内电视网系及有线电视电视穿管穿墙经由各相连对应入壁深≥0.7m。
   (2) 电视线路配线及均为PE线与地电接地相连，接地线缆BVR-750V 6mm²作接地连接。暗装大线缆距地1.5m墙上明装。
   (3) 网络系统及装数据柜干一层楼距离1.5m暗上明装。
   (4) 电话分机接干一层插距底1.8m墙上暗装。

八、其他

1. 日光灯应采用自镇流电器器件，不能满足要求，则后干各灯具额定容量计算补偿。
2. 仪表安装上表缘距离的地具备户外应急作业，安装表距离2.4m地电且具次频处架设置线。
3. 楼层板上接线缆进孔，应用防SFD-2防火堵料材料。
4. 开安装电气安装工程均线缆接头二层地皮公共系，单相座位均已接相线位其确相线对不相色，三色零线表示为下：L1棕色；L2绿色；L3红色；零线(N)色绿色，PE线为黄绿色。
5. 电工安装参照以下规范施工并接线：
   《建筑电气安装工程质量验收规范》GB 50303-2002；
   《建筑电气安装工程工质量施工及验收规范》GB 50254-2014（2014年12月1日执行）；
   《电气装置安装工程电缆线路施工及验收规范》GB 50168-2006。

	工程名称	某某保护站	设计号	2014-
	项目名称	办公楼	图别	电施
	图名	电气设计及施工总说明	图号	1/9
			日期	2014.04

某建筑设计院

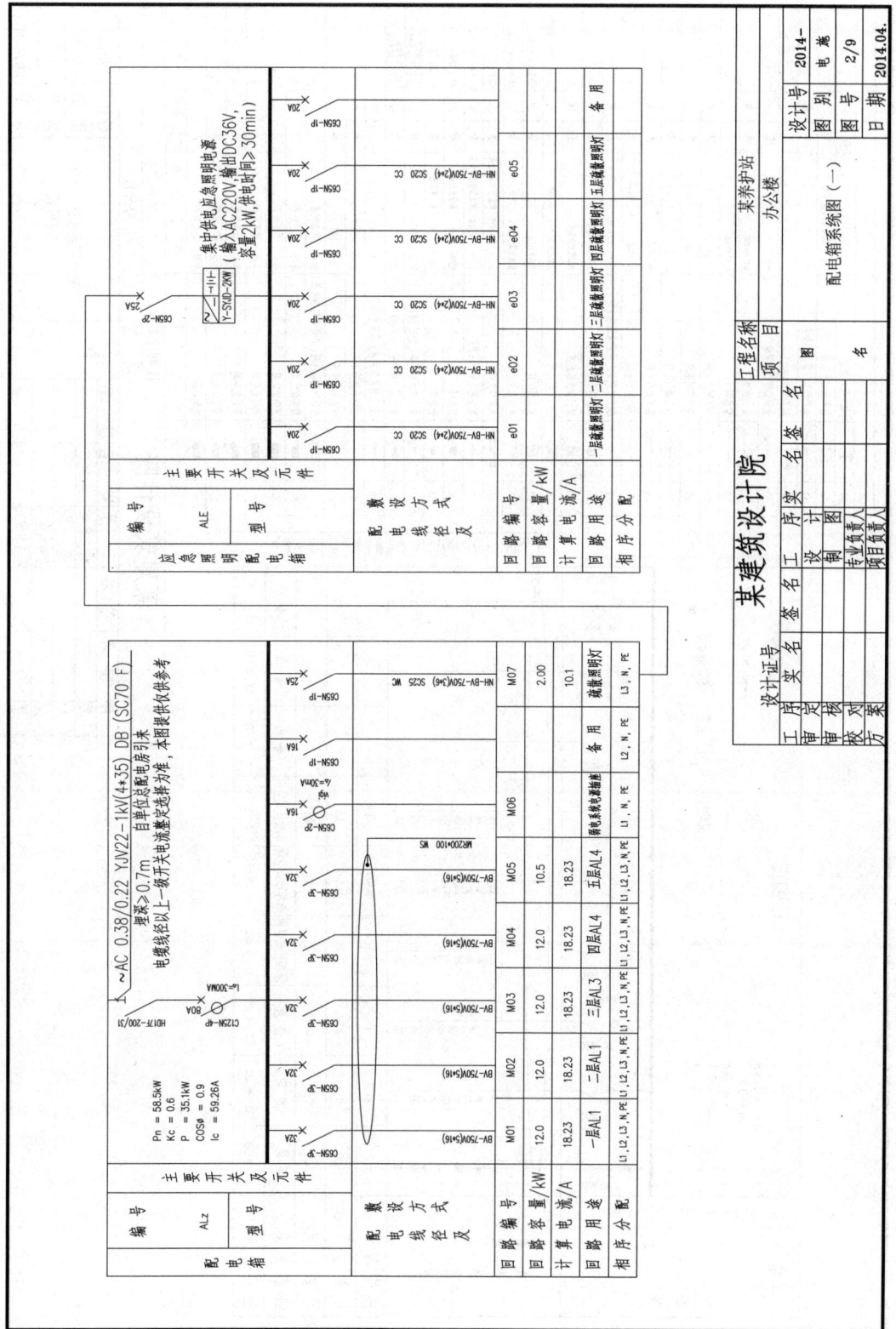

序号	图例	名称	型号规格	单位	数量	附注
35		接等电位检测箱		只	4	
34	MEB	总等电位联结箱	MEB 配40×4紫铜板	只	1	
33		总等电位联结支持卡子		只	数	
32		接地扁钢		米	量	
31		接地钢圆钢接闪带	φ12	米	量	
30		金属线槽	MR200*100	米	量	
29		穿线钢管	SC70/SC20	米	量	
28		铜芯阻燃电线	NH-BV-750V	米	量	
27		铜芯塑料电线	BV-750V	2.5mm²	米	量	
26		铜芯塑料电线	BV-750V	4mm²	米	量	
25		铜芯塑料电线	BV-750V	6mm²	米	量	
24		铜芯塑料电线	BV-750V	16mm²	米	量	
23		绝缘交联聚乙烯铠装铜芯电缆	YJV22-1KV(4+35)	米	定	
22		吸口消音器座	非焊接式消音座	套	14	
21	ⓧ	吸口塑料暗座		套	14	
20	EXIT	"出口"标志灯	直流应急DC36V	2×10W	套	5	底距门上方0.2m壁装暗装
19		应急疏散指示灯	直流应急DC36V	2×20W	套	18	底距地1.5m嵌入壁装
18		车库导向疏散指示灯	直流应急DC36V	2×5W	套	18	底距地1.0m壁装吸顶
17		吸顶日光灯	220V	2×36W	套	30	吸顶安装
16		防潮灯	220V	1×28W	套	5	电气井（发光器）防潮装
15		草坪灯	220V	25W	套	25	草坪灯
14		喷淋灯	220V	19W	套	20	顶距3m壁装
13		声光报警喷淋灯（带安全门）		套			顶距3.5m壁装
12		一二联双联插座	250V	10A	只	12	
11	K1	单联开关	250V	10A	只	48	
10		一位单联开关	250V	10A	只	20	
9		一位跷板开关	250V	10A	只	70	
8		应急照明配电箱（含集中应急电源）	非标 洋销图	只	1		
7		照明配电箱	非标 洋销图	只	1	ALE
6		照明配电箱	非标 洋销图	只	1	AL5
5		照明配电箱	非标 洋销图	只	1	AL4
4		照明配电箱	非标 洋销图	只	1	AL3
3		照明配电箱	非标 洋销图	只	1	AL2
2		照明配电箱	非标 洋销图	只	1	AL1
1		总配电箱	非标 洋销图	只	1	ALZ
序号	图例	名 称	型 号 规 格	单位	数量	附 注

工程名称：某养护站办公楼

图名：配电箱系统图（二）主要材料表

设计号：2014-
图别：电施
图号：3/9
日期：2014.04.

注：箱内N线、PE线汇流排均为镀锡铜排

配电箱编号：AL1
型号：
主要开关及元件：
计算容量/kW：Pn = 12.0kW, Kc = 0.9, P = 10.8kW, COSφ = 0.9, Ic = 18.23A

进线：BV-750V(3×25+16)SC32 WC CC MR100*100 WS

回路编号	m101	m102	m103	m104	m105	m106	备用	备用
计算容量/kW	1.00	1.50	2.50	1.50	1.50	1.50		
计算电流/A	5.05	7.58	12.63	7.58	7.58	7.58		
回路用途	照明	照明	插座	单相柱式空调	单相柱式空调	单相柱式空调		
配电线径及敷设方式	BV-750V(3×2.5)SC20 WC CC	BV-750V(3×2.5)SC20 WC CC	BV-750V(3×4)SC20 WC F	BV-750V(3×2.5)SC20 WC CC	BV-750V(3×2.5)SC20 WC CC	BV-750V(3×2.5)SC20 WC CC		
开关	C65N-1P 16A	C65N-1P 16A	C65N-2P 20A vigi IΔ=30mA	C65N-1P 16A	C65N-1P 16A	C65N-1P 16A	C65N-1P	C65N-1P
相序分配	L1, N, PE	L2, N, PE	L3, N, PE	L1, N, PE	L2, N, PE	L3, N, PE		

M01 C65N-4P 32A vigi IΔ=30mA

配电箱系统图（三）

配电箱 AL5

编号	AL5					
型号						
主要开关及元件	Pn = 10.5kW Kc = 0.9 P = 10.8kW COSφ = 0.9 Ic = 15.95A	C65N-1P 16A	C65N-1P 16A	C65N-2P 20A I△=30mA	C65N-1P 20A	C65N-1P 20A	C65N-1P 16A
	C65N-4P 32A						
敷设方式 配电线径及		BV-750V(3×2.5) SC20 WC CC	BV-750V(3×2.5) SC20 WC CC	BV-750V(3×4) SC20 WC F	BV-750V(3×4) SC20 WC F	BV-750V(3×4) SC20 WC F	
回路编号		m501	m502	m503	m504	m505	
回路容量/kW		1.00	1.50	2.50	2.50	1.50	
计算电流/A		5.05	7.58	12.63	12.63	12.63	
回路用途		照明	照明	插座	单相柜式空调	单相柜式空调	备用
相序分配		L1, N, PE	L2, N, PE	L3, N, PE	L1, N, PE	L2, N, PE	L3, N, PE

注：箱内N线、PE线汇流排均为铜镀锡母排

出线多芯电缆穿桥架 MR100*100 WS

配电箱 AL2(AL3) [AL4] M02(M03)[M04]

编号	AL2(AL3)[AL4]						
型号							
主要开关及元件	Pn = 12.0kW Kc = 0.9 P = 10.8kW COSφ = 0.9 Ic = 18.23A	C65N-1P 16A	C65N-1P 16A	C65N-2P 20A I△=30mA	C65N-1P 16A	C65N-1P 16A	C65N-1P 16A	C65N-2P 20A I△=30mA
	C65N-4P 32A							
敷设方式 配电线径及		BV-750V(3×2.5) SC20 WC CC	BV-750V(3×2.5) SC20 WC CC	BV-750V(3×4) SC20 WC F	BV-750V(3×2.5) SC20 WC CC	BV-750V(3×2.5) SC20 WC CC	BV-750V(3×2.5) SC20 WC CC	
回路编号		m201	m202	m203	m204	m205	m206	
回路容量/kW		1.00	1.50	2.50	1.50	1.50	1.50	
计算电流/A		5.05	7.58	12.63	7.58	7.58	7.58	
回路用途		照明	照明	插座	单相柜式空调	单相柜式空调	单相柜式空调	备用
相序分配		L1, N, PE	L2, N, PE	L3, N, PE	L1, N, PE	L2, N, PE	L3, N, PE	

注：箱内N线、PE线汇流排均为铜镀锡母排

出线多芯电缆穿桥架 MR100*100 WS

工程名称	某某护站办公楼	设计号	2014-
项目		图别	电施
图名	配电箱系统图（三）	图号	4/9
		日期	2014.04.

某建筑设计院

350 / 建筑工程识图

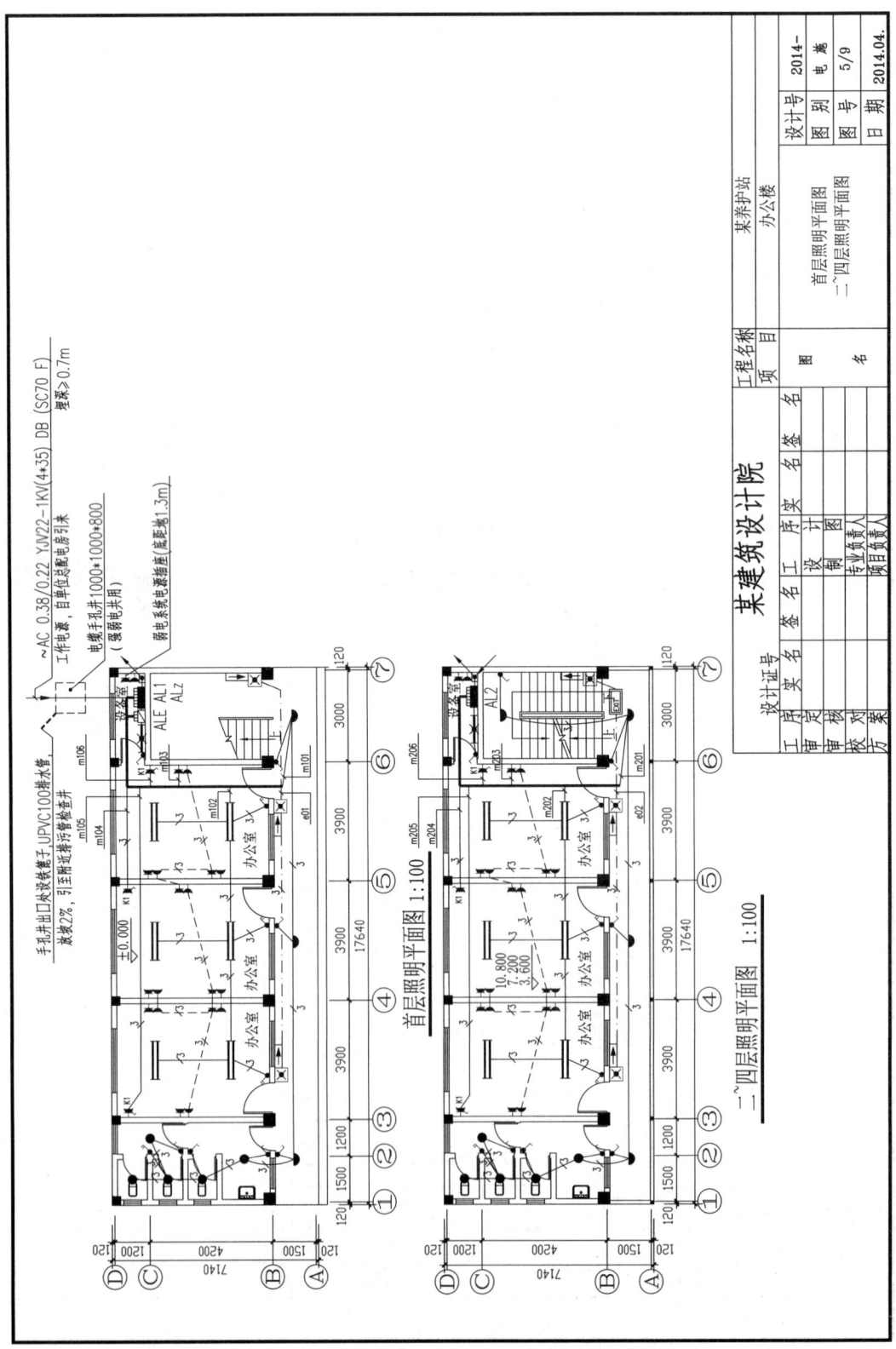

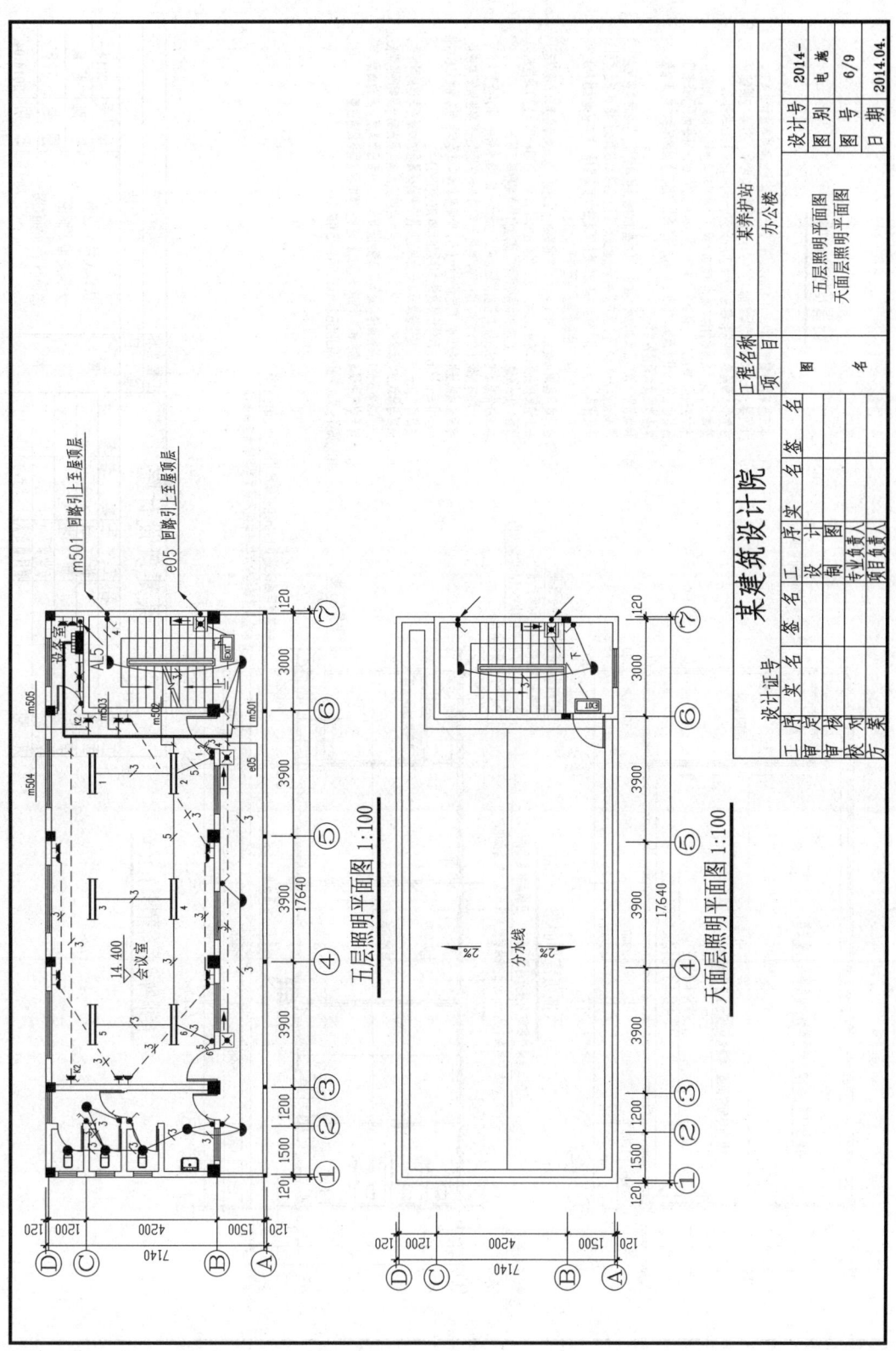

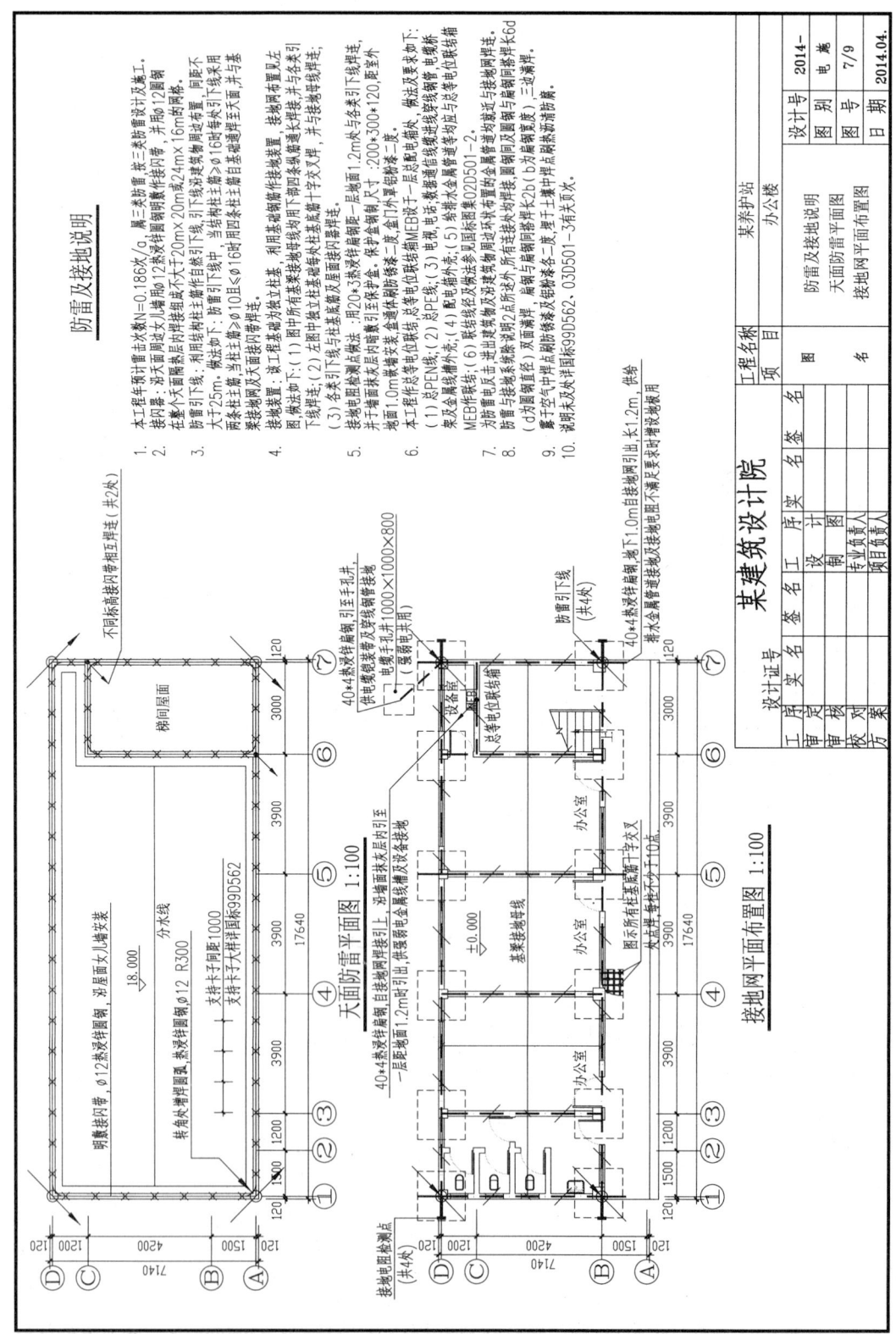

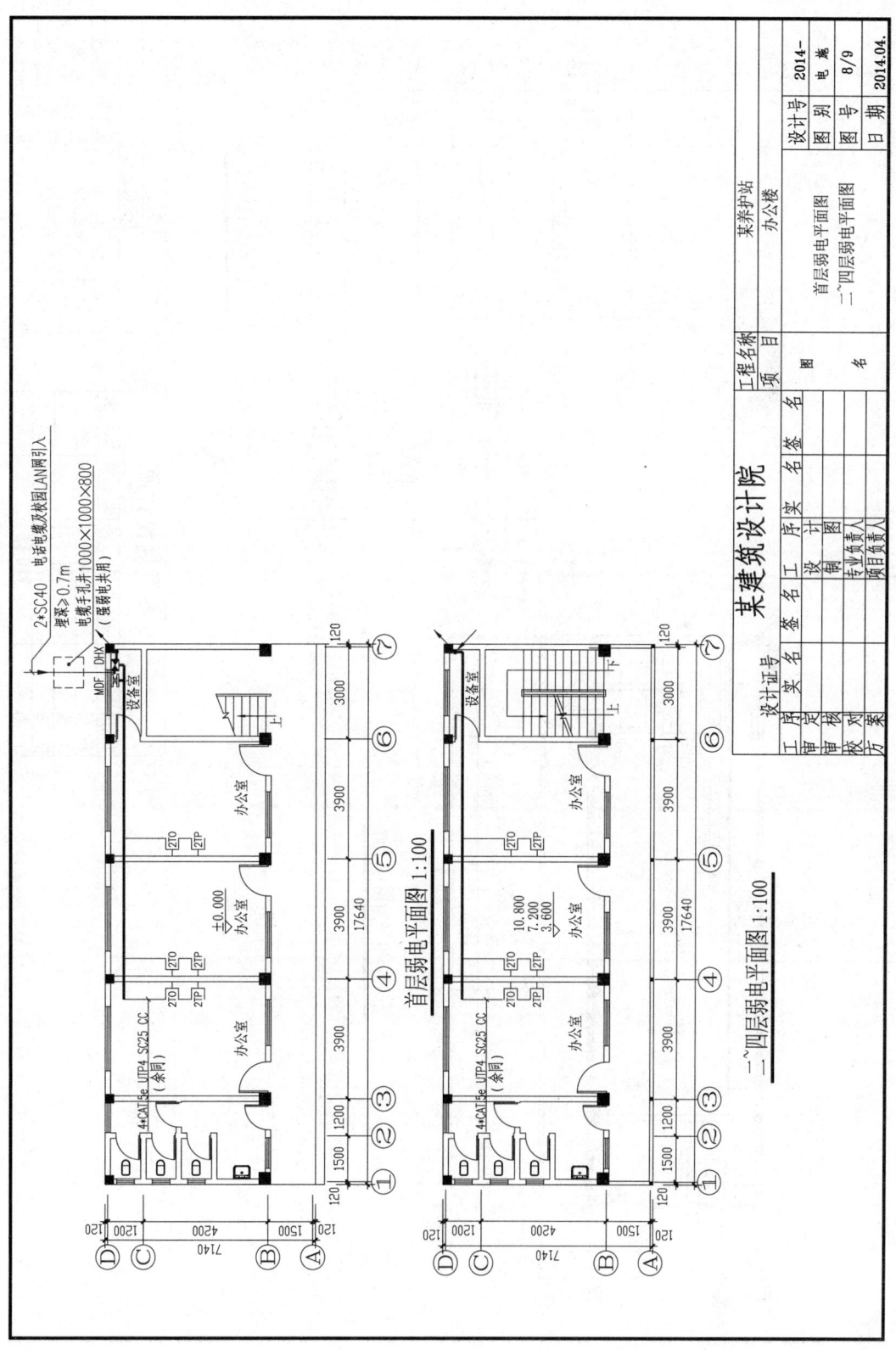

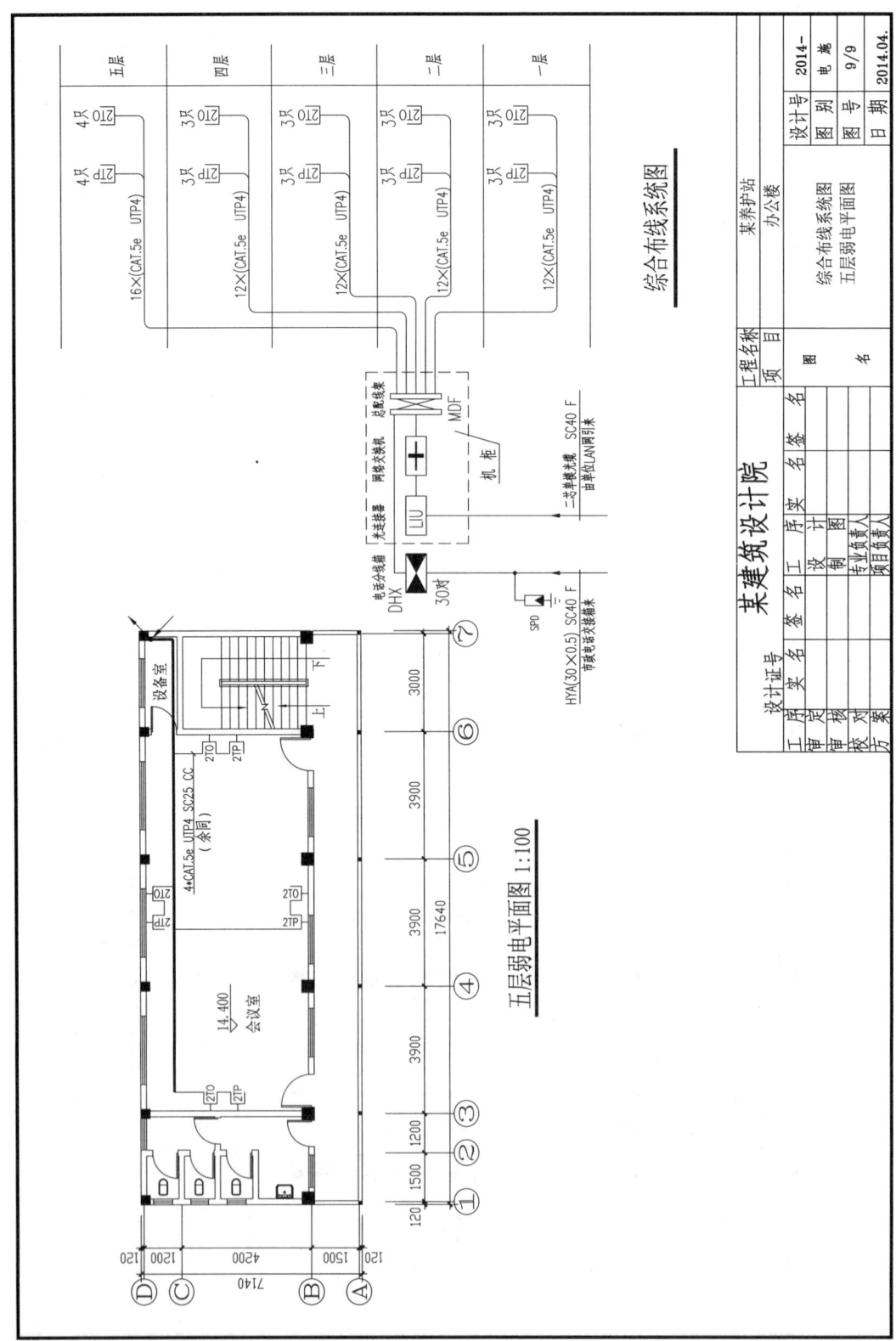

A.2 食堂施工图

图纸目录

序号	图号	图纸名称	规格	备注
1	建施-1	建筑设计总说明 一层平面图	A3	
2	建施-2	天面层平面图 ⑤-① 轴立面图 Ⓐ-Ⓓ轴立面图 门窗表 1-1剖面图	A3	
3	结施-1	结构设计总说明 圈梁 圈梁转角大样	A3	
4	结施-2	基础平面布置图 Z1 GZ1 J1 1-1	A3	
5	结施-3	天面平面板配筋 天面平面梁配筋	A3	

广西XXX市建筑设计院 设计资质等级:X级
证书编号:XXXXXX

设计		建设单位	XXXXXX有限责任公司	设计号	
校对		工程名称	食堂	专业	建筑、结构
审核		项目名称		日期	2013年9月

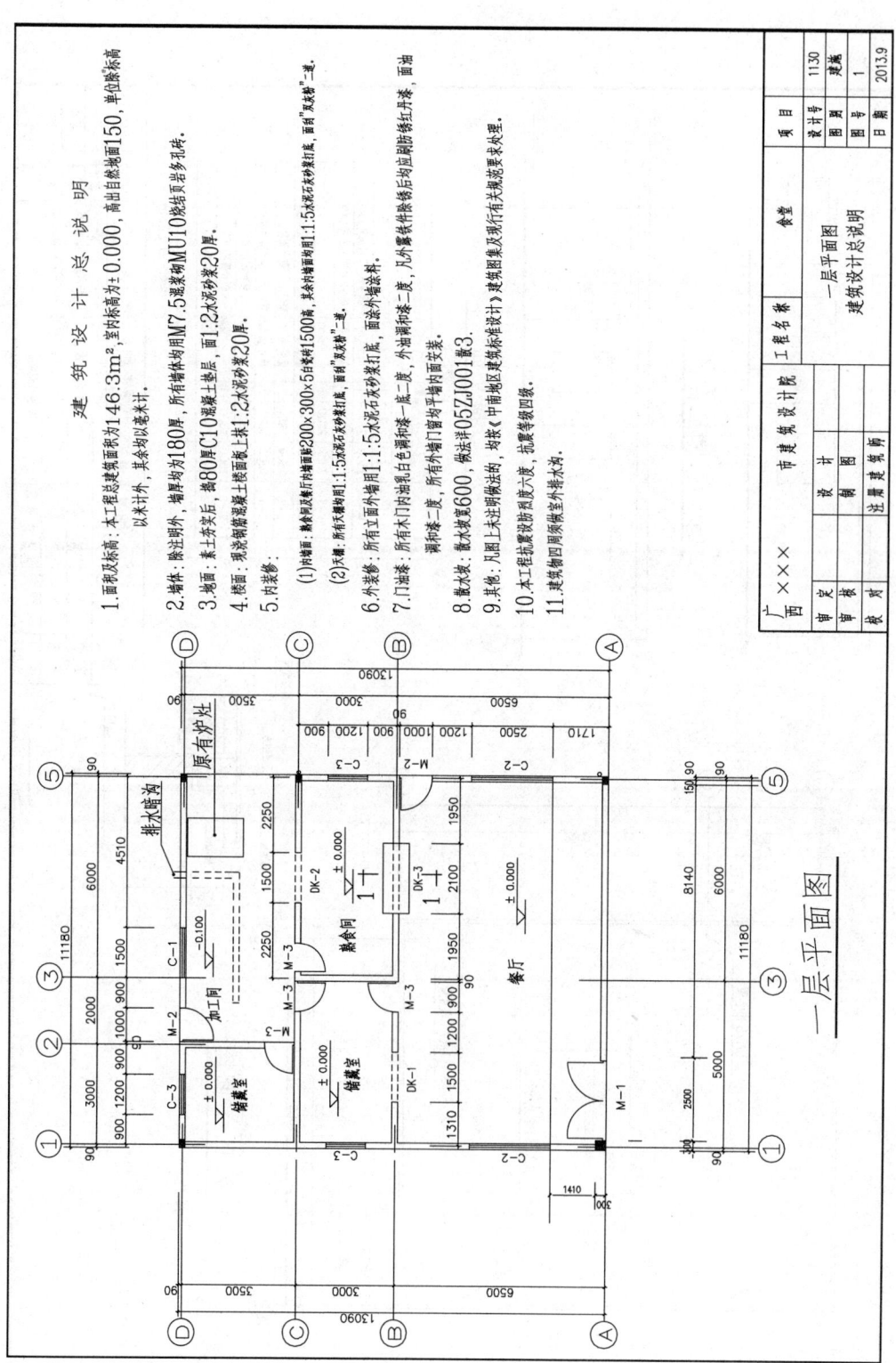

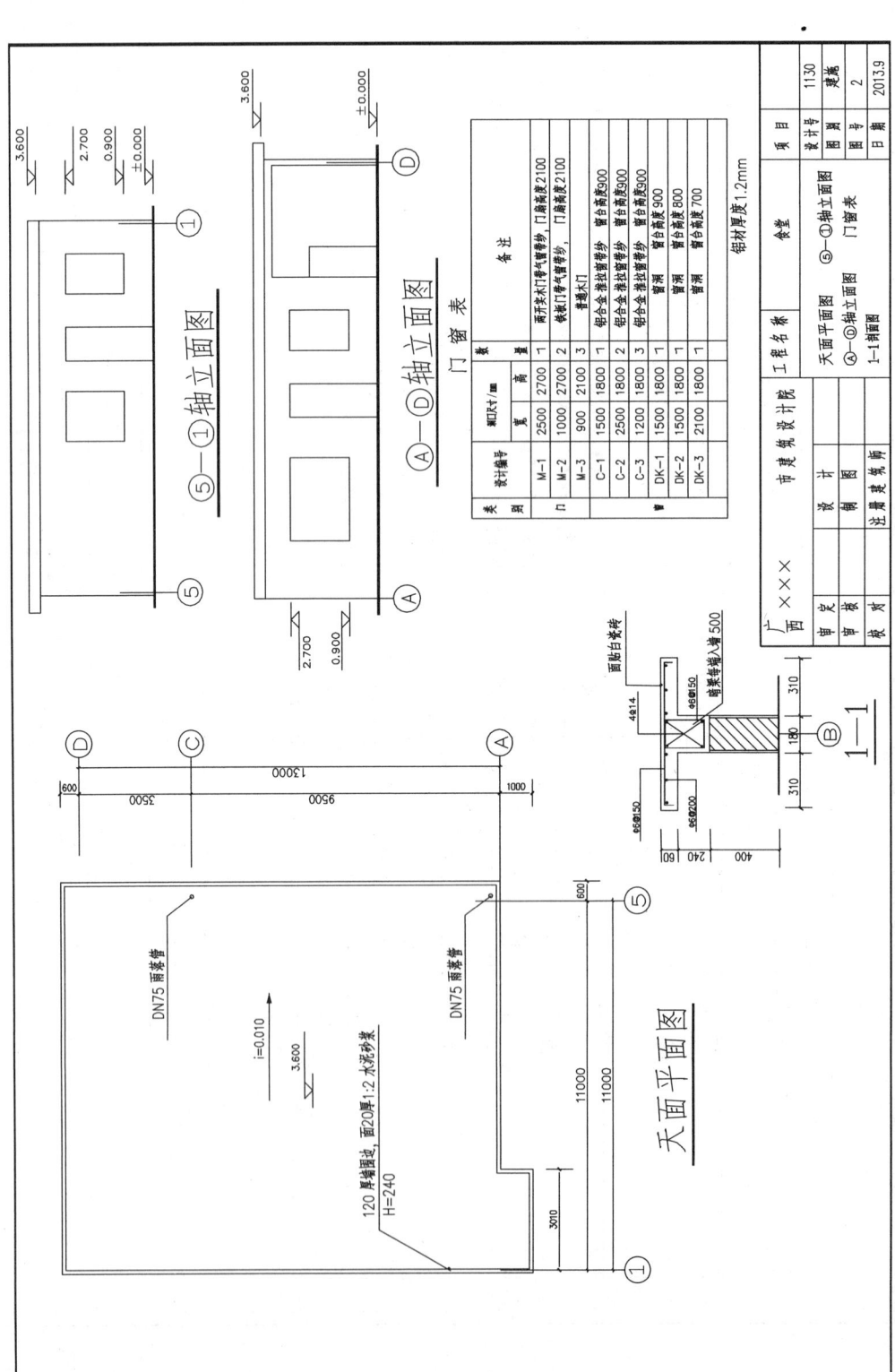

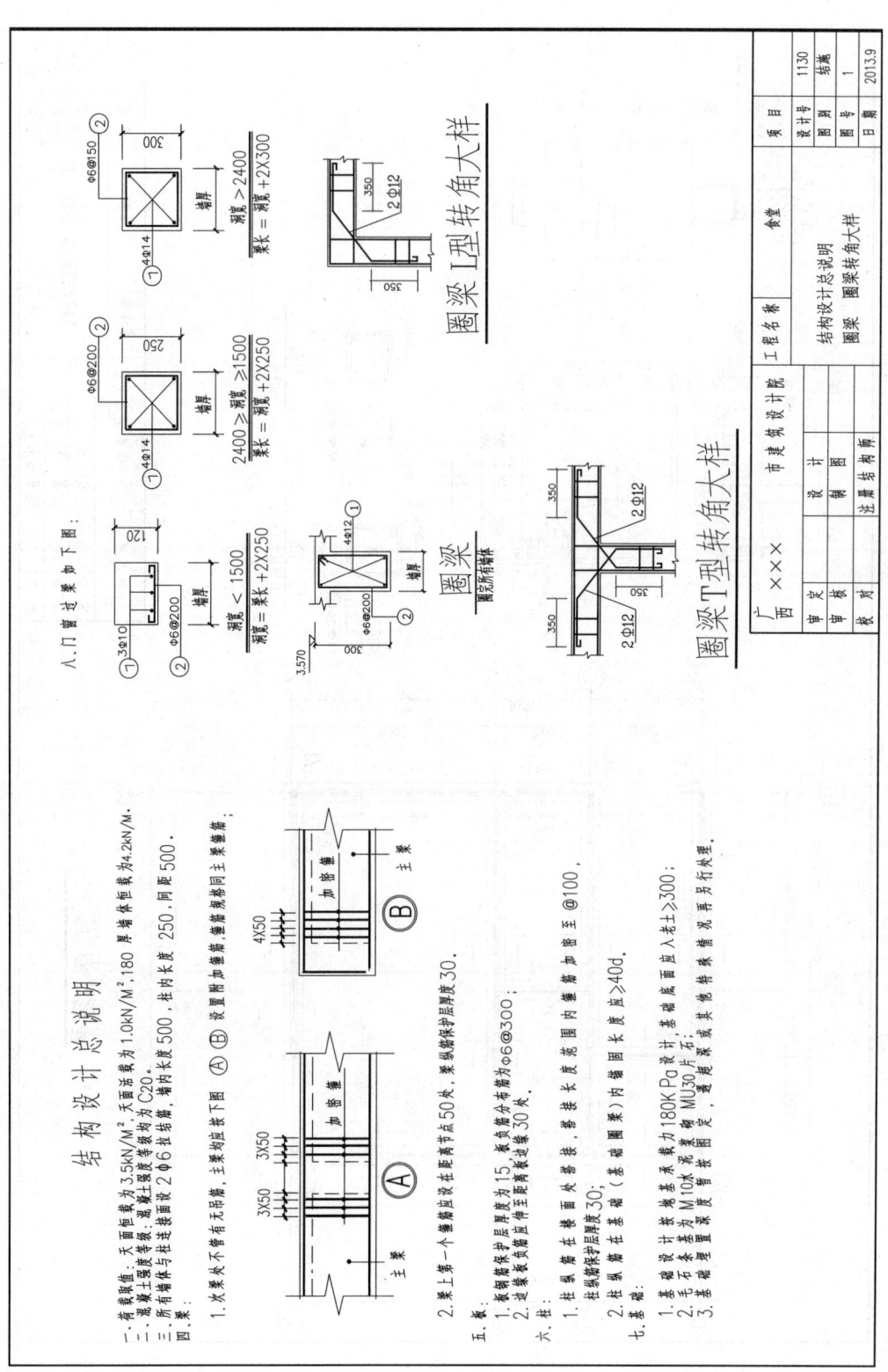

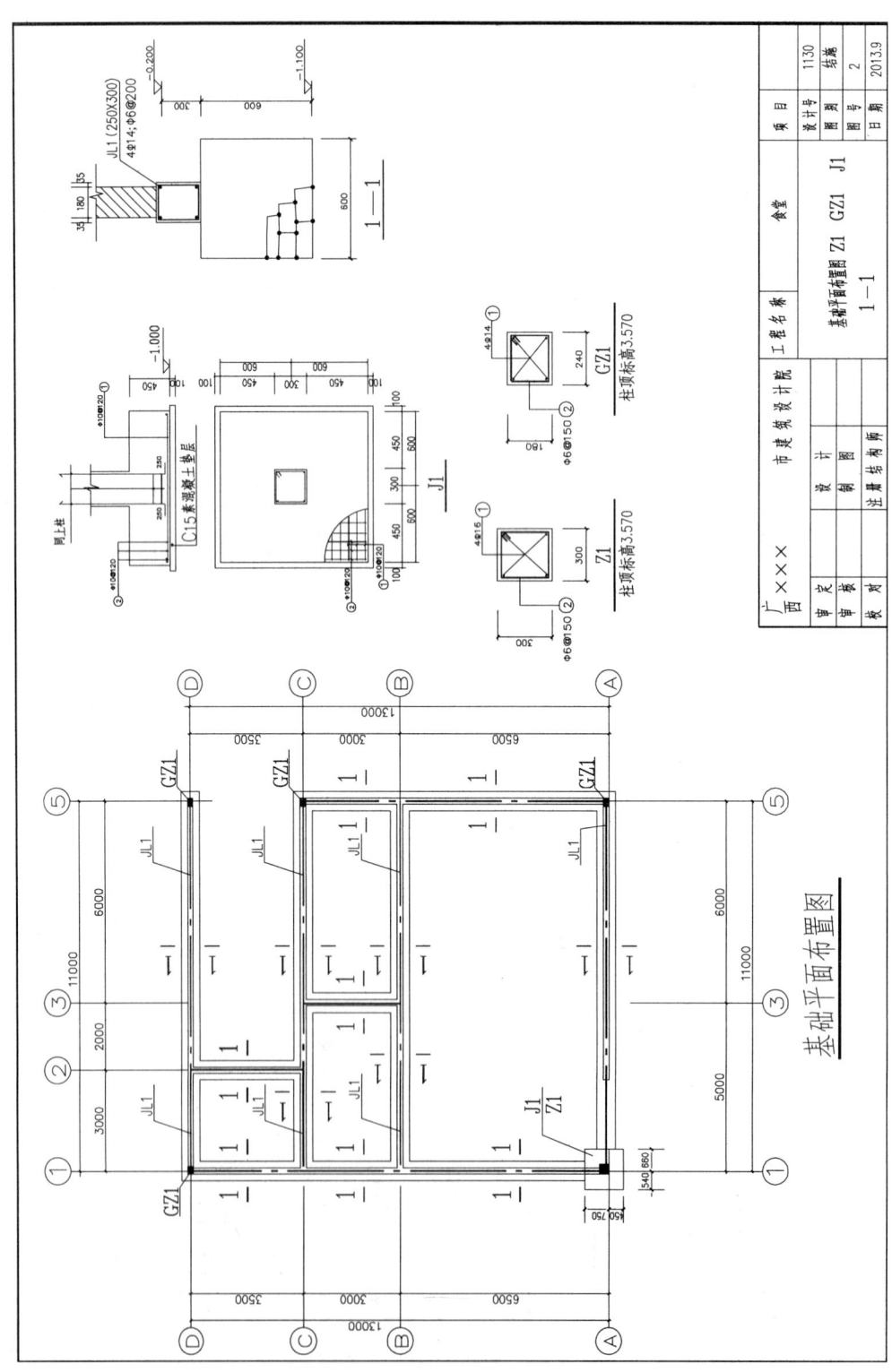

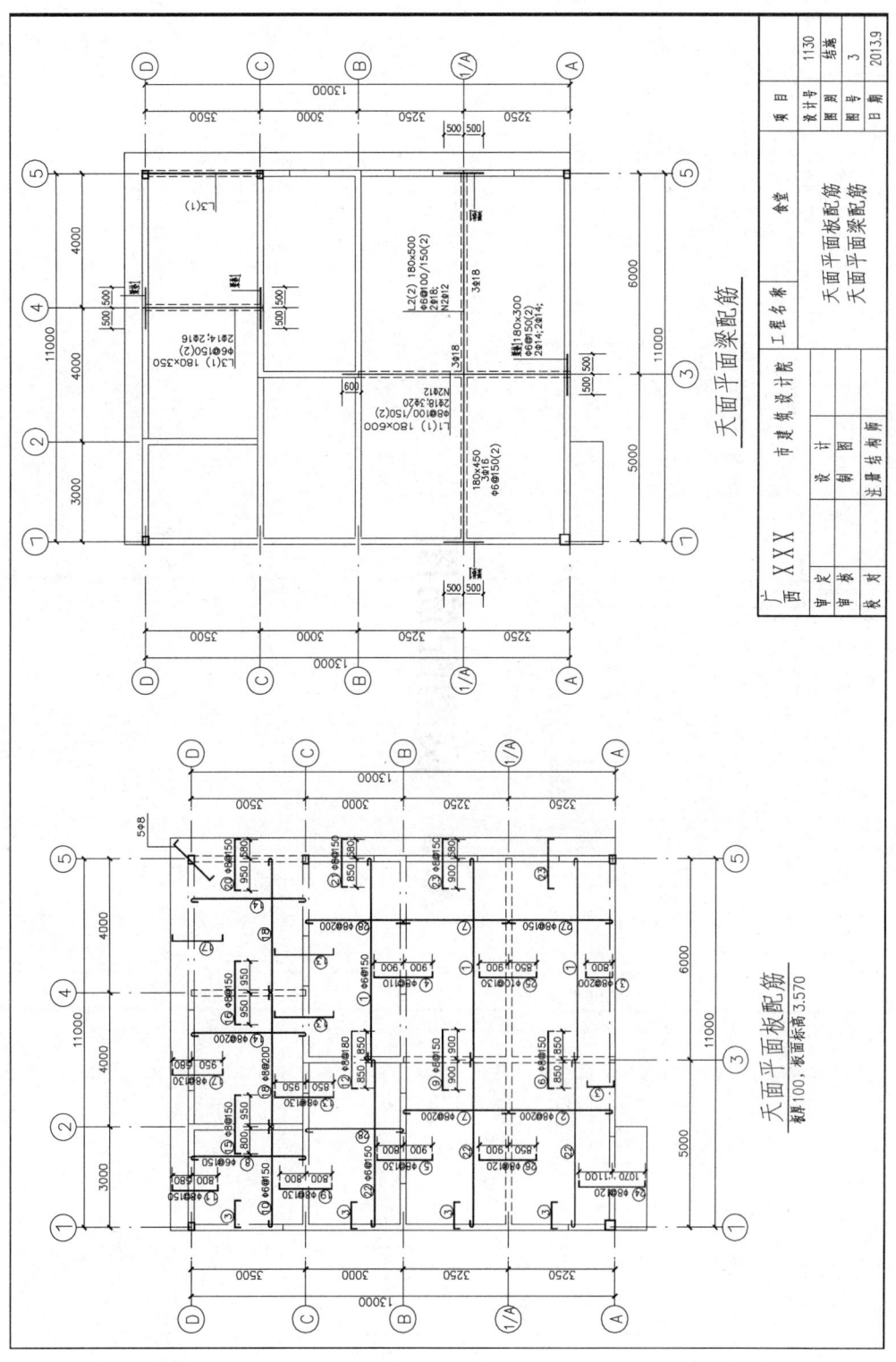

A.3 模型配筋图

梁板柱的钢筋模型制作说明

根据结施4-2、4-3、4-4梁板柱平法配筋图，制作梁板柱的钢筋模型，模型需要满足以下要求。

1. 不同类型钢筋尽量用不同颜色的电线区别制作。
2. 每个受力构件模型只需制作一个代表性的箍筋即可。
3. 除箍筋和吊筋用细铁丝制作外；其他钢筋使用粗电线制作。
4. 板分布筋按φ6@250制作。
5. 柱纵筋按绑扎搭接。
6. 受力构件均按四级抗震考虑。
7. 模型根据国家建筑标准设计图集11G101-1关于梁板柱的构造要求制作，构造要求详见该图集P54~62；P79、P85、P87；P92~94等。
8. 模型外壳可以使用硬纸板、塑料、木板等坚固材料制作，制作形状如实际构件形状，模型比例可以任意取值，需能放下模型钢筋且易于识别观察钢筋模型即可。

图 名	梁板柱的钢筋模型制作说明	图别	结施
		图号	4-1
		日期	14年06月01日

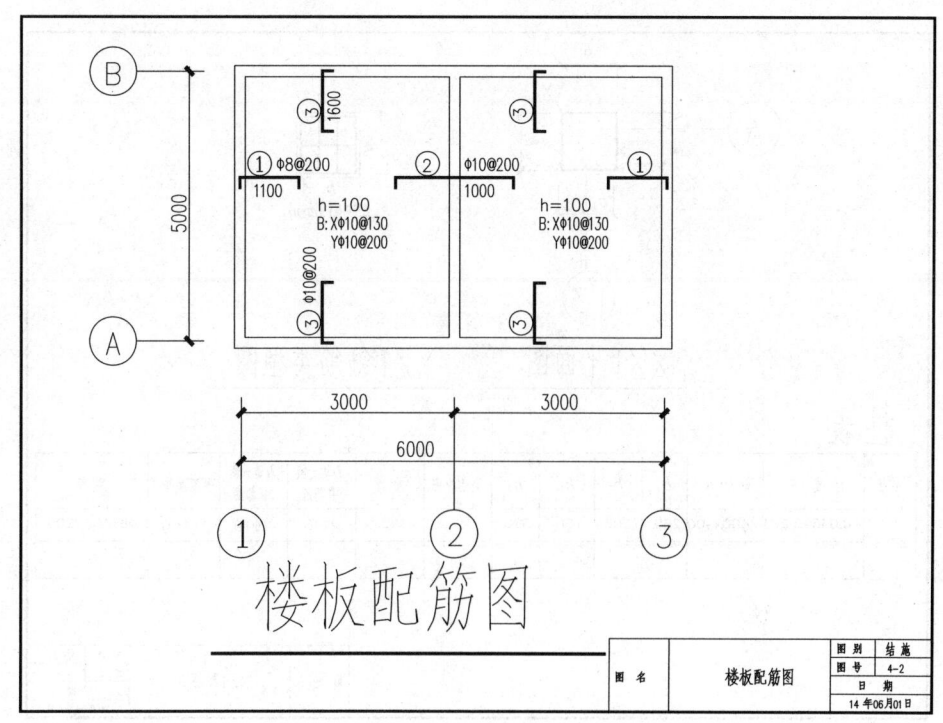

楼板配筋图

图 名	楼板配筋图	图别	结施
		图号	4-2
		日期	14年06月01日

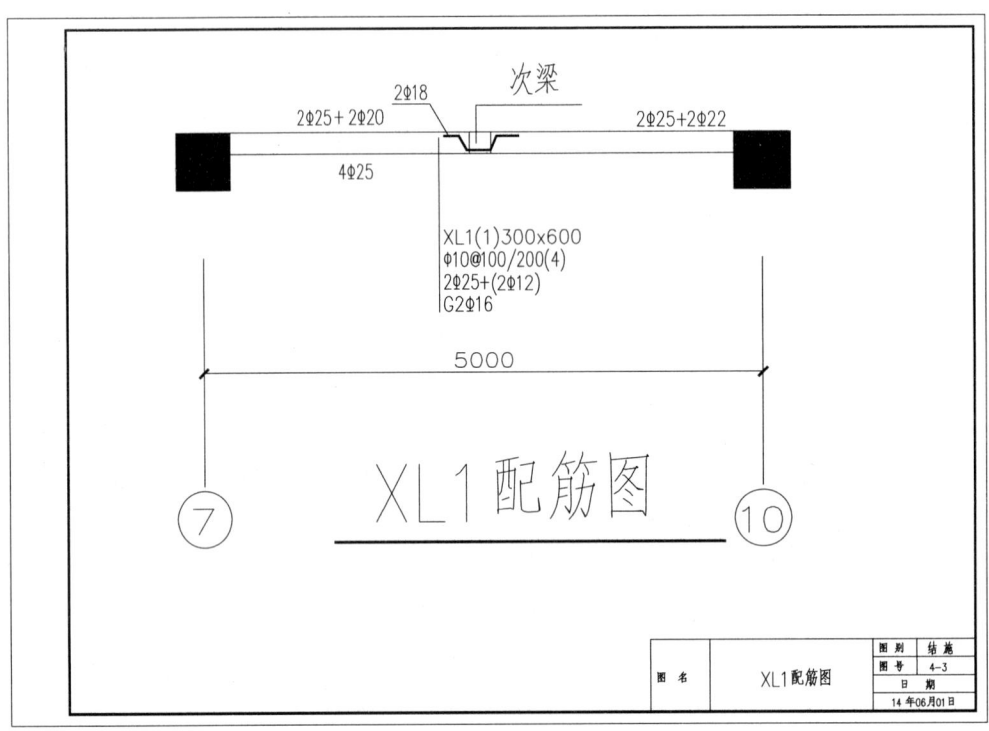

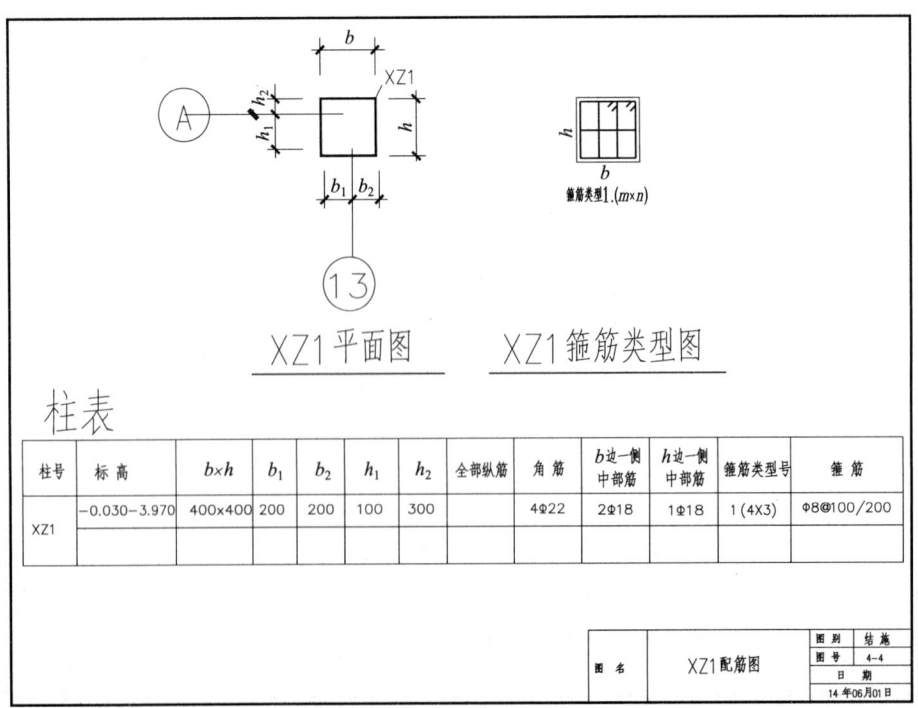

A.4　KL1 梁平法施工图

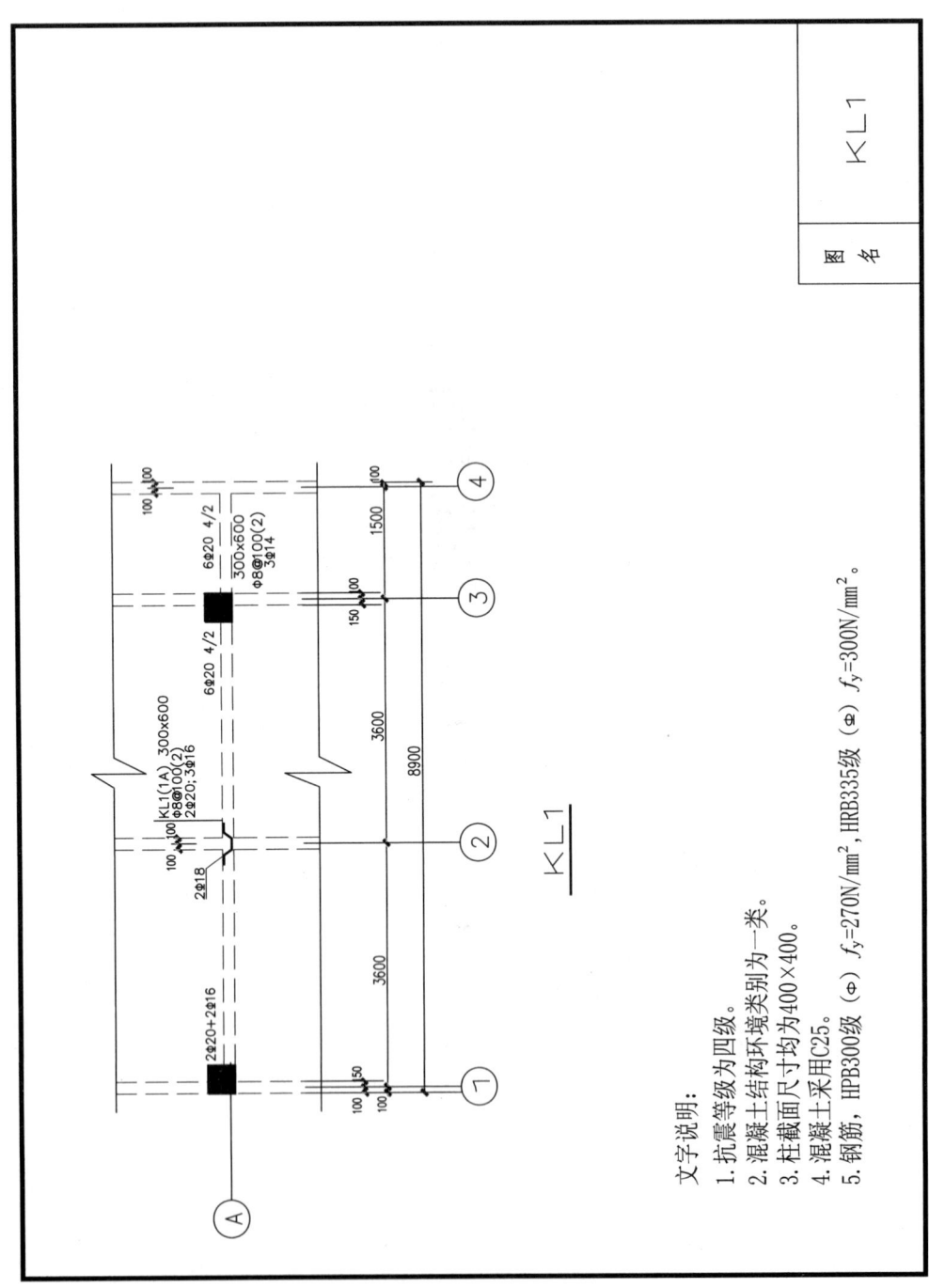

参考文献

[1] 徐俊. 民用建筑施工图识读 [M]. 上海：同济大学出版社，2009.
[2] 李社生. 建筑工程施工图识读 [M]. 北京：科学出版社，2013.
[3] 郭烽仁. 建筑工程施工图识读 [M]. 北京：北京理工大学出版社，2012.
[4] 丁春静. 建筑识图与房屋构造 [M]. 2版. 重庆：重庆大学出版社，2011.
[5] 文桂萍. 建筑设备安装与识图 [M]. 北京：机械工业出版社，2010.
[6] 陈思荣. 建筑设备安装工艺与识图 [M]. 北京：机械工业出版社，2008.
[7] 中华人民共和国住房和城乡建设部. GB/T 50103—2010 总图制图标准 [S]. 北京：中国建筑工业出版社，2011.
[8] 中华人民共和国住房和城乡建设部. GB/T 50104—2010 建筑制图标准 [S]. 北京：中国建筑工业出版社，2011.
[9] 中华人民共和国住房和城乡建设部. GB/T 50001—2010 房屋建筑制图统一标准 [S]. 北京：中国建筑工业出版社，2011.
[10] 中华人民共和国住房和城乡建设部. GB/T 50105—2010 建筑结构制图标准 [S]. 北京：中国建筑工业出版社，2011.
[11] 中华人民共和国住房和城乡建设部. GB/T 50106—2010 建筑给水排水制图标准 [S]. 北京：中国建筑工业出版社，2011.
[12] 中华人民共和国住房和城乡建设部. GB/T 50786—2012 建筑电气制图标准 [S]. 北京：中国建筑工业出版社，2012.
[13] 中华人民共和国住房和城乡建设部. GB 50010—2010 混凝土结构设计规范 [S]. 北京：中国建筑工业出版社，2011.
[14] 中华人民共和国住房和城乡建设部. GB 50015—2003 建筑给水排水设计规范 [S]. 北京：中国计划出版社，2010.
[15] 中华人民共和国住房和城乡建设. GB 50034—2013 建筑照明设计标准 [S]. 北京：中国建筑工业出版社，2014.
[16] 中华人民共和国住房和城乡建设部. GB 50057—2010 建筑物防雷设计规范 [S]. 北京：中国计划出版社，2011.
[17] 中华人民共和国住房和城乡建设部. GB/T 50314—2006 智能建筑设计标准 [S]. 北京：中国计划出版社，2007.
[18] 中华人民共和国住房和城乡建设. GB 50116—2013 火灾自动报警系统设计规范 [S]. 北京：中国计划出版社，2014.
[19] 沈阳市城乡建设委员会. GB 50242—2002 建筑给水排水及采暖工程施工质量验收规范 [S]. 北京：中国标准出版社，2002.

［20］辽宁省建设厅．GB 50242—2002 建筑给水排水及采暖工程施工质量验收规范［S］．北京：中国建筑出版社，2002．

［21］中华人民共和国住房和城乡建设部．11G101—1 混凝土结构施工图平面整体表示方法制图规则和构造详图：现浇混凝土框架、剪力墙、梁、板［S］．北京：中国建筑标准设计研究院，2011．

［22］中华人民共和国住房和城乡建设部．11G101—2 混凝土结构施工图平面整体表示方法制图规则和构造详图：现浇混凝土板式楼梯［S］．北京：中国建筑标准设计研究院，2011．

［23］中华人民共和国住房和城乡建设部．11G101—3 混凝土结构施工图平面整体表示方法制图规则和构造详图：独立基础、条形基础、筏形基础及桩基承台［S］．北京：中国建筑标准设计研究院，2011．